数字矿山技术原理与方法

毕林　钟德云　王晋淼　编著

中南大学出版社
www.csupress.com.cn
·长沙·

内容简介

    本书以数字矿山技术为脉络，以数字矿山数据与模型为核心，全面分析了空间数据、空间分析及优化技术的原理。书中详尽地介绍了三维地质建模、资源储量估算、开采规划与设计、生产计划排产、测量验收、通风网络解算等关键地测采业务的数字化处理方法，并深入探讨了矿山信息模型的理论与前沿技术。

    本书可作为我国高等院校采矿工程、智能采矿和矿山安全等专业的本科生和研究生教学用书，也可作为从事矿山数字化、信息化与智能化建设的科研人员、工程技术人员的参考书籍。

前　言

　　在数字化浪潮的推动下,数字矿山技术正成为矿业领域的关键驱动力。它不但涵盖了通信技术、网络技术、信息化系统、物联网感知技术等,而且始终围绕着矿山核心——岩层、矿体、资源储量、采矿工程、测量验收等关键要素。由于通用的计算机技术和信息化技术相对成熟,且获取这些知识的渠道日益增多,因此本书专注于矿山开采对象与环境的数字化,以及开采技术支撑业务的数字化技术相关知识与理论。鉴于篇幅的限制,本书并未深入探讨矿山生产组织与作业过程的智能化,而是聚焦于智能化矿山建设的基石——数字化内容的阐述。与其他数字矿山相关书籍相比,本书更加注重基本原理与一般性方法的阐释,旨在服务于大专院校相关专业的教学,同时为矿山数字化转型过程中的工程师提供正确的新时代数字化工具应用指导,以及为有志于开发数字矿山产品的从业人员提供参考。

　　本书面向我国高等院校的地质工程、测量工程、采矿工程、智能采矿、矿山安全等专业的学生,以及矿业类高校的地理信息系统(GIS)、计算机技术和软件工程专业的学生。它也适合作为矿山企业技术人员和设计研究院工作人员的参考书籍。本书旨在使学生及矿山工程师和数字矿山技术科研工作者不仅能够掌握相关理论和专业技术,而且能够开发出更优质的矿山数字化产品,从而最大化地发挥其价值。

　　本书共分为9章,内容涵盖了从矿山数字化特征及其发展历程的介绍,到数字矿山建设相关理论、技术与方法的概述;从数字矿山数据组织的数据模型、数据结构与存储结构的阐释,到数据获取、处理及管理技术的原理与方法;从数字矿山三维模型构建技术的原理与方法,到空间分析技术的深入探讨;从数字化地测技术的原理与方法,到数字化采矿技术的详细介绍;从矿山通风技术的数字化方法,到矿山信息模型(MIM)的概念与内涵,以及基于MIM的数字矿山建设方法的论述。本书由中南大学毕林、长沙迪迈科技股份有限公司钟德云以及湘潭大学王晋森共同编著。具体分工如下:毕林负责第1章、第2章、第5章、第6章和第7章及其他章节部分内容的撰写;钟德云撰写了第4章和第8章;王晋森完成了第3章和第9章的撰写。

本书的编著过程中参考了众多同行的教材、专著与论文等文献资料。在此，对所有涉及的知识与成果所属单位和作者表示衷心的感谢。同时，也对在本书编著过程中提供指导的专家表示诚挚的谢意。特别感谢中南大学出版社的编辑们为本书的出版付出的辛勤劳动，以及长沙迪迈科技股份有限公司的陈鑫、钱兵、汤其旺、毛杜、谭其仁等专家在本书编著过程中所提供的帮助与支持。

由于作者水平有限以及编写时间的紧迫，书中可能存在疏漏和不足之处。恳请广大读者提出宝贵意见，以便作者能够不断改进和完善。

作　者

2024 年 6 月

目　录

第1章 绪论

1.1 采矿与信息技术

1.1.1 矿山开采的基本特征

矿山开采是指对地下或地表的矿产资源进行开采、提取和加工的过程。矿山开采作为国家的基础产业之一，在国家的经济发展中具有重要的地位和作用。矿山开采区别于其他行业有其突出的特点及复杂性，矿山开采是一个涉及多个学科领域的综合性工程，总体而言，矿山开采具有以下一些特征：

(1)矿山开采的基本特征依赖于矿产资源的分布和质量。矿床的分布和质量因地而异，这也决定了矿山开采与否以及开采方式。矿产资源不仅其所赋存的岩体环境非常复杂，且矿体空间位置、形态、元素品位分布等均极富变化。

(2)矿山开采具有多种开采方式。根据矿床的类型、地质条件、环境要求等因素，矿山开采可采用露天开采、地下开采，以及露天联合地下开采。露天开采一般采用机械化钻爆法开采，地下开采可选用崩落法、空场法与充填法等采矿方法开采。

(3)矿山开采需要采用多种设备。采矿设备包括钻孔机、爆破设备、运输设备、提升设备等，不同的采矿方式和矿床类型需要不同的设备。

(4)矿山开采具有复杂的生产环境。矿山一般都位于比较偏僻的地方，露天矿山作业环境处于暴露状态，环境条件稍好，而地下矿山则具有井下作业环境恶劣、空间狭长、电磁屏蔽性、噪音强等特点。

(5)矿山开采通常需要高额的投资，因为需要采用先进的技术和设备，以及进行环境保护等工作。由于矿山开采的成本较高，因此必须进行详细的矿床勘探和开采方案设计，以确保投资回报率。

(6)矿山开采对环境的影响较大。矿山开采会对土地、水资源和空气质量等方面产生影响，同时也会对周围的生态环境造成一定的破坏。因此，矿山开采必须采取环保措施，以减少对环境的影响。

(7)矿山开采对当地经济具有重要意义。矿山开采能够创造就业机会、增加税收和贡献国内生产总值，对当地经济发展起到重要的促进作用。因此，矿山开采也是地方经济发展的一个重要组成部分。

(8)在矿山生产过程中,不仅在矿山生产系统内部存在大量的多源、异质信息流动,而且在系统与外部环境之间,如电力、设备供应、矿产品需求市场等也存在着信息的交换和流动。

总之,矿山开采具有多种特征,如依赖于矿产资源的分布和质量、多种开采方式、使用各种采矿设备、复杂的生产环境和高额的投资等。对于矿山开采,需要科学规划、科技创新、环保意识、风险防范和可持续发展意识等,以确保矿山开采能够顺利进行,并且对社会经济和环境发展做出积极贡献。矿山开采具有的这些特征,使得其从决策、设计、生产计划、生产调度与过程控制、安全生产等各个方面均非常复杂,必须在整个过程中按照系统工程的观点,科学地进行总体规划、设计和生产,才能发挥整个系统的良好性能。

1.1.2 信息化与数字化

数字化是将物理或模拟数据转化为数字形式的过程,其涉及将文本、图像、音频、视频等信息转换成计算机可识别和处理的数字信号或数据;信息化是利用数字化技术和信息系统来提高组织和社会的效率、管理、决策和创新能力的过程,所关注的是如何使用数字化的数据和技术来实现更广泛的目标。

数字化关注数据的存储、传输和处理,强调将模拟数据转化为数字数据,以便计算机可以进行处理;信息化强调在组织中集成数字化技术,以改进业务流程、增强决策支持、提高效率和创新。

数字化是信息化的一个重要组成部分。数字化关注数据的转换和处理,而信息化关注如何将数字化的数据和技术应用到组织或社会的各个方面,以实现更广泛的目标,如提高效率、改进管理、增强决策能力和促进创新。信息化强调各类软件来替代传统业务办理及信息沟通;而数字化强调将工作过程进行数字量化,方便寻找更优方案、最优决策。在现代社会中,数字化和信息化通常是相互关联和相辅相成的,共同推动着科技和信息管理的发展。非特定场景并不区分两者的差异,通常在强调分析工具、处理手段时用"数字化",而在强调业务办理、系统应用时用"信息化"。

1.1.3 采矿工业与信息化、数字化技术

随着科技的不断发展,信息化已经成为推动社会各个领域发展的重要力量。采矿工业作为资源开发利用的重要行业之一,也不断应用信息化、数字化技术来提高生产效率、降低成本和提高质量。

首先,信息化在采矿工业中的应用越来越广泛。采矿工业作为重要的资源行业,通常面临着许多生产和管理方面的挑战,例如复杂的地质环境、高昂的成本和人力资源短缺等。这些问题可以通过信息化技术来解决,例如,使用各种传感器和自动化设备可以实现对矿区生产过程的实时监测和控制,以提高生产效率和保障安全。通过使用信息化技术来建立生产管理系统,可以实现对采矿过程的智能化管理和优化,以提高生产效益和降低成本。此外,通过互联网和移动通信技术可以实现与矿区各方面的信息共享和协同工作,以提高生产和管理的效率。

其次,信息化技术在采矿工业中也发挥着重要的创新和发展作用。随着信息技术的不断发展,一系列新的技术应用在采矿工业中。例如,基于云计算和大数据技术,可以对矿区生

产数据进行实时处理和分析，以提高数据分析能力和决策效率。基于人工智能和机器学习技术，可以对矿山生产过程进行智能化分析和预测，以提高生产效率和质量。基于区块链技术，可以实现矿产资源交易的安全和可信，以保护采矿工业的合法权益。

最后，信息化技术的应用也为采矿工业的可持续发展提供了支持。采矿工业的发展往往面临着环境保护和社会责任等方面的压力，通过信息化技术的应用，可以实现对环境和资源的实时监测和管理，以提高环境保护水平和可持续发展能力。例如，使用遥感和地理信息技术可以对矿区环境进行实时监测和评估，以及进行生态修复和重建。此外，通过应用社交媒体和公众参与等手段，可以加强矿山企业与社会的沟通和互动，构建"矿业新生态"，以推进矿业可持续发展的共同进程。

总之，采矿工业与信息化、数字化的关系密不可分。信息化、数字化技术在采矿工业中的应用不仅提高了生产效率和产品质量、降低了成本，还创新了采矿工业的发展模式和实现方式，同时也支持了采矿工业的可持续发展。因此，矿山企业应积极推进信息化、数字化技术的应用，不断加强技术研发和应用，以提高矿山企业的竞争力和可持续发展能力。

1.1.4 数字矿山

1998年1月，时任美国副总统戈尔在美国加利福尼亚科学中心发表了题为"数字地球：21世纪认识地球的方式"的演讲，提出了"数字地球"的概念，并对"数字地球"的基础与关键技术提出了自己的看法，引起了全世界科技界的高度重视和巨大反响。随后，中国也相继提出"数字中国""数字农业""数字海洋""数字交通""数字城市"（统称"数字 X"）等一系列新思想。1999年在首届"国际数字地球"大会上中国正式提出了"数字矿山"的概念，从此，数字矿山的思想开始逐步深入人心，有关数字矿山的科学研究与技术攻关也开始兴起。

自1999年我国正式提出"数字矿山"概念后，我国许多学者围绕它进行了深入研究与讨论，并各自提出了对数字矿山的认识。根据多年的实践，笔者认为："数字矿山是以矿山开采环境、对象及过程信息数字化为基础，构建数据的采集、传输、存储、处理和反馈的信息化闭环，并持续应用于资源勘探、开采规划、采矿设计、开采计划和生产管理、测量验收等矿山全生命周期业务的新型矿山技术体系和管理模式。"

数字矿山是服务于矿山生产的一种新型技术体系与管理模式，必然需要一系列数字化工具和信息化管理手段作为支撑，以解决矿山生产与运营管理的数字化与信息化问题，这些数字化工具和信息化管理手段共同组成了数字矿山信息系统。数字矿山信息系统并非是一些独立存在、单个的数字化工具及信息化子系统简单拼凑形成，它们相互独立又互相关联。从业务处理的范畴讲，它们是相互独立的；从业务流程范畴讲，它们是相互关联的；从数据流来讲，它们也是互联互通的。要实现若干数字化工具和信息化子系统共同存在，必须解决统一时空框架、数据共享、协同协作等系列问题。

1.2 矿山信息化、数字化发展历程

我国矿山信息化、数字化发展经历了四个阶段：①20世纪80年代中期，以 CAD 为代表的矿山数字化手段逐渐得以应用；②20世纪90年后期，矿山 GIS 在部分矿山得到初步尝

试；③21 世纪初，以三维地质建模、现代地质统计学为核心的矿业软件得到推广应用；④2018 年以后，以矿业软件为基础的、覆盖矿山业务全流程的数字矿山信息系统逐渐形成并在多个矿山推广应用。

1.2.1　采矿 CAD

早期的基于二维图形学的以开采辅助设计为核心的矿用软件系统，在地质、测量、采矿设计等方面得到了广泛的实际应用，收到了较好的效果。原鞍山黑色冶金设计研究院是较早着手开发采矿 CAD 软件的单位之一，其开发的"露天矿采剥计划 CAD 软件包"利用 CAD 技术编制露天矿中短期采剥进度计划，绘制分层平面图或剖面图，辅助汽车运输线路设计，通过建立矿体地质块段模型进行露天境界优化设计，实现了矿岩量的统计与计算等功能，推动了 CAD 技术在矿床开采中的应用，解决了工程实际问题。进入 20 世纪 90 年代，由中南大学自主研发的 DM&MCAD 软件系统，实现了从原始地质资料处理、矿床建模、储量计算到开采辅助设计、各种地质平剖面图绘制的全部功能，在国内数十家设计单位和矿山企业得到了应用。由于基于二维图形的软件本身无法全面描述资源与工程的空间拓扑关系，致使这些软件系统只能解决开采设计中的制图问题，并无法真正解决设计优化、仿真、量算等问题。

1.2.2　矿山 GIS

矿山 GIS 的发展历程可以追溯到 20 世纪 80 年代中期。当时，中国开始应用 GIS 技术进行矿产资源评价，由原地矿部遥感中心主持，长春地院、中国地质大学、原地矿部矿床所等单位参加，开展了"遥感图像与其他地学数据综合图像处理技术及应用研究"。进入 20 世纪 90 年代后，GIS 矿产资源评价研究得到了足够的重视。在此之后，GIS 技术在矿产资源评价中得到了广泛应用，并不断发展出新的应用领域，如地形图分析、地形图编辑、地理信息模型等等。随着数字化地图的出现，GIS 技术又进一步发展，出现了可以轻松构建和维护的空间信息系统，大大改善了 GIS 开发和使用。

受"数字地球"与"数字中国"概念的启发，在矿山 GIS（mine geographical information system, MGIS）研发与矿山信息技术推广应用的基础上，吴立新等一批中国学者开始形成了数字矿山的理念与设想。1999 年 11 月，在北京召开的"首届国际数字地球会议"上，吴立新教授率先提出了"数字矿山"的概念，并围绕矿山空间信息分类、矿山空间数据组织、矿山 GIS 等问题进行了分析和讨论，并提出数字矿山是"对真实矿山整体及相关现象的统一认识与数字化再现，是一个硅质矿山，是数字矿区和数字中国的一个重要组成部分"。

1.2.3　矿业软件

国外矿业软件的研发与应用相对较早。英国矿山计算有限公司（Mineral Industries, Computing Ltd. , MICL）开发的 DataMine 采矿软件系统，包括地质信息处理、矿床模型构造、采矿设计、矿山调度与计划等模块。它最大的特点是屏幕上的作图功能，可以将露天或地下矿山设计所需的各种图形，包括钻孔及岩心分布、矿体及主要开拓巷道位置或露天矿坑等，以三维彩色的形式显示出来。该软件的核心是一个包含许多 CAD 特点的交互式作图平台，能够方便地显示并调整钻孔、矿体模型、地表模型等。其主要应用在地质勘探数据处理、露天或地下矿设计、矿山调度以及生产计划编排等多方面。

澳大利亚 Surpac 国际软件公司（Surpac Software International，SSU）开发的 Surpac 软件是一套三维交互式图形软件系统，具有地表测量数据处理、地质勘探数据分析、设计等功能。其应用领域主要包括勘探和地质建模、资源评估、露天和地下采矿设计、开采进度计划编制以及排土场和复垦设计等。目前，该公司已成为全球最大的矿业软件公司之一，在全球 90 多个国家和地区拥有 4000 多个用户，在我国亦有包括金川集团有限公司、首钢矿业公司在内的40 多个授权用户。

虽然我国矿业软件的发展水平落后于国外，但经过近年来国内科研院校、矿业企业的努力，国内的矿业软件得到了较大的发展，大大地缩短了与国际矿业计算软件机领域的差距。一些有代表性的矿业软件开始出现，如东北大学研发的 Minestar 软件系统，中南大学 & 迪迈科技研发的 Dimine 软件系统，北京东澳达软件公司研发的 3DMine 软件系统，山东科技大学研发的蓝光软件系统等。以 Dimine 矿业软件系统为例，该系统全面实现了从矿床三维地质建模、储量计算与动态管理、测量验收及数据的快速成图；地下矿开采系统设计与开采单体设计、回采爆破设计、生产计划编制、矿井通风系统网络解算与优化、露天矿开采境界优化、露天采场设计、采剥顺序优化与计划编制到各种工程图表的快速生成等工作的可视化、数字化与智能化，适用于矿业企业的地质、测量、采矿及技术管理。

以上软件称谓有所不同，如 Surpac 矿山工程软件、Dimine 数字采矿软件、MicroMine 三维矿业软件、DataMine 采矿技术应用软件、Vulcan 三维矿业软件、3DMine 三维矿业工程软件等。这些软件具有在采矿过程中资源评估、开采规划设计与计划排产等技术工作的数字化，以及为开采生产组织管理提供数字化支撑，因此统称为"数字采矿软件"较为合适，简称为DMS。以 DMS 广泛应用为特征的"数字矿山"是当今矿山信息化、数字化发展的研究热点和建设重点。

1.3 数字矿山建设目标、任务方法与意义

1.3.1 数字矿山建设目标

在明确数字矿山概念及内涵的基础上，通过分析数字矿山与其他相关概念的关系，进而明确数字矿山建设目标：以矿山开采环境、对象、活动及过程为主体，在这些主体相互作用过程中产生的数字化基础上，运用软件技术、网络技术、数据库技术、可视化仿真技术、地质统计学及系统工程最优化方法等理论与技术，对矿山全生命周期业务过程进行数字化处理，实现地质三维建模、资源可视化评价、开采计算机辅助设计、开采方案计算机仿真与优化、测量验收全数字化、开采过程数字化监测、计量化验数据数字化采集与传输，即实现矿山开采过程的全流程、全过程数字化，并将这些数据进行有效存储和管理，进而持续应用于生产过程并优化规划、设计与生产，以保障矿山生产安全、提高矿山生产效率以及提升矿山经济效益与综合竞争力，最终实现矿山的安全、经济、高效、绿色生产与可持续发展，如图 1-1 所示。

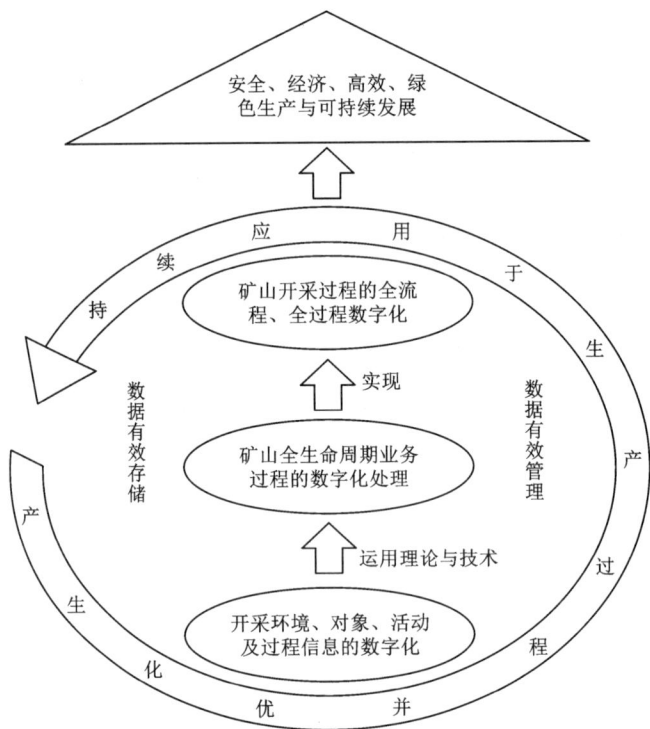

图1-1　数字矿山的建设目标

1.3.2　数字矿山建设任务

数字矿山的本质特征是数字化和信息化，其中数字化的目的是便于信息的存取、传输、可视化表达，是实现数字矿山的基本前提；而信息化则是获取数据的技术与管理手段。矿山数字化是指将开采环境、对象、活动及过程等信息转变为可以度量的数字、数据，其特征是可存取、可计算、可认知；矿山信息化则是在数字化的基础上，广泛利用"互联网+数据库"信息技术，并深入开发将其应用于矿山资源管理、开采规划与设计、矿山安全管理、生产组织以及经营管理等各个业务层面，提高矿山生产效率和经营管理水平，推动矿山加速实现现代化。因此，围绕数字矿山的数字化与信息化两大本质特征，数字矿山的建设任务如下。

（1）矿山全生命周期开采环境、对象、活动及过程信息数字化

矿山全生命周期开采环境、对象、活动及过程信息的数字化包含：①开采环境的数字化，包括矿区地理环境数字化、地质环境数字化，以及作业环境的数字化；②开采资源数字化，包括矿体赋存情况、资源类型、资源分布、资源储量等信息的数字化；③开采工程数字化，主要是开拓、采准、回采等采矿工程对象的数字化；④开采活动数字化，包括人的位置及行为状态、设备工况等的数字化；⑤生产台账数字化，包括资源储量、掘进进尺、凿岩量、爆破量、出矿量等信息的数字化。

矿山全生命周期开采环境、对象、活动及过程的数字化通常借助于三维矿业软件、矢量化工具、监测监控系统以及自动化系统等，实现从矿床三维地质建模、储量计算与动态管理、

生产组织与管理、作业环境以及安全状态、人的状态及设备工况等信息的数字化。

（2）矿山业务处理过程及结果数字化

矿山业务处理过程及结果的数字化，即矿山地、测、采等各专业业务，包括地质勘探、生产勘探、开采规划、采矿设计、生产计划、生产组织以及测量验收等业务处理过程产生的各种结果具有数字化特征，即可存取、可计算与可认知。矿山业务处理需借助数字化采集、处理、存储、传输等工具，如地理信息系统、三维矿业软件、采矿生产执行系统及自动化数据采集系统等数字化手段。矿山业务包括地质勘探、化验取样、地下矿开采系统设计、开采单体设计、回采爆破设计、生产计划编制、露天境界优化、露天采场设计、采剥顺序优化与计划编制、各种工程图表生成以及测量验收与成图、任务分解与分配、生产执行与监管、计量化验等。

（3）矿山全生命周期业务办理流程信息化

矿山全生命周期业务办理流程信息化主要内容有：①矿山业务流程信息化，即矿山资源勘探、矿山规划、开采设计、生产计划以及生产管理等业务流程实现信息化；②业务流程规范化，在信息技术的支持下各业务按规范执行，以信息化业务驱动数据高效流转，实现信息互联互通；③矿山信息标准化，即矿山信息在采集、加工、存储、传输、应用过程中具有统一的规范和标准，实现数据自动流转以及信息共享，避免信息采集、存储和管理上重复、浪费。矿山业务流程信息化需借助互联网与数据库等技术手段，实现矿山全生命周期业务流程的数据标准化与流程规范化。

（4）为智能矿山提供数据支撑

智能矿山是数字矿山发展的更高目标，智能矿山包含装备的智能化与系统的智能化，其中系统的智能化一方面指数字化系统的智能化，另一方面指矿山边缘的融合系统、自动化系统及集控调度系统的智能化。实现系统的智能化，则需以矿山全过程海量数据为基础，进行大数据集成、分析与挖掘，并借助人工智能技术，使矿山开采规划设计与生产计划优化、调度与决策等业务过程具备自主分析、自主运行以及自主决策等智能化特征。矿山的智能化必然需要大量的数据作为支撑，而数字矿山的发展必将沉淀大量的数据，包括环境数据、资源数据、工程数据、生产计划数据、生产管理数据、装备运行数据、自动化采集数据及测量验收数据等矿山全过程海量数据。系统的智能化一方面使决策更加科学与可预测性，一方面使智能装备运行更加高效。

1.3.3 数字矿山建设方法

1.3.3.1 数字矿山建设面临的问题

数字矿山在理论研究方面，已取得了一些成果，并且在指导数字矿山建设方面取得了较为显著的成效；在实践方面，各矿山为实现数字矿山建设，根据各自对数字化与信息化需求程度的不同，研发与部署了三维矿业软件、可视化系统、安全生产管理系统、OA 与 ERP 系统、监测监控系统以及自动化系统等，在矿山开采规划设计、生产与安全管理过程中发挥了较大作用。但数字矿山建设仍存在缺乏顶层设计与整体规划、基础理论研究不够、信息孤岛依然严重等问题，具体如下。

（1）数字矿山建设目标不够明确，缺乏基础理论、关键技术的研究

我国数字矿山经过 20 多年的发展，其概念被理解为"硅质矿山""矿山 GIS""3S 技术在

矿山的集成应用""虚拟矿山""智慧矿山"等，虽然有其特定的作用与指导意义，但一直以来数字矿山建设目标不够明确，甚至局限性地认为部署三维矿业软件、资源管理系统、监测监控系统等其中某个或几个系统即实现了数字矿山建设。此外，在数字矿山基础理论与关键技术研究方面，虽然我国研究学者在地质建模与资源评价、开采规划与设计优化、采掘计划优化编制、生产调度优化、安全监测与预警以及应急救援等理论与技术方面进行了大量研究，形成了一系列的理论与产品（如 DIMINE 系列产品、3DMine 系列产品以及 Longruan 系列产品），但仍难以满足矿山数字化的要求，亟须在地质模型动态更新、开采优化设计、采掘计划优化编制以及生产调度优化等技术上予以突破。

（2）数字矿山相关产品缺乏统一的标准和规范，业务流程不通畅

数字矿山建设是依据矿山已有的数字化与信息化程度，统筹规划，相继部署数字矿山相关软硬件产品。然而，数字矿山相关软硬件产品必然来自不同的生产厂商，各生产厂商之间又缺乏统一的标准与规范，导致各产品信息相互之间无法实现互联互通，进而形成大量的"信息孤岛"，经常出现有信息却不能用的情况，有时不得不重新生产数据以满足其产品的使用需要，造成大量信息资源、人力成本的浪费；而且正是存在大量的"信息孤岛"，矿山全生命周期内业务流程不通畅，导致各业务之间严重脱节、效率低下，造成数字矿山建设投入与产出不符，进而严重阻碍了我国数字矿山建设进程。

（3）现有产品难以支撑矿山全生命周期业务流程全数字化作业

矿山全生命周期业务流程包括勘探、基建、开采规划与设计、生产计划、生产管理、实测验收、闭坑以及复垦等。但受现实条件和技术发展的限制，现有数字矿山相关产品仅支持矿山全生命周期业务流程的某个具体业务部分内容的数字化、某个具体业务的数字化或者某几个业务的数字化，究其根本原因是缺乏一个能使数据标准化以及业务流程规范化的软件系统平台，无法保证矿山全生命周期业务流程的数据互联互通、高效流转以及共享，因此，无法实现矿山全生命周期地质、测量、采矿等专业技术工作的流程化、标准化以及协同作业，最终无法支撑矿山全生命周期业务流程全数字化作业。

（4）缺乏切实可行的理念指导数字矿山产品研发与建设实践

我国数字矿山在产品研发与建设实践方面，由于矿山开采环境、对象、活动及过程等主体对象数字化数据没有得到有效的组织与表达，造成了数据无法共享而形成"信息孤岛"，从而无法将矿山的数字化成果服务于矿山的全流程、全生命周期，也无法实现各参与方、各部门、各专业协同作业。引起以上一系列问题的根本原因是缺乏切实可行的理念指导数字矿山产品的研发与建设实践，因而亟须提出一种新的适应矿山行业的理念来指导未来数字矿山产品研发与建设，以实现矿山全生命周期信息共享与协同工作。

（5）矿山传统的作业方式及管理模式与信息化要求存在较大差异

我国矿业发展经过历史的沉淀，逐步形成了传统而固化的工作方式与管理模式。矿山全生命周期涉及地质勘探阶段、可行性研究阶段、设计阶段、生产阶段及复垦绿化阶段，各阶段都会产生大量文档、报表以及二维图纸等，通常前后阶段资料的传递大都以纸质或非标准电子化数据的形式，信息孤岛、信息断层以及信息不对称等问题大量存在；而且矿山企业的管理模式大多是基于分工理论的职能型组织结构，导致完整的业务流程被割裂得支离破碎，且组织界限明显。而数字矿山建设必须建立在业务流程规范化和数据标准化的基础上，这是很多矿山面临的困难，难以改变。在数字矿山建设实践中，矿山企业很难打破传统固化模

式，力图使数字矿山产品适应固有模式，或仅仅是将传统手工图纸化作业工具转化为数字化作业工具，本质上没有改变，传统工作方式及管理模式根本问题依然存在，从而无法体现数字矿山建设的巨大优势，从某种程度上反而会给矿山企业与矿山技术人员带来巨大负担，使得矿山数字化、信息化的目标难以实现。

1.3.3.2　数字矿山建设思路与方法

现有的数字矿山理论、技术、产品以及作业方式与管理模式已难以满足矿山数字化与信息化的要求，也无法支撑矿山全生命周期信息的互联互通与高度共享以及各参与方、各部门、各专业岗位作业人员跨时空、跨学科协同作业，其核心是缺乏一种指导数字矿山建设的理念以及此理念衍生的一系列标准规范和矿山数字化关键技术要求，因而亟须寻求一种解决现阶段我国数字矿山建设问题的新理念、新方法、新途径。

因此，笔者以矿山开采环境、对象、活动及过程为主体，以作用于这些主体对象的业务过程运用信息化手段处理为主题，以数字化与信息化为本质特征的数字矿山建设为目标，参考建筑行业内建筑信息模型（BIM）的概念，提出了一种适应于矿山行业的新理念——矿山信息模型（Mining Information Modeling，MIM）。在该理念的支持下，指导数字矿山相关基础理论与关键技术研究，构建统一的数据分类与编码体系及数据交换标准，梳理矿山全生命周期业务流以形成规范化的业务流程，支撑矿山全生命周期数字化作业的产品研发。进一步，将相关基础理论、关键技术、标准规范以及数字化产品应用于数字矿山建设实践，以解决我国数字矿山建设存在的主要问题，实现矿山全生命周期的信息共享与协同作业，并形成数字矿山建设的方法体系。此部分内容将在第9章中详述。

1.3.4　数字矿山建设意义

1.3.4.1　矿山数字化转型基本条件

降本增效、绿色发展已经成为了矿业未来的使命，整个矿业领域迫切需要转型，而矿山核心业务流程数字化就是那把"钥匙"。当前各矿山数据系统不兼容、采集流程不一致、统计口径不统一、数据信息不完整，导致输出的数据不具备可比性，无法协助总部决策。数字化技术可大幅提高各环节的效率——从勘探、开发到供应、生产、配送、销售、交易，甚至闭坑等核心业务流程全过程都进行数字化。只有全业务流程的数字化才是真正的数字化，事实上，收集和传递精准信息的技术可以为矿业公司带来大量机会，使矿业公司做出更加严谨的决策，提高资本回报率。矿山开采是一个复杂作业系统，且作业场景、工艺过程是动态变化且离散的，而数字化可以优化复杂的生产系统。矿山核心业务流程全过程都必须进行数字化再造，达到这个状态就是数字矿山的状态。

1.3.4.2　智能化无人开采必经之路

数字矿山与智能矿山是矿山进化的两个不同阶段，但又相互融合。数字矿山是智能矿山的基础，是智能矿山的必经之路。一个矿山应用了智能装备，那不叫智能矿山；遥控采矿与单个装备的自动化、智能化也不是智能矿山。智能矿山不仅包括装备的智能化，更重要地体现在矿山开采系统的智能化，矿山开采系统的智能化必须建立在矿山的数字化基础之上，只有对资源、规划、设计、生产和管理进行数字化的建模、仿真、评估和优化，方可实现系统的智能化；矿山智能化可为数字化提供高效的、高质量的数据获取手段，也可为数字化提供需求，但在实践上不可逾越数字化。

1.4　数字矿山技术构成

1.4.1　数据获取与传输技术

矿山数据获取技术即利用一系列的测量、传感、感知等装备获取基础地理数据、矿山开采专业时空数据、实时感知数据等矿山数据。目前常用的矿山数据获取装备包括经纬仪、水准仪、全站仪、GPS(RTK)、雷达遥感测量、摄影测量、三维激光扫描仪、监测监控设备等。不同装备有其不同的适用条件，合理地选择矿山数据获取装备有利于提高工作的效率和降低数据的获取成本。

矿山数据传输技术是指矿山数据源与数据宿之间通过一个或多个数据信道或链路、共同遵循相关通信协议而进行的数据传输技术的方法和设备。它主要用于计算机与计算机、计算机与终端之间、终端与终端之间的信息通信传输。矿山的数据传输按传输信号的表现形式可分为语音、视频和数据通信三大类，但是归根结底都要转成数字信号进行传输。

1.4.2　数据处理与建模技术

(1)矿山数据处理技术

通过综合运用矿山数据获取技术以及传输数据获得所需的数据，都必须保证其在一定的精度范围内，满足一定的数据格式，符合某种应用的质量要求，即必须经过一定的处理，才能够真正地满足矿山业务数字化处理的需要。矿山数据的处理主要包括坐标系之间的相互转换、格式转换、误差处理、拓扑检查等。

(2)矿山数字建模技术

数字矿山已成为矿山信息化、现代化的发展方向。要实现数字矿山的战略目标，矿山三维空间数据模型的构建至关重要。矿区内的地形地质环境、井下各生产工艺都是处于三维空间状态的，而三维空间数据模型就是连接现实世界和计算机世界的桥梁。矿山数据模型是对矿山复杂地理、工程等信息的动态描述与实时表达的时空数据模型，是对矿山时空信息的三维可视化展示，是数字矿山的核心内容和基础，反映了真实矿山中三维空间实体及其相互之间的联系，其中地质模型尤为重要。地质数据的复杂性及动态变化的特点对于地质三维建模技术和方法提出了更高的要求：快速、方便、准确。随着数字矿山理论研究以及相关技术的发展，国内外学者为此提出了一系列经典实用的建模方法，按照建模过程及模型的数学特征，地质数据建模技术主要分为显式建模和隐式建模。

显式建模是指对勘探线剖面钻孔数据进行人工地质解译并绘制矿体剖面轮廓线，随后对勘探线之间的矿体轮廓线通过轮廓拼接算法实现二维轮廓线三维重建，主要包括基于钻孔及用户自定义剖面建模技术、基于拓扑剖面建模技术、非层状地质体建模技术、基于贝塞尔曲面和 NURBS 曲面建模技术等。

　　隐式建模是指在对地勘数据进行处理的基础上,结合实际的工程需求,选择相应的空间插值函数建立隐式曲面方程,用以表征地质的几何形态,主要包括三角网线形插值、最近邻点法、距离幂次反比法、线性插值法和局部多项式法等建模技术。

1.4.3　数据管理与存储技术

　　矿山数据管理技术是利用计算机软硬件技术对矿山数据进行有效的存储与管理的过程。矿山数据管理的目的在于充分有效地发挥矿山数据的作用,而实现数据有效管理的关键是数据组织。

　　矿山数据的有效组织需选择相应的数据模型进行表达,包括面向对象的实体模型、场模型以及网络模型等。其中面向对象的实体模型的基础是矢量数据结构,其能直观地表达地理空间,精确地表示实体的空间位置,且能通过拓扑关系来描述各个实体之间的空间关系;场模型的基础是栅格数据,其是将空间分割成有规则的网格,在各个网格上给出相应的属性值来表示地理实体的数据表达形式;网络模型是以图论为基础,运用网络拓扑关系来对矿山数据进行有效组织和表达。

　　矿山数据的存储和管理技术主要分为文件管理技术与数据库管理技术。文件管理技术是以文件形式将数据长期保存在外部存储器的磁盘上,存储与管理方式简单、方便,但数据存在冗余、联系弱、不一致性等问题。数据库管理技术是利用数据库管理系统对数据有效的存储、组织和管理的技术。数据库可以提供各种用户共享,具有最小冗余度和较高的数据独立性。数据库管理系统在数据建立、运用和维护时对数据库进行统一控制,以保证数据的完整性和安全性,并在多用户同时使用数据库时进行并发控制,在发生故障后对数据库进行有效恢复。

1.4.4　空间数据统计与分析技术

　　空间数据分析是指利用地理信息系统(GIS)技术和空间统计学等方法,对空间数据进行处理、分析和可视化,以揭示数据之间的空间关系和趋势性,为决策者提供有效的空间决策支持;包括空间关系分析、空间网络分析、空间统计学分析、探索性空间数据分析与空间三维分析等。其中,空间关系分析是分析与空间目标的位置、形状、距离、方位等基本几何特征相关联的空间关系;空间统计分析是以具有地理空间信息特性的事物或现象的空间相互作用及变化规律为研究对象;探索性空间数据分析是指利用统计学原理和图形图表相结合对空间信息的性质进行分析、鉴别,用以引导确定性模型的结构和解法。这些空间数据分析技术对资源储量估算、开采规划设计、采掘计划编制、车辆调度、通风网络解算、避灾路线等数字矿山应用系统至关重要。

1.4.5　数字化地测采务处理技术

　　数字采矿业务处理技术主要包括矿山开采资源评价、储量计算、开采规划与设计、计划排产等系列技术业务数字化。主要通过测量数据、地质勘探数据进行建模分析方法实现资源储量估算,基于资源分布情况利用三维可视化技术、优化仿真技术开展开采规划设计,在现状数字化模型的基础上利用线性规划等技术实现采掘(剥)计划的自动化编制,基于模型的几何量算实现测量验收,以及基于网络模型实现风网自动解算等。

1.5 数字矿山、智能矿山及智慧矿山的关系

自从数字矿山的概念诞生以来，众多学者基于各自的视角对其进行了深入探索和解读，进而拓展出了"智能矿山"和"智慧矿山"等相关概念。在笔者看来，数字矿山与智能矿山、智慧矿山实际上是矿山发展进程中截然不同的阶段，它们之间不应混淆。每个阶段各自承载着独特的历史使命、发展主题，并拥有其独特的内涵、特征、任务和实施方法。因此，应明确区分它们，以便更准确地理解和推动矿山行业的进步。

1.5.1 数字矿山与智能矿山的关系

数字矿山是以数字化为基础，以信息化为技术手段解决矿山全生命周期中技术与管理业务，它是一种新型矿山技术体系和生产管理模式；而智能矿山则是在数字矿山的基础上，利用系统工程理论及网络、自动控制和人工智能等技术，以开采环境数字化和采掘装备自动化为特质，实现采矿设计、计划、生产、调度和决策等过程的智能化，是现代矿山信息化发展的新阶段。由此可见，数字矿山是实现智能矿山的基础，而智能矿山是数字矿山发展的终极目标，两者处于矿山信息化的不同阶段，相互渗透、相互融合，前者重点关注资源、规划、设计、计划和过程管理的数字化建模、仿真、优化和评估，而后者侧重于生产装备、系统和过程的智能化和无人化。

1.5.2 智能矿山与智慧矿山的关系

目前，矿业研究学者对"智能矿山"与"智慧矿山"这两个词有不同的见解。笔者认为首先应该从"智能"与"智慧"两个词本身的含义上进行理解，"智能"是智力和能力的表现，智力是指认识、理解客观事物并运用知识、经验等解决问题的能力，包括记忆、观察、想象、思考、判断等；能力则是完成一项目标或者任务所体现出来的综合素质。而"智慧"是辨析判断和发明创造的能力，是生物所具有的基于神经器官（物质基础）的一种高级的综合能力，包含有感知、知识、记忆、理解、联想、情感、逻辑、辨别、计算、分析、判断、文化、中庸、包容、决定等多种能力。孔子说："知者乐水，仁者乐山。"这句话告诉我们：智慧具有流变、灵动、变通的特性。"智慧"除了有智能的意义外，还有"人文""精神""情感"方面的含义，而这些对于矿山开采注重提高生产力的应用场景来看，"文艺""情感"应该是剩余价值了。更重要的是，矿山开采需要的结果是明确的，而不是灵动的。因此，智能矿山比智慧矿山更贴合矿山需求实际。

思考题

1. 什么是信息化、数字化？两者的区别是什么？
2. 什么是数字矿山、智能矿山，两者的区别是什么？
3. 矿山信息化、数字化经历了哪些重要阶段？未来将走向何处？
4. 数字矿山建设的主要目的、任务有哪些？
5. 数字矿山有哪些关键技术？为什么说空间数据与空间分析技术是数字矿山技术的重要组成部分？

第2章　数字矿山数据组织与结构

数字矿山是以数字形式表达的矿山，是对矿山环境的抽象和综合性表达。在现实世界与数字世界转换过程中，数据模型起着极其重要的作用。对现实世界进行抽象和综合后，首先必须选择相应的数据模型来对其进行数据组织，然后选择相应的数据结构和相应的存储结构，将现实世界对应的信息映射为实际存储的比特数据。数字矿山具有很强的空间性，其基本理论和方法源于地理信息系统(GIS)，特别是数据组织和数据结构。

2.1　矿山认知与模型

2.1.1　现实世界的认知过程

矿山是地理世界的空间对象，空间认知是一个信息加工过程。地理世界是非常复杂的，地理系统表现出来的各种各样的地理现象代表了现实世界。要正确认识和掌握现实世界这些复杂、海量的信息，需要进行去粗取精、去伪存真的加工，对复杂对象的认识是一个从感性认识到理性认识的抽象过程。

通过对各种地理现象的观察、抽象、综合取舍，得到实体目标(有时也称为空间对象)，然后对实体目标进行定义、编码结构化和模型化，以数据形式存入计算机内的过程即为现实世界的认知过程。空间数据表示的基本任务就是将以图形模拟的空间物体表示成计算机能够接受的数字形式。这同时也是一个将客观世界的地理现象转化为抽象表达的数字世界相关信息的过程，这个过程涉及到三个层面：现实世界、概念世界和数字世界。

(1)现实世界是存在于人们头脑之外的客观世界，事物及其相互联系就处在这个世界之中。事物可分成"对象"与"性质"两大类，又分为"特殊事物"与"共同事物"两个重要级别。

(2)概念世界是现实世界在人们头脑中的反映。客观事物在概念世界中称为实体，反映事物联系的是实体模型。

(3)数字世界是概念世界中信息的数据化。现实世界中的事物及联系在这里用数据模型描述。

2.1.2 空间认知三层模型

一般而言,空间数据模型由概念数据模型、逻辑数据模型和物理数据模型三个不同的层次组成。其中概念数据模型是关于实体和实体间联系的抽象概念集,逻辑数据模型表达概念模型中数据实体(或记录)及其间的关系,而物理数据模型则描述数据在计算机中的物理组织、存储路径和数据库结构。

(1)概念数据模型

概念数据模型是人们对客观事实或现象的一种认识,有时也称为语义数据模型。不同的人,由于在所关心的问题、研究对象、期望的结果等方面存在着差异,对同一客观现象的抽象和描述会形成不同的用户视图,称为外模式。概念数据模型是考虑用户需求的共性,用统一的语言描述、综合、集成用户视图。目前存在的概念数据模型主要有矢量数据模型、栅格数据模型和栅矢一体化数据模型,其中矢量数据模型和栅格数据模型应用最为广泛。

(2)逻辑数据模型

逻辑数据模型将前面的概念数据模型确定的空间数据库信息内容(空间实体和空间关系),具体地表达为数据项、记录等之间的关系,这种表达有多种不同的实现方式。常用的数据模型包括层次模型、网络模型和关系模型。

层次模型和网络模型都能显式表达数据实体间的关系,层次模型能反映出实体间的隶属或层次关系,网络模型能反映出实体复杂的多对多关系,但这两种模型都存在结构复杂的缺点。关系数据模型使用二维表格来表达数据实体间的关系,通过关系操作来查询和提取数据实体间的关系,其优点是操作灵活,以关系代数和关系操作为基础,在描述性方面具有较好的一致性,缺点是难以表达复杂对象关系,在效率、数据语义和模型扩展等方面还存在一些问题。

(3)物理数据模型

逻辑数据模型并不涉及最底层的物理实现细节,而计算机处理的只能是二进制数据,所以必须将逻辑数据模型转换为物理数据模型,即要求完成空间数据的物理组织、空间存取方法和数据库总体存储结构等的设计工作。

层次模型的物理表示方法有物理邻接法、表结构法、目录法。网络模型的物理表示方法有变长指针法、位图法和目录法等。关系模型的物理表示通常用关系表来完成。物理组织主要是考虑如何在外存储器上以最优的形式存储数据,通常要考虑操作效率、响应时间、空间利用和总的开销等因素。

2.1.3 空间表达的数学基础

(1)空间参考系统

空间参考系统是地理空间数据表达格式与规范的重要组成部分,它是空间数据共享的基础,保证同一地理信息系统内(甚至不同地理信息系统之间)的数据能够实现交换、配准和共享。

空间参考系统包括坐标系统和地图投影系统。建立坐标系统的前提是确定地球椭球面,将真实的、凸凹不平的地球表面用规则的、可用数学方法描述和表达的椭球面来代替,在此基础上还可以选用不同的空间坐标系统进行定位和定向。地球表面特征的度量往往采用经度和纬度表示,这种方法对于空间位置的确定比较方便,但难以进行距离、方向和面积等参数的计算。人们使用数学方法将地球椭球面转换成笛卡儿平面直角坐标系,或称为二维欧几里得空间,即地图投影。球面或椭球面可以被投影到许多种表面上,各种表面又可以和地球模型相切或相割,因此地图投影的种类很多,据估计超过200种。

(2)时空尺度

尺度是地理信息科学中的一个重要概念,是所有矿山地理信息的重要特性。时空尺度定义了人们观察地球的一种约束,是人类揭示地理现象规律性的关键因素。每一地理实体都有其固有的空间属性,而且尽可能在特定的尺度范围内被有效、完整地观察和测量。在不同空间尺度下,对地理目标抽象表达的信息密度差异很大,而空间数据在不同的观察层次上所遵循的规律以及体现出的特征也不尽相同。

在传统的地图制图领域,比例尺表示图上两点间的距离与实地相应两点之间的距离之比,为地图使用者提供了明确的空间尺度概念。随着传统地图产品逐渐转化为数字化产品,由于数字化地图可以任意缩放,传统空间尺度的概念已失去了意义——计算机中存储的数据与距离无关。

(3)图形表达

空间数据不同于其他数据的重要特征是空间性,即空间位置、空间形状和空间关系等。在多数情况下,这些特征都用图形来表达,图形及其空间组合是在自然和人类综合的、多向的驱动力作用下产生的,科学而形象地显示了空间实体和现象的特征、分布及规律。运用各种图形表象来认识客观世界,显然比用表格和文字来实现同样的目的更简便、更直观。由于客观世界的纷繁复杂,图形表象的形式也是多种多样,有的反映空间要素的数量或质量特征,有的表现空间要素的组合结构特征,有的可以揭示地理现象的发展变化过程与规律。图形包括二维图形和三维模型。数字矿山主要通过图形表达开采设计、开采对象及作业空间与过程。

2.2 采矿与空间数据

2.2.1 采矿活动的空间特征

矿山企业的主要目的就是将矿石开采出来,开采活动发生在矿山空间,该空间是动态延展、变化的,且人类对该空间信息的认知是模糊的,它会随着开采过程的不断推进逐渐清晰。

(1)空间范围是变化的。

(2)空间认知是逐渐清晰的。

(3)开采活动会对空间进行扰动。

因此,空间数据是数字矿山需要重点研究的对象,且其空间数据有其显著的特点。

2.2.2 矿山空间数据的特征

矿山空间数据的基本特征涵盖了多个方面,包括地质、地形、资源分布、环境等多个关键因素,这些特征对于矿山的规划设计、开发开采、监测监管等具有至关重要的作用。

首先，地质特征是矿山空间数据的核心之一。这包括了矿产的分布、岩性、地层结构等方面。通过地质数据，矿山管理者可以了解矿脉的走向、矿石的质地，从而指导采矿工作的实施。对不同种类岩石的分布有深刻认识，有助于选择适当的采矿工艺和设备，提高采矿效率。

其次，地形特征也是至关重要的。地形高低起伏、地势形态的不同直接影响着矿山基础设施的建设和矿区的设计。了解地表的地形特征有助于合理规划道路、铁路等交通网络，优化设备摆放，确保采矿作业的安全和高效进行。

资源分布是矿山空间数据的又一重要特征。这包括了矿体的形状、资源的含量等信息。通过资源分布的空间数据，可以为矿山规划提供科学依据。矿体形状的了解有助于设计合理的采矿方案，而资源含量的分布则决定了采矿的经济效益。这些信息的准确获取对于矿山的长期可持续开发至关重要。

环境特征也是矿山空间数据中的关键组成部分。水资源、植被分布、气候条件等数据对于矿山的环境保护和可持续发展至关重要。合理管理和利用水资源，保护周围的植被，监测气候变化，都是有效降低矿山对环境影响的手段。

地理信息系统(GIS)数据在矿山空间数据中扮演着桥梁和支撑的角色。GIS数据提供了空间坐标、地图等信息，使得各类空间数据能够在统一的平台上进行整合和分析。这为矿山管理者提供了更全面、直观的视角，有助于更科学地做出决策。

总体而言，矿山空间数据的基本特征涉及多个层面，包括地质、地形、资源分布、环境等多个方面；矿山空间数据既有表达空间形态的结构数据也有表达物理、化学属性的属性数据，既有宏观数据也有微观数据，数据模型是动态变化的。这些特征的综合分析与应用有助于提高矿山的生产效率，降低环境影响，实现可持续发展。通过先进的技术手段精准获取和分析这些特征，将在未来推动矿业向更智能、高效的方向发展。因此，矿山空间数据的获取、处理与分析技术是数字矿山技术的重要组成部分。

2.3 矿山空间数据模型

数据的表达与组织是数字矿山空间分析和空间计算的基础，在此基础之上可构造数字矿山不同的数据结构和数据模型。数字矿山同GIS一样，其最基本的空间数据表达形式可概括为两类：矢量数据结构和栅格数据结构。

(1)矢量数据结构

矢量数据结构是通过记录坐标方式，利用欧几里得几何学中的点、线、面及其组合体来表示地理实体空间分布的一种数据表达方式。它直观地表达地理空间，精确地表示实体的空间位置，且能通过拓扑关系来描述各个实体之间的空间关系，有利于GIS空间分析的实现。矢量数据结构对地图上出现的多维实体具有较强表达力，能方便进行比例尺变换、投影转换以及输出到绘图仪和其他显示设备上。

(2)栅格数据结构

栅格数据结构是指将空间分割成有规则的网格，在各个网格上给出相应的属性值来表示地理实体的数据表达形式。其中，每个网格单元称为像元或像素。栅格数据结构实际上就是像元阵列，栅格中的每个像元是栅格数据中最基本的信息存储单元，其坐标位置可以用行号和列号确定，像元大小决定栅格数据的精度。

分别基于矢量和栅格数据结构而派生出的表达二维和三维空间的数据结构和数据模型，如面模型、体模型、场模型、网络模型等。

2.3.1　面模型数据结构

基于面模型的建模方法侧重于 3D 空间实体的表面表示，如地形表面、地质层面、建（构）筑物及地下工程的轮廓与空间框架。所模拟的表面可能是封闭的，也可能是非封闭的。基于采样点的 TIN 模型和基于数据内插的 Grid 模型通常用于非封闭表面模拟；而 B-Rep 模型和 Wire Frame 模型通常用于封闭表面或外部轮廓模拟。Section 模型、Section-TIN 混合模型及多层 DEM 模型通常用于地质建模。通过表面表示形成 3D 空间目标轮廓，其优点是便于显示和数据更新，不足之处由于缺少 3D 几何描述和内部属性记录而难以进行 3D 空间查询与分析。

（1）规则网格

规则网格（regular grid）是由规则的、等间隔的网格单元组成的结构。这些网格单元通常具有相同的形状和大小，以及平行的边界。具有如下特点。

结构简单：规则网格是由规则的、等间隔的网格单元组成的。这些单元可以是正方形、正六边形或正八边形等等，具有相同的形状和大小，不需要存储每个顶点的坐标。

易于处理：由于规则网格的结构简单，对于计算机而言，其处理起来相对容易。在计算和算法上更具有效率。

适用于规则几何体：规则网格特别适用于规则的几何体，如盒子、圆柱等。在这些情况下，规则网格能够提供高效的表示和计算。

（2）不规则网格

不规则网格（irregular grid）是由不同形状和大小的网格单元组成的结构，最常见的不规则网格是不规则三角网（TIN）。与规则网格不同，不规则网格的网格单元可以具有各种形状，这使得不规则网格更适用于表示和处理具有复杂几何形状、非均匀分布的数据或非结构化数据的情况。具有如下特点。

适用于复杂几何体：不规则网格是由不同形状和大小的网格单元组成的，因此更适用于表示和处理复杂的几何形状，尤其是具有曲率变化和不规则边界的物体。

自适应性：不规则网格可以根据几何形状的复杂性自适应地分配更多的网格单元，以提高对几何体的准确表示，这在需要局部细化的区域中很有用。

适用于非结构化数据：在一些应用中，数据可能是不规则分布的，这时不规则网格更适合描述这种非结构化的数据分布。

（3）边界表示法

边界表示法（boundary representation，BR）是以物体边界为基础来描述几何形状，它采用矢量法表达三维目标。每个物体均由有限个面构成，每个面由有限条边围成的有限个封闭域定义，每条边由起点和终点定义。也就是说，物体的边界是有限个单元面的并集，而每个单元面也必须是有界的。在边界表示法中，空间实体的几何信息和拓扑信息是分开存储的，其数据结构可以用体表、面表、弧表、边表、顶点表等五个层次来描述，因此在进行坐标变换时，仅需要改变空间点的坐标，空间实体间的拓扑关系可以保持不变。该方法直接给出了空间实体的边界描述，既有利于图形的生成和几何特性的计算，也易于实现拓扑一致性检验。另一方面，边界表示法数据维护的工作量较大，并且难于精确表达带有曲面的空间实体，缺乏对三维实体内部及拓扑关系等信息的描述。

（4）参数函数曲面表示法

参数函数曲面表示法是一种用参数方程形式表示曲面的方法。通过参数方程，曲面上的每个点都由一个或多个参数的函数表示，可以通过变化参数的值来获得曲面上的不同点，从而构建整个曲面。其有如下特点和性质。

灵活性：参数函数曲面表示法对曲面的控制更灵活，通过调整参数值，可以轻松地修改曲面的形状、大小、方向等属性。

可变性：通过改变参数 u 和 v 的值，可以在不改变整体曲面结构的情况下对曲面进行变换，如旋转、缩放、平移等。

数学表达：参数函数曲面表示法通常使用数学函数来描述曲面，这使得它在数学建模和计算机图形学等领域中具有广泛应用。

一般地，对于二维参数 u 和 v，曲面上的点 (x, y, z) 可以用参数方程表示为：

$$x = f(u, v)$$
$$y = g(u, v)$$
$$z = h(u, v)$$

式中：$f(u, v)$，$g(u, v)$，$h(u, v)$ 是关于 u 和 v 的函数，它们描述了曲面在参数空间中的形状。

常见的参数函数曲面表示法有以下 3 种。

二次曲面：二次曲面的参数方程常常以二次多项式形式表示。例如，椭球面的参数方程为：

$$x = a\cos(u)\sin(v)$$
$$y = b\sin(u)\sin(v)$$
$$z = c\cos(v)$$

式中：a，b，c 是椭球的轴长。

Bézier 曲面：Bézier 曲面是由一组控制点控制的曲面，其参数方程形式如下：

$$x(u, v) = \sum_{i=0}^{n} \sum_{j=0}^{m} B_i^n(u) B_j^m(v) P_{ijx}$$
$$y(u, v) = \sum_{i=0}^{n} \sum_{j=0}^{m} B_i^n(u) B_j^m(v) P_{ijy}$$
$$z(u, v) = \sum_{i=0}^{n} \sum_{j=0}^{m} B_i^n(u) B_j^m(v) P_{ijz}$$

式中：$B_i^n(u)$ 和 $B_j^m(v)$ 是 Bézier 基函数；P_{ijx}，P_{ijy}，P_{ijz} 是控制点坐标；n，m 为二维空间两个维度的次数；$u \in [0, 1]$，$v \in [0, 1]$。

NURBS 曲面：非均匀有理样条曲面是由一组控制点和权重控制的曲面，其参数方程形式与 Bézier 曲面类似。

参数函数曲面表示法在计算机辅助设计（CAD）、计算机图形学、三维建模等领域中有广泛应用，因为它能够提供对曲面进行精确建模和控制的有效手段。

2.3.2　不规则三角网(TIN)

(1)TIN 简介

不规则三角网(traingulated irregular network，TIN)是由不规则分布的数据点连成的三角网组成，三角面的形状和大小取决于不规则分布的观测点或结点的密度和位置，如图 2-1 所示。用来描述 TIN 的基本元素有三个：结点、边和面。结点是相邻三角形的公共顶点，也是用来构建 TIN 的采样数据。边是两个三角形的公共边界，是 TIN 不光滑性的具体反映，它同时包含特征线、断裂线和区域边界。面是由最近的三个结点组成的三角形面，是 TIN 描述地形表面的基本单元，不能交叉和重叠。结点、边和面之间存在着关联、邻接等拓扑关系。

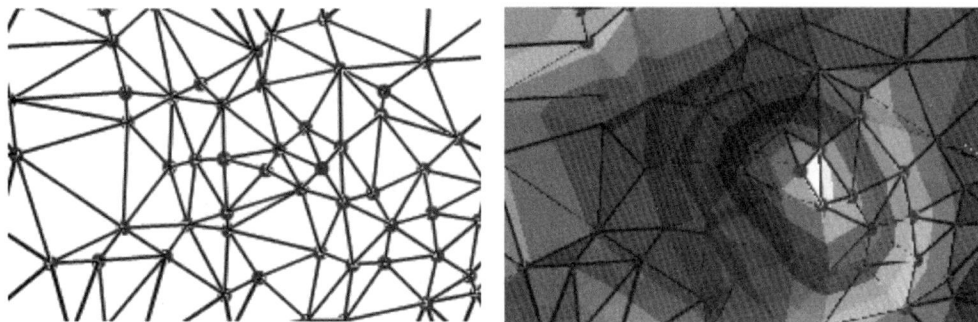

图 2-1　不规则三角网(TIN)

不规则三角网能随地形起伏变化的复杂性而改变采样点的密度和决定采样点的位置，因而能克服地形起伏不大的地区产生数据冗余的问题，利用它来绘制三维立体图具有较好的显示效果。同时还能按地形特征点如山脊、山谷及其他重要地形特征获得地形数据。TIN 的数据存储方式比格网 DEM 复杂，它不仅要存储每个点的高程，还要存储其平面坐标、节点连接的拓扑关系，三角形及邻接三角形等关系。不规则三角网方法能够较好地表示复杂地形，缺点是数据结构复杂，不便于规范化管理，难以与矢量和栅格数据进行联合分析。而且，由于三角网是不规则排列的，计算每一点高程值的实时性不如规则网格模型。

(2)TIN 数据结构

不规则三角网的一个常用方式就是使用共享的顶点列表和面的列表，这样的表示方法在许多情况下都非常方便和高效，但是在某些特定的领域，如临近查询，效率比较低。因此，通过记录边的左右三角形(如图 2-2 所示)或三角形的相邻三角形(如图 2-3 所示)提升查询、遍历速度。更为有效的方式是半边数据结构，如图 2-4 所示，所以这样称呼半边数据结构，是因为不是存储网格的边(edge)，而是存储半边(half edge)。顾名思义，半边是边的一半并且是通过沿其长度分割边来构造的，将构成边的两个半边称为半边对(pair)。半边是定向的，半边对的两条边有相反的方向。半边数据结构支持众多查询都能在恒定时间内执行。更优秀的是，即使包含了面、顶点和边的邻接信息，数据结构的大小是固定的(没有使用动态数组)且紧凑的。

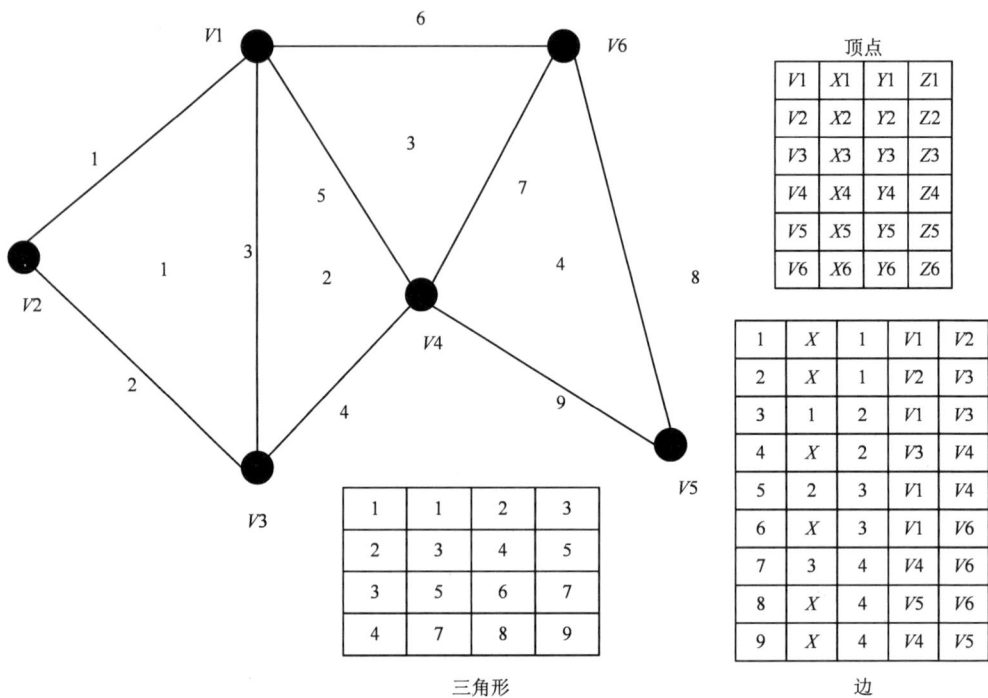

顶点

V1	X1	Y1	Z1
V2	X2	Y2	Z2
V3	X3	Y3	Z3
V4	X4	Y4	Z4
V5	X5	Y5	Z5
V6	X6	Y6	Z6

1	X	1	V1	V2
2	X	1	V2	V3
3	1	2	V1	V3
4	X	2	V3	V4
5	2	3	V1	V4
6	X	3	V1	V6
7	3	4	V4	V6
8	X	4	V5	V6
9	X	4	V4	V5

边

1	1	2	3
2	3	4	5
3	5	6	7
4	7	8	9

三角形

图 2-2　记录边的相邻三角形

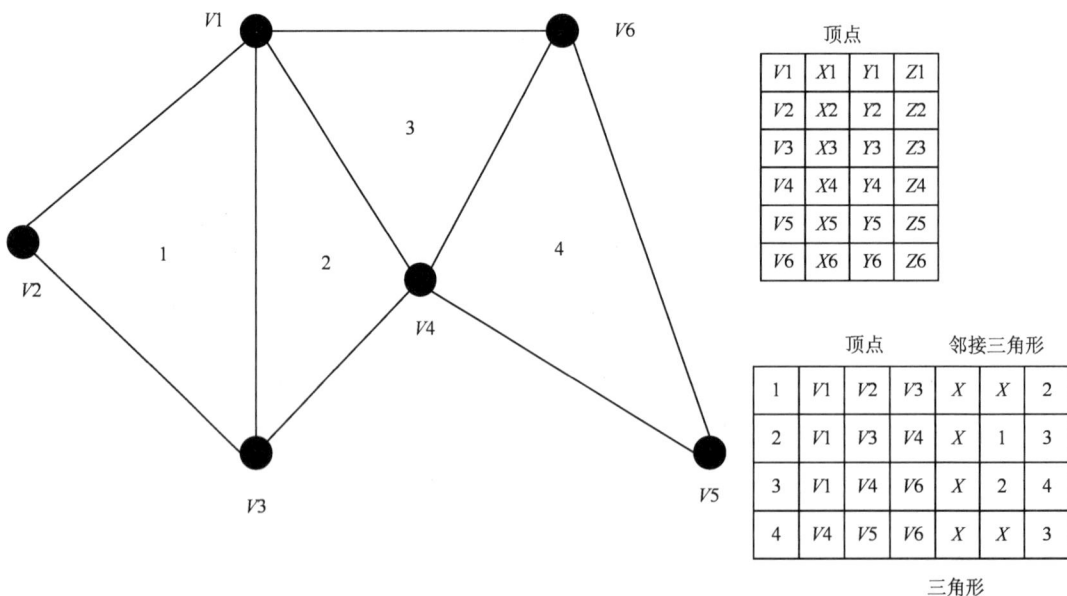

顶点

V1	X1	Y1	Z1
V2	X2	Y2	Z2
V3	X3	Y3	Z3
V4	X4	Y4	Z4
V5	X5	Y5	Z5
V6	X6	Y6	Z6

顶点			邻接三角形		
1	V1	V2	V3	X	X	2
2	V1	V3	V4	X	1	3
3	V1	V4	V6	X	2	4
4	V4	V5	V6	X	X	3

三角形

图 2-3　记录三角形的相邻三角形

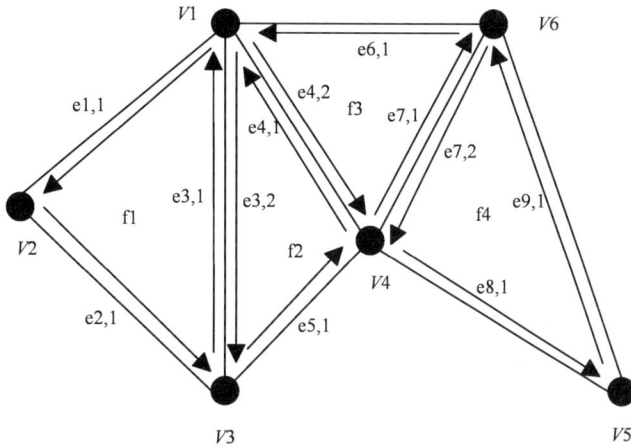

半边	起始点	孪生边	对应面	下一条边	上一条边
e1,1	V1	X	f1	e2,1	e3,1
e2,1	V2	X	f1	e3,1	e1,1
e3,1	V3	e3,2	f1	e1,1	e2,1
e3,2	V1	e3,2	f2	e5,1	e4,1
e4,1	V4	e4,2	f2	e3,2	e5,1
e4,2	V1	e4,1	f3	e7,1	e6,1
e5,1	V3	X	f2	c4,1	e3,2
e6,1	V6	X	f3	e4,2	e7,1
e7,1	V4	e7,2	f3	e6,1	e4,2
e7,2	V6	e7,1	f4	e8,1	e9,1
e8,1	V4	X	f4	e9,1	e7,2
e9,1	V5	X	f4	e7,2	e8,1

图 2-4　半边数据结构

2.3.3　体模型数据结构

体模型基于 3D 空间的体元分割和真 3D 实体表达，体元的属性可以独立描述和存储，因而可以进行 3D 空间操作和分析。体元模型可以按体元的面数分为四面体（tetrahedron）、六面体（hexahedron）、棱柱体（prismoid）和多面体（polyhedron）等类型，也可以根据体元的规整性分为规则体元和不规则体元两个大类。

（1）三维栅格结构

三维栅格结构是一种基于体元表示的数据结构，在对连续分布的不规则矿体、矿山、自然实体和建筑物（如巷道）等进行表示时，具有明显的优越性。它将地理实体的三维空间分成细小的体元，以体元的三维行、列、深度号表示地理实体的空间位置，并建立与属性的实时关联。三维栅格结构是一个紧密排列充满三维空间的阵列，其优点是对三维空间进行标准划分,可以表达微观尺度上的属性变化,并能方便进行有关的空间分析。但由于存储空间浪费很大,计算速度也较慢,因此在实际应用中往往作为中间表示。三维栅格结构中最简单并经常使用的是等边长的正方体体元(如同二维中的等边长正方形像元),它是二维中的栅格结构在三维中的推广,亦称为晶胞结构。

运用三维栅格结构可有效处理如下情况:①快速建立正投影剖面和等视角投影;②快速建立倾斜剖面;③快速旋转;④利用快速逻辑操作进行两个栅格的交切;⑤沿正面或任意剖面方向进行切割;⑥在水平或垂直剖面上进行交互模拟和编辑。

(2)八叉树结构

八叉树结构(octree)是由四叉树结构(quadtree)推广到三维空间形成的一种三维栅格数据结构,其树形的结构在空间分解上具有很强的优势,一定程度上克服了等边长立方体栅格数据量大的弊端。该结构将一个立方体的三维空间等分为八个卦限,如果某一个卦限内的物体属于同一属性就不再细分,否则,将该卦限再细分为八个卦限,直到每个体元内都属于同一属性或达到规定的限差为止。显然,这种八叉树结构实质上是边长可对半细分的立方体充填模型,可视为三维栅格结构的变体。八叉树结构具有树的深度小、遍历速度快的特点。其编码方法有普通八叉树、线性八叉树、三维行程编码八叉树等。线性和三维行程编码八叉树由于数据压缩量大、操作灵活,在三维数据结构中用得较多,用它表示实体的存储空间一般仅为普通三维栅格结构的10%~30%。八叉树表示在空间分析、布尔操作、数据库管理方面显示出明显优势,其结构表示如图2-5所示。

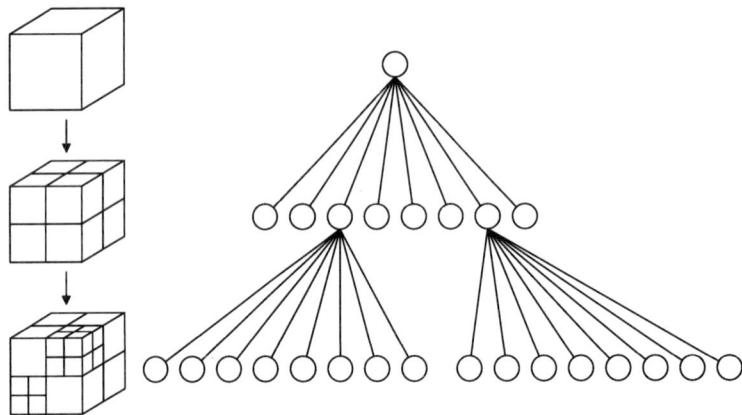

图2-5 八叉树数据结构显示

从实际应用角度来说,八叉树结构能够很好地表达地质体内部的非均质特性,且相应的空间分析算法易于实现。其主要缺点是数据量大,难以实现实时交互的特性。但影响八叉树应用的更主要因素还是三维空间对象矢量数据的生成问题,它在很大程度上限制了八叉树所能表达的地学复杂程度,因此研究和解决实际应用中的三维矢量数据的获取问题十分重要。

(3)结构实体几何模型

结构实体几何模型(constructive solid geometry,CSG)是将简单的几何形体(如立方体、球体等)通过集合运算(并、交、差)和刚体几何变换(比例、平移、旋转)形成一棵有序的二叉树，以此表示复杂形体。树的叶结点为几何形体或刚体运动的变换参数，分叉结点则是集合操作或是刚体的几何变换。这种操作或变换只对紧接着的子结点(子形体)起作用，每棵子树(非变换叶子结点)表示它下面两个结点的组合及变换结果，树根表示整个形体。该方法由 Voelcker 和 Requicha 在 1977 年提出，其在几何形状定义方面具有精确、严格的优点，形状数据结构包含在判别函数的方程式中，故模型的误差很小。体和面是结构实体几何法的基本定义单位，因而其数据结构简单，存储空间小。该方法常与边界表示法结合，用于 CAD/CAM 系统。但由于该方法不具备面、边、弧、点的拓扑关系，在图形显示方面存在不足，难以在三维 GIS 中广泛应用。

(4)四面体格网模型

四面体格网(tetrahedral network，TEN)模型是用紧密排列但不重叠的不规则四面体格网来表示空间目标，其实质是二维 TIN 结构的三维扩展。四面体格网由点、线、面、体等四类基本元素组成，每个四面体由四个顶点、六条边、四个面构成。整个格网的几何变换可以是每个四面体变换后的组合，这种特性便于分析许多复杂的空间数据。同时，四面体格网既具有体结构的优点(如快速几何变换和显示)，也可以看成是一种特殊的边界表示，具有一些边界表示的优点(如拓扑关系的快速处理等)。

四面体网格的优势在于它可以提供更多的细节，从而使模型更加真实。它可以用于创建复杂的三维空间模型，如自然场景、建筑物、机器人等。四面体网格因其精确的细节和强大的功能而受到广泛应用。它可以用于游戏开发、虚拟现实、机器人控制、模拟和计算机图形学等方面。它可以帮助人们更好地理解和模拟现实世界，为人们提供更多的可能性。

四面体格网及其数据结构如图 2-6 所示。

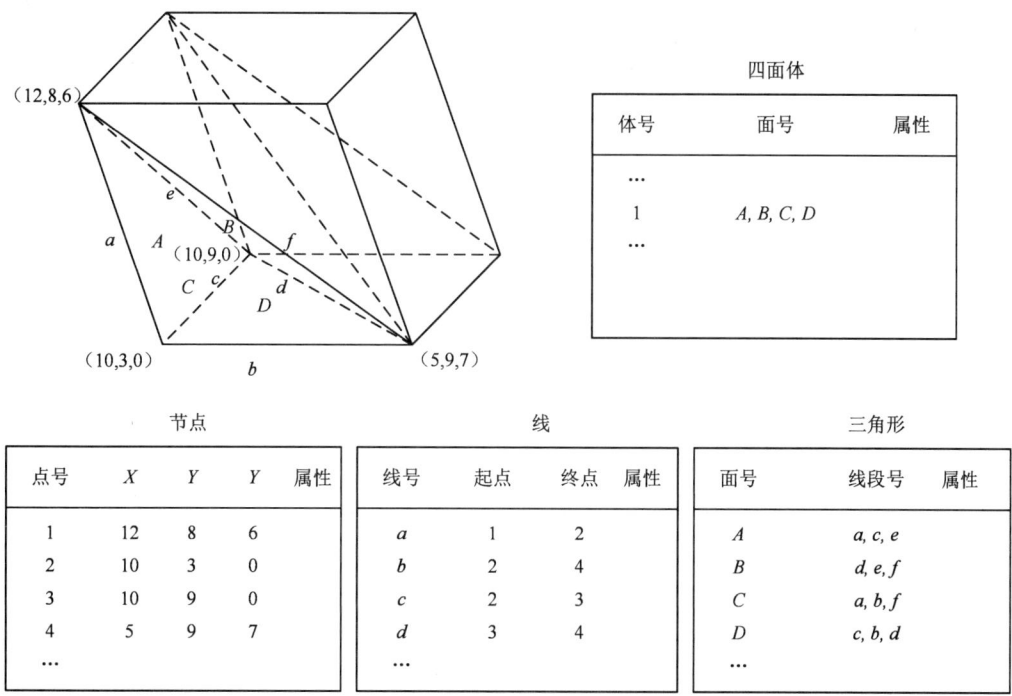

四面体

体号	面号	属性
...		
1	A, B, C, D	
...		

节点

点号	X	Y	Y	属性
1	12	8	6	
2	10	3	0	
3	10	9	0	
4	5	9	7	
...				

线

线号	起点	终点	属性
a	1	2	
b	2	4	
c	2	3	
d	3	4	
...			

三角形

面号	线段号	属性
A	a, c, e	
B	d, e, f	
C	a, b, f	
D	c, b, d	
...		

图 2-6　四面体格网及其数据结构

2.3.4 混合模型数据结构

基于面模型的建模方法侧重于 3D 空间实体的表面表示，如地形表面、地质层面等，通过表面表示形成 3D 目标的空间轮廓，其优点是便于显示和数据更新，不足之处是难以进行空间分析。基于体模型的建模方法侧重于 3D 空间实体的边界与内部的整体表示，如地层、矿体、水体、建筑物等，通过对体的描述实现 3D 目标的空间表示，优点是易于进行空间操作和分析，但存储空间大，计算速度慢。混合模型则是综合了面模型和体模型的优点，以及规则体元与不规则体元的优点，取长补短。

（1）TIN-CSG 混合模型

TIN-CSG 混合模型是当前城市三维 GIS 建模的主要方式，以 TIN 模型表示地形表面，以 CSG 模型表示城市建筑物，两种模型的数据分开存储。为了实现 TIN 与 CSG 的集成，在 TIN 模型的形成过程中将建筑物的地面轮廓作为内部约束，把 CSG 模型中建筑物的编号作为 TIN 模型中建筑物的地面轮廓多边形的属性，并且将两种模型集成在一个用户界面中。这种集成是一种表面上的集成，因为一个目标只由一种模型来表示，再通过公共边界来连接，其操作与显示都是分开进行的。

（2）TIN-Octree 混合模型

TIN-Octree 混合模型是以 TIN 表达三维空间物体的表面和拓扑关系，以 Octree 表达内部结构，用指针建立 TIN 和 Octree 之间的联系。该模型集中了 TIN 与 Octree 的优点，拓扑关系搜索非常有效，而且可以充分利用映射和光线跟踪等可视化技术，其缺点是 Octree 数据与 TIN 数据之间的关系维护困难。

TIN-Octree 混合模型的数据结构由相邻三角形文件、节点文件、坐标文件、指针文件和八叉树文件等五个文件构成。TIN-Octree 混合模型及其数据结构如图 2-7 所示，其中，TIN

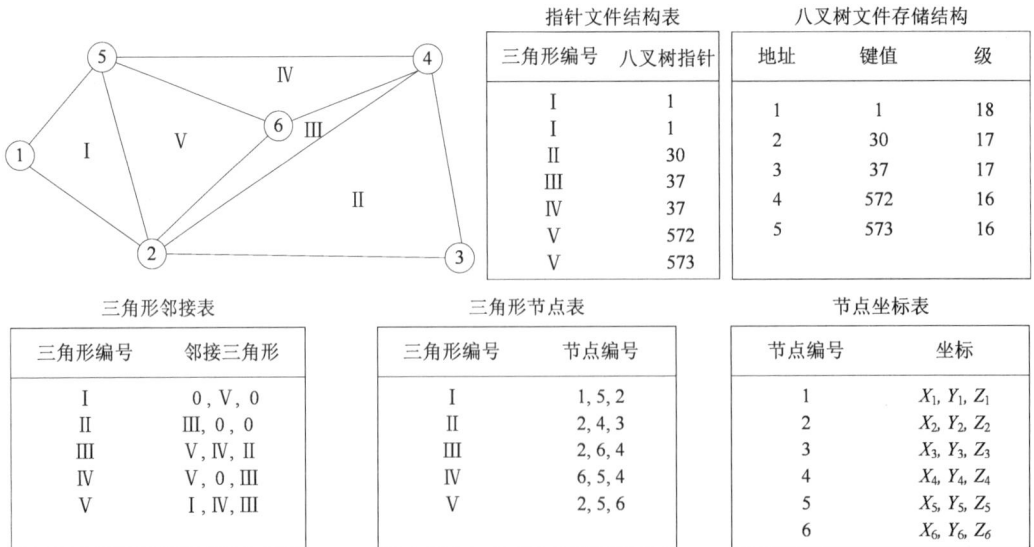

指针文件结构表

三角形编号	八叉树指针
I	1
I	1
II	30
III	37
IV	37
V	572
V	573

八叉树文件存储结构

地址	键值	级
1	1	18
2	30	17
3	37	17
4	572	16
5	573	16

三角形邻接表

三角形编号	邻接三角形
I	0，V，0
II	III，0，0
III	V，IV，II
IV	V，0，III
V	I，IV，III

三角形节点表

三角形编号	节点编号
I	1，5，2
II	2，4，3
III	2，6，4
IV	6，5，4
V	2，5，6

节点坐标表

节点编号	坐标
1	X_1, Y_1, Z_1
2	X_2, Y_2, Z_2
3	X_3, Y_3, Z_3
4	X_4, Y_4, Z_4
5	X_5, Y_5, Z_5
6	X_6, Y_6, Z_6

图 2-7 TIN-Octree 混合模型及其数据结构

模型描述八叉树模型所反映的三维目标的表面细节，相邻三角形文件存储各三角形的相邻关系，节点文件描述各三角形的三个节点编号，坐标文件反映各节点的三维坐标，指针文件用于定位、存储各三角形描述的目标体的八叉树数据。

（3）Octree-TEN 混合模型

虽然八叉树结构数据量巨大，但具有结构简单、操作方便等优点，而四面体格网能够保存原始观测数据，并能精确表示目标和较为复杂的空间拓扑关系，但其结构较八叉树复杂，为充分发挥两种数据结构的优点，李德仁院士提出了八叉树结构与四面体格网结合的混合数据结构，如图 2-8 所示。

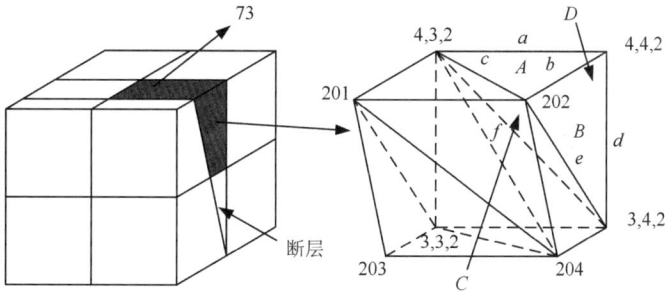

图 2-8　Octree-TEN 混合数据结构示意图

Octree-TEN 模型以 Octree 作整体描述，以 TEN 做局部描述，Octree 与 TEN 混合数据结构的数据组织如图 2-9 所示。该混合模型虽然可以解决地质体中断层或结构面等复杂情况的建模问题，但不易建立空间实体间的拓扑关系。

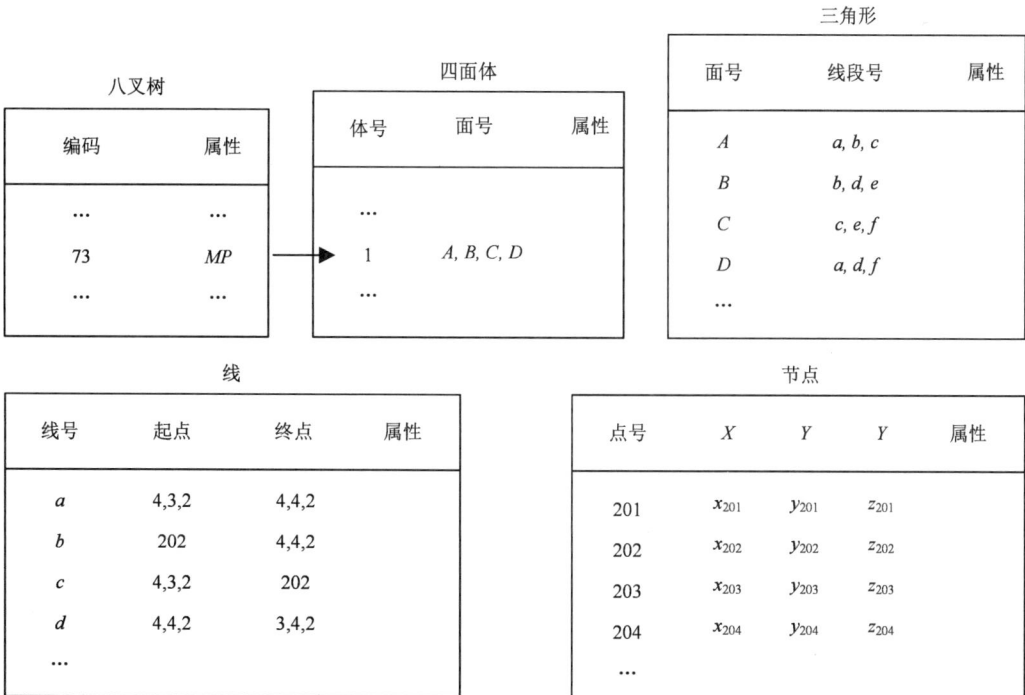

图 2-9　Octree 与 TEN 混合数据结构的数据组织

在图 2-9 中,用一个特殊的属性值(八叉树编码中的 MP)实现八叉树与四面体格网的结合(M 是标识符,P 是指针)。另外,通过八叉树编码可以得到对应八分体的 8 个顶点,如图 2-8 中的(3,3,2)和(3,4,2)等,将它们与八分体内的特征点(如 201,202)结合起来以形成局部四面体格网。单一八叉树结构或四面体格网可以看成是混合结构的两个特例。

综上所述,基于混合结构的数据模型充分利用了不同数据模型在表示不同空间实体时所具有的优点,实现了对三维地理空间现象有效、完整的描述。但也存在数据量大,必须在两种表示方法间不断转换以保持表示一致性的问题,而且不同模型之间的转换有时只能是近似的,甚至是不成立的,如四面体格网模型只能近似地转换到八叉树模型,而八叉树模型不能转换到 CSG 模型。由于三维几何与拓扑方面的复杂性,难以有一个完善的三维数据模型来描述所有的三维空间目标,因此,采用混合结构的数据模型是现阶段三维 GIS 理论和应用发展的重要方向。

2.3.5 场模型数据结构

2.3.5.1 栅格模型

栅格数据结构以坐标隐含、属性信息明显的方式来表达现实世界。由于栅格数据结构简单,经常用于属性场的表达。栅格数据实际上就是像元阵列,每个像元由行列号确定其所在的平面位置,每个像元的空间坐标不一定要直接记录,因为像元记录的顺序已经隐含了空间坐标,通过给像元赋予属性以表达该像元所覆盖的空间实体的类型或属性值的编码。

点实体在栅格数据结构中由一个像元表示;线实体由一系列相互连接的像元串的集合组成;面实体则由聚集在一起的相邻像元团块表示;体实体是由"三维像元"组成的体素模型。

栅格数据中像元一般选择为规则的方形,像元具有固定的尺寸和位置,像元大小决定了栅格数据的精度。遥感影像属于典型的栅格结构,每个像元的数字表示影像的灰度等级。

栅格行列阵列类似于数学中的矩阵(数组),在计算机中较容易存储、操作和显示,因此这种数据结构算法简单,容易实现,且易于扩充和修改,特别是易于同遥感影像数据结合处理,给地理空间数据处理带来了极大的方便。二维表示的

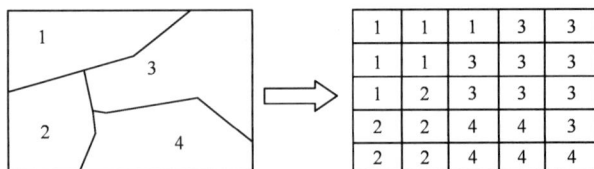

图 2-10 栅格矩阵结构

栅格数据结构有栅格矩阵结构(如图 2-10 所示)、游程编码结构和四叉树编码结构等。

2.3.5.2 数学模型

最为重要的表达场的数学模型有隐函数和神经网络场。

(1)隐函数

隐函数可以用来表示场。在数学中,一个场可以被描述为一个隐函数,这个隐函数定义了场中每个点的属性值,通常是一个连续函数。隐函数是指在一个方程中,其中的一个变量的表达式不是显式给出,而是通过方程的其他部分来定义。这个未显式表示的变量通常被称

为隐含变量。考虑方程 $F(x, y)=0$，其中 F 是一个给定的函数。如果方程不是显式地给出 y 关于 x 的表达式，而是通过 $F(x, y)=0$ 来定义 y，那么 y 就是 x 的隐函数，形式上可以表示为 $y=g(x)$，但 $g(x)$ 的具体形式未给出。例如，一个二维平面上的温度场可以用隐函数 $F(x, y, T)=0$ 表示，其中 x 和 y 是平面上的坐标，T 是温度，是 (x, y) 的函数，$F(x, y, T)=0$ 描述了平面上每个点的温度与坐标的关系。这是一个隐函数，因为它将空间坐标映射到温度值，尽管温度的分布是通过该方程来表示的。类似地，空间中的其他场，如电场、重力场、磁场等，也可以使用适当的隐函数方程来表示。这些方程通常是数学建模和物理建模中的重要工具，用于研究和分析场的性质和行为。

（2）神经网络场

神经网络场是一种可以用来表示场的方法。它基于神经网络的思想，将神经元或神经网络层的输出解释为场的属性值。这种方法通常用于学习和估计场的性质，尤其是在计算机视觉、图像处理和模式识别领域，近几年在三维建模技术中发展迅速（如 NeRF、NeuS 等）。在神经网络场中，通常会使用卷积神经网络（convolutional neural networks，CNN）或其他深度学习架构来处理空间数据。神经网络场可以用于分析和处理各种类型的场数据。例如，对于图像场，神经网络场可以将图像的每个像素点看作一个神经元，然后通过卷积层和全连接层等神经网络层来学习图像的特征和属性。这样的神经网络场可被用来进行图像分类、对象检测、分割等任务。总之，神经网络场是一种可以用来表示场的现代方法，它通过深度学习技术来学习和估计场的属性值，广泛应用于多个领域中，以处理和分析不同类型的场数据。

2.3.6　网络模型数据结构

2.3.6.1　网络模型基础——图论

图论是数学的一个重要分支，主要研究图的性质、关系和算法。所谓图，概括地讲就是由一些点和这些点之间的连线组成的。定义为 $G=(V, E)$，式中 V 是顶点的非空有限集合，称为顶点集；E 是边的集合，称为边集，边一般用 (v_i, v_j) 表示，其中 v_i，v_j 属于顶点集 V。以下用 $|V|$ 表示图 $G=(V, E)$ 中顶点的个数，$|E|$ 表示边的条数。

图的示例如图 2-11 所示，其中图 2-11(a) 共有 3 个顶点、2 条边，将其表示为 $G=(V, E)$，$V=\{v_1, v_2, v_3\}$，$E=\{(v_1, v_2), (v_1, v_3)\}$。

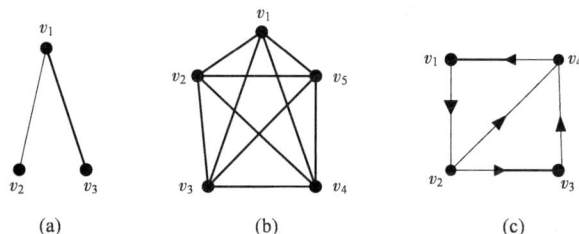

图 2-11　图的示意图

(1)无向图和有向图

如果图的边是没有方向的,则称此图为无向图(简称为图),无向图的边称为无向边(简称边)。如图2-11(a)和(b)都是无向图。连接两顶点v_i和v_j的无向边记为(v_i, v_j)或(v_j, v_i)。

如果图的边是有方向(带箭头)的,则称此图为有向图,有向图的边称为弧(或有向边),如图2-11(c)是一个有向图。连接两顶点v_i和v_j的弧记为$\langle v_i, v_j \rangle$,其中v_i称为起点,v_j称为终点。显然此时弧$\langle v_i, v_j \rangle$与弧$\langle v_j, v_i \rangle$是不同的两条有向边。有向图的弧的起点称为弧头,弧的终点称为弧尾。有向图一般记为$D=(V, A)$,其中V为顶点集,A为弧集。

例如,图2-11(c)可以表示为$D=(V, A)$,顶点集$V=\{v_1, v_2, v_3, v_4\}$,弧集为$A=\{\langle v_1, v_2 \rangle, \langle v_2, v_3 \rangle, \langle v_2, v_4 \rangle, \langle v_3, v_4 \rangle, \langle v_4, v_1 \rangle\}$。

对于图除非指明是有向图,一般地,所谓的图都是指无向图。有向图也可以用G表示。

(2)简单图和完全图

定义2.1 设$e=(u, v)$是图G的一条边,则称u、v是e的端点,并称u与v相邻,边e与顶点u(或v)相关联。若两条边e_i与e_j有共同的端点,则称边e_i与e_j相邻;称有相同端点的两条边为重边;称两端点均相同的边为环;称不与任何边相关联的顶点为孤立点。

图2-12中,边e_2与e_3为重边,e_5为环,顶点v_5为孤立点。

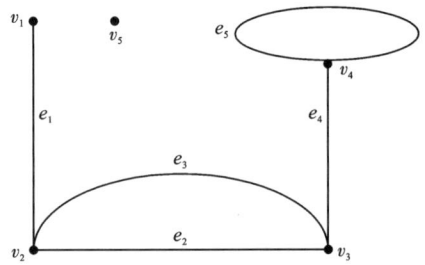

图2-12 非简单图示例

定义2.2 无环且无重边的图称为简单图。

图2-12不是简单图,因为图中既含重边(e_2与e_3)又含环(e_5)。

定义2.3 任意两点均相邻的简单图称为完全图。含n个顶点的完全图记为K_n。

(3)赋权图

定义2.4 如果图G的每条边e都附有一个实数$w(e)$,则称图G为赋权图,实数$w(e)$称为边e的权。

赋权图也称为网络,如图2-11(a)就是一个赋权图。赋权图中的权可以是距离、费用、时间、效益、成本等。

如果有向图D的每条弧都被赋予了权,则称D为有向赋权图。

(4)顶点的度

定义2.5 ①在无向图中,与顶点v关联的边的数目(环算两次)称为v的度,记为$d(v)$。

②在有向图中,从顶点v引出的弧的数目称为v的出度,记为$d^+(v)$,从顶点v引入的弧的数目称为v的入度,记为$d^-(v)$,$d(v)=d^+(v)+d^-(v)$称为v的度。

度为奇数的顶点称为奇顶点,度为偶数的顶点称为偶顶点。

定理2.1 给定图$G=(V, E)$,所有顶点的度数之和是边数的2倍,即

$$\sum_{v \in V} d(v) = 2|E|$$

推论2.1 任何图中奇顶点的总数必为偶数。

(5)子图

定义 2.6　设 $G_1=(V_1,E_1)$ 与 $G_2=(V_2,E_2)$ 是两个图,并且满足 $V_1\subset V_2$,$E_1\subset E_2$,则称 G_1 是 G_2 的子图。如 G_1 是 G_2 的子图,且 $V_1=V_2$,则称 G_1 是 G_2 的生成子图。

(6)道路与回路

设 $W=v_0e_1v_1e_2\cdots e_kv_k$,其中 $e_i\in E(i=1,2,\cdots,k)$,$v_j\in V(j=0,1,\cdots,k)$,e_i 与 v_{i-1} 和 v_i 关联,称 W 是图 G 的一条道路,简称路,k 为路长,v_0 为起点,v_k 为终点;各边相异的道路称为迹(trail);各顶点相异的道路称为轨道(path),记为 $P(v_0,v_k)$;起点和终点重合的道路称为回路;起点和终点重合的轨道称为圈,即对轨道 $P(v_0,v_k)$,当 $v_0=v_k$ 时成为一个圈。称以两顶点 u,v 分别为起点和终点的最短轨道之长为顶点 u,v 的距离。

(7)连通图与非连通图

在无向图 G 中,如果从顶点 u 到顶点 v 存在道路,则称顶点 u 和 v 是连通的。如果图 G 中的任意两个顶点 u 和 v 都是连通的,则称图 G 是连通图,否则称为非连通图。非连通图中的连通子图,称为连通分支。

在有向图 G 中,如果对于任意两个顶点 u 和 v,从 u 到 v 和从 v 到 u 都存在道路,则称图 G 是强连通图。

2.3.6.2　图的矩阵表示

本节均假设图 $G=(V,E)$ 为简单图,其中 $V=\{v_1,v_2,\cdots,v_n\}$,$E=\{e_1,e_2,\cdots,e_m\}$。M,W 分为顶点与边的关联矩阵和顶点与顶点的邻接矩阵。

(1)关联矩阵

对于无向图 G,其关联矩阵 $M=(m_{ij})_{n\times m}$,其中:

$$m_{ij}=\begin{cases}1,&\text{若 }v_i\text{ 与 }e_j\text{ 相关联}\\0,&\text{若 }v_i\text{ 与 }e_j\text{ 不关联}\end{cases}$$

对有向图 G,其关联矩阵 $M=(m_{ij})_{n\times m}$,其中:

$$m_{ij}=\begin{cases}1,&\text{若 }v_i\text{ 是 }e_j\text{ 的起点}\\-1,&\text{若 }v_i\text{ 是 }e_j\text{ 的终点}\\0,&\text{若 }v_i\text{ 与 }e_j\text{ 不关联}\end{cases}$$

(2)邻接矩阵

对无向非赋权图 G,其邻接矩阵 $W=(w_{ij})_{n\times n}$,其中:

$$w_{ij}=\begin{cases}1,&\text{若 }v_i\text{ 与 }v_j\text{ 相邻}\\0,&\text{若 }v_i\text{ 与 }v_j\text{ 不相邻}\end{cases}$$

对有向非赋权图 G,其邻接矩阵 $W=(w_{ij})_{n\times n}$,其中:

$$w_{ij}=\begin{cases}1,&\text{若 }(v_i,v_j)\in E\\0,&\text{若 }(v_i,v_j)\notin E\end{cases}$$

对无向赋权图 G,其邻接矩阵 $W=(w_{ij})_{n\times n}$,其中:

$$w_{ij}=\begin{cases}\text{顶点 }v_i\text{ 与 }v_j\text{ 之间边的权},&(v_i,v_j)\in E\\0(\text{或}\infty),&v_i\text{ 与 }v_j\text{ 之间无边时}\end{cases}$$

注：当两个顶点之间不存在边时，根据实际问题的含义或算法需要，对应的权可以取为0 或∞。

有向赋权图的邻接矩阵可类似定义。图 2-13 是无向赋权图及其邻接矩阵。

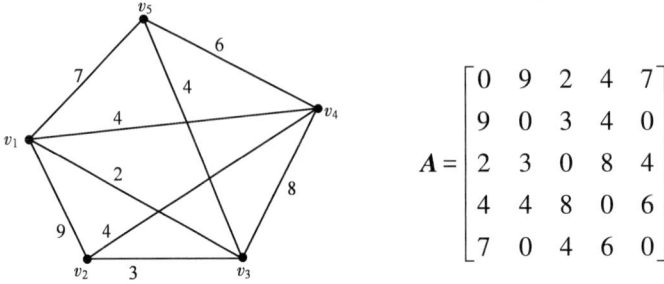

$$A = \begin{bmatrix} 0 & 9 & 2 & 4 & 7 \\ 9 & 0 & 3 & 4 & 0 \\ 2 & 3 & 0 & 8 & 4 \\ 4 & 4 & 8 & 0 & 6 \\ 7 & 0 & 4 & 6 & 0 \end{bmatrix}$$

图 2-13　无向赋权图及其邻接矩阵

2.3.6.3　网络数据模型

将图论中网络的概念引入到地理空间中描述和表达基于网络的地理目标，产生了地理网络。地理网络是 GIS 中一类独特的数据实体，是由若干线性实体相互连接形成的一个系统。现实世界中，资源由网络来传输，实体间的联络也由网络来实现。例如，城市公共汽车沿道路网运行形成公共交通网络，水库中的水流沿排水管流动形成排水管网络。GIS 中的地理网络与图论中的网络相比有其自身的特点，前者作为一种复杂的地理目标，除具有一般网络的边、结点间的抽象拓扑意义之外，还具有空间定位上的地理意义和目标复合上的层次意义。

网络数据模型是现实世界网络系统(如交通网、通讯网、自来水管网、煤气管网等)的抽象表示。按照几何形态，空间实体被抽象为点、线、面目标，构成网络的最基本元素是线性实体以及这些实体的连接交汇点。前者称为弧或链(Link)或边(edge)，后者称为结点或节点(node)。网络的几何形状可被数字化或由现有数据源导入，且必须具有实际应用的适当属性。

(1)链

链是构成网络的骨架，是现实世界中各种线路的抽象和资源传输或通信联络的通道，可以代表公路、铁路、街道、航线、水管、煤气管、输电线、河流等。链包括图形信息和属性信息，链的属性信息包括阻碍强度和资源需求量，链的阻碍强度是指在通过一条链时所需要花费的时间或者费用等，如资源流动的时间、速度。链是有方向的，当资源沿着网络中的不同方向流动时所受到的阻碍强度可能相同，也可能不同。例如，在一条河道中，一条轮船沿顺流和逆流两个方向行船所受到的阻碍强度是不同的，顺流时花费时间比较少，而逆流就要花费较长的时间。链的资源需求量是指沿着网络链可以收集到的或者可以分配给一个中心的资源总量。网络中不同的链有不同的需求量，但一条链上只有一个资源需求量。例如，一条街道上居住了 3 个学生，那么这条街道对学校的资源需求量就是 3。在网络的资源分配中，必须严格考虑资源的需求量，分配给一个中心的各个弧段资源需求量的总和不能超过该中心的资源需求总容量。在路径分析中，资源需求量是一个可选择的属性，如果选择了这个属性，资源需求总量就会沿着所经历的弧段累积起来。

（2）结点

结点是网线的端点，又是网线的汇合点，可以表示交叉路口、中转站、河流汇合点等，其状态属性除了包括阻碍强度和资源需求量等，还有下面几种特殊的类型。

①障碍（barrier）：禁止资源在网络中的链上流动的点。

②拐点（turn）：出现在网络链中的分割结点上，状态属性有阻碍强度，如拐弯的时间和限制（例如在 8：00 到 18：00 不允许左拐等）。在地理网络中，拐点对资源的流动有很大影响，资源沿着某一条链流动到有关结点后，既可以原路返回，也可以流向与该结点相连的任意一条链，如果阻碍强度值为负数，则表示资源禁止流向特定的弧段。在有些 GIS 平台（如 ARC/INFO，MAPGIS）中，结点可以具有转角数据，可以更加细致地模拟资源流动时的转向特性。每个结点可以拥有一个转向表（turn table），每个转向表包括交叉的结点数、转向涉及到的弧段数和阻碍强度。

③中心（center）：网络中具有一定的容量，能够接受或分配资源的结点所在的位置。如水库、商业中心、电站、学校等，其状态属性包括资源容量（如总量）、阻碍强度（如中心到链的最大距离或时间限制）。资源容量决定了为中心服务的弧段的数量，分配给一个中心的弧段的资源需求量总和不能超过该中心的资源容量；中心的阻碍强度是指沿某一路径到达中心所经历的弧段总阻碍强度的最大值。资源沿某一路径流向中心或由中心分配出去的过程中，在各弧段和路径的各拐弯处所受到的阻碍强度的总和不能超过中心所能承受的阻碍强度，弧段按一定顺序分配给中心直至达到中心的阻碍强度，因而在这个过程中弧段可以一部分分配给中心。

④站点（stop）：在路径选择中资源增减的结点，如库房、车站等，其状态属性有两种，一种是站的阻碍强度，它代表与站有关的费用、时间等，如在某个库房装卸货物所用时间等；一种是站的资源需求量，如产品数量、学生数、乘客数等。站的需求量为正值时，表示在该站上增加资源；若为负值，则表示在该站上减少资源。

2.4 矿山主要空间数据

2.4.1 测量数据

矿山测量的空间数据是数字矿山的基础数据，在矿山的综合管理和决策制定中发挥着不同的作用，可用于地质勘探、资源管理、矿山设计、生产监测、环境保护、安全管理以及决策制定等各个方面。矿山测量的空间数据可以采用多种不同形式，这些形式可以根据数据的特点和用途进行分类。以下是矿山测量的空间数据的一些常见形式。

2.4.1.1 矢量数据

（1）点数据：点数据包括地理位置的坐标和属性信息，通常用于标记重要地理点，如采矿设备、孔位、采矿工作面等。

（2）线数据：线数据表示具有长度和方向的地理要素，如道路、管道、输送带等，通过这些数据可以构建网络数据辅助于网络空间分析。

（3）面数据：面数据用于表示具有面积的地理要素，如采矿区域、矿体、矿坑和地物覆盖。

2.4.1.2　栅格数据

（1）高程数据：高程栅格数据表示地表或地下的海拔高度，通常以数字高程模型（DEM）或数字地形模型（DTM）的形式存在。

（2）图像数据：图像栅格数据包括卫星图像、空中摄影图像和激光扫描图像等，用于地表特征识别和变化监测。

（3）遥感数据：遥感栅格数据是从卫星、飞机或无人机等遥感平台获取的数据，用于资源勘探、地质分析和环境监测。

2.4.1.3　点云数据

点云数据是大量离散点的集合，用于描述地理要素的表面形状，通常由激光扫描或无人机获取。

2.4.1.4　地质数据

（1）地层数据：地层数据用于表示地下岩层的分布、属性和结构，有助于资源勘探和地质建模。

（2）矿床数据：矿床数据包括矿石品位、矿石类型和资源量等信息，用于资源估算和开采计划。

2.4.1.5　水文和环境数据

（1）地下水数据：地下水模型用于表示地下水流、水位和水质分布，有助于水资源管理和矿山排水。

（2）环境监测数据：环境监测数据包括大气污染、水质、土壤质量、生态系统健康等环境方面的数据。

2.4.1.6　地震和振动数据

（1）地震数据：地震数据包括地震事件的地点、震级和震源深度等信息，用于微震监测、地震监测和风险评估。

（2）振动数据：振动数据记录了爆破、挖掘和机械运作等引起的振动信息，用于监测和控制振动影响。

2.4.2　设计数据

矿山设计数据通常由设计院提供，部分矿山由自己的设计部门提供，设计数据是矿山基建、采矿生产的主要依据，其设计成果是数字矿山数据的重要管理内容，也是未来数字化交付的重要组成部分。

（1）运输系统设计数据：包括运输线路与网络拓扑数据，以及运输设备配置。

（2）通风系统设计数据：包括通风线路与网络拓扑数据，以及构筑物的布局和位置。

（3）采矿工程设计数据：包括开拓、采准、回采三个阶段的设计数据，包含矿坑、坑道、井筒、隧道和巷道的几何布局和参数，以及设备的布局和位置。

（4）辅助系统设计数据：包括供电、排水、充填、供气、供水等系统设计数据，包含管道、线路的几何布局和参数，以及设备的布局和位置。

（5）环境保护和生态设计：包括记录开采对环境的影响和采取的保护措施，描述采矿结束后的生态修复和景观恢复计划。

（6）采掘（剥）计划数据：包括作业设备及工队所作业的地点、时间周期、作业任务与目标。

（7）数字化图件：由以上设计成果输出的施工图件。

2.4.3　模型数据

基于测量数据、设计数据以及某种规则建立三维模型，以便直观表达工程形态与空间位置，便于精确计算资源储量、工程量的数据，辅助科学管理与优化决策。

2.4.3.1　矿山工程结构模型

（1）井巷工程模型：井巷工程是矿山人工工程的重要组成部分，井巷工程三维建模是较为典型的基于中心线-断面三维构模。

（2）硐室模型：矿山硐室三维模型通常是指对矿山中的硐室进行三维建模。这种建模可以使用 CAD 软件或三维建模工具进行。矿山硐室的三维模型在矿业工程中有多种应用，包括矿山设计、规划、安全分析等。

（3）采场结构模型：采场底部结构是采用有底柱采矿方法开采的矿山中重要的描述对象。

（4）露天矿坑模型：露天矿坑模型是对露天矿采矿场地进行三维建模的过程。这种建模可以采用 CAD 软件、GIS 工具或专门的矿山规划软件。目前较为常用的方法是三维激光扫描、倾斜摄影测量等方法。露天矿坑模型主要用于矿山设计、规划、生产优化和环境评估等方面。

2.4.3.2　矿山地质结构模型

（1）岩层模型：岩层模型通常是指对地下岩层进行三维建模的结果。这种建模可以利用地质学、地球物理学、工程地质学等领域的数据，并使用 CAD 软件、GIS 工具或专门的地质建模软件。岩层模型在矿业、地质勘探、地下工程设计等领域有广泛应用。

（2）矿体模型：在地质勘探工程中，地质学家往往根据所研究区域的地质背景，按一定的网度设计并施工勘探工程。然后将勘探工程所确定的地质界线和分析成果反映到剖面图上，在剖面图上对地质体进行解译。

（3）地质构造模型：地质构造模型是对地球内部结构和地质构造特征进行建模的结果。这种建模通常基于地球物理学、地质学和地球科学的数据，包括地震测定、地磁测定、地形测绘等。地质构造模型有助于理解地球的内部组成、板块运动、地震活动等现象。

2.4.3.3 矿山地质属性模型

矿山地质属性模型是对矿山区域内地质属性进行三维建模的结果。这种模型通过整合地质勘探数据，如岩性、矿化程度、地层结构等，将地质信息在空间上进行呈现。这有助于矿山规划、矿藏评估、资源管理等决策过程。当前很多矿业软件的地质属性模型通过块段模型或块体模型表达，未来趋势是通过场模型来表达地质属性模型。

2.4.3.4 矿山常见网络模型

(1)巷道网络模型：巷道网络模型是对地下巷道系统进行三维建模的结果。这种模型用于描述地下矿山或地下工程中的巷道网络，包括主要的水平和垂直通道，如矿井、巷道、斜坡等。建立巷道网络模型可以帮助规划和优化地下开采系统，提高矿山生产效率。

(2)矿井通风网络模型：矿井通风网络模型同样是建立在井巷工程之上的，主要关注巷道之间的拓扑关系。拓扑关系是指不考虑度量、位置与方向而满足拓扑几何学原理的各空间数据间邻接、关联、包含和连通等的相互关系，其相互关系用点、线、面来表示。拓扑关系在矿井通风网络构建中是非常重要的一部分，是矿井通风网络解算与调节能否进行的基石。

(3)露天矿运输网络模型：露天矿运输网络是指在露天矿场中，用于将采矿现场产生的矿石、矿渣等物料从采矿区域运送到其他地方(例如破碎站、选矿厂、堆场等)的一系列运输设施和路径。这个网络系统包括道路、轨道、输送带等各种运输设施，以确保矿石高效、安全地从矿山中转移到其他地点。

2.5 开采业务管理模型

2.5.1 开采业务管理模型的概念

开采业务管理模型是服务与开采组织、管理的业务逻辑模型，它具有时空特征，但没有与其对应的物理对象。在数据形式上与矿体模型、工程模型等没有区别，但在物理世界并没有现实实体与其对应，所以不需要有严格精度要求的几何外形，仅根据业务管理精度要求建立几何模型即可，重点是它不再是由切割矿体、岩体等产生。它作为管理业务对数据计算、数据承载与数据可视化具有重要意义。比如：采场模型、中段模型、台阶模型、勘探线储量模型、开拓储量模型、采准储量模型等等，这些模型在现实中都没有真正的实体存在，都是根据某些条件在业务逻辑上的一个"管理概念模型"。如采场模型，在现场找不到采场这个对象的，但在管理上有这个概念，通常它是由组成这个采场的一些工程模型构成；同样开拓储量模型，现场中也不会有这个对象，它是由完成后的开拓工程所圈定的空间范围。

2.5.2　开采业务管理模型的意义

传统方法中业务管理数据的计算和承载都是通过切割矿体来实现,这样处理有如下诸多问题:

(1)矿体被切成支离破碎的碎块,长期下来产生很多"数字垃圾";

(2)矿体模型是动态变化的,矿体发生变化后,得重新切割,工作量大,非常麻烦;

(3)矿体切割前后较难保证数据的一致性和完整性。

业务模型可以很好地解决以上所有问题,业务管理数据的计算和承载以及可视化都不再切割矿体,而是通过建立业务模型来实现。

2.5.3　开采业务管理模型的应用

(1)业务模型的建立。前文讲过业务模型本身没有其对应的现实对象,它仅是一个逻辑概念,一般通过一些简单的几何线条及定义参数即可自动产生。比如勘探线储量模型,仅通过勘探线及定义的标高参数即可产生;再比如采场模型,通过采矿平面轮廓线及分段标高即可产生。

(2)业务模型更新。其中一部分业务模型是在采矿的基本参数确定后就不再变化,除非调整这些参数;另一部分业务模型,如开拓储量模型,是根据管理粒度的要求不断产生不同的模型,也不属于模型更新,属于不断产生的新模型。另外,即使发生了变化也不一定需要更新模型,这一点从(3)可以理解。

(3)基于业务模型计算业务数据。通过业务模型约束块段模型计算得到,而块段模型中当然有矿体空间信息,如图 2-14 所示。图 2-14 中 a、b 两业务模型有一些不同,但从计算过程来看,这种差别并不影响计算结果。由此可知,矿体变化后,只需更新块段模型后再重新计算即可,并不见得一定需要修改业务模型。

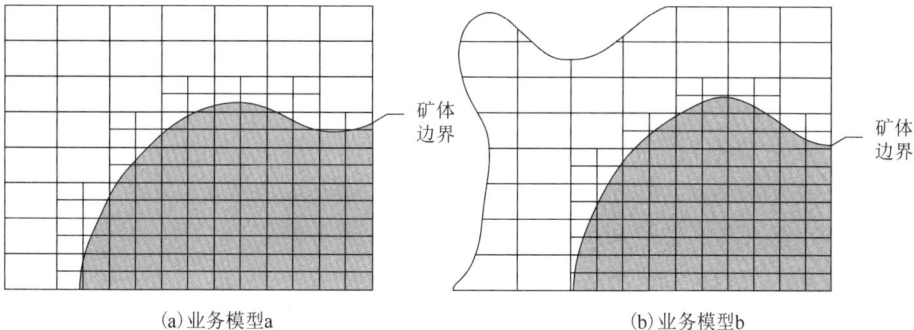

(a)业务模型a　　　　　　　　　　　　(b)业务模型b

图 2-14　通过业务模型计算业务数据示意图

(4)基于业务模型的可视化。可通过两种方式可视化业务模型:可直接展示业务模型;求业务模型范围内容满足条件的块段再求其等值面进行可视化。

基于业务模型的应用流程如图 2-15 所示。

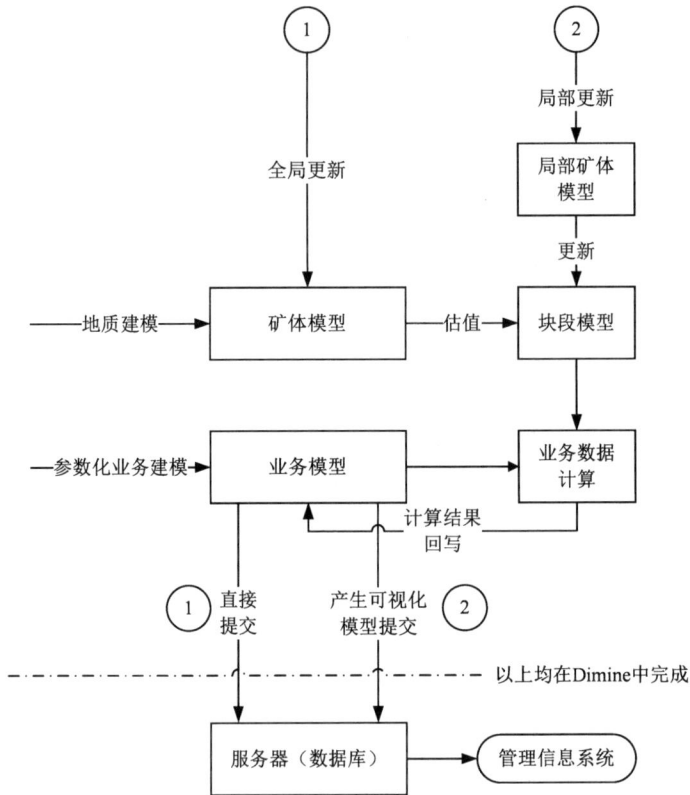

图 2-15　业务模型应用流程

思考题

1. 为什么采矿与空间数据息息相关？

2. 矿山空间数据模型主要包含哪些数据结构？各自有何特点？

3. 分析混合模型的特点，思考数字矿山数据的混合模型表达方式。

4. 分析场模型的原理，思考未来数字矿山场模型发展趋势。

5. 网络模型是几何模型还是数学模型？为什么？

6. 矿山主要有哪些空间数据？分别有什么数据模型、数据结构表达？

7. 什么是开采业务管理模型？有什么用？

第 3 章　数字矿山数据获取与管理

数字矿山以数据为核心，数据高质量的获取与管理至关重要。数字矿山的数据以空间数据为基础，统一时空框架是保障数据质量及数据应用的基本要求。随着智能矿山的发展，对矿山数据的要求越来越高，特别是服务于数据共享的数据标准化要求也越来越迫切。

3.1　地理空间参考系统

地理实体空间位置、分布、形态、空间关系(距离、方位、拓扑、相关场)等基本特征的精确描述依赖于空间参考系统，空间参考系统定义了地理空间三维表面的空间坐标系统及各坐标系统间的数学关系。所有的地理要素只有按经纬度或者特有的空间坐标系统进行严格的空间定位，才能使具有时序性、多维性、区域性特征的空间要素进行复合和分解，将其中隐含的信息变为显性表达，形成空间和时间上连续分布的综合信息基础，支持空间问题的分析、处理与决策。可见，地理空间参考系统是对地理空间的精准表达，并成为数字矿山的基础。

3.1.1　地理坐标系

地理坐标系是空间位置的度量衡，是确定空间位置、空间距离、空间方位、空间关系等信息必需的工具，是空间数据的基础。地理坐标系也称真实世界的坐标系，用于确定地物在地球上的坐标。一个特定的地理坐标系是由椭球体、大地基准面以及地图投影构成的，其中椭球体是对地球形状的数学描述，大地基准面是设计最密合部分或全部大地水准面的数学模式，而地图投影则是将球面坐标转为平面坐标的数学方法。最常用的地理坐标系是经纬度坐标系，这个坐标系可以利用纬度和经度来表示地球上任何一点的位置。

3.1.1.1　地球椭球体

(1)参考椭球体

地球表面自然地形高低起伏，极不规则。为了用数学方法描述和表达地球表面，需要选择一个与地球形状、大小接近的球体来近似代替。一般假定当海水处于完全静止的平衡状态时，从海平面延伸到大陆之下形成包围整个地球的、与地球重力方向处处正交的一个连续、闭合的水准面，称为大地水准面。大地水准面所包围的球体称为大地球体或大地体。在大地水准面的基础上，使用水准仪可以测量地球自然表面上任意一点的高程。大地水准面包围的地球形体比较接近真实的地球形状，但仍是一个有 100 m 起伏幅度的复杂曲面，不能用简单的数学方程表示，更难在此面上进行简单而又精密的坐标和几何计算。为此，以一个接近地球整体形状的旋转椭球代替真实的地球形体，这个旋转椭球为参考椭球，称之为地球椭球体，简称椭球体。地球椭球体表面是一个规则的数学表面。椭球体的大小用长半径 a 和短半径 b 来表示，或由一个半径和扁率 f 来决定。扁率为椭球的扁平程度，扁率 $f=(a-b)/b$。

由于地球上不同地区地形起伏差异很大，难以用单一的地球椭球体很好地吻合所有地区的地表状况。一个多世纪以来，不同国家、地区先后采用了逼近本国或本地区地球表面的椭球体，引入了源于不同方法、适合不同地区、来自不同年代的地球椭球体，如美国的海福德椭球体（Hayford）、英国的克拉克椭球体（Clarke）、白塞尔椭球体（Bassel）和苏联的克拉索夫斯基椭球体等（见表3-1）。我国 1952 年以前采用海福德椭球体，1953 年开始采用克拉索夫斯基椭球体建立 1954 北京坐标系，1978 年采用 1975 年国际大地测量和地球物理学联合会（IUGG）推荐的地球椭球体数据建立了新的 1980 西安坐标系。

表 3-1　各种椭球体模型数据

椭球体名称	年代	长半径/m	短半径/m	扁率	主要的使用国家
白塞尔 （德国，Bessel）	1841	6377397	6356079	1∶299.15	波兰，罗马尼亚，捷克，斯洛伐克，瑞士，瑞典，智利，葡萄牙，日本
克拉克Ⅱ （英国，Clarke）	1880	6378249	6356515	1∶293.47	越南，罗马尼亚，法国，南非
克拉克Ⅰ （英国，Clarke）	1866	6378206.4	6356584	1∶295.0	埃及，加拿大，美国，墨西哥，法国
海福德 （美国，Hayford）	1910	6378388	6356912	1∶297.0	意大利，比利时，葡萄牙，保加利亚，罗马尼亚，丹麦，土耳其，芬兰，阿根廷，埃及，中国（1952 年前）
克拉索夫斯基 （苏联，Krassovsky）	1940	6378245	6356863	1∶298.3	苏联，保加利亚，波兰，罗马尼亚，匈牙利，捷克，斯洛伐克，德国，中国
1975 年国际 椭球（IUGG）	1975	6378140	6356775	1∶298.75	1975 年国际第三个推荐值
埃维尔斯特 （Everest）	1830	6377276	6356075	1∶300.8	

（2）椭球定向和椭球定位

建立椭球体后，需要进行椭球定向。椭球定向是指确定椭球旋转轴的方向，即旋转椭球体需要套在地球的一个适当的位置上，这个位置就是大地原点，是这一地理坐标系的坐标原点，所有大地坐标均以大地原点作为坐标计算的起算点。

椭球定位是指确定椭球中心的位置，可分为局部定位和地心定位两类。局部定位要求在一定范围内椭球面与大地水准面有最佳的吻合，对椭球的中心位置无特殊要求；地心定位要求在全球范围内椭球面与大地水准面有最佳的吻合，同时要求椭球中心与地球质心一致或最为接近。不论是局部定位还是地心定位，都应满足两个平行条件：椭球短轴平行于地球自转轴；大地起始子午面平行于天文起始子午面。这两个平行条件是人为规定的，目的在于简化大地坐标、大地方位角与天文坐标、天文方位角之间的换算。

3.1.1.2　大地基准面

有了参考椭球体就可以建立地理坐标系了，但是参考椭球体是对地球的抽象，因此其并不能与地球表面完全重合，在设置参考椭球体的时候必然会出现有的地方贴近得好，有的地方贴近得不好的问题。因此，还需要一个大地基准面来控制参考椭球体和地球的相对位置。

大地基准面是设计最密合部分或全部大地水准面的数学模式。它由椭球体本身及椭球体和地表上一点视为原点间的关系来定义。此关系通常用大地纬度、大地经度、原点高度、原点垂线偏差的两分量及原点至某点的大地方位角等 6 个参数来表示。

大地基准面是利用特定椭球体对特定地区地球表面的逼近，因此每个国家或地区均有各自的大地基准面，1954 北京坐标系、1980 西安坐标系实际上指的是我国的两个大地基准面。目前 GPS 定位所得出的结果都属于 WGS-84 坐标系统，WGS-84 基准面采用 WGS-84 椭球体，它是一地心坐标系，即以地心作为椭球体中心的坐标系。因此，对于同一地理位置，不同的大地基准面，它们的经纬度坐标是有差异的。

因此，在参考椭球体与大地基准面的基础上，即可建立地理坐标系。地理坐标系通常用经度和纬度来决定，而经线和纬线是地球表面上两组正交（相交为 90°）的曲线，这两组正交的曲线构成的坐标，称为地理坐标。

3.1.1.3　地图投影

由于地理坐标为球面坐标，不方便进行距离、方位、面积等参数的量算，而地图是平面的，易于进行距离、方位、面积等量算和各种空间分析。因此，可通过地图投影的方法将地球椭球面上的点映射到平面上。

地图投影即建立地球椭球面上经纬线网和平面上相应经纬线网的数学基础，也就是建立地球椭球面上的点的地理坐标 (λ, φ) 与平面上对应点的平面坐标 (x, y) 之间的函数关系：

$$\begin{cases} x = f_1(\lambda, \varphi) \\ y = f_2(\lambda, \varphi) \end{cases}$$

当给定不同的具体条件时，将得到不同类型的投影方式。

但地球椭球表面是一种不可能展开的曲面，把其表现到平面上，就会产生裂隙或褶皱。在投影面上，可运用经纬线的"拉伸"或"压缩"来避免裂隙或褶皱的产生，以便形成一幅完整的地图。

（1）基本原理与类型

地理空间坐标系是度量地球表面特征最直接的方法，它是用经纬度表示球面坐标，能够很好表示地物在地球上的空间位置，却难以进行距离、方位、面积等计算。

在 GIS 中，空间现象的表征通常以平面图形表示。受传统地图空间数学基础理论和方法的影响，目前几乎所有的 GIS 均沿用地图投影作为自己参考系的数学基础。地图投影方法建立了地球椭球表面上的点与地图平面上的点之间的一一对应关系，将地球表面的球面坐标转换为地图平面坐标，就可以方便距离、方位、面积的量测。从空间数据获取、标准化预处理、存储、处理、应用到输出，地图投影对 GIS 的影响渗透在 GIS 建设中的各个环节，保证了空间信息在地域上的连续性、完整性和可测度性,是地图制图、GIS 空间分析与数据共享的基础。

根据美国著名的地图投影学家古德的统计,全世界现有 256 种投影类型,可依据不同的目的和要求采取不同的分类指标进行分类。表 3-2 列出了常见的几种投影类型,图 3-1 为部分投影示意图。鉴于球面是不可展开的曲面,转换过程中必然引入误差,在形状、面积、长度或方向上产生变形。没有任何一种地图投影是完美的,但每一种投影都有其适用的场景。

表 3-2 投影类型分类

构成方式		方向	投影面与球面关系	变形性质
几何投影	方位投影	正轴投影	割投影	等角投影
	圆柱投影			
	圆锥投影	斜轴投影		等距投影
非几何投影	伪方位投影			
	伪圆柱投影	横轴投影	切投影	等积投影
	伪圆锥投影			
	多圆锥投影			

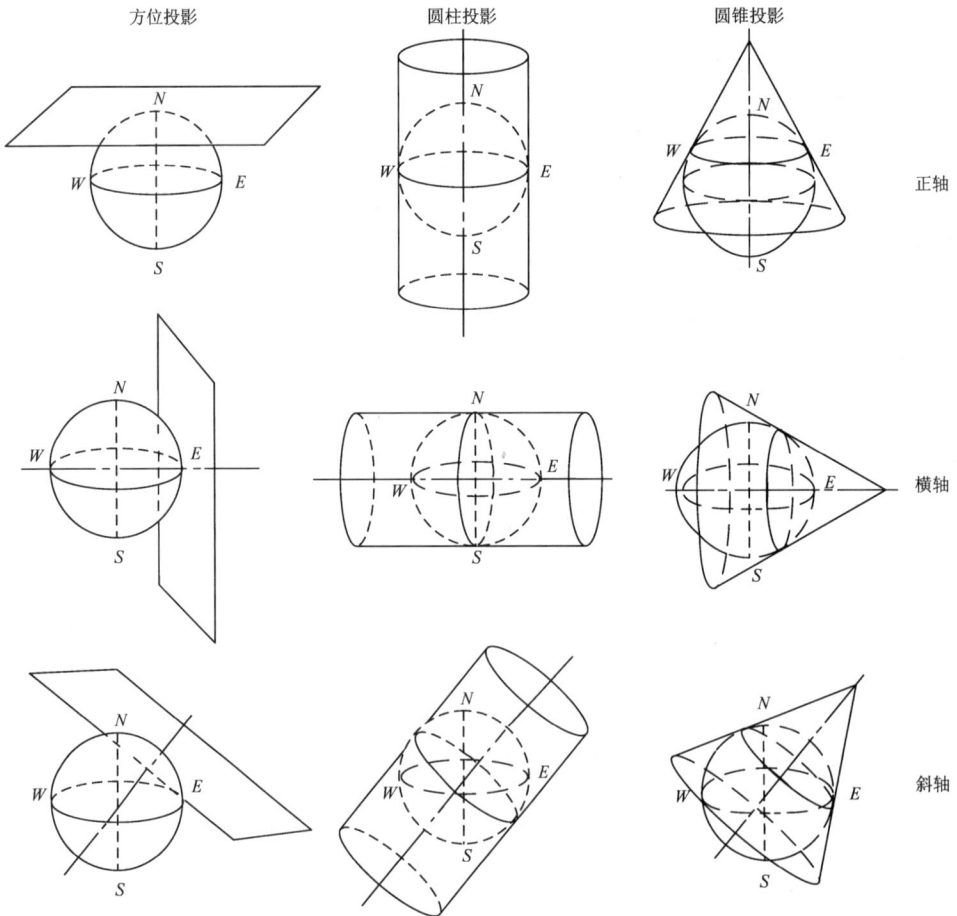

图 3-1 地图投影示意图

（2）常见地图投影方法

常用的投影方法有高斯–克吕格投影（Gauss–Kruger）、通用横轴墨卡托投影（universal transverse Mercator，UTM）等，我国通常采用的是高斯–克吕格投影。

为了建立各种比例尺地形图的控制及工程测量控制，一般将椭球面上各点的大地坐标按照一定的规律投影到平面上。由于地球椭球面是不可展开的，要把椭球面上的图形展绘到平面上，必然产生变形，为使其变形小于测量误差，必须采用投影的方法。为简单起见，把地球视为一个圆球，设想一个平面卷成横圆柱，将其套在圆球外面，使横圆柱的轴心通过圆球的中心，地球面上的一根子午线与横圆柱相切，即这条子午线与横圆柱重合，通常称为"中央子午线"或"轴子午线"（如图3-2所示）。沿横圆柱的一条母线将横圆柱剪开并展成平面，中

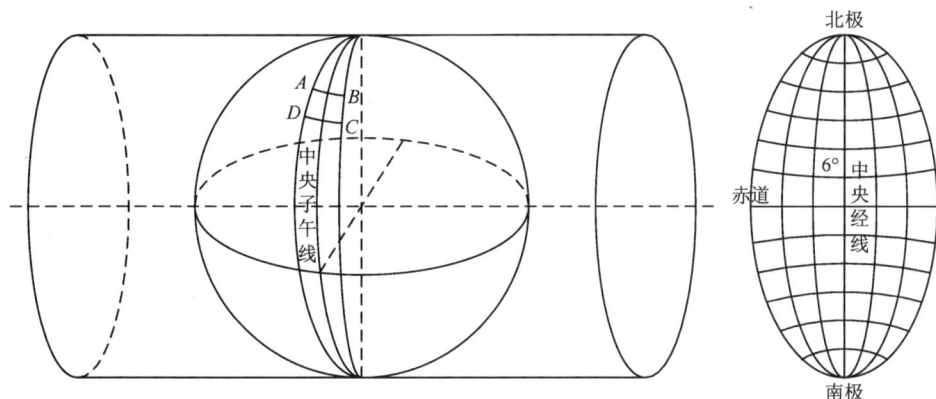

图3-2　高斯–克吕格投影示意图

央子午线投影到横圆柱上展开是一条直线，以这条直线作为高斯平面坐标系的纵坐标轴即 X 轴。另外，扩大赤道面使其与横圆柱相交，展平后这条交线必然与中央子午线相垂直，作为高斯平面直角坐标的横坐标轴即 Y 轴（如图3-3所示）。这样建立的平面直角坐标系为高斯平面直角坐标系。由于高斯–克吕格投影是将地球分为若干范围不大的带（按经差为6°、3°、1.5°分别称为6°带、3°带、1.5°带）进行投影，因此每一个投影带均可建立自己的高斯平面直角坐标系。为了避免横坐标出现负值，将每一带的纵坐标轴 X 轴西移 500 km，高斯平面直角坐标系如图3-3所示。

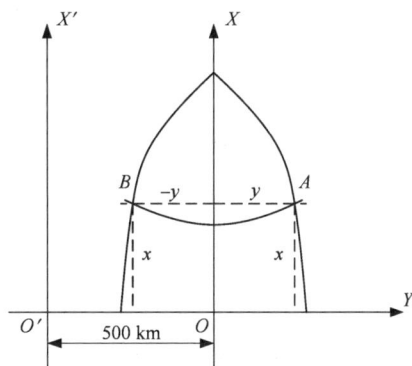

图3-3　高斯平面直角坐标系

高斯–克吕格投影在低纬度和中纬度地区投影误差较大，因此，目前世界上许多国家采用与高斯–克吕格投影相近的UTM，建立了UTM坐标系统。与高斯投影相比，UTM投影把中央子午线的长度比缩小至 0.9996，并使投影后两割线（约在离中央子午线东西方向 1°40'

处)上无变形。由此建立的 UTM 平面直角坐标系和高斯平面直角坐标系一样，将投影后互相垂直的中央子午线和赤道作为坐标系的纵横轴。

3.1.2 常用坐标系

我国常用的坐标系有 1954 北京坐标系、1980 西安坐标系、WGS-84 世界大地坐标系以及 2000 国家大地坐标系。

(1)1954 北京坐标系

1954 北京坐标系建于中华人民共和国成立初期。由于当时缺乏椭球定位的必要资料，我国将东北呼玛、吉拉林、东宁基线网与苏联远东的大地网相连接，以苏联 1942 年普尔科沃坐标系的坐标为起算数据，并平差我国大地网的一等三角锁，从而将苏联的 1942 年坐标系传算并延伸到我国。该坐标系是以苏联的普尔科沃为大地原点，以克拉索夫斯基椭球为参考椭球建立的。其椭球的几何参数：长半轴 $a = 6378245$ m；扁率 $f = 1/298.3$。高程是以 1956 年青岛验潮站的黄海平均海水面为基准。长期以来，我国在 1954 北京坐标系内进行了许多地区的局部平差，其成果得到广泛应用。

(2)1980 西安坐标系

为了适应大地测量发展的需要，我国于 1978 年建立了新的国家大地坐标系统，称 1980 西安坐标系，其原点位于我国中部的陕西省西安市泾阳县永乐镇境内。椭球参数采用 1975 年国际大地测量与地球物理联合会的推荐值：椭球长半轴 $a = 6378140$ m；重力场二阶带谐系数 $J_2 = 1.08263 \times 10^{-3}$；地心引力常数 $GM = 3.986005 \times 10^{14}$ m³/s²；地球自转角速度 $\omega = 7.292115 \times 10^{-5}$ rad/s。根据以上参数得到了其椭球的几何参数为：$a = 6378140$ m，$f = 1/298.257$。

(3)WGS-84 世界大地坐标系

经过多年的修正和完善，美国国防部建立了目前最高精度的地心坐标系统——1984 世界大地坐标系（WGS-84）。WGS-84 是协议地球参考系坐标系 CTS（conventional terrestrial system），其原点是地球的质心，空间直角坐标系的 Z 轴指向国际时间局 BIH 定义的协议地球极（conventional terrestrial pole，CTP）方向，X 轴指向 BIH 定义的零度子午面和 CTP 相应的赤道的交点，Y 轴和 Z 轴、X 轴构成右手坐标系（如图 3-4 所示）。WGS-84 坐标系采用的地球椭球称为 WGS-84 椭球，该椭球的 4 个主要参数采用国际大地测量学与地球物理学联合会第十七届大会的推荐值：椭球体长半轴 $a = 6378137 \pm 2$ m；地球引力常数 $GM = (3986005 \times 10^8 \pm 0.6 \times 10^8)$ m³/s²；地球自转角速度为 $\omega = (7292115 \times 10^{-11} \pm 0.1500 \times 10^{-11})$ rad/s；正常二阶带谐系数 C2.0 $= -484.16685 \times 10^{-6}$。据以上参数得到了其椭球的扁率 $f = 1/298.257223563$。

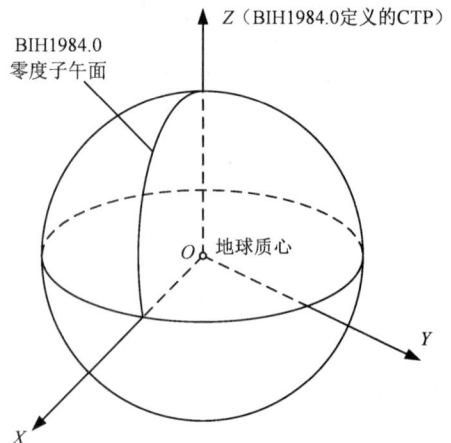

图 3-4 WGS-84 坐标系统示意图

(4)2000 国家大地坐标系

2000 国家大地坐标系,是我国当前最新的国家大地坐标系,英文名称为 China Geodetic Coordinate System 2000,英文缩写为 CGCS2000。2000 国家大地坐标系的原点为包括海洋和大气的整个地球的质量中心;2000 国家大地坐标系的 Z 轴由原点指向历元 2000.0 的地球参考极的方向,该历元的指向由国际时间局给定的历元为 1984.0 的初始指向推算,定向的时间演化保证相对于地壳不产生残余的全球旋转,X 轴由原点指向格林尼治参考子午线与地球赤道面(历元 2000.0)的交点,Y 轴与 Z 轴、X 轴构成右手正交坐标系。

3.2 数据来源与输入

数字矿山最为重要的数据是指用来表示矿山空间实体的位置、形状、大小及其分布特征等诸多方面信息的空间数据,主要包括地表地形、探矿工程、矿体资源、井巷工程、围岩、断层、生产设备等方面的空间数据。目前,常用的数字矿山数据获取装备与方法有:水准仪、经纬仪、全站仪、GNSS 测量、倾斜摄影测量以及三维激光扫描仪等,不同装备有其不同的适用条件,合理地选择数字矿山数据的获取装备有利于提高工作的效率和降低测量的成本。下面重点介绍下 GNSS 测量技术、倾斜摄影测量技术、三维激光扫描技术、图纸矢量化技术,以及基于文字报告的 OCR 技术获取来源数据的原理与方法。

3.2.1 GNSS 测量技术

全球导航卫星系统(global navigation satellite system,GNSS),又称全球卫星导航系统,是能在地球表面或近地空间的任何地点为用户提供全天候的三维坐标和速度以及时间信息的空基无线电导航定位系统。目前全球有 4 大卫星导航系统供应商,包括中国的北斗卫星导航系统(BDS)、美国的全球定位系统(GPS)、俄罗斯的格洛纳斯卫星导航系统(GLONASS)和欧盟的伽利略卫星导航系统(GALILEO)。其中 GPS 是世界上第一个建立并用于导航定位的全球系统;BDS 则是中国自主建设运行的全球卫星导航系统,为全球用户提供全天候、全天时、高精度的定位、导航和授时服务,已在军事、资源环境、防灾减灾、测绘、城市管理、工程建设、机械控制、交通运输、位置服务等方面广泛应用。

GNSS 系统由空间星座部分、地面监控部分和用户设备部分组成,如图 3-5 所示。

空间星座部分包括全球所有卫星导航系统的卫星,主要作用是接收并存储发自地面监控站的导航电文等信息,处理地面监控站的控制指令,向用户播发定位数据信息。

地面监控部分由主控站、监测站、注入站等设施组成,是维持整个卫星导航系统平稳运行的关键。主控站是整个地面监控部分的核心,负责协调和控制地面设施的工作,接受并处理来自各个监测站的数据,编制相应的导航电文发送到注入站;调整卫星运行姿态,确保卫星按预定的轨道运行;出现卫星运行故障的情况下启用备用卫星,维持整个系统的稳定运行。监测站是一个自动的数据采集中心,对在轨卫星进行连续观测,并采集当地气象数据,将所有的测量数据处理后传送给主控站。注入站是联系主控站与空间卫星的设施,在卫星经过其上空时注入主控站的导航电文和其他控制指令,并监测注入信息的准确性。

用户设备部分:GNSS 用户设备主要指卫星接收机,主要作用是跟踪可见卫星,接收导航

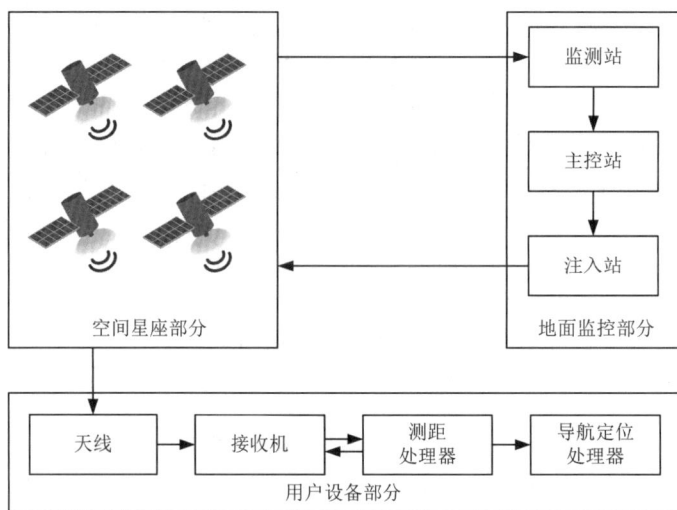

图 3-5 GNSS 系统组成

卫星发出的信号，根据收到的卫星星历、伪距观测数据以及载波观测量，计算出载体在相应时间的位置和速度信息。

3.2.1.1 GNSS 测量的基本原理

GNSS 测量技术是将分布在天空的高轨卫星当作已知点，根据 GNSS 系统的组成原理可知，通过轨道积分可以推算出卫星在此时刻的轨道位置，接收机通过测量出信号从测站点到卫星所用的时间，算出测站到卫星之间的距离。当地面某个GNSS 接收机同时接收到 4 颗及以上的卫星信号时，可以通过后方交会原理解算出地面测站点的坐标位置，如图 3-6 所示。

根据测距原理，GNSS 定位方式分为伪距定位、载波相位测量定位、GNSS 差分定位。

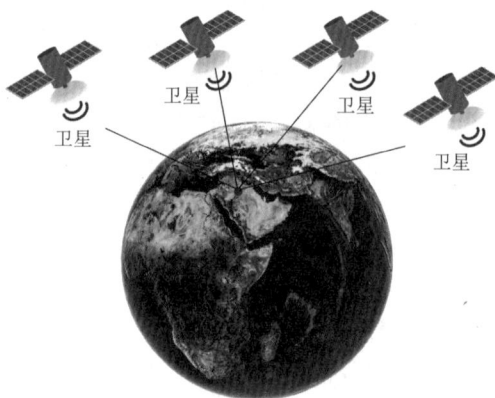

图 3-6 GNSS 测量原理图

（1）伪距定位

伪距定位又可分为单点定位和多点定位。

单点定位——GNSS 接收机安置在测点上锁定 4 颗以上的卫星，将接收到的卫星测距码与接收机产生的复制码对齐，测量与锁定卫星测距码到接收机的传播时间 Δt_i，求出卫星至接收机的伪距，从锁定卫星广播星历获取卫星的空间坐标，用距离交会原理解算出天线所在点的三维坐标。伪距观测方程有 4 个未知数，锁定 4 颗卫星时方程有唯一解，伪距观测方程没有考虑大气电离层和对流层折射误差、星历误差影响，单点定位精度不高。C/A 码定位的精度为 25 m，P 码定位的精度为 10 m。

多点定位——多台 GNSS 接收机(2~3 台)安置在不同测点上，同时锁定相同卫星进行伪距测量，此时大气电离层和对流层的折射误差、星历误差的影响基本相同，在计算各测点间的坐标差(Δx，Δy，Δz)时，可消除上述误差影响，使测点之间的点位相对精度大大提高。

(2)载波相位定位

载波 L_1、L_2 的频率比测距码(C/A 码和 P 码)频率高，波长比测距码短很多，$\lambda_1 = 19.03\ cm$，$\lambda_2 = 24.42\ cm$。使用载波 L_1 或 L_2 作测距信号，将卫星传播到接收机天线的余弦载波信号，与接收机基准信号相比求出相位延迟计算伪距，可获得很高的测距精度。如果测量 L_1 载波相位移误差为 1/100，伪距测量精度可达 19.03 cm/10=1.9 mm。

(3)实时差分定位

在已知坐标点上安置一台 GNSS 接收机——基准站，用已知坐标和卫星星历算出观测值的校正值，通过无线电通信设备——数据链，将校正值发送给运动中的 GNSS 接收机——移动站。移动站用接收到的校正值对自身 GNSS 观测值进行改正，消除卫星钟差、接收机钟差、大气电离层和对流层折射误差。实时动态差分法(real-time kinematic，RTK)，又称为载波相位差分技术，是目前最新最常用的实时差分定位方法。

RTK 测量技术是一种基于高精度载波相位观测值的实时动态差分定位技术，其技术的关键在于使用了 GNSS 的载波相位观测量，并利用基准站与移动站之间观测误差的空间相关性，通过差分的方式除去移动站观测数据中的大部分误差，从而实现厘米级的高精度定位。

RTK 测量系统一般由 GNSS 接收设备、数据传输系统和实施动态测量的软件系统组成。RTK 的工作原理是将一台接收机置于基准站上，另一台或几台接收机置于载体(称为移动站)上，基准站和流动站同时接收同一时间、相同 GNSS 卫星发射的信号，基准站所获得的观测值与已知位置信息进行比较，得到 GNSS 差分改正值。然后将这个改正值及时地通过无线电数据链电台传递给移动站，移动站对接收到的数据(卫星信号和基准站的信号)进行实时处理，完成双差模糊度的求解、基线向量的解算、坐标的转换，得到移动站较准确的实时位置。RTK 测量工作原理示意图如图 3-7 所示。

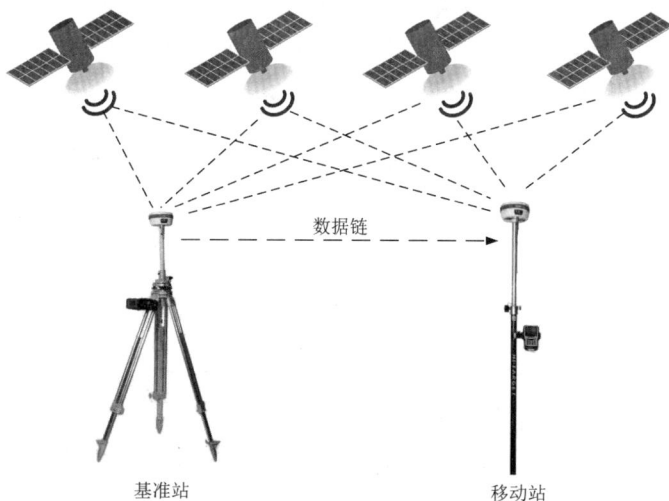

图 3-7　RTK 测量工作原理示意图

3.2.1.2 GNSS 测量优缺点

目前 GNSS 定位技术在测量中被广泛地用于大地测量、工程测量、地籍测量、物探测量及各种类型的变形监测等。GNSS 测量过程中具有以下优点。

(1)高精度定位：GNSS 观测的精度要明显高于一般的常规测量手段，GNSS 基线向量的相对精度一般在 1 至 10 mm 之间，这是普通测量方法很难达到的。

(2)灵活与成本低：选点灵活、不需要造标、费用低、GNSS 测盘不要求测站间相互通视，不需要建造规标，作业成本低，大大降低了布网费用。

(3)全球覆盖：在任何时间、任何气候条件下，均可以进行 GNSS 观测，可实现全天候作业，大大方便了测量作业，有利于按时、高效地完成控制网的布设。

(4)观测时间短与高度自动化：采用 GNSS 布设一般等级的控制网时，在每个测站上的观测时间一般在 1~2 h，采用快速静态定位的方法，观测时间更短，观测工程和数据处理过程均是高度自动化的。

虽然 GNSS 具有以上优点，但也存在以下不足之处。

(1)信号干扰：在城市等拥挤的地区，信号干扰的存在，以及高大建筑物的多路径效应等因素，有时会导致接收器无法准确接收到卫星信号，从而影响测量的精度。

(2)易受大气影响：由于 GNSS 技术需要依赖卫星发射的信号进行测量，而大气层对信号传播会产生一定的影响。例如，由于电离层等原因，在某些特殊的天气条件下，GNSS 系统的测量精度会变得不稳定，需要采取相应的校正方法来消除大气影响。

(3)数据安全性：由于 GNSS 技术本质上是无线传输技术，而且信号具有一定的强度，此特点使得其容易受到信号仿冒和干扰的攻击。为了保证测量数据的安全性，需要采取一系列的防护措施，比如加密传输和身份认证等。

3.2.1.3 GNSS 测量适用场景

GNSS 测量由于具有高精度定位、选点灵活、测量成本低、高度自动化以及全球覆盖等优点，已被广泛应用于航空航天、交通运输、海洋渔业、军事领域、矿业领域，以及应急救援等诸多领域。其中矿业领域已在矿山测量、露天矿边坡监测、尾矿库坝体变形监测等方面进行了应用。

(1)矿山测量：GNSS 可以广泛应用于矿区大比例尺地形图测量、矿区变形测量、露天矿区控制测量、爆破孔放样等方面。通过 GNSS 测量技术，仅需将基准站架设在矿山地形高点，一人操作流动站即可在开阔平坦的区域实行作业，完成矿区大比例尺地形图测点数据的采集；此外，基于 GNSS 自动化变形监测系统可实现长期稳定监视监测点，无线传送高精度监测数据，全年连续对矿山变形进行观测的目的，等等。

(2)露天矿边坡监测：基于 GNSS 建立自动化监测系统，实时采集边坡数据信号，经过传输模块传送至控制中心，通过数据处理计算每个监控点的三维坐标，并与初始三维坐标进行比较，得出监控点的变化，由此得出边坡变形量、变形速率、变形加速度等。当监测的边坡变形量达到设置的预警值时，发出预警，以便工作人员提前做出预防措施。

（3）尾矿库坝体变形监测：利用 GNSS 建立尾矿库坝体位移监测系统，能全天候、高精度、高效率、实时动态地监测尾矿库坝体变形状况，有效获得尾矿库坝体变形的动态演化过程，加强尾矿库的安全监管，掌握尾矿库的安全现状，对减少尾矿库事故的发生具有重要意义。

3.2.1.4　应用案例

以某露天矿土质边坡表面水平位移监测为例，通过采用多台高精度型 GPS 接收机及其配套设施（GPS 天线、软件等）来采集观测点坐标数据，通过多点 GPS 高精度解算技术来解算 GPS 观测点的坐标，从而达到实时监测表面位移（如位移方向、位移速率、累计位移等）的目的，如图 3-8 所示。

图 3-8　基于 GNSS 的露天矿土质边坡表面水平位移监测示意图

3.2.2　倾斜摄影测量技术

倾斜摄影测量技术是一种新兴的摄影测量技术，作为传统摄影测量技术的一种新发展，它基于同一飞行平台上搭载的多台传感器，同时从垂直、侧向和前后等角度采集图像，能够比较完整地获取丰富的侧面纹理信息。结合现有的具备协同并行处理能力的倾斜影像数据处理软件，可快速实现大范围的三维建模，这很大程度上提高了三维模型的生产效率。倾斜摄影测量技术凭借其多视角、高真实性、全要素等优点，在矿业领域已得到了广泛应用。

3.2.2.1　倾斜摄影测量原理

倾斜摄影测量技术的原理主要是利用具有俯仰角和滚动角的倾斜摄影机，从不同的俯仰角度捕捉同一场景，获取多个影像。然后通过影像匹配、三角测量等算法，计算出实际三维物体的几何形状和空间位置。其技术流程包括使用专门的倾斜摄影机进行影像采集，利用定向导航系统和高精度 GNSS 进行定位，确保准确采集多个角度的影像。接着，通过影像匹配算法将多个角度的影像进行配准，建立起影像之间的对应关系。最后，利用影像上的特征点，通过三角测量原理计算出物体的三维坐标。无人机倾斜摄影测量外业示意图如图 3-9 所示。

图 3-9 无人机 3-9 倾斜摄影测量外业示意图

3.2.2.2 倾斜摄影测量的优缺点

使用倾斜摄影测量技术三维重建,不仅能够获取地物丰富的纹理信息,还能够获取高精度的地理位置信息,有效地展现了地物的纹理和几何信息,高度还原了现实场景。倾斜摄影测量三维重建与其他建模方式相比,其具有以下优点。

(1)低成本、高效率、高真实性

倾斜摄影测量技术通过外业飞行获取拍摄的地物空间影像,通过一次飞行即可得到想要的数据成果,减少了传统建模方式外业采集数据大量人力物力的投入。内业建模人工干预较少,使用专业摄影测量建模软件可实现全自动化三维建模,传统建模方式需要一到两年的工作量,使用该技术只需要短短数月就可完成。倾斜摄影测量所建立的模型的几何精度可以达到厘米级,纹理信息来自外业航空影像的自动批量映射,高精度的位置信息和真实的纹理信息能够逼真地反映地物的真实情况,很好地弥补了传统三维建模真实性不足的缺点。

(2)数据成果多样

通过倾斜摄影测量技术得到的成果多样化,不仅可以进行高精度的实景三维场景重建,而且可以根据需要生成不同的数据成果,如 DLG、DSM、DOM、DEM 等成果,飞行一次获得的数据即可获得多套测绘成果,从而满足不同的数据需求。

(3)信息共享

传统人工构建的三维模型数据量往往较大,在进行网络发布和共享之前需要对模型进行轻量化,而这必然会对模型的精细程度造成影响,通过倾斜摄影测量技术三维重建的模型数据量小,形成的数据成果格式便于进行网络发布和信息共享。

(4)影像的可量测性

通过无人机航飞获得的影像数据经过 ContextCapture 等相关软件计算处理后,可以得到每张地物影像的外方位元素,进而利用得到的影像外方位元素实现单张影像量测;可以在成果影像上进行地物的长度、高度、角度、面积等基础信息的量测,量测的结果精度较高而且可靠,弥补了传统正直摄影测量的不足。

虽然倾斜摄影测量技术较之于其他测量技术有很多优势，但是由于倾斜摄影测量自身的特点，该技术也存在着一定的局限性，在三维重建中也有着一定的不足。如倾斜摄影测量技术由于相机倾角的存在，会使获得的影像的分辨率不一致，这就导致了同一地物在不同视角的影像中会有明显的几何变形，给影像匹配带来一定困难。此外，虽然倾斜摄影测量改善了传统正直摄影地物遮挡现象，但是由于飞行高度的限制，仍有部分地物遮挡导致影像信息获取不到，出现摄影盲区，从而给后期的数据处理造成影响。生成的三维模型在遮挡的区域会存在模型缺失、纹理拉花的现象，严重影响实景三维模型的展示效果。计算量大，是该技术的另一重大缺陷。

3.2.2.3　倾斜摄影测量的适用场景

摄影测量一经问世，便被广泛地运用于各个领域，如今已被大量运用于测制地图、工程质量管理、建筑物监测、气象监测、环境保护以及自然灾害防治等方面。在矿山地质考察方面，通过多种测量手段，可以进行矿区地表形态的测量，水文地质、工程地质的测量和矿房施工断面的测量与设计等，特别是在岩体结构面分析研究方面的运用获得了极大的成功。此外，在露天矿开采现状测量方面也得到广泛成熟的应用，通过无人机摄影测量技术进行外业航拍、内业数据处理，可构建非常逼真的露天矿开采现状模型，并可进行坐标信息查询与方量计算等。

摄影测量方法采集物体空间位置信息的技术由于其非接触性、可同时获得大量标志点信息而得到了广泛应用。目前，摄影测量技术是矿山测量领域最先进的方法之一。它可以创建一个实时的信息交流和反馈环境，提高信息采集的效率，降低不完整信息和信息丢失的可能性，大大提高作业效率与测量结果的准确性与真实性。

3.2.2.4　应用案例

以某露天矿山实际开采现状为对象，利用无人机摄影测量技术进行露天矿开采现状的测量，建立的开采现状模型效果图如图3-10所示。

图3-10　基于无人机摄影测量的露天矿开采现状建模效果图

3.2.3　三维激光扫描技术

三维激光扫描技术是集光、机、电和计算机于一体的非接触测量技术，具有测量速度快、自动化程度高、分辨率高、可靠性高和相对精度高的特点，其扫描结果直接显示为点云，利用点云数据，可快速建立结构复杂、不规则场景的三维可视化模型，既省时又省力，其三维激光扫描头如图3-11所示。该方法与传统测量方式相比具有很大的优越性，显著地提高了生产效率和质量。它可以对复杂的环境及空间进行扫描操作，并直接将各种大型的、复杂的、不规则的、标准或非标准的实体或实景的三维数据完整地采集到计算机中，进而重构出目标的三维模型以及点、线、面、体、空间等各种制图数据。

三维激光扫描技术是近年来出现的新技术，其分类方法大体上可以按测量方式、用途以及载体的不同进行划分。按用途可分为室内型和室外型。按照载体的不同又可分为机载、车载、手持型几类。按测量方式不同可分为基于脉冲式和基于相位差两种。脉冲激光测距是利用发射和接收激光脉冲信号的时间差来实现对被测目标的距离测量，只要测出激光脉冲发射与接收所用的往返时间，即可求出被测量的距离，

图3-11　三维激光扫描头

具有测程长的优点，最远时可达6 km。相位式激光测距是利用发射连续激光信号和接收信号之间的相位差所含有的距离信息来实现对被测目标距离的测量，测程较短，只有百米左右。

3.2.3.1　技术原理

三维激光扫描系统包含数据采集的硬件部分和数据处理的软件部分，其扫描过程是利用激光测距的原理实现的。假如激光在 A、B 两点间往返一次所需时间为 Δt，则两点间距离 D 可表示为：

$$D = \frac{1}{2}c\Delta t$$

式中：c 为光在大气中的传播速度。由测距公式可知，如何精确测量时间 t 的值是测距的关键。

通过记录被测物体表面大量密集的点的三维坐标、反射率和纹理等信息，可快速复建出被测目标的三维模型及线、面、体等各种图件数据。由于三维激光扫描系统可以大量地获取目标对象的点数据，因此相对于传统的单点测量，三维激光扫描技术也被称为从单点测量进化到面测量的革命性技术突破。

目前，大多数激光扫描仪采用脉冲激光测距，采用无接触式高速激光测量，以点云形式获取扫描物体表面阵列式几何图形的三维数据。该类仪器常见的有 CMS、SLAM、C-ALS、LRIS-3D、LMS-Z420i 和 GS200 等扫描系统。

（1）架站式三维激光扫描技术

架站式三维激光扫描仪在工作时处于固定状态，如空区监测系统。空区监测系统（cavity monitoring system，CMS）是 20 世纪 90 年代初由加拿大 Noranda 技术中心和 Optech 系统公司共同研制开发的，已成为矿业发达国家地下采场和空区测量的主要手段，在人员无法进入的危险空区探测中，CMS 是一种有效的探测手段，如图 3-12 所示，为空区三维探测系统 CMS V400。CMS 适用于井下采场及空区的探测和精密测量，系统探测空区效率高，探测结果可视化效果好。探测成果可用于建立空区三维模型、确定矿柱采场的实际边界、计算采空区体积等。

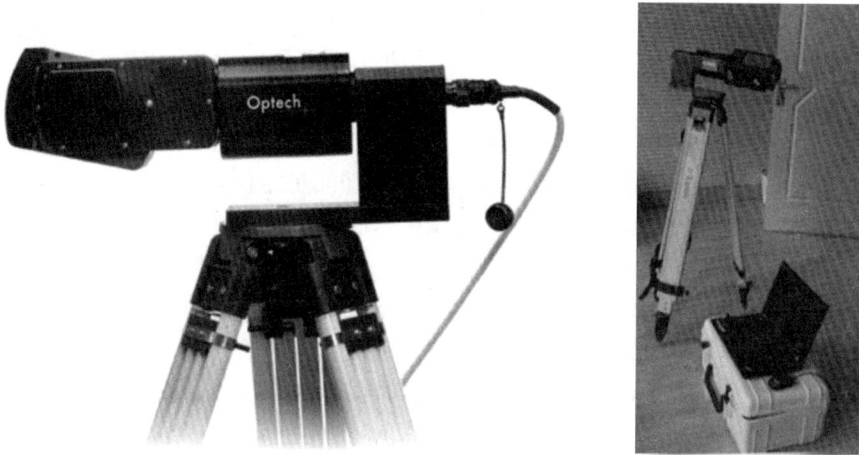

图 3-12　空区三维探测系统 CMS V400

空区监测系统（CMS）是一种专门针对地下矿山采空区开发的激光扫描的空区探测系统，该系统在人员无法进入的危险空区测量中得到了很好应用。CMS 系统配置一个激光测距仪的扫描头，CMS 激光测距仪采用的激光二极管几乎可以实现对任何材料物体的非接触测距，可以在黑暗或光照强的环境下使用而不需采用其他反射体或反射镜。扫描头发射的细小激光束不会产生错误的回波并可对远距离的小物体进行测距，激光束从粗糙的物体表面反射回来可被接收单元接收并实现距离测量。系统采用高速发射的激光和均方的方法来减少系统的随机误差，使激光测距仪测定的距离精度与所测定的距离大小无关。激光扫描头伸入空区后做 360°旋转并连续测量收集测点距离和角度数据。每完成一圈 360°的扫描后，扫描头将自动地按照预先设定的角度抬高，并进行新一圈的扫描，直至完成全部的探测工作。CMS 探测工作原理如图 3-13 所示。

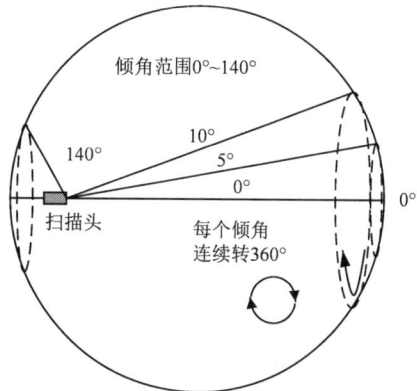

图 3-13　CMS 工作原理

三维激光扫描技术的主要特点是大范围的扫描幅度和高精度的小角度扫描间隔。系统通过内置伺服驱动马达系统精密控制激光扫描头的转动，使脉冲激光束沿横轴方向和纵轴方向快速扫描。通过数据采集获得测距观测值 S，精密时钟控制编码器同步测量每个激光脉冲横向扫描角度观测值 α 和纵向扫描角度观测值 θ。激光扫描三维探测一般使用仪器内部坐标系统，X 轴在横向扫描面内，Y 轴在横向扫描面内与 X 轴垂直，Z 轴与横向扫描面垂直，由此可得到三维激光测点坐标的计算公式为：

$$\begin{cases} X = S\cos\theta \cdot \cos\alpha \\ Y = S\cos\theta \cdot \sin\alpha \\ Z = S\sin\theta \end{cases}$$

扫描仪内置反光镜可将激光束水平偏转，以实现激光水平方向的扫描功能。每当水平扫描一个周期后，步进一次，以进行第二次水平扫描，如此同步下去，最终实现对整个空间的扫描过程。

（2）基于 SLAM 的三维激光扫描技术

SLAM（simultaneous localization and mapping），即同步定位与地图构建技术，主要解决从未知环境的未知地点出发，针对空间不确定性在运动过程中通过重复观测到的地图特征定位自身位置和姿态，再根据自身位置增量式地构建地图，从而达到同时定位和地图构建的目的。基于 SLAM 的三维激光扫描技术是由激光扫描仪、惯性测量单元与 SLAM 算法三个主要要素组成，其核心技术为 SLAM 算法。

SLAM 算法主要是决定了解算出的高动态移动轨迹的精准度，移动轨迹的精准度决定了空间场景三维数据的精准度。SLAM 算法根据激光测距仪所获得三维数据中时间轴上共同的特征点加上 IMU 获取的姿态数据，实时解算设备从出发点移动的距离、角度信息，逆向构建连续的空间场景数据。

基于 SLAM 的三维激光扫描技术的工作原理：激光雷达通过旋转或移动的方式对周围环境进行全方位的扫描，收集各个方向的数据点；SLAM 算法会根据数据点之间的关系来估计设备的位姿（位置和方向），并通过位姿的变化来构建地图；在这个过程中，算法还会对数据进行滤波和优化，以消除误差和噪声，提高地图的精度；经过 SLAM 算法处理后，可以得到设备在环境中的准确位置和姿态，以及由数据点构建出的三维地图。

3.2.3.2 优缺点

三维激光扫描技术在空间三维采集数据方面具有诸多优势，突破了传统测量物体三维数据采集处理的局限，其具备如下优点。

（1）高效性。激光扫描能够快速记录下来被测物体大面积空间信息，能够提高测量工作的效率。三维激光扫描技术的高效性是该技术的优势，目前三维激光扫描仪脉冲式设备扫描速率达到每秒 5 万点，三维激光扫描仪相位式设备扫描速率可达到每秒 50 万点。

（2）非接触性。激光投射至被测物体，利用激光的反射可计算两者的距离和角度。设备上相机可以捕捉被测物体表面纹理信息，三维激光扫描利用激光的特性和相机功能，不需要接触测量目标，三维扫描测量即可对被测物体进行信息采集，属于完全非接触性测量。被测物体转化为点云数据，实现了对被测物体的快速重构，对于不易接触的被测物体，实现了人员不接触即可测量的目的。

（3）数字化。三维激光仪器扫描、影像获取、数据存储均自动化完成。被测物体经过设备转化为数字信息，可以通过设备自带蓝牙天线实时传输至计算机，实现外业测量和业内数据处理同时进行。对测量的数据做到及时反馈，保证外业数据测量的有效性。

（4）精度高。三维激光扫描系统测量数据精度能够达到亚毫米级，该精度能够满足建筑工程、矿业工程、地质工程的测量要求。

（5）穿透性强。通过设定激光的频率，可以在室外扫描时过滤掉一些特殊的物质，如透明的水和玻璃材质的物体，以及稀疏的植被。激光扫描具有较强的适应性，能够采集不同深度目标物信息，真实反映出目标物三维信息。该性能有利于三维激光扫描仪用于测量空间形状较为复杂的被测物体。

（6）数据获取全。三维激光扫描仪内置相机具有自动对焦的功能，可以根据被测物体不同位置改变相机视距，保证不同测距物体散距效应真实性，实现扫描点云与被测物逼近。在获取被测物体个别特征点位中，相比经纬仪、全站仪，三维激光扫描系统可以获得大量被测物体三维点云坐标信息，不仅速度快，而且三维扫描包含了水准仪、经纬仪的信息。

（7）数据兼容性强。扫描系统具备及时采集储存功能，这些点云数据通过三维激光扫描仪配套的软件可导出多种文件格式。原点云数据通过格式转换输出其他兼容性文件格式，兼容性软件可以利用这些数据多角度分析点云数据，进而达到工程对数据的需求。

（8）环境适应性强。三维激光扫描系统对工作条件有很强适应性，由于三维激光扫描利用激光反射进行获取被测物体点云信息，扫描可以不受光照的限制，有无光照都可以进行作业。此外三维激光扫描系统有较强的抗辐射性和耐潮性，增强了三维激光扫描仪的生命力。

3.2.3.3　适用场景

作为新的高科技产品，三维激光扫描仪已经成功地在文物保护、城市建筑测量、地形测绘、变形监测、工厂、大型结构、管道设计、飞机船舶制造、公路铁路建设、隧道工程、桥梁改建等领域应用。特别是在采矿业方面，利用三维激光扫描仪进入一些人员不方便到达或有危险的区域进行三维扫描，可有效解决露天及地下矿山生产作业中遇到的台阶变形监测和空区塌陷体积计算等问题。

3.2.3.4　应用案例

由于地下矿山受到巷道结构错综复杂、空间受限、无卫星信号等条件的制约，GNSS、无人机倾斜摄影测量、遥感等测绘技术无法应用，而使用水准仪、经纬仪、全站仪等设备来采集数据，存在外业工作时间长、仪器设备携带性差、数据采集效率低等问题，严重制约了地下矿山测量的发展，已无法满足现代地下矿山测量的要求。基于 SLAM 的三维激光扫描技术则具有数据采集量大、精度高、速度快、自动化程度高、操作灵活、作业时间短等特点，能有效解决传统测量不方便、作业时间长、工作效率低等难题。因此，以某地下矿巷道测量为例，利用 SLAM 三维激光扫描技术对该矿的某条巷道的扫描测量，取得了很好的应用效果。图 3-14 为基于 SLAM 的三维激光扫描技术的巷道三维点云图。

(a) 实景扫描

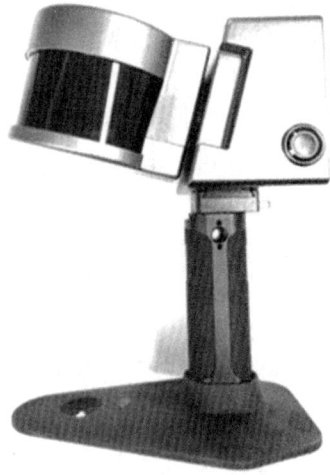

(b) 扫描仪

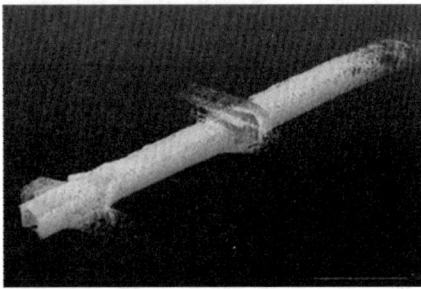

(c) 巷道三维点云图

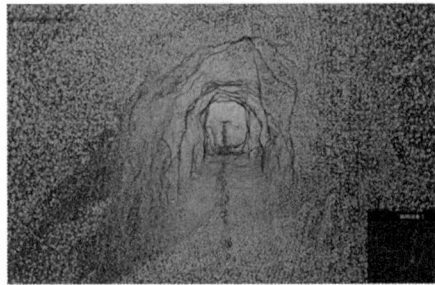

(d) 巷道内景效果图

图 3-14　基于 SLAM 的三维激光扫描技术

3.2.4　图纸矢量化技术

　　矿山地图数据承载了地质勘探、资源勘探、生产勘探、开采过程以及闭坑复垦等矿山全生命周期的各类信息，其呈现方式主要有数字化图形与纸质图形。数字化图形是矿山数字化应用过程中的基础，具有存储空间小、易于编辑等优点。但一些矿山早期缺乏数字化观念和意识，生产资料数字化程度不高，部分矿山仍存在一些手绘图纸，要高效应用此类图纸，须先通过扫描形成 jpg、pdf 等格式的文件，然后对图件进行矢量化处理。

　　纸质图纸矢量化处理的基本原理是对各种类型的数字工作底图，如纸质地图、黑图或聚酯薄膜图，使用扫描仪及相关扫描图像处理软件，把底图转化为光栅图像，对光栅图像进行诸如点处理、区处理、帧处理、几何处理等，在此基础上，对光栅图像进行矢量化处理和编辑，包括图像二值化、黑白反转、线细化、噪声消除、结点断开、断线连接等。这些处理由专业扫描图像处理软件进行，其中区处理是二值图像处理（如线细化）的基础，而几何处理则是进行图像坐标纠正处理的基础，通过处理达到提高影像质量的目的。然后利用软件矢量化的功能，采用交互矢量化或自动矢量化的方式，对地图的各类要素进行矢量化，并对矢量化结果进行编辑整理,存储在计算机中,最终获得矢量化数据,即数字化地图,完成扫描矢量化的过程。现有图纸矢量化方法主要有以下几种。

(1)基于细化的矢量化方法

细化就是通过对图像外边界进行逐层腐蚀操作,直至图像宽度减小为单像素的宽度,然后提取能够表征其特征的骨架点。基于细化的方法就是通过搜索跟踪这些特征点来进行矢量化操作。最初的矢量化方法大多采用基于细化的方法。

该方法的优点是:能够保留图像的连续性和拓扑关系的不变,算法简单、对硬件要求不高、比较容易实现。但该类方法也存在很多缺陷:丢失了线宽信息,容易受噪声影响,细化操作一般会造成节点畸变、直线抖动、产生间断等,检测速度慢、计算量大。

(2)基于轮廓匹配的矢量化方法

在非细化算法中,基于轮廓匹配的矢量化方法使用较多。为了减少检测时间提高准确率,需要先对图像进行轮廓预处理,然后对图像的轮廓进行跟踪,提取图像的轮廓,然后进行轮廓匹配,通过计算轮廓的中轴点拟合出矢量图元的中心线,最后对所有中心线进行搜索、拼接操作得到完整的图形对象。

该方法的优点是:能够避免遍历全部像素点,保留线宽信息,能够保留原图像的拓扑结构。其缺点是:由于获得的轮廓数据较大,匹配过程较复杂,无法在相交处进行正确的轮廓匹配,有时还会造成中断,准确率不高。而且该方法受图像的边缘信息的影响,如果图像边缘模糊,轮廓提取本身就会有问题,从而影响准确性。

(3)基于邻接图的矢量化方法

基于邻接域的矢量化方法首先对图像进行行程编码,生成具有相似性质的邻接域(游程、矩形、梯形、图段、条形域和单义域等),并获得邻接域关系图。在此基础上,利用邻接域的形状和拓扑信息拟合出完整的图形。

该方法的优点是:不需要经过细化处理,抗噪性能明显加强,邻接域结构有效减少了存储空间,利用邻接域关系能有效进行线段以及字符的特征提取和识别。该方法对于复杂图像处理效果不理想,并且当图像质量较差时提取节点非常困难。

(4)像素跟踪方法

像素跟踪方法从任意中点处按照一个预先设定的方向进行跟踪。每一步形成一个中点。因为它的跟踪方法只有两个方向(水平和竖直),对于斜线,它采用 Zig 跟踪。当整个跟踪完成时,由中点序列拟合出矢量图元。

该方法的优点是:采用了稀疏像素跟踪方法,缩短了处理时间,同时该方法能在一定程度上解决交叉问题,而且还能保留线宽信息。缺点是:对于交叉区域大于跟踪步长或本身质量差的图像,该方法不能一次性地完成识别,跟踪不能停止。

(5)基于整体的方法

基于整体的方法能够从图像中一次性识别出整个图元。这种方法从宏观整体上把握图元的特征,获取准确的矢量图元的几何属性。整体化矢量化思想分为两个阶段。第一阶段为构造种子段:根据直线的几何特性,通过一些约束条件获得种子段,并得到直线的斜率以及线宽信息。第二阶段为识别阶段:此阶段以种子段为基础进行跟踪延伸扩展,在扩展的过程中,根据探测点和实际位置进行比较,进行动态校正,以提高识别率。

该方法的优点:准确率高、检测时间短、交接点和端点定位准确。但该方法由于要先进行构造种子段的操作，所以对长度较短，尤其是小于种子段长度的直线的识别率不高，对曲线等复杂情况的识别，有很大的局限性，需要进一步地研究和发展。

目前图纸矢量化软件有 VP studio（常用于倾斜校正、去斑和图像网格校准）、Cass（常用于比例纠正、网格校准），矿山常用的图形数字化软件有 AutoCAD、MapGIS 等软件。

3.2.5　基于文字报告的 OCR 技术

文字报告是矿山各业务不可或缺的资料，其能完整地表述内容的完整性与可靠程度。矿山的文字报告主要包括地质勘查报告、基建探矿报告、生产探矿报告、项目建议书、初步可行性研究报告、可行性研究报告、初步设计说明书、采矿设计报告、基建施工方案以及测量验收报告等。因此，文字报告也是数字矿山数据获取的重要来源之一，尤其对于数字化程度较低的矿山企业，其数据基本以文字报告为主，其中大多以纸质文档的形式进行存档。因此，如何将矿山企业过往的纸质的文字报告转换为计算机可以度量的数据，一直是矿山企业数字化与智能化的难题。OCR 技术则是一种将图像形状转变为文本字符的技术，能很好地实现将纸质文档转变为计算机可识别的数据。

OCR（optical character recognition）技术，即光学字符识别技术，是指对文本资料的图像文件进行分析识别处理，获取文字及版面信息的过程。亦即将图像中的文字进行识别，并以文本的形式返回。

（1）OCR 技术的原理

OCR 技术原理是将图像中的文字转换为数字信号，然后通过计算机进行处理，最终将其转换为可编辑文本。OCR 技术的实现包括图像采集、预处理图片、特征提取、识别字符、后处理文字，以及结果输出。

①图像采集：图像采集是 OCR 技术实现的第一步。图像采集可以采用扫描仪、相机，或者其他数字设备进行采集，采集过程需要注意图像的分辨率、清晰度等。

②预处理图片：图片的预处理是为了更好地进行文字识别，其主要目的是去除图像中的噪声、增强图像的对比度以及亮度等。图片预处理包括光影预处理、倾斜预处理、扭曲预处理等。

③特征提取：特征提取是 OCR 技术的核心步骤，是对图像中的每个字符进行分析，提取出其特征。特征可以是字符的形状、大小、颜色等。特征提取的方法包括模板匹配、神经网络等。

④识别字符：在特征提取之后，计算机会将提取出的特征与已知的字符进行比对，以确定图像中的字符。字符识别的方法包括模板匹配、神经网络、支持向量机等。

⑤后处理：后处理的目的是去除识别错误、修正识别结果等。后处理的方法包括语言模型、规则检测等。

⑥结果输出：OCR 技术会将识别结果输出为可编辑文本。输出结果可以是文本文件、电子表格、数据库等。

（2）OCR 技术在矿山的应用

OCR 技术在矿山的应用主要包括勘探、测量、采矿研究、设计报告与方案等纸质文档转换为可编辑的数字文档；矿山企业工作过程中形成的扫描与拍照文档转化为可编辑文档。

3.3　数据规范化和标准化

数据规范化与标准化是数据共享的基础，其直接影响着数字矿山与智能矿山建设的成效。若不进行数据的规范化与标准化操作，将出现"信息孤岛"现象，数据将无法在矿山全生命周期各业务之间互联互通，进而严重阻碍了我国数字矿山与智能矿山建设的进程。因此，为实现数据的共享与互联互通，数据规范化与标准化是一项十分紧迫的任务。

3.3.1　统一的地理基础

地理基础是数字矿山信息数据表达格式与规范的重要组成部分。统一的地理基础主要包括统一的地图投影系统、统一的地理坐标系统以及统一的地理编码系统。因此，各种来源的矿山数据与信息，通过投影坐标、地理坐标、网格坐标对数据进行定位处理，然后在共同的地理基础上反映出它们的地理位置和地理关系特征。

各个矿山企业在其数据与信息的获取、管理分析、流转与存储的过程，图纸的投影与比例尺、坐标系统等可能不统一，尤其二维图纸数据，因而它们需要有一个空间定位框架，即共同的地理坐标和平面坐标系统，来反映它们的地理位置与地理关系特征。

3.3.2　统一的分类编码原则

数据的分类与编码是依据数据的内容与特点，并基于数据的分类原则与方法，对数据进行分类与排列，并用一种易于被计算机和人识别的符号体系表示出来的过程。数据的分类与编码是数据标准化的基础，也是数据存储、组织管理、检索以及交换的基础。数据只有通过统一的分类与编码，并形成数据标准，才能保证数据在矿山全生命周期互通与共享。

数字矿山数据的分类与编码应该从国家或行业的级别，遵循科学性、系统性、实用性、统一性、完整性、稳定性、可操作性、可扩展性等原则，既要考虑数据本身的属性，又要顾及数据之间的相互关系，以明确的分类标志、统一的标准，对数据进行分类编码，以保证数据分类编码科学合理且简单适用。

2023 年 6 月 26 日，经国家矿山安全监察局批准，由应急管理部信息研究院牵头，100 多家矿山、装备、通信企业和高校、科研院所共同编制完成的《智能化矿山数据融合共享规范》正式发布。该规范针对智能化矿山数据分类和编码进行规范，将智能化矿山数据按照一定的原则和方法进行区分、归类和编码，并建立一定的分类体系、编码体系和代码元素集合，是智能化矿山数据融合共享规范体系的基础。

3.3.3　数据交换格式要求

数据交换格式标准是规定数据交换时采用的数据记录格式，主要用于不同系统之间数据交换。由于数字矿山与智能采矿相关的软硬件产品来自于不同的生产厂商，各生产厂商的软硬件产品又都有其特有的数据格式，而各生产厂商的软硬件产品之间进行数据交换又不可避免，但目前矿业领域暂无相应的数据交换格式标准。因此，亟须制定矿业领域的数据交换格式国家级或行业级标准，并向整个矿业领域推广应用。

数据交换格式标准制定的总的原则：一是制定的数据交换格式应尽量简单实用，能独立于数据提供者和用户的数据格式、数据结构和硬软件环境；二是数据格式应便于修改扩充和维护，便于同国内外重要的数字矿山与智能采矿软硬件系统的数据格式进行交换，保证较强的通用性。

3.3.4　数据采集标准化

数据采集标准化是数据加工、交换、传输、存储与应用等的前提与基础。数据采集涉及矿山全生命周期的各个业务阶段，要想确保采集到的数据在矿山全生命周期互联互通以及充分利用，必须从数据采集这一源头实施标准化与规范化。

数据采集标准化能有效地解决数据采集的重复性与不完备性问题。因为矿山全生命周期各个业务阶段对数据的需求不一致，关注点不一致，则采集的数据不一致，缺少从矿山全生命周期的角度整体考虑，会产生数据采集重复、不完备以及噪声大等问题。为了解决以上问题，2023 年 6 月 26 日正式发布的《智能化矿山数据融合共享规范》，其中数据采集共计 9 项规范，主要针对智能化矿山前端设备与监测监控等系统感知数据的采集、传输和协同共享进行规范，是智能化矿山数据融合共享规范体系的关键。这一规范的发布，填补了长久以来矿山数字化与智能化数据采集规范的空白，为数据采集标准化提供了规范依据。

3.4　数据处理

3.4.1　坐标转换

由于历史和技术等多方面的原因，我国当前的测绘生产作业中，存在着 1954 北京坐标系、1980 国家大地坐标系、新 1954 北京坐标系(整体平差转换值)、地方局部坐标系、WGS 84 世界地心坐标系和 ITRF 国际参考框架坐标系等多种坐标系并存使用的局面，经常需要进行坐标系统之间的转换，坐标换算有严密法和近似法。严密法计算过程费时，而近似法既便于计算，又能达到一定精度，便于处理大量数据，如数字化地形地籍图的整体转换。以下简要介绍坐标系的转换。

(1)BJ-54 坐标系与 WGS-84 坐标系转换方法

用 GPS 卫星定位系统采集到的数据是 WGS-84 坐标系数据，而目前现有的测量成果普遍使用的是以 1954 北京坐标系或是地方(任意)独立坐标系为基础的坐标数据。因此必须将 WGS-84 坐标系转换到 BJ-54 坐标系或地方(任意)独立坐标系。在这个过程中，主要是先求出坐标转换参数。无论使用三参数法还是七参数方法，只有求出了转换参数，才能进行坐标转换。WGS-84 坐标与 BJ-54 坐标的转换，可用下列步骤实现：①将两个坐标系的坐标都转为直角坐标；②按所采用的转换方法(三参数或七参数)求解出转换参数；③根据所求参数进行坐标转换；④根据需要，将直角坐标再转为大地坐标。

(2)BJ-54 坐标系与 1980 西安坐标系转换方法

在测绘工作中常用的 1954 北京坐标系与 1980 西安坐标系属国家平面坐标系。1954 北京坐标系采用的是克拉索夫斯基椭球体参数，1980 西安坐标系采用的是 1975 年国际椭球参数，两个坐标系之间的坐标转换计算属于不同参考椭球之间的数据转换计算。在进行不同坐标系之间的坐标转换计算工作中，常用的经典模型——Bursa-Wolf 模型或 Molodensky 模型是采用空间直角坐标进行表达的。但是该换算方法不仅过程复杂，而且计算量特别大。为了实现从 BJ-54 坐标系到 1980 西安坐标系的"平稳过渡"，可利用下面方法：首先利用 1954 北京坐标系与 1980 西安坐标系之间的二维向量差值 Δx、Δy 与平面坐标 (x,y) 的关系，采用回归分析方法建立新旧坐标转换数学模型。假设 1954 北京坐标系下的平面坐标为 (x_{54},y_{54})，1980 西安坐标系下的平面坐标为 (x_{80},y_{80})，建立二维坐标转换关系式；其次利用最小二乘原理得到未知参数的估计量；最后利用未知参数向量的估计值，分别确定平面坐标 (x,y) 分量的回归方程。即可利用 1954 北京坐标系下任意点的平面坐标 (x_{54},y_{54})，得到 1980 西安坐标系下的二维坐标 (x_{80},y_{80})，并进行精度评定。

（3）地方独立坐标系与国家坐标系之间的转换方法

在 20 世纪 90 年代前后，国家基本比例尺地形图分别采用北京坐标系和西安坐标系。地方上为了适应各类城市建设的需要，往往建立自己的独立或相对独立的坐标系，称为地方坐标系。目前，我国许多城市的大比例尺地图通常只表示其地方坐标系，一般并不表示国家坐标，也不表示经纬度。这类地图数据的通用性一般比较差，成为多源数据融合的一个障碍。那就需要进行地方独立坐标系与国家坐标系之间的转换，方法一般包括直接变换法和间接变换法。

进行两坐标系转换的最直接办法是求算地方坐标系相对于国家坐标系的旋转角度和平移量，根据地方坐标系与国家坐标系之间的关系，推出其转换公式如下：

$$\begin{cases} X_{国家} = X_0 + x_{地方}^{\cos\alpha} + y_{地方}^{\sin\alpha} \\ Y_{国家} = Y_0 - x_{地方}^{\sin\alpha} + y_{地方}^{\cos\alpha} \end{cases}$$

间接变换法的出发点是把地方坐标系的建立与国家高斯-克吕格直角坐标等同起来，把它看成是以地方中央子午线（地方原点处的经线）为直角坐标纵轴，赤道北偏一定距离（地方原点到赤道的经线弧长）并垂直于中央经线的直线为横轴的地方高斯-克吕格直角坐标。这样，坐标系变换的实质就成为投影带的变换，可以由地方直角坐标反解大地坐标，再根据大地坐标正解国家高斯直角坐标。

3.4.2　数据的预处理

数据的预处理是对采集的各种数据，按照不同的方法对数据进行编辑运算，清除数据冗余，弥补数据缺失，形成符合工程要求的数据文件格式。处理内容主要包括：数据编辑、数据压缩、数据变换、数据格式转换、空间数据内插、边沿匹配、数据提取等。数据处理对于空间数据有序化、检验数据质量、实现数据共享、提高资源利用效果都具有重要意义。本节简要地介绍 GNSS 静态测量数据、三维激光扫描数据以及雷达遥感数据的空间数据预处理。

1）GNSS 静态测量数据处理

全球导航卫星系统（GNSS）是一种利用卫星进行定位、导航和时间传递的系统。在 GNSS 测量中，静态控制网布设是必不可少的一个环节。静态控制网是通过固定接收设备来观测卫星信号，从而获取位置信息。在静态控制网数据处理过程中，一般包括以下步骤：数据采集、预处理、基线解算、网平差以及成果输出，如图 3-15 所示。

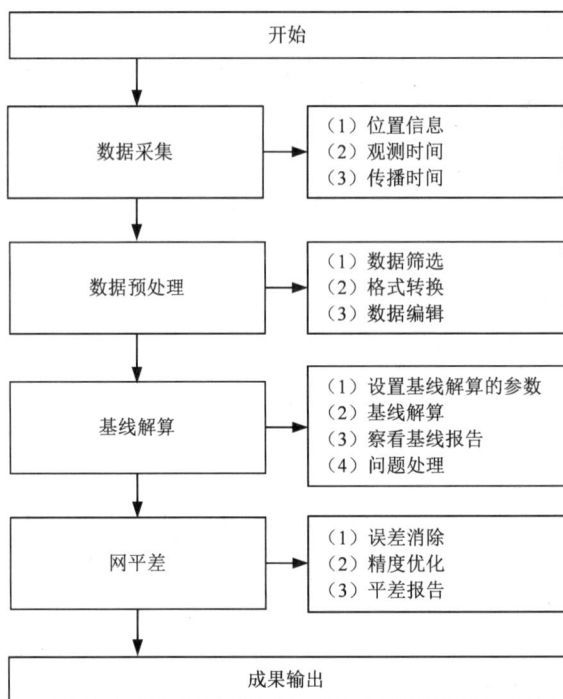

图 3-15　GPS 数据处理流程图

（1）预处理

预处理是对采集到的原始观测数据进行初步处理的过程，包括数据筛选、格式转换和数据编辑等。由于原始观测数据可能存在误差和异常值，因此需要通过预处理对数据进行筛选和编辑。数据筛选主要包括剔除无效数据、修正异常值等；格式转换是将不同接收设备或不同观测时间的数据进行统一格式处理；数据编辑主要是对数据进行插值和滤波处理，以减小观测误差和提高数据质量。

（2）基线解算

基线解算是利用两台或多台接收设备同时观测卫星信号，通过计算不同设备之间的位置差和时间差，得出各设备之间的相对位置关系。基线解算的主要目的是确定各设备在空间中的坐标位置，并求解出整周模糊度等参数。在进行基线解算时，需要根据实际情况选择合适的解算模型和算法，如最小二乘法、卡尔曼滤波等。同时，需要对解算结果进行精度评估和残差分析，确保基线解算结果的可靠性和精度。

（3）网平差

网平差是在基线解算的基础上，对整个控制网进行整体平差的过程。通过将各基线向量纳入一个整体坐标系中，利用平差方法对各基线向量的误差进行消除和优化，最终得到整个控制网的位置、定向和尺度等信息。网平差的主要目的是通过对整个控制网的优化处理，进一步提高控制网的精度和可靠性。在进行网平差时，需要利用适当的数学模型和算法进行平差计算，如最小二乘法、加权最小二乘法等。同时，需要对平差结果进行精度评估和残差分析，确保网平差结果的可靠性和精度。

2) 三维激光扫描数据处理

三维激光扫描技术是目前空间信息获取的重要手段，可以对空间三维物体特征点快速扫描，精确获取目标的空间三维信息，具有探测过程自动化程度高、数据精度高等技术特点，便于结构复杂、非接触式场景的三维可视化建模。作为重要非接触式探测手段，三维激光扫描技术广泛应用于逆向工程、计算机视觉、测绘工程、图像处理以及设计行业。

在三维激光扫描过程中，由于受被测对象的属性、探测环境，包括温度、湿度、粉尘浓度等因素，以及测量系统自身影响，如散斑效应、电噪声、热噪声等信号干扰，使得扫描获取的点云包含大量失真点，影响空间探测效率和点云质量，因此在对点云数据进行三维建模前需要对原始数据进行必要的预处理。通用的点云数据预处理技术一般包括噪声过滤、坏点修复、多点探测点云拼合、多次探测点云精简等内容。其处理流程如图3-16所示。

(1) 点云数据去噪处理

探测过程中激光设备受到人为或环境因素的影响，所获点云包含噪声点和坏点，在对点云进行三维建模前，需要对获取的点云数据进行噪声点过滤。对于噪声点的处理，传统的方法主要是采用频谱分析，也就是让信号通过一个低通或带通滤波器。但是，在实际工程应用中，信号和噪声不同频率的部分可能同时叠加，而且所分析的信号可能包含许多尖峰或突变部分，要对这种信号进行去噪处理，传统的去噪方法难以达到满意的效果，此时可以采用以下三种方法进行数据的去噪处理。

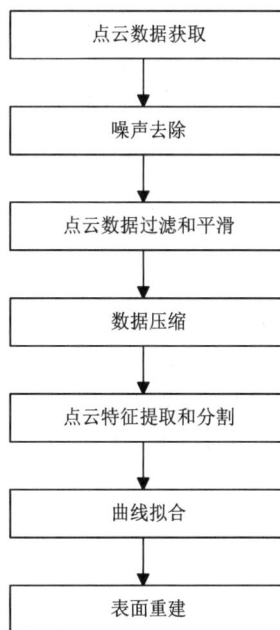

图3-16 点云数据处理流程

①滤波法，主要有三种：高斯滤波法、平均滤波法、中值滤波法。

②角度法和弦高差法，角度法检查点沿扫描线方向与前后两点所形成的夹角与阈值比较，弦高差法检查点到前后两点连线的距离与阈值比较，确定噪点后删除。

③曲率去噪法，根据曲率变化分段，段内曲线拟合，逐行去噪，可以减少误差点的删除错误，保证拟合曲线的真实性。

(2) 点云数据精简方法

三维激光扫描单次采集点的数量众多，如果一个采空区需要多点探测并拼接，点数量将会更大。为减少数据冗余，数据精简是三维建模前的必要环节。目前常用的点云数据精简方法有：最小距离法和平均距离法。最小距离法是设定一个最小距离作为阈值，当两点之间的距离小于阈值时，删除该点。这种方法虽然能够对数据密集的区域进行处理，但是不能很好地保留空区边界的具体形态。平均距离法是计算出扫描轨迹线两点之间的平均距离，当两点之间的距离小于平均距离时，删除该点。这种方法对于点云数据较为密集的区域是不适用的，不能有效地对数据进行精简。除了以上两种方法，均匀取样法、弦高偏移法和三维网格法等也能很好地对数据进行精简处理。

①弦高偏移法。根据曲面曲率的变化进行抽样精简,曲率越大抽样点越密,也可以基于弦值的方法先对数据进行精简,因为弦值高低与曲率密切相关。

②均匀网格法。1996 年 Martin 等人提出均匀网格法,构建一个均匀网格,把数据点投影并分配至网格内,将网格内中间点作为特征点保留,删除其余点。

③非均匀三维网格法,以八叉树原理和非均匀三维网格细分方法优化均匀网格法,达到更有针对性地压缩数据的目的。

(3)点云数据的三维拼接

采空区探测中,因为探测盲区的存在,需要先分区域探测,然后进行三维点云拼接。三维激光探测点云拼接的方法主要有 ICP(iterative closest point)法,该方法主要以迭代的方式优化初始状态,使得最终计算结果满足两个点集达到最小二乘误差的相对空间变换。ICP 法要得到全局最优解,关键在于较优初始化预测。在逆向工程的点云或 CAD 数据重定位过程中,一般采用 ICP 法进行拼接。基于 ICP 法的多个标志点坐标转换拼接方法精度高,但迭代过程复杂。此外除了 ICP 法,还有四元数法、SVD 法等也可以进行空间数据的点云三维拼接处理。

3)雷达遥感数据处理

雷达遥感数据处理包括辐射校正和几何纠正、图像整饰、投影变换、镶嵌、特征提取、分类等内容,常用的图像数据处理方法有图像增强、复原、编码、压缩等。图像处理中还可以应用卡尔曼滤波器、Gamma Map 滤波器、增强 lee frost 滤波器等,通常使用雷达图像多项式几何校正法使雷达成像的几何畸变降到最小。

常规的干涉数据处理的四个环节主要包括:复数像对的配准、干涉图像的生成、相位解缠、建立数字高程模型等。与常规的干涉测量相比较,差分干涉测量的数据处理步骤可分为两大步:第一,将地表形变前、后的两幅聚焦 SAR 图像配准,共轭相乘,生成主干涉图;第二,利用生成的地表形变前的干涉图或 DEM 模拟干涉图从主干涉图中消除地形影响,便得到地表形变检测图。当然,在进行差分干涉前,根据需要对原始数据的质量进行评价。雷达遥感差分干涉测量数据处理步骤如下:①基准辅 SAR 复图像、观测 SAR 复图像的粗配准、精配准及重采样;②对辅图像、主图像、观测图像进行滤波;③生成复相干图和单视干涉纹图,并进行平地效应消除和相位解缠;④生成差分干涉图,并进行相应的地理编码,最终生成区域性地表形变图。

3.4.3 误差来源与处理

测量过程中,测量结果因测量程序、测量环境、测量设备、测量人员及测量值有效位数选取的不同,始终会与真实值之间存在差异,即产生误差。当对某观测量进行观测,其观测值与真值(客观存在或理论值)之差,称为测量误差。

测量误差往往由若干分量组成,这些分量按其性质可分为系统误差、偶然误差和粗大误差三类。系统误差是指在相同的观测条件下,对某一量进行一系列的观测,如果出现的误差在符号和数值上都相同,或按一定的规律变化,这种误差称为"系统误差",系统误差具有规律性。偶然误差是在相同的观测条件下,对某一量进行一系列的观测,如果误差出现的符号和数值大小都不相同,从表面上看没有任何规律性,则这种误差就称为"偶然误差"。个别偶然误差虽无规律,但大量的偶然误差具有统计规律。粗大误差是指观测中的错误,如:读错、记错、算错、瞄错目标等。错误是观测者疏忽大意造成的，观测结果中不允许有错误。一旦发现，应及时更正或重测。

（1）误差的来源

测量误差产生的原因多种多样，但概括起来主要有以下三个方面。①仪器误差：在仪器结构、制造方面，每一种仪器具有一定的精确度，因而使观测结果的精确度受到一定限制。②观察误差：观测者感官鉴别能力有一定的局限性。观测者的习惯因素、工作态度、技术熟练程度等也会给观测结果带来不同程度的影响。③外界条件误差：外界环境如温度、湿度、风力、大气折光等因素的变化，均会使观测结果产生误差。如温度变化使钢尺产生伸缩，阳光暴晒使水准气泡偏移，大气折光使望远镜的瞄准产生偏差，风力过大使仪器安置不稳定等。

（2）误差的处理

系统误差的处理：在矿山测量中，系统误差的处理以控制（直接补偿）为主，数学处理（间接补偿）为辅。具体方法包括：①消误差源法，又称实验场检校法。通过校验测量仪器的精度，同时对测量过程中可能产生系统误差的各环节进行仔细分析，以使系统误差降到最低程度。例如精密水准测量时采用前-后-后-前的观测顺序，优化卫星位置减小星历误差，用差分法或相对定位消除卫星误差的影响等。②改进测量方法，又称自抵偿法。通过采用合理的观测方法达到抵消观测中的系统误差。③加修正值法，又称验后补偿法。该方法的关键是确定修正值或修正值函数的规律，并将观测值加以改正，消除其影响。④理论估计法，又称附加参数自检校法。测量平差理论上用附加参数的自检校平差法来消除或减小系统误差对平差结果的影响。

偶然误差的处理：由于引起偶然误差的因素是随机的，所以产生的偶然误差是不可修正的，所以，要想减少偶然误差的产生，应该在测量初期适当提高测量仪器的等级，并进行多次观测求取其平均值作为测量的结果。实验统计表明，对同一量值重复多次测量后所得数据符合统计规律。当测量次数无限次增多时，偶然误差与偶然误差出现的概率密度的关系符合正态分布规律。偶然误差有如下特性：①对称性，绝对值相等的正、负偶然误差出现的概率相等；②单峰性，绝对值小的偶然误差比绝对值大的偶然误差出现的机会多；③有界性，在一定测量条件下，偶然误差绝对值不会超过一定范围；④抵偿性，当测量次数 n 无限增多时，偶然误差的算术平均值趋向于零。

3.5　数据质量

数据的质量是指数据的可靠性与精度，通常用数据误差来度量。数字矿山的基础与本质特征是矿山开采环境、对象及过程信息的数字化，而数字化的过程中数据的可靠性与精度问题总是存在的。

3.5.1　数据质量问题

从数据的采集、加工处理、存储、输出以及使用的整个过程，均会产生不同的数据质量问题。因此，从某种程度上讲，某些数据质量问题是无法避免的，但可以通过分析数据质量问题的产生原因，降低数据在质量上承担的风险。下面将从定位精度、属性精度、时间性、完整性、逻辑一致性以及数据档案等六个方面进行阐述。

（1）定位精度

定位精度是指矿山空间坐标数据与其真实的地理位置之间的误差。这种误差主要有两种：第一种是偏差。偏差是描述真实位置与表达位置偏移的距离。可在模型上抽取某些要素，用这些要素在数据库中的坐标值和对应物体的实测坐标进行比较，据此来判断偏移是否过大。理想的偏差应为零，表明模型上位置与实际位置没有系统偏差。第二种是偏移的分布。如果上述抽样点的偏移量在某些地方很小，另一些地方很大，则说明偏移的分布不均匀，数据质量不稳定。如果各个点的偏移量都差不多，虽然总量并不很小，但分布比较均匀，这说明数据的质量还比较稳定。位置精度常采用标准差和均方差来度量。

（2）属性精度

属性精度是指矿山相关数据库与文件中点、线、面的属性数据正确与否。属性定义往往也会有误差，除人为因素外，还有技术因素，属性误差度量取决于数据的类型。对于定量属性，使用与点的精度度量方法相似；而定性属性描述的精度，目前还主要是对描述的准确性加以考量，如数据分类的准确性、属性编码的正确性等，用以反映属性数据的质量。

（3）时间性

对矿山数据，时间性是一个必须考虑的因素。任何业务所需的数据很难在同一时间收集齐全，例如使用现有的包括地图、报告、遥感数据、测量数据、自动化数据等数据，这些数据的获取时间各不相同，存在收集时间过时、收集标准过旧、收集数据不全等问题。矿山模型是"灰色的"，即矿山模型内结构、构造、水文、资源等属性是动态变化的，其随着预查、普查、详查、地质勘探、基建勘探、生产勘探、开拓等工作的进行而不断变化。因而矿山数据采集和输入是一个相当长的过程，是随着工程的不断推进而不断变化，从而造成数据时间性的差异。

（4）完整性

数据完整性包括数据层的完整性、分类的完整性和检验完整性。

数据层的完整性主要是指可能存在所要矿山区域数据不能 100% 覆盖或属性不完整等；另一方面是由于所要矿山区域内数据变化没有及时得到更新，造成数据的不完整。

数据分类的完整性主要是指如何选择分类才能表达数据。某些分类常常导致数据重复或缺项等，主要由于数据分类的方法、标准或者技术条件等因素的制约而造成的。

数据检验完整性主要指对外业测量数据成果和其他独立数据源数据的检验。比如为了确保地质品位化验数据的质量，避免人为偷懒不化验或者随意性，矿山企业往往将送给样品化验室的样品中包括重复样、空样（即不含矿的样）。当看到样品化验结果时，可以依据重复样与空样来检验此次化验的数据的准确性与完整性。

（5）逻辑一致性

逻辑一致性是指数据之间要维护良好的逻辑关系，如多边形的闭合、节点匹配、拓扑关系的正确性或一致性等。逻辑一致性没有量测标准，虽然同一特征在位置上的不一致性是可以量测的，然而它们或许是具有逻辑一致关系的几种特征的组合体，量测所有可能的叠加组合体的不一致性可能是不现实的。逻辑一致性的检查最好是在数据输入前就去做，在矿山信息数字化的准备阶段和检查阶段进行。

(6)数据档案

数据档案主要是指数据集合生产历史，原始数据以及处理这些数据所使用的处理步骤等。由于资料的收集、输入、处理方法都会对数据质量产生影响，所以应该对整个过程有文档资料的记载和说明。当用户对数据质量有怀疑时，可查看文档来判断误差产生的原因，或给予纠正。每一数据源和处理方法都应有关于数据生产的误差水平方面的信息。

3.5.2　空间数据的误差检查与分析

(1)空间数据的误差检查

空间数据的误差检查是指发现数据错误，探测数据精度与准确性。数据质量检查的方法主要有直接评价法、间接评价法和非定量描述法等。

①直接评价法：包括用计算机程序自动检查和随机抽样检查。

某些类型的错误可以用计算机软件自动发现，数据中不符合要求的数据项的百分率或平均质量等级也可由计算机软件算出。例如，可以检测文件格式是否符合规范、编码是否正确、数据是否超出范围等。

随机抽样检查是指随机抽取一部分数据，检查其质量指标。但在确定抽样方案时，应考虑数据的空间相关性。

②间接评价法：是指通过外部知识或信息进行推理来确定空间数据质量的方法，用于推理的外部知识或信息如用途、数据历史记录、数据源的质量、数据生产的方法、误差传递模型等。

③非定量描述法：是指通过对数据质量的各组成部分的评价结果进行综合分析来确定数据的总体质量的方法。

(2)空间数据的误差分析

这里的空间数据的误差分析主要是指空间数据质量研究的方法，其常用的方法如下：

①敏感度分析法

一般而言，精确确定数据的实际误差非常困难。为了从理论上了解输出结果如何随输入数据误差的变化而变化，可以人为地在输入数据中加上扰动值来检验输出结果对这些扰动值的敏感程度。然后根据适合度分析，由置信域来衡量由输入数据误差引起的输出数据的变化。

为了确定置信域，需要进行敏感度测试，以便发现由输入数据的变化引起输出数据变化的程度，即敏感度。这种研究方法得到的并不是输出结果的真实误差，而是输出结果的变化范围。对于某些难以确定的误差，这种方法是行之有效的。

②尺度不变空间分析法

矿山数据的分析结果应与采用的空间坐标系统无关，即空间分析的尺度不变性，包括比例不变和平移不变。尺度不变是数理统计中常用的一个准则：一方面能保证用不同方法得到的结果一致；另一方面又可在同一尺度下合理地衡量估值的精度。

也就是说，尺度不变空间分析法使分析结果与空间位置的参考系无关，以防止由基准问题而引起分析结果的变化。

③蒙特卡洛实验仿真

由于矿山数据来源繁多，种类复杂，既有描述空间拓扑关系的几何数据，也有描述空间物体内涵的属性数据。对于属性数据的精度常常只能用打分或不确定度来表示。对于不同的用户，由于专业领域的限制和需要，数据可靠性的评价标准并不相同。因此，想用一个简单的、固定不变的统计模型描述误差传播规律似乎是不可能的。在对所研究问题的背景不十分了解的情况下，蒙特卡洛(Monte Carlo)模拟仿真是一种有效方法。

蒙特卡洛模拟仿真首先依据经验对数据误差的种类和分布模式进行假设，然后利用计算机进行模拟实验，将所得结果与实际结果进行比较，找出与实际结果最接近的模型。对于某些无法用数学表达式描述的过程，用这种方法既可得到实用公式，也可检验理论研究的正确性。

④空间滤波

获取空间数据的方法可能是不同的，既可以采用连续方式采集，也可以采用离散方式。这些数据的采集过程又可以看成是随机采样，其中包含倾向性部分和随机性部分。前者代表所采集物体的实际信息；后者是由观测噪声引起的。

空间滤波分高通滤波和低通滤波。前者指从含有噪声的数据中分离提取噪声信息的过程；而后者指从数据中提取信号的过程。经高通滤波后可得到一个点(或线、面)的随机噪声场，然后按随机过程理论或方差-协方差分量估计理论求得数据采集误差。

3.5.3 空间数据的误差校正

由数据的误差来源可知，数据从采集、加工、存储、输出以及使用的各个阶段都可能引入误差。而正因为误差的存在，导致矿山各要素之间不能套合以及不同时间的数字化成果不能精确联结等。因此，空间数据必须进行误差校正，使之满足实际使用要求。

一般情况下，数据编辑处理只能消除或减少在数字化过程中因操作产生的局部误差或明显误差，但图纸变形和数字化过程产生的随机误差，必须经过几何校正才能消除。由于造成数据变形的因素很多，对于不同因素引起的误差，其校正方法也不同，具体采用何种方法应根据实际情况而定。

从理论上讲，根据图形的变形情况，计算出其校正系数，然后根据校正系数对图形进行校正变换。常用的校正方法有一次变换、二次变换与高次变换、最小二乘法线性校正以及分块校正。

3.5.3.1 一次变换

同素变换和仿射变换均为一次变换。

(1)同素变换是一种较复杂的一次变换形式，其函数式为公式(3-2)。

$$\begin{cases} x' = \dfrac{a_1x + a_2y + a_3}{c_1x + c_2y + c_3} \\ y' = \dfrac{b_1x + b_2y + b_3}{c_1x + c_2y + c_3} \end{cases} \tag{3-2}$$

其主要性质有：直线变换后仍为直线，但同一线段上长度比不是常数；平行线变换后为直线束；同一线束中经一割线的交叉比在变换前后保持不变；通过同一割线上相应各点的线束的交叉比在变换前后也保持不变。

(2)仿射变换是一种比较简单的一次变换，其表达式为公式(3-3)。

$$\begin{cases} x' = a_1 x + a_2 y + a_3 \\ y' = b_1 x + b_2 y + b_3 \end{cases} \tag{3-3}$$

式中：3 对待定系数（a_i, b_i, $i=1$, 2, 3），只要知道不在同一直线上的 3 个对应点坐标都可求得。实际应用时，往往利用 4 个以上对应点坐标和最小二乘方法求解变换系数，以提高变换精度。

仿射变换的特点是：直线变换后仍为直线；平行线变换后仍为平行线，并保持简单的长度比；不同方向上的长度比发生变化。

3.5.3.2　二次变换与高次变换

这两种变换是实施图形内容转换的多项式拟合方法，它由多项式（3-4）表达。

$$\begin{cases} x' = f_1(x, y) = a_1 x + a_2 y + a_{11} x_2 + a_{12} xy + a_{22} y_2 + A \\ y' = f_2(x, y) = b_1 x + b_2 y + b_{11} x2 + b_{12} xy + b_{22} y_2 + B \end{cases} \tag{3-4}$$

式中：x，y 为变换前坐标；x' 和 y' 为变换后的坐标；系数 a，b 是函数 f_1，f_2 的待定系数。A 和 B 代表三次以上高次项之和。上式是高次曲线方程，符合此方程的变换称为高次变换。若不考虑 A 和 B，则上式为二次曲线方程：

$$\begin{cases} x' = f_1(x, y) = a_1 x + a_2 y + a_{11} x_2 + a_{12} xy + a_{22} y_2 \\ y' = f_2(x, y) = b_1 x + b_2 y + b_{11} x2 + b_{12} xy + b_{22} y_2 \end{cases} \tag{3-5}$$

符合上列二次曲线方程的变换为二次变换。这两种变换的实质是：制图资料上的直线经变换后，可能为二次曲线或高次曲线，它适用于原图有非线性变形的情况。

在二次变换中有 5 对未知数，理论上只要知道数字化原图上 5 个点的坐标及其相应的理论值，便可能算出 a 和 b，从而建立起变换方程，完成几何校正的任务，即对数字化的图形的所有空间数据进行校正。实际应用时，可取多于 5 个点及其理论值（注意所选点的分布应能控制全图），并用最小二乘法求解，可提高解算系数的精度。

3.5.3.3　最小二乘法线性校正

在实际校正过程中，造成变形的因素有很多，有机械的因素、也有人工的因素，如数字化后的图是放大了，还是缩小了，放大或缩小了多少倍，是局部变形还是整体变形，是某些图元与实际不符，还是整个图形都发生了畸变等，实际参数很难估算。因此，很少通过几何变换即可完全校正图形。为此，一般采用上述介绍的一次或高次多项式进行校正。

从理论上讲，已知点越多，分布越均匀，校正的效果越好。当方程次数与已知点的个数相同时，这样可以使其满足精度要求。但当方程次数增高时，已知点外的其他位置点将按照曲面拟合路径进行变换，而图形输入过程中产生的误差很少满足这种关系，因此已知点外其他点的误差反而会增大，离已知点越远，变化越大；所以在实际使用中很少用高次变换，一般用得较多的是一次变换，即仿射变换和双线性变换，也称双一次变换。

当选定一数学关系时，如一次多项式或二次多项式，按照解方程组未知数与方程个数必须相同的原则，一次多项式选取 3 个已知点即可求出未知系数，二次多项式选取 6 个，双线性多项式选取 4 个已知点即可。如果所给已知点数多于方程所要求的个数，为了使其尽量满足各个已知点，可运用最小二乘法求解其校正系数。由于最小二乘法只能使各个已知点的真值与图形输入值的平方差达到最小，当已知点很多时，往往很难达到精度的要求。

3.5.3.4 分块校正

图形已知点实际上是分布在图形中的一系列坐标位置点，校正的目的是通过这些已知的点来校正整幅图形，使其满足精度要求。一般情况下，由于数据的相关性，图形中某一点的位置误差与其附近已知点的误差最接近，受这些已知点的影响最大；距离越远，影响越小。为此，可以将这些已知点形成一个个小区域，使该区域内的点仅受相应区域上的已知点控制。最简单的方法是将这些已知点形成一个个三角形，所有的三角形组成了一个三角网，每个三角形内的点用该三角形上的 3 个已知点来进行校正，故可用仿射变换。

通过这种计算，所得的结果图件中，已知点可以完全达到所给定的值。每个三角形内部的点，都使用该三角形的校正系数来进行校正变换。相邻的两个三角形由于共边，所以在公共边上的点，用两边的校正系数进行校正都可以，跨接相邻三角形的曲线不会出现跳跃现象。但对于三角形外的点需作特殊处理，为避免这种情况，在被校正图形的边缘处，要想办法选取已知点，用外推的方法一般会产生较大的误差。

那么如何构成三角形网呢？这实际上是一个三角剖分的问题。自动生成三角剖分的基本问题，是如何将有界平面上所有 n 个互不重合的参考点结成一张满足下列条件的三角形格网：①三角形格网中的所有网格（剖分）都是三角形；②全部 n 个参考点都是三角形格网的结点，三角形格网共有 n 个结点。可利用一步法、分步法或应用数学形态学等方法来生成三角形网。

合并相邻的三角形，可以形成四边形网，对于每个四边形，可选用双线性变换关系式。利用四边形的 4 个顶点，即可求出每个四边形内数据的校正系数。每个四边形内的数据都通过双线性变换关系式，根据所得的校正系数进行校正，则校正结果图件中的已知点也可完全达到真值。特别是对于小比例尺区域图来说，图中都有经纬网，通常一个经纬网格就是一个四边形，可作为一个校正单元，并对经纬网格进行统一编号。为了建立四边形格网，计算校正多项式系数，应按一定的顺序数字化所有经纬网的交点，将它们作为校正已知点，而经纬网交点的理论值可由坐标表查取或根据投影坐标公式求得。根据已知点的值，求得校正多项式的校正系数，从而可对网格内图形元素的数字化点进行校正。

3.6 数字矿山数据分类与管理

3.6.1 矿山数据内容与分类

3.6.1.1 数据分层

为了便于管理和更新，将数据划分为基础层、专业层、感知层和管理层。

（1）基础层为基础地理数据，重点是以基础地理框架为基底的正射遥感影像数据，以及地名、行政境界等基础地理信息。

（2）专业层是地质、测量、采矿、生产计划等专业产生的数据，主要为由点、线、面、体要素组成的空间数据图层。

（3）感知层是矿山生产过程中实时采集的数据，一般通过传感器、采集终端、通讯网络，感知、传输而获得的数据。

（4）管理层是矿产资源等管理过程产生的数据，随管理业务实时更新，主要是由坐标串构成的空间数据及统计表格组成的属性数据。

各数据层之间的关系是：基础层为所有数据的基础，各类数据都以基础层为统一的空间参考。专业层反映的是矿山开采全生命周期的专业数据，是管理层的本底。感知层是矿山开采过程的现实数据，体现的是过程与现状，是管理层的支持层。管理层是矿山开采管理过程及行为的记录，是管理过程及结果"沉淀"在专业层上的信息。

3.6.1.2　数据的类型

记录（record）：属性表（table）作为其容器。

要素（feature）：现实世界中具有现实意义的实体，具有属性及几何形态，层（layer）作为其容器。

图件（drawing）：二维图，一张图一条记录，包括图数据（BLOB）以及一些对图的描述属性，对于图件数据的解释和可视化通过 Dimine 组件实现。图件的数据结构需要详细设计，可参考图签内容，属性表作为其容器。

将包含有几何字段（geometry）的数据视为空间数据，从时效上将空间数据分为时空数据和版本化数据，时空数据具有较强的时效性，而版本化数据是数据的生产者通过版本将不同时段的数据区分开来。时空数据要素随时间发生增减（如资源消耗、资源增加及采场开采、井巷掘井等人工活动使要素发生增减）；版本化数据是要素根据需要发生更改（如矿体形态变化、设计更改）。

3.6.1.3　数据内容

（1）测量数据

原始的测量数据，包括大地测量、矿井测量数据。注意，没有基于测量数据建立三维模型，如地形模型、巷道模型等，而是将这些数据定义为设计数据（加工数据），以属性表的形式存在。

（2）地质数据

原始的地质数据，包括各类地质勘探、生产勘探数据。注意，没有基于原始地质数据建立的三维模型，如矿体模型、岩层模型等，而是将这些数据定义为设计数据（加工数据），以属性表的形式存在。

（3）设计数据

包括基于测量数据建立的地形模型、巷道模型等；包括基于地质数据建立的矿体模型、岩层模型等；包括各种开采设计：开拓、采准、回采等。数据形式有中心线、三维模型，以要素层的形式存在。

（4）开采计划数据

开采计划编制过程中，很少产生基础数据，更多的是应用基础数据，所以可以考虑将其定义为管理层。

(5)各类图件

包括地质图件、设计图件等。

(6)管理数据

在矿山企业管理过程中产生的数据,通常为关系型数据。

(7)感知数据

以实时采集数据为主,通过采集服务对数据进行抽取、转换(通过服务完成)后进入关系型数据库。

3.6.2 数据管理方式

3.6.2.1 数据管理发展阶段

数据管理技术的发展可以归为三个阶段:人工管理、文件系统和数据库管理系统。

(1)人工管理

这一阶段(20世纪50年代中期以前),计算机主要用于科学计算。外部存储器只有磁带、卡片和纸带等还没有磁盘等直接存储设备。软件只有汇编语言,尚无数据管理方面的软件。数据处理方式基本是批处理。这个阶段有如下几个特点:

①计算机系统不提供对用户数据的管理功能。用户编制程序时,必须全面考虑好相关的数据,包括数据的定义、存储结构以及存取方法等。程序和数据是一个不可分割的整体。数据脱离了程序就无任何存在的价值,数据无独立性。

②数据不能共享。不同的程序均有各自的数据,这些数据对不同的程序通常是不相同的,不可共享;即使不同的程序使用了相同的一组数据,这些数据也不能共享,程序中仍然需要各自加入这组数据,不能省略。基于这种数据的不可共享性,必然导致程序与程序之间存在大量的重复数据,浪费了存储空间。

③不单独保存数据。基于数据与程序是一个整体,数据只为本程序所使用,数据只有与相应的程序一起保存才有价值,否则就毫无用处。所以,所有程序的数据均不单独保存。

(2)文件系统

在这一阶段(20世纪50年代后期至60年代中期)计算机不仅用于科学计算,还用于信息管理方面。随着数据量的增加,数据的存储、检索和维护问题亟待解决,数据结构和数据管理技术迅速发展起来。此时,外部存储器已有磁盘、磁鼓等直接存取的存储设备。软件领域出现了操作系统和高级软件。操作系统中的文件系统是专门管理外存的数据管理软件,文件是操作系统管理的重要资源之一。数据处理方式有批处理,也有联机实时处理。这个阶段有如下几个特点:

①数据以"文件"形式可长期保存在外部存储器的磁盘上。由于计算机的应用转向信息管理,因此对文件要进行大量的查询、修改和插入等操作。

②数据的逻辑结构与物理结构有了区别,但比较简单。程序与数据之间具有"设备独立性",即程序只需用文件名就可与数据打交道,不必关心数据的物理位置。由操作系统的文件系统提供存取方法(读/写)。

③文件组织已多样化。有索引文件、链接文件和直接存取文件等。但文件之间相互独立、缺乏联系。数据之间的联系要通过程序去构造。

④数据不再属于某个特定的程序，可以重复使用，即数据面向应用。但是文件结构的设计仍然是基于特定的用途，程序基于特定的物理结构和存取方法，因此程序与数据结构之间的依赖关系并未根本改变。

⑤对数据的操作以记录为单位。这是由于文件中只存储数据，不存储文件记录的结构描述信息。文件的建立、存取、查询、插入、删除、修改等所有操作，都要用程序来实现。

随着数据管理规模的扩大，数据量急剧增加，文件系统显露出一些缺陷。

①数据冗余。由于文件之间缺乏联系，造成每个应用程序都有对应的文件，有可能同样的数据在多个文件中重复存储。

②不一致性。这往往是由数据冗余造成的，在进行更新操作时，稍不谨慎，就可能使同样的数据在不同的文件中不一样。

③数据联系弱。这是由于文件之间相互独立，缺乏联系造成的。

文件系统阶段是数据管理技术发展中的一个重要阶段。在这一阶段中，得到充分发展的数据结构和算法丰富了计算机科学，为数据管理技术的进一步发展打下了基础，现在仍是计算机软件科学的重要基础。

（3）数据库管理系统

这一阶段（20 世纪 60 年代后期），数据管理技术进入数据库管理阶段。数据库系统克服了文件系统的缺陷，提供了对数据更高级、更有效的管理。这个阶段的程序和数据的联系通过数据库管理系统（DBMS）来实现，如图 3-17 所示。

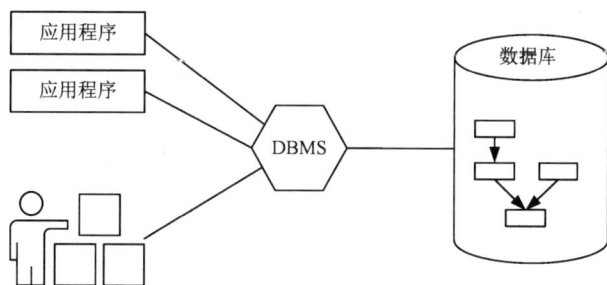

图 3-17　程序与数据间的联系

概括起来，这一数据库管理阶段的数据管理具有以下特点：

①采用数据模型表示复杂的数据结构。数据模型不仅描述数据本身的特征，还要描述数据之间的联系，这种联系通过存取路径实现。通过所有存取路径表示自然的数据联系是数据库与传统文件的根本区别。这样，数据不再面向特定的某个或多个应用，而是面向整个应用系统。数据冗余明显减少，实现了数据共享。

②有较高的数据独立性。数据的逻辑结构与物理结构之间的差别可以很大。用户以简单的逻辑结构操作数据而无需考虑数据的物理结构。数据库的结构分成用户的局部逻辑结构、数据库的整体逻辑结构和物理结构三级。用户（应用程序或终端用户）的数据和外存中的数据之间转换由数据库管理系统实现。

③数据库系统为用户提供了方便的用户接口。用户可以使用查询语言或终端命令操作数据库，也可以用程序方式（如用 C/C++、JAVA 一类高级语言和数据库语言联合编制的程

序)操作数据库。

④数据库系统提供了数据控制功能。例如,数据库的并发控制,对程序的并发操作加以控制,防止数据库被破坏,杜绝提供给用户不正确的数据;数据库的恢复,在数据库被破坏或数据不可靠时,系统有能力把数据库恢复到最近某个正确状态;数据完整性,保证数据库中数据始终是正确的;数据安全性,保证数据的安全,防止数据的丢失、破坏。

⑤增加了系统的灵活性。对数据的操作不一定以记录为单位,可以以数据项为单位。

如果说从人工管理到文件系统是计算机领域质的飞跃,那么从文件系统到数据库管理系统,则标志着数据管理技术质的飞跃。20 世纪 80 年代后不仅在大、中型计算机上实现并应用了数据管理的数据库技术,如 Oracle、Sybase、Informix、SQL Server 等,以及一些开源的数据库管理系统,如 MySQL、PostgreSQL 等。在微型计算机上也可使用数据库管理软件,如常见的 Access、Sqlite 等,也叫个人数据库,使数据库技术得到广泛应用和普及。

数据库管理系统应用最为成熟的是关系型数据库管理系统,但近年来随着地理信息技术不断发展,空间数据的大量应用,空间数据库管理系统也发展迅速,但大都是基于传统关系型数据库扩展而来的,比如 Oracle Spatial、SQL Server Spatial 等。

3.6.2.2 关系型数据库管理系统

数据库管理系统是管理大量的、持久的、可靠的、共享的数据的工具。数据库管理系统由数据库、计算机设备和数据库管理系统(database management system,即 DBMS)3 部分组成。数据库是用来存储数据所用的空间,可以将数据库看成是一个存储数据的容器,但实际上数据库是由许多个文件组成的。一个数据库管理系统中通常包含多个数据库,而每个数据库中又包含了一定数量的以一定格式存储的数据集合。概括起来,数据库的特点如下:

(1)结构化,数据有组织地存放;

(2)共享性,多个用户同时使用;

(3)独立性,数据与应用程序分离;

(4)完整性,数据保持一致与完整;

(5)安全性,设置不同的用户权限。

整体数据的结构化是数据库的主要特征之一,也是数据库管理系统与文件系统的本质区别。数据库中实现的是数据的真正结构化:数据内部是结构化的,整体也是结构化的;不仅描述数据本身,也描述数据间的联系;数据的结构用数据模型描述,无需程序定义和解释;数据的最小存取单位是数据项。

(1)数据库管理系统(DBMS)的基本功能

①数据库定义。数据库管理系统必须首先能充分定义并管理各种类型的数据项。例如,关系型数据库管理系统必须建立数据库和数据表,定义字段的数据类型、限制以及数据之间的关联等。

②数据库处理。数据库管理系统必须能为用户提供对数据库存取的能力,这些能力包括增加、删除、修改和查询等。有时候并不是所有的要求都可以由数据库管理系统提供,因此需要编制相应的应用程序来满足特殊的需求。

③数据库控制。数据库管理系统的核心工作是对数据库的运行进行管理,包括以下功能:

数据库安全性控制功能。应该具备创建用户账号、相应的口令以及设置权限等功能。这样就可以使每个用户只可以访问他们拥有访问权限的数据，从而避免不必要的人为损失，以保证数据库中数据的安全。

数据库完整性控制功能。完整性是数据的准确性和一致性的测度。

并发控制功能。数据库是提供给多个用户共享的，因此用户对数据的存取可能是并发的，即多个用户可能使用同一个数据库，因此数据库管理系统应能对多个用户的并发操作加以控制、协调。

数据库恢复功能。数据库中数据的安全除了可能受到人为破坏以外，同时还受到意外事件破坏的威胁。因此数据库管理系统需要为用户提供准确、方便的备份功能。这样，就可以根据需要备份数据，并且在意外事件发生而导致数据丢失的情况下，将数据损失降至最低。

④数据字典

数据字典（data dictionary，DD）中存放着对实际数据库各级模式所做的定义，即对数据库结构的描述。对数据库的使用和操作都要通过查阅数据字典来进行。

（2）结构化查询语言（SQL）

结构化查询语言（structured query language）简称SQL，是一种特殊目的的编程语言，是一种数据库查询和程序设计语言，用于存取数据以及查询、更新和管理关系型数据库管理系统。SQL是一种面向数据库的通用数据处理语言规范，能完成以下几类功能：提取查询数据、插入修改删除数据、生成修改和删除数据库对象、数据库安全控制、数据库完整性及数据保护控制。

结构化查询语言是高级的非过程化编程语言，允许用户在高层数据结构上工作。它不要求用户指定对数据的存放方法，也不需要用户了解具体的数据存放方式，所以具有完全不同底层结构的不同数据库系统，可以使用相同的结构化查询语言作为数据输入与管理的接口。结构化查询语言语句可以嵌套，这使它具有极大的灵活性和强大的功能。

SQL按其功能分为三大部分：①数据定义语言（data definition language，DDL）；②数据操作语言（data manipulation language，DML）；③数据控制语言（data control language，DCL）。

①数据库定义语言

CREATE：用于创建数据库对象。

DECLARE：除了是创建者在过程中使用的临时表外，DECLARE语句和CREATE语句非常相似。唯一可以被声明的对象是表，并且必须放入用户临时表空间。

DROP：可以删除任何用CREATE（数据库对象）和DECLARE（表）创建的对象。

ALTER：允许修改某些数据库对象的信息，不能修改索引。

②数据库操纵语言

SELECT：从表中查询符合数据。

DELETE：删除已有表的数据。

UPDATE：更新已有表的数据。

INSERT：向已有表中插入数据。

③控制语言

GRANT：授予用户权限。

REVOKE：撤消用户权限。

COMMIT：提交事务，可以使数据库的修改永久化。

ROLLBACK：回滚事务，消除上一个 COMMIT 命令后所做的全部修改，使得数据库的内容恢复到上一个 COMMIT 执行后的状态。

3.6.2.3　空间数据库管理系统

空间数据库管理系统(Spatial DBMS)是一种能够有效存储、操作和查询空间数据的数据库管理系统。空间数据表示几何空间中的对象，例如点和多边形。空间数据库管理系统的研究始于 20 世纪 70 年代的地图制图与遥感图像处理领域，目的是有效利用卫星遥感资源迅速绘制出各种经济专题地图。由于传统的关系型数据库管理系统在空间数据的表示、存储、管理、检索上存在许多缺陷，从而形成了空间数据库这一研究领域。而传统数据库管理系统只针对简单对象，无法有效支持复杂对象(如图形、图像)。空间数据库管理系统的三大要素为空间数据类型、空间索引和空间分析函数。

(1)空间数据类型：用于指定空间对象为点(point)、线(line)和面(polygon)等。

(2)空间索引：用于高效空间对象检索和查询等。

(3)空间分析函数：用于确定空间对象的相互转换、拓扑关系和空间比较等。

空间数据库管理系统通常提供专用数据类型来存储空间数据，并提供空间索引来优化对空间数据集的访问。例如，空间索引允许有效检索与其他对象一定距离内的点。此外，空间 DBMS 提供了对对象执行操作或操作对象的功能。例如计算距离、合并或交叉对象以及计算对象的属性，例如多边形的面积。

空间数据库管理系统主要有 Oracle Spatial、IBM 的 DB2 Spatial Extender、微软的 SQL Server Spatial、开源的 PostGIS、GeoMesa 等。

3.6.2.4　数据管理发展趋势

(1)非关系型数据库(NoSQL)

非关系型数据库存储数据的方式不同于传统的表格形式，它们可以使用键值对(key-value)、文档(document)、列族(column family)或图(graph)等形式来组织数据。非关系型数据库具有高可伸缩性和高性能的特点，常见的有 MongoDB、Cassandra 和 Redis 等。优点是能够快速存储和检索大量非结构化数据，但对数据一致性和事务处理的支持相对较弱。

(2)内存数据库(in-memory database)

内存数据库将数据存储在内存中，以提供高速的数据访问和处理能力。相比于传统的磁盘存储方式，内存数据库具有更低的延迟和更高的并发能力，常用于对实时性要求较高的应用场景，如金融交易和实时数据分析等。Redis 和 Memcached 是常见的内存数据库。

(3)分布式文件系统(distributed file system)

分布式文件系统将数据分散存储在多个服务器上，以提供可靠性和高可扩展性。分布式文件系统可以自动处理故障恢复和负载均衡等问题，并支持分布式计算和存储。Hadoop 的 HDFS 和 Google 的 GFS 是常见的分布式文件系统。

思考题

1. 大地水准面与椭球体对于确定地理坐标系的意义与作用是什么？

2. 地图投影的基本原理是什么？如何分类与选择？

3. 常见的数字矿山数据获取的装备与方法有哪些？如何选择？

4. GNSS 测量的组成与基本原理是什么？RTK 测量的原理是什么？

5. 倾斜摄影测量原理是什么？其优缺点是什么？

6. 三维激光扫描仪测量原理是什么？其优缺点是什么？

7. 为什么要对数字矿山获取的数据进行规范化与标准化处理？

8. 数字矿山数据质量问题产生的原因有哪些？如何进行误差校正？

9. 数字矿山数据如何分类的？数据存在的形式有哪些？数据内容是什么？

10. 数据管理经历了哪些阶段？各阶段具有的特点是什么？数字矿山数据管理发展趋势是什么？

第4章 数字矿山三维模型构建

三维模型是数字矿山数据的重要组成部分,是基于采样、测量数据的深化应用,是实现矿山更易于被理解的逻辑表达,也是矿山管理和运营的重要决策支持工具。数字矿山三维模型的构建包括地面模型、地质体模型(包括地质结构模型和地质属性模型)、开采工程模型和矿山网络模型等的构建。

4.1 地面模型构建

2.5 维的数字高程模型(digital elevation models, DEM)和数字地面模型(digital terrain models, DTM)是目前 GIS 进行三维分析的主要手段。数字高程模型(DEM)是数字地面模型(DTM)的一种特例,两者都是描述地面特性空间分布的有序数值阵列,空间分布由 X、Y 水平坐标系统或者经纬度来描述。与 DTM 不同的是,DEM 的地面特征是高程值 Z,而不是描述土壤类型、植被类型和土地利用情况等其他属性值。大多数数字地形采用数字地面模型(DTM)生成,DTM 数据由在规则网格地形图上采样所得的高程值构成,与飞机或卫星上所拍摄的遥感纹理数据相对应,这些纹理在重构地形表面时被映射到相应的部位。DEM 是一定区域范围内规则格网点的平面及高程坐标的数据集,它从数学上描述了该区域地貌形态的空间分布。通过数字高程模型,可以方便地得到有关区域内任一点的地形情况,并用于计算其高程、区域面积、土方工程量及划分土地、绘制流水线图等。因此,数字高程模型广泛地应用于公路、城市规划及机场、水利、军事等地理信息系统中。DEM 是 DTM 的一个子集,也是 DTM 中最基本的部分,所以高程模型又叫地形模型。在地理信息系统中,DEM 是建立 DTM 的基础数据。不规则三角网(TIN)和规则格网(Grid)是模拟地形表面常用的两种方法,TIN 是矢量数据模型,Grid 是栅格数据模型。

借助三维矿业软件或地理信息系统软件,数字地面模型数据可以用于建立各种各样的模型以解决一些实际问题,主要的应用有:按用户设定的等高距生成等高线图、透视图、坡度图、断面图、渲染图、与数字正射影像复合生成景观图,或者计算特定物体对象的体积、表面覆盖面积等,还可用于空间复合、可达性分析、表面分析、扩散分析等方面。

如图 4-1 所示,数字地面模型中所包含的地面特性信息类型可分为:

地貌信息:高程、坡度、坡向、坡面形态及描述地表起伏情况的更为复杂的地貌因子;

基本地物信息:水系、交通网、居民点和工矿企业及境界线;

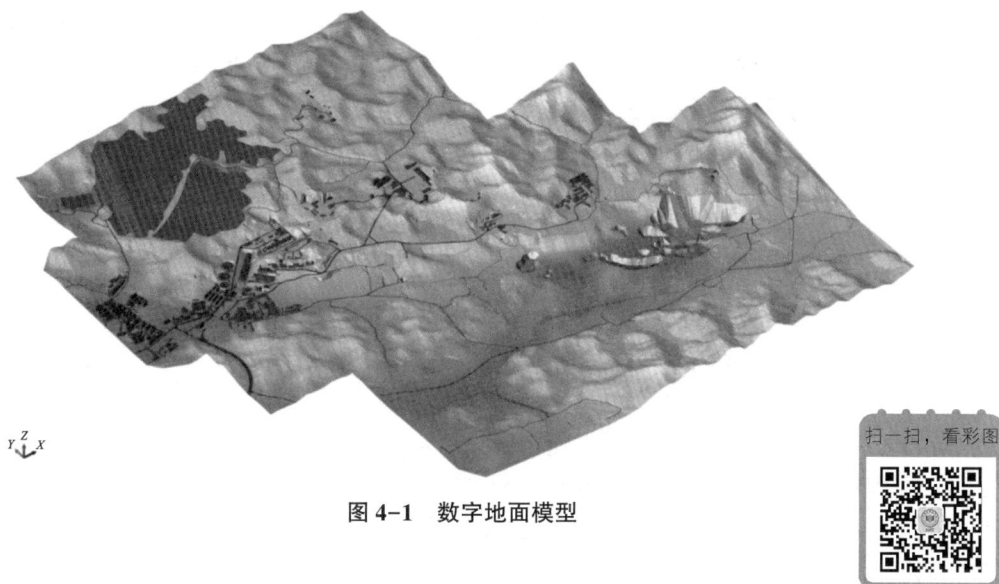

图 4-1　数字地面模型

主要的自然资源和环境信息：土壤、植被、地质、气候；

主要的社会经济信息：人口、工农业产值、经济活动等。

一个地区的地表高程的变化可以采用多种方法表达，用数学定义的表面或点、线、影像都可用来表示地面模型。地面模型最主要的两种模型表示方式是：不规则三角网（TIN）和规则格网（Grid）。通常，TIN 通过矢量数据结构表达，Grid 通过栅格数据结构表达。

4.1.1　TIN 模型构建

在 TIN 构建方法中，Delaunay 三角剖分是一种优秀的三角剖分方法，可以生成高质量的三角形网格，适用于各种不同的应用场景。Delaunay 三角剖分是一种在二维或三维空间中对点集进行三角剖分的方法，其生成的三角形的顶点称为 Delaunay 顶点。Delaunay 三角剖分具有以下特点。

（1）最小角最大：在 Delaunay 三角剖分中，每个三角形都有一个最小角，这个最小角是所有非 Delaunay 剖分所形成三角形最小角中的最大值。因此，Delaunay 三角剖分能够保证生成的三角形尽可能地接近等边三角形，避免了过于狭长或扁平的三角形。

（2）外接圆不包含其他点：在 Delaunay 三角剖分中，每个三角形的外接圆内不包含其他点，这个性质可以保证生成的三角形尽可能地接近等边三角形，避免出现狭长或扁平的三角形。

（3）局部优化：在插入新的点时，需要检测新三角形及其邻近三角形，使其符合三角剖面。可以采用局部优化算法（LOP），该方法交换凸四边形的对角线，保留短的那条对角线，使三角网中所有三角形的最小角度最大化。

Delaunay 三角网构网算法可归纳为两大类，即静态三角网和动态三角网。静态三角网指的是在整个建网过程中，已建好的三角网不会因新增点参与构网而发生改变；而对于动态三角网则相反，在构网时，当一个点被选中参与构网时，原有的三角网被重构以满足 Delaunay 外切圆规则。

静态三角网构网法主要有辐射扫描算法、递归分裂算法、分解吞并算法、逐步扩展算法、改进层次算法等。动态三角网构网算法主要有增量式算法和增量式动态生成和修改算法。以上算法基本上反映了构建 Delaunay 三角网的各种途径。在生成 TIN 的算法中数据结构的设计和选择对算法的运行效率至关重要。

（1）三角网生长算法

三角网生长算法是一种典型的静态三角网生长算法。比如递归生长算法的基本过程为：

①在所有数据中取任意一点 1（一般从几何中心附近开始），查找距离此点最近的点 2，相连后作为初始基线 1-2；

②在初始基线右边应用 Delaunay 法则搜寻点 3，形成第一个 Delaunay 三角形；

③并以此三角形的两条新边（2-3，3-1）作为新的初始基线；

④重复步骤②和③直至所有数据点处理完毕。

该算法主要的工作是在大量数据点中搜寻给定基线符合要求的邻域点。一种比较简单的搜索方法是通过计算三角形外接圆的圆心和半径来完成对邻域点的搜索。为减少搜索时间，还可以预先将数据按 X 或 Y 坐标分块并进行排序。使用外接圆的搜索方法限定了基线的待选邻域点，因而降低了用于搜寻 Delaunay 三角网的计算时间。如果引入约束线段，则在确定第三点时还要判断形成的三角形边是否与约束线段交叉。

（2）数据逐点插入法

数据逐点插入法是一种典型的动态三角网生长算法。三角网生长算法最大的问题是计算的时间复杂性，其原因是每个三角形的形成都涉及所有待处理的点，且难于通过简单的分块或排序予以彻底解决。数据点越多，问题越突出。而数据逐点插入法在很大程度上克服了这个问题。其具体算法流程如下：

①首先提取整个数据区域的最小外界矩形范围，并以此作为最简单的凸闭包。

②按一定规则将数据区域的矩形范围进行格网划分。为了取得比较理想的综合效率，可以限定每个格网单元平均拥有的数据点数。

③根据数据点的坐标建立分块索引的线性链表。

④剖分数据区域的凸闭包形成 2 个超三角形，所有的数据点都一定在这两个三角形范围内。

⑤按照③建立的数据链表顺序往④的三角形中插入数据点。首先找到包含数据点的三角形，进而连接该点与三角形的 3 个顶点，简单剖分该三角形为 3 个新的三角形。

⑥根据 Delaunay 三角形的空圆特性，分别调整新生成的 3 个三角形及其相邻的三角形。对相邻的三角形进行两两检测，如果其中一个三角形的外接圆中包含有另一个三角形除公共顶点外的第三个顶点，则交换公共边。

⑦重复⑤—⑥，直至所有的数据点都被插入到三角网中。

可见，由于步骤③的处理，从而保证了相邻的数据点渐次插入，并通过搜寻加入点的影响三角网，现存的三角网在局部范围内得到了动态更新，从而大大提高了寻找包含数据点的三角形的效率。

4.1.2　Grid 模型构建

Grid 模型用一组大小相同的格网描述地形表面,也可叫作格网 DEM。同 TIN 模型相比,格网 DEM 具有简单的数据结构,便于存储和管理。格网 DEM 的数据组织类似于图像栅格数据,每个像元的值为属性值(如高程值),即格网 DEM 是一种高程矩阵,高程数据一般由规则或不规则的离散数据内插产生。运用离散点构建格网 DEM 是在原始数据呈离散分布,或原有格网 DEM 密度不够时使用的方法,其基本思路是选择一个合理的数学模型,利用已知点的信息求出函数的待定系数,再求算格网点上的高程值。

格网 DEM 数据结构简单,便于管理,有利于地形分析,便于绘制立体图。主要缺点是格网点高程的内插会损失精度;格网过大会损失地形的关键特征,如山峰、洼坑、山脊等;如不改变格网的大小,不能适用于起伏程度不同的地区;地形简单地区存在大量的冗余数据。

规则格网的高程矩阵,可以很容易地用计算机进行处理。它还可以很容易地计算等高线、坡度坡向、山坡阴影和自动提取流域地形,使得它成为 DEM 最广泛使用的格式。在地理信息系统中,目前许多国家提供的 DEM 数据都是以规则格网的数据矩阵形式提供的。尽管规则格网 DEM 在计算和应用方面有许多优点,但也存在许多难以克服的缺陷。其中一个缺点是不能准确表示地形的结构和细部(难以表达复杂地形的突变现象),为避免这些问题,可采用附加地形特征数据,如地形特征点、山脊线、谷底线、断裂线,以描述地形结构。格网 DEM 的另一个缺点是数据量过大,给数据管理带来了不便,通常要进行压缩存储。

4.1.2.1　数字摄影测量获取 DEM

数字摄影测量技术是 DEM 数据采集较早时期最常用的方法之一,现在采用倾斜摄影测量技术越来越广泛。利用自动记录装置(接口)的立体测图仪或立体坐标仪、解析测图仪及数字摄影测量系统,进行人工、半自动或全自动的量测来获取 DEM 数据。

摄影测量方法用于生产 DEM,数据点的采样方法根据产品的要求不同而异。沿等高线、断面线、地性线进行采样往往是有目的的采样。而许多产品要求高程矩阵形式,所以基于规则格网或不规则格网点的面采样是必需的,这种方式与其他空间属性的采样方式一样,只是采样密度高一些。

摄影测量采样法还可以进一步分成以下几种。

(1)选择采样。在采样之前或者采样过程中选择需采集高程数据的样点。

(2)适应性采样。采样过程中发现某些地面没有包含什么信息时,取消某些样点以减少冗余数据。

(3)先进的采样法。采样和分析同时进行时,数据分析支配采样进程。先进采样法在产生高程矩阵时能按地表起伏变化的复杂性进行客观自动采样。实际上它是连续的不同密度的采样过程:首先按粗略格网采样,然后对变化较复杂的地区进行细格网(采样密度增加一倍)采样。需采样的点是由计算机对前一次采样获得的数据点进行分析后确定的,即确定是否继续进行高一级密度的采样。

4.1.2.2　DEM 数据网格化插值

数字摄影测量获取的 DEM 数据点最终都要按一定插值方法转成规则格网 DEM 或规则三

角网 DEM 格式数据。将离散 DEM 数据经插值计算转换为格网 DEM 数据的过程称为 DEM 数据网格化，即生成 Grid。

网格尺寸的确定是 DEM 数据网格化的一个重要问题，它首先关系到派生数据的密度，并直接影响地形模型的精度。任何一种 DEM 内插方法，均不能弥补取样不当所造成的信息损失。数据点太稀会降低 DEM 的精度，不仅丢失了地形特征信息且会造成地形扭曲；数据点过密，不仅不会提高 DEM 精度，反而产生冗余的"游离"数据，即相邻格网点值差别微小且不包含有效的地形特征信息，又会增大数据量和处理的工作量。这需要在 DEM 数据采集之前，按照所需的精度要求确定合理的取样密度，或者在 DEM 数据采集过程中根据地形复杂程度动态调整采样点密度。

常用的空间插值方法包括移动平均法、距离平方倒数加权法、趋势面拟合法、样条函数插值法、克立金法和径向基函数插值法等。不同的插值方法具有不同的插值趋势，在实际应用中应根据数据类型和特征选择合适的插值方法。遥感数据是按影像方式记录的栅格数据，内插放大或重采样时，常用矩形网格内插法，如最邻近点法、双线性插值法或立方卷积法。地球物理数据，特别是位场数据，是典型的空间连续型数据。一般多用样条函数插值方法，使生成的曲面具有连续的二阶导数和最小的平方曲率。化探异常数据具有较强的随机性和采样点稀疏不规则的特点，因此网格化估值方法常用滑动平均法、距离平方倒数法和克立金法。

4.1.3 DEM 模型之间的转化

4.1.3.1 格网 DEM 转成 TIN

格网 DEM 转成 TIN 可以看作是一种由规则分布的采样点生成 TIN 的特例，目的是尽量减少 TIN 的顶点数目，同时尽可能多地保留地形信息，如山峰、山脊、谷底和坡度突变处。规则格网 DEM 可以简单地生成一个精细的规则三角网，针对它有许多算法，多数算法都有两个重要的特征，一是筛选要保留或丢弃的格网点，二是判断停止筛选的条件。其中，保留重要点法和启发丢弃法是两个代表性的算法。

保留重要点法是一种保留规则格网 DEM 中的重要点来构造 TIN 的方法。它通过比较计算格网点的重要性，保留重要的格网点。重要点通过 3×3 模板来确定，根据八邻点的高程值决定模板中心是否为重要点。格网点的重要性是通过它的高程值与八邻点高程的内插值进行比较得到，当差分超过某个阈值时，格网点被保留下来，被保留的点作为三角网顶点生成 Delaunay 三角网。

启发丢弃法将重要点的选择作为一个优化问题进行处理。算法是给定一个格网 DEM 和转换后 TIN 中节点的数量限制，寻求一个 TIN 与规则格网 DEM 的最佳拟合。一般先输入整个格网 DEM，迭代进行计算，逐渐将那些不太重要的点删除，处理过程直到满足数量限制条件或满足一定精度为止。

4.1.3.2 等高线转成格网 DEM

等高线是表示地形最常见的线模式。由于现有地图大多数都绘有等高线，这些地图便是数字高程模型的现成数据源，可以将纸制等高线图扫描后，自动获取 DEM 数据。但数字化的等高线不适合于计算坡度或制作地貌渲染图等地形分析，因此，必须把数字化等高线转为格网高程矩阵。

使用局部插值算法，如距离倒数加权平均法或克里格插值算法，可以将数字化等高线数据转为规则格网的 DEM 数据，但插值的结果往往会出现一些令人不满意的结果，而且数字化等高线时越小心，采样点越多，效果越差。问题在于估计未知格网点的高程要在一个半径范围内搜索落在其中的已知点数据，再计算它的加权平均值。如果搜索到的点都具有相同的高程，那待插值点的高程也同为此高程值，结果导致在每条等高线周围的狭长区域内具有与等高线相同的高程，出现了"阶梯"地形。以这样带有"阶梯"地形的 DEM 为基础，计算坡度往往会出现不自然的条斑状分布模式，最好的解决方法是使用针对等高线插值的专用方法。如果没有合适的方法，最好把等高线数据点减少到最小，增加标识山峰、山脊、谷底和坡度突变的数据点，同时使用一个较大的搜索窗口。

4.1.3.3　TIN 转成格网 DEM

TIN 转成格网 DEM 可以看作普通的不规则点生成格网 DEM 的过程。具体方法是按要求的分辨率大小和方向生成规则格网，对每一个格网搜索最近的 TIN 数据点，由线性或非线性插值函数计算格网点高程。

4.2　地质结构模型构建

地质结构模型构建可以分为两种不同的方法，显式建模方法与隐式建模方法。目前显式建模方法应用较为广泛，但建模过程繁琐，建模质量难以保证；隐式建模方法方便快捷，建模质量高，但该方法目前处于发展阶段，对于复杂特殊形态地质体难以适应。

4.2.1　显式建模

显式建模方法采用网格模型来显式地表达任意复杂的地质模型，该类方法通过组织网格单元之间的拓扑关系来对地质体进行建模。显式建模方法的基本原理是以钻孔、地质结构、地表等数据为基础，通过一定的几何规则采用轮廓线拼接的方式来重构地质体模型。显式建模方法依赖于地质剖面的人工解译和轮廓线的逐步拼接方式。常用的轮廓线拼接算法，包括最大体积法、最小表面积法、边长最小法、最短对角线法、同步前进法和切开缝合法等。

由于可以利用可靠的人工解译线框对矿体边界进行准确限制，使得基于轮廓线拼接的显式建模方法成为矿体建模的主要方法。在早期的矿体三维建模实践中，资源地质学家通常更倾向于使用人工圈定的数字化剖面线框模型进行资源估算，这种显式建模方法也被认为是最佳的行业实践。显式建模方法主要用于矿产资源勘查和开采领域，可以进行地质体的划分、开采设计等工作。然而，显式建模方法的两个主要步骤——地质模型边界解译和解译数据拼接建模均主要靠人工经验和人机交互，存在工作效率低、主观随意性大、无法对逐步精细化的模型进行动态更新等问题。从模型质量来看，基于轮廓线拼接的显式建模方法生成的模型经常存在大量退化的三角面片，在模型拼接的时候则容易生成大量不封闭的开口边或自相交的三角面片。

4.2.2 隐式建模

与采用网格模型的显式表达不同，隐式建模方法采用隐式函数来间接地表达任意复杂的地质模型。隐式建模方法的基本原理是将地质体划分为若干个由隐函数定义的区域，根据数据和规则插值相应的隐式函数，再通过等值面提取方法进行地质体可视化。隐式建模方法的基本思路为：首先，通过离散化的方式按一定的采样粒度将相应类型的地质数据转化为各种不同的插值约束；其次，通过求解插值约束所构造的插值方程来获得表征地质模型的隐式函数；最后，利用等值面提取方法重构出表征地质模型的隐式函数。

隐式建模方法比较适合于创建平滑的地质体表面模型，例如矿体、沉积物层和断层等。该类方法可以根据需要生成不同尺度的高质量三维模型，可以通过调整约束规则来快速动态更新模型，还可以很好地处理多域地质体模型且保证模型间较好的接触关系。尽管隐式建模方法具有诸多优越的特性，然而由于插值结果具有未知的"黑盒效应"，再加上对复杂矿体进行准确重构往往需要一系列的地质规则约束限制矿体形态，且尖灭、分支复合等圈矿规则构造困难，使得该方法的应用还不够广泛。

4.2.3 矿体建模

矿体建模过程根据地质勘探工程数据（钻孔、探槽）、地质成矿规律及矿体圈定指标等确定矿体的三维空间分布形态，可以分为矿体显式建模方法和矿体隐式建模方法。

4.2.3.1 矿体显式建模方法

传统矿体显式建模方法首先需要在地质剖面或切片图上进行地质解译，圈定矿体的边界。根据圈定的矿体边界轮廓线建立矿体线框模型，需要在相邻矿体剖面轮廓线之间采用三角面进行连接。基于轮廓线的三维重建目前在矿体建模中的应用主要采用轮廓线拼接法，为了适应各种复杂情况产生了各种轮廓线拼接算法，如最大体积法、最小表面积法、边长最小法、最短对角线法、同步前进法和切开缝合法等。这些算法有自己各自的适应性，但目前并没有理论指导各种算法的适应性，在实际的操作中通常通过试探的方式进行选择。

当采用以上算法进行表面重构过程中如果出现相邻轮廓线上点的错位连接或连接情况与实际不符时，通常采用添加控制线进行约束建模，控制线使得三角形扩展在规定的起始点和结束点间进行，无须寻找最佳起始点，直接从控制线指定的起始点开始联网，如果控制线数量为一最佳起始点也为连接的结束点，如果控制线的数量超过两个，那么控制线分成几个区段分别进行连接。目前成熟的矿业软件大都提供添加控制线建模的功能。接下来介绍几种常见的矿体轮廓线拼接算法。

（1）同步前进法

同步前进法轮廓线连接的基本思想是，在用三角形片连接相邻两条轮廓线上的点列时，使得连接操作在两条轮廓线上尽可能同步进行。为描述同步准则，如图 4-2 所示，假设上轮廓线上的点列为 T_0, T_1, $\cdots$, T_{m-1}，下轮廓线的点列为 B_0, B_1, $\cdots$, B_{n-1}，上轮廓线的周长为 Ψ，下轮廓线的周长为 Φ。如果三角面片已经从起始点连接到 T_i, B_j，则从 T_0 到 T_i 的总长度为 Ψ_i，B_0 到 B_j 的总长度为 Φ_j，此时下一步选取的三角形有两种可能，即 $\Delta T_i T_{i+1} B_j$ 或 $\Delta T_i B_j B_{j+1}$。如果 $\Psi_{i+1}/\Psi < \Phi_j/\Phi$，上轮廓线移动一步连接三角形 $\Delta T_i T_{i+1} B_j$，反之，下轮廓线移

动一步连接三角形 $\Delta T_i B_j B_{j+1}$。这样经过 $m+n$ 步就可以实现相邻两轮廓线间的三角形连接。

同步前进法的优点是算法简单实用，编程易于实现，该算法是目前较为常用的一种算法，缺点是当轮廓线点数相差较大，容易产生交叉现象，轮廓线出现凸凹现象时容易受到凹凸的影响而出现相邻轮廓线上点的错位连接。

（2）最短对角线法

最短对角线法是一种最常见局部优化算法，算法的基本原理为将 2 条轮廓线投影、缩放和平移到同一大小的长方形上，以保证两条线互为中心且形状相似，在两个轮廓线上搜索最佳起始点，然后在两条轮廓线间逐步扩展三角网，选择两条对角线中较短的一条边作为三

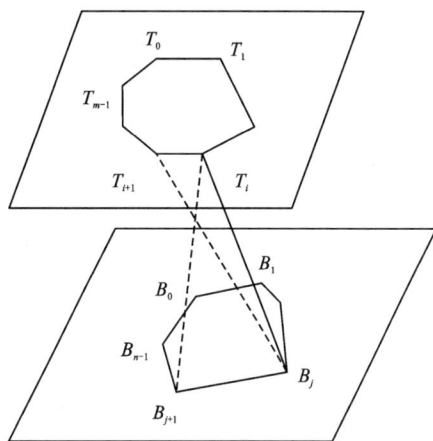

图 4-2　轮廓线重构示意图

角形的扩展边，如图 4-2 所示，如果三角面片已经从起始点连接到 T_i，B_j，则从 T_i 到 B_{j+1} 的总长度为 Ψ_i，B_j 到 T_{i+1} 的总长度为 Φ_j，此时下一步选取的三角形有两种可能，即 $\Delta T_i T_{i+1} B_j$ 或 $\Delta T_i B_j B_{j+1}$。如果 $\Psi_i < \Phi_j$，上轮廓线移动一步连接三角形 $\Delta T_i T_{i+1} B_j$，反之，下轮廓线移动一步连接三角形 $\Delta T_i B_j B_{j+1}$。

最短对角线法算法比较简单，该算法在轮廓线形状比较接近的情况下生成的模型质量好，然而当轮廓线形态差异较大或轮廓线上点数相差较多时，可能会产生不好的三角网结果，容易出现相邻轮廓线上点的错位连接口。

（3）切开-缝合法

切开-缝合法是一种轮廓线重构三维形体的算法，该算法的基本思想是通过坐标转换将相邻轮廓线的顶点坐标投影至轮廓线所在平面，通过计算完成轮廓对应（中心重合，大小一致），搜索距离最近的点对作为控制点对，统一轮廓线对绕行方向，将轮廓线对从控制点对处切开，分别展开成两条平行的直线段，将线段上的所有顶点纳入平面点集，构建无约束 Delaunay 三角网，最后将两条轮廓多段线从切开处缝合，还原轮廓线对的原始坐标，完成轮廓线间的三维形体表面重构。

该算法在构建三维形体过程中采用了 Delaunay 三角网，是一种局部优化算法，该算法比较适于形体差异较大的矿体三维表面重建；其缺点当轮廓线点数相差较多时容易产生交叉现象。

4.2.3.2　矿体隐式建模方法

矿体隐式建模方法是一种使用隐式函数来表征矿体模型的建模方法，其主要目标是找到一种满足所有给定约束的插值函数来表达所期望重构的矿体模型。

矿体隐式建模方法的基本思路为：首先，通过离散化的方式按一定的采样粒度将相应类型的地质数据转化为各种不同的插值约束；其次，通过求解插值约束所构造的插值方程来获得表征矿体模型的隐式函数；最后，利用等值面提取方法重构出表征矿体模型的隐式函数。

由于地质勘探采样不够充分，对稀疏数据的建模通常依赖于更多插值约束的构造。需要

采用可以满足更多约束规则的插值函数，以确保重建具有更高可靠性的几何模型。理论上，任何的空间插值方法，包括线性插值法、距离幂次反比插值法、最小曲率法、最近邻点插值法和多项式插值法等等，都可以用来表示隐式函数。然而，考虑到各种插值方法的插值趋势，在实际中矿体建模应用较多的空间插值方法为径向基函数插值方法、克里金插值方法、离散光滑插值和杨赤中估值方法等。

隐式建模方法可以直接基于钻孔数据进行插值得到矿体模型。尽管不同空间插值方法构造插值约束的方式不尽相同，但矿体隐式建模方法的总体建模流程可以归纳为以下几个步骤。

①先验地质规则量化。分析钻孔样段间的拓扑关系，建立矿体外推信息和必要的人工解译要求。

②钻孔数据约束。创建钻孔数据库，根据样品组合结果提取钻孔数据，离散化样段与非样段信息，构建插值数据接触点约束和离面点约束。

③插值方程求解。根据钻孔约束数据建立插值矩阵，求解大型线性方程组，获取插值方程未知系数，建立表达矿体边界距离场分布的径向基类隐式函数。

④隐式模型重构。根据插值数据提取最小外包，并按一定系数放大，选取最小外包长、宽、高方向采样单元精度构建空间规则数据场并进行离散化，采用体素生长法对隐式函数按移动立方体进行采样计算，重构矿体三维模型。

⑤插值趋势约束。根据先验地质规则，采用插值约束点、插值约束线和插值趋势面等方法建立矿体外推信息、局部约束线、各向异性趋势等约束条件。

⑥模型动态更新。根据地质工程师解译要求，调整约束信息，改变隐式函数距离场分布，动态更新数学模型，构建更加符合相应地质特征的矿体三维模型。

4.2.4 地质岩层建模

地质岩层建模需要按照地层新老顺序确定地层的层序规则来进行建模，可以分为地质岩层显式建模方法和地质岩层隐式建模方法。

4.2.4.1 地质岩层显式建模方法

同一地层所具有的地质属性是相同的，不同地层之间的接触面称为地层分界面。从时间上讲，地层有老有新，具有时间的概念，地层的层序具有一定的规律。在地壳发展的成岩过程中，岩层按照时间顺序逐层沉积，通常情况下，年代越久的地层沉积越早，所处位置越偏下，年代较新的地层沉积越晚，所处位置越偏上，从而逐渐形成了具有一定层序规律的地层。

地质岩层显式建模方法包括以下几个步骤。

（1）地层层序划分

地质岩层建模时，首先需要对地层进行层序划分。地层层序的获取主要是通过钻孔的方式，钻孔信息具有离散、分布不均等特点，不能够获得完整的地层数据，相邻钻孔的地层信息可能有很大的不同，这都是钻孔信息的局限所致。根据已有的钻孔数据推断出研究区统一的地层层序信息就成为三维地质建模过程中的第一个难题。依据地质学理论，结合所有钻孔信息，以地层在纵向位置上出现的频次高低为原则，建立合适算法，对地层进行统计排序。排序算法的最终结果是建立符合地质学理论的研究区统一地层层序，为接下来解决复杂地层情况以及三维地质建模提供基础。

（2）建立统一钻孔分层

以钻孔数据为基础的三维地质建模过程中，需要将各个钻孔地层进行连线划分，理想状态分布的地层，其钻孔地层的连线较为简单，呈规则层叠状态，但真实地层的分布较为复杂，需要建立统一钻孔分层规则以还原真实的地层界面连线规则。特殊地层主要包括：地层缺失、地层重复、地层倒转三种情况，这三种情况在钻孔信息中都有不同的表现。地层缺失是指连续分布的地层在某处突然缺失某块地层。地层重复是指同一片区域内同种类型地层多次出现，在钻孔中表现为同一钻孔的不同位置出现同种类型的地层。地层倒转是指地层受到强烈的构造运动作用，导致地层颠覆，顶面在下底面在上的现象，从层序上看呈新地层在下，老地层在上的顺序，不符合地层层序定律。

（3）地层界面建模

以建立的统一钻孔分层规则为基础，自动或半自动地确定不同地层界面对应的边界点。根据建立的钻孔数据信息，在各个钻孔地层界面处标记同一地层的坐标点；将各个地层的外围标记点用线段连接，形成地质体边界。相同地层的标记点构成单个地层界面的点集，可以结合钻孔地层边界点的组织关系采用基于 Delaunay 三角剖分的方法创建地层分界面网格模型。

（4）形成岩层实体模型

岩层实体模型的构建过程需要根据各个地层界面生成三维实体模型。对于简单的钻孔数据，可以直接根据钻孔地层边界点的组织关系构建地层界面并结合地层尖灭规则构建三维岩层实体模型。对于复杂的钻孔数据，可以采用曲面缝合的方式构建岩层实体模型。该方法首先根据三维地质曲面之间的交叉关系，求得三维地质曲面交线。然后，建立交线和地质曲面之间的关联关系及地质曲面之间的邻接关系。最后通过地层面之间的拓扑关系将曲面缝合起来形成三维地质模型，如图 4-3 所示。不同的算法会在曲面求交、裁剪和缝合三个关键过程中产生建模精度、建模效率的差异。

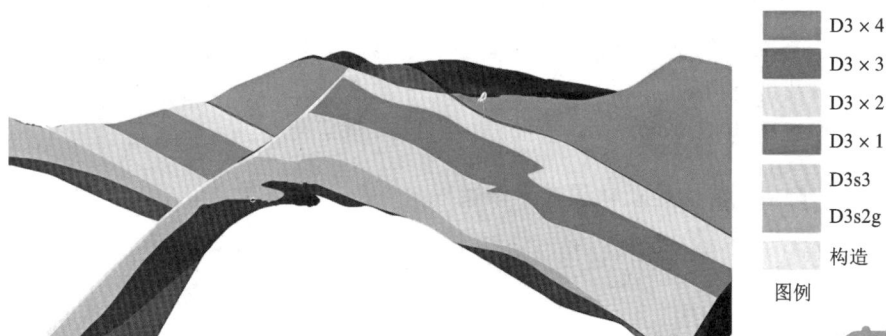

图例：
- D3×4
- D3×3
- D3×2
- D3×1
- D3s3
- D3s2g
- 构造

图 4-3　地质岩层建模实例

扫一扫，看彩图

4.2.4.2　地质岩层隐式建模方法

类似于地质岩层显式建模过程，地层隐式建模时仍然需要对地层进行层序划分，确定不同地层对应的采样点集，随后采用基于"点-面-体"的建模思路得到岩层实体模型。

三维地质模型可视作从地表纵向向下切割出的方块，以研究区的边界线作为方块的顶面向下纵向延伸，根据研究区地层深度确定纵向延伸距离。各个地层实体可以视作地层分界面对整个模型方块进行水平切割所得。依据"点-面-体"的建模理念进行三维地质建模可以把建模步骤大体分为地层点集的创建、地层曲面的创建以及地层实体的创建三个部分。

地质岩层隐式建模方法包括以下几个步骤。

(1)确定建模范围及插值参数

根据工程设计和勘察精度要求，确定地层建模范围、钻孔数据范围和模型曲面拟合等参数。首先通过钻孔坐标范围确定要进行三维地层建模的区域，然后根据地层建模精度和自动建模速度的要求，设定最佳的曲面拟合网格间距。在确定了地质体建模的范围后，还应对建模的区域进行网格划分，采用四面体或六面体等网格单元填充建模区域。在实际应用中，可以根据模型的特殊形态和插值方法的要求采用不同的网格单元类型。

(2)提取地层点集及地层界面插值

同样地，先对地层进行层序划分，以建立的统一钻孔分层规则为基础，自动或半自动地确定不同地层界面对应的边界点。构建三维地层模型的主要数据源是工程钻孔数据、等高线数据、断层线数据，直接利用钻孔数据构建 TIN 模型，会显得比较粗糙也不合理，不能满足实际工程需要，隐式建模过程可以通过插值方法加密钻孔。对于各个地层，以确定的地层点集为基础，采用克里金插值、径向基函数插值等空间插值方法以一定网格间距插值拟合生成较光滑的地质曲面，得到表示不同地层形状的网格模型。

(3)构建岩层实体模型

地层实体创建步骤以地层界面插值得到的各个地层为基础，结合层序划分规则和地层尖灭规则进行整合得到三维地质体模型。相比于单个地层界面的插值，岩层实体模型的重建需要采用涉及多个等值面提取的曲面重构方法，确保得到的模型各个地层界面满足拓扑流形的特征。

4.2.5 地质构造建模

地质构造建模以钻孔数据、工程勘察数据、地质地形图等为基础，采用数字化建模技术，将岩体中一些不连续面的空间分布特征进行三维可视化表达。矿山地质构造建模主要针对断层、破碎带，以及具有特殊岩性特征的结构体进行建模。不同地质构造类的地质建模方式不尽相同，本章以断层为例说明一下融合断层的地质体建模过程。

4.2.5.1 融合断层的地质体显式建模过程

融合断层的地质体显式建模过程一般可以分为以下几个步骤。

(1)断层面建模

一般的断层面构造方法共有四种：①如果反映断层面的断点数据足够多，能够控制和直接勾绘出断层面的轮廓，则可根据这些离散的断点数据进行约束 Delaunay 三角化，生成断层面三角网；②利用断层面上的断点数据及产状(倾向、倾角)等断层参数数据建立断层面的数学模型(平面方程)；③根据一系列地质剖面上的断层线数据，采用特定的轮廓线重构曲面算法来生成相应的断层面；④根据等高线图上的断层线数据来构造断层面三角网。

(2)构建初始地层面

采用类似于地层建模的 TIN 表面模型法构建初始地层网格模型。TIN 表面模型法是利用不规则的三角形面片建立物体表面模型的方法，可以采用Delaunay三角剖分来实现地质三维模型构建。初始地层网格模型为考虑断层面的影响，后期需要根据断层面进行局部重构。

（3）考虑断层的地层构建

由于断层的截断作用，使得原本连续的岩层面变得不连续，因此需要将断层作为约束线对初始地层面进行局部重构。一般在地层网格模型的基础上增加断层线约束，即在算法实现中考虑将无约束的原始数据与约束数据一起构网。该方法首先需要确定断层线影响区域，然后采用约束Delaunay三角剖分的方法对局部区域进行三角重构。最后，移除地层面上正断层线之间多余的三角形和边界轮廓外非规则三角形以形成具有错断效果的地层面模型。

4.2.5.2　融合断层的地质体隐式建模过程

融合断层的地质体隐式建模过程一般可以分为以下几个步骤。

（1）断层面插值

断层交线是断层建模的基础数据。断层建模时，首先提取断层交线控制点在各个地层的坐标，通过地质剖面图内插出控制点出露位置，同一断层编号的断层点用三维线连接起来，生成三维断层交线并指定断层线的约束方向。最后，采用含约束线方向插值的空间插值方法重构断层面模型。

（2）地层面插值

可供选择的地层面插值算法很多，常用的距离幂次反比法、自然邻域插值法、线性插值法、克里金插值法、径向基函数插值法等。但由于地层结构的复杂性、各向异性，一般无法用统一的拟合算法插值所有地层。

（3）融合断层插值

融合断层的地质体插值方法可以分为两种类型。一种是将断层模型看作一种断层插值函数，并将断层两侧的插值约束分割为不同区域融合到地层数据插值中，来达到融合断层约束的地层插值目的。另一种是在断层面插值的基础上，通过断层地质构造运动的方式还原地层数据的原始状态进行插值，来达到融合断层约束的地层插值目的。

融合断层的地质体建模过程如图4-4所示。

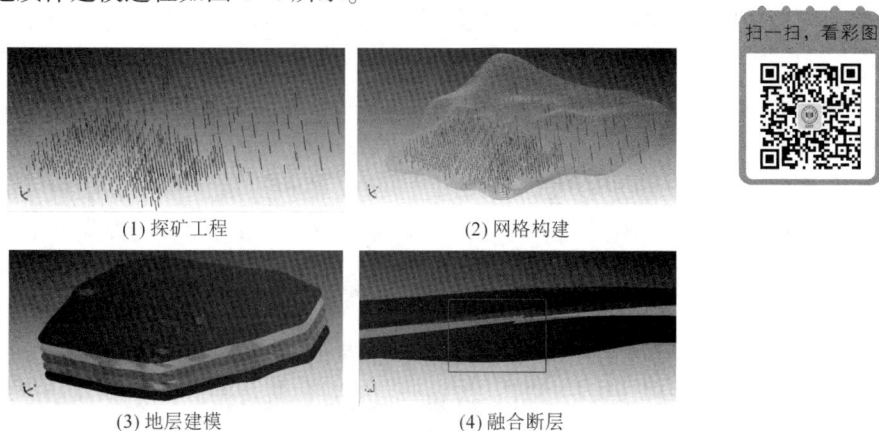

（1）探矿工程　　　　　　　　　　（2）网格构建

（3）地层建模　　　　　　　　　　（4）融合断层

图4-4　融合断层的地质体建模过程

4.3 地质属性模型建模

地质属性模型是反映地质实体内部物理、化学属性参数的三维模型。根据各种地质体属性空间分布规律，采用赋值、插值或随机模拟等方法建立，通常使用体元存储和表达。为了表达地质体的非连续和非均质性，并便于开展空间分析和数据挖掘，三维地质属性模型应基于体元数据结构构建，并以地质结构模型的界面为约束，包括地质构造、岩性、矿化、地球物理、地球化学等属性信息。应用场模型表达地质属性模型是未来发展的趋势。

4.3.1 地质属性模型结构

属性建模是在三维地质结构模型基础上，利用采集到的空间属性信息，采用地质统计学方法，完成三维属性建模，主要表征实体内部属性。以 DataMine、MicroMine、Dimine 等为代表的国际矿业软件在进行矿床品位估值时采用的块段模型，是一种传统的地质构模方法，它把建模空间分割成规则的三维立方体或长方体，每个块体被视为均质同性体，由克立格法、距离幂次加权法或其他方法计算其属性值(如品位、岩性等)。块段模型是当前数字采矿软件描述属性模型采样较多的方式，特别是针对复杂地质体。

块段模型的特点是结构简单，规律性强，特别有利于品位估值和储量计算。但是，其明显的缺点就是描述矿体形态的能力差，致使矿体边界误差大，特别是对于较为复杂的矿体的描述，其误差很难满足实际工作的需要。因此，为了减少在矿体边界处的误差，就要减小块段的尺寸。但用地质统计学方法估值时，块段的大小与信息样品间距有关，一般是取最小样品信息间距的 0.5 倍。当样品较为稀疏时，描述的矿体边界比较粗糙。为此有学者提出了一个可变尺寸的三维块段模型，又称为变块段模型。所谓变块模型，就是在某一分析方向上块段的尺寸可以发生变化。那么在建模时，可使模型中心块段尺寸较大，边界块段尺寸较小，从而增加了边界模拟精度。

对于复杂地质体通常采用块段模型表达地质属性模型，构建块段模型实现地质属性建模的方法统称为体素法；而对于层状地质体的属性建模方法一般采用分层体素法。体素法是在矿化域内根据矿产勘查工程间距按照一定大小划分估计品位的单元块，继而根据地质统计学原理对单元块进行品位估值，再采用边际品位界定单元块是矿石还是废石，然后根据地质勘查、矿山基建勘探和生产勘探数据采用属性赋值或空间插值等方法对单元块进行赋值，赋值内容包括矿岩类型、矿石类型、资源储量类型、体积质量、矿物元素等(如图 4-5 所示)。也可直接对矿体的结构模型内部进行单元块划分、估值创建地质属性模型。

分层体素法是通过矿体上表面高程数据创建一个三维网格，将矿化区域划分为立方体或六面体单元，这个网格可以是规则的(如直方体网格)或非规则的(根据地质数据生成)(如图 4-6 所示)，然后对网格进行赋值或插值，赋值或插值的过程同于体素法。

体素法可以较好地进行统计分析和数值计算，但对于反映复杂的地质结构较困难；而分层网格法适用于表示成层性较好的矿体的地质结构，可以方便数值计算和分析，但是对于复杂的地质结构的表达能力较弱。

(1) 三维地质结构模型　　　　　(2) 三维地质属性模型

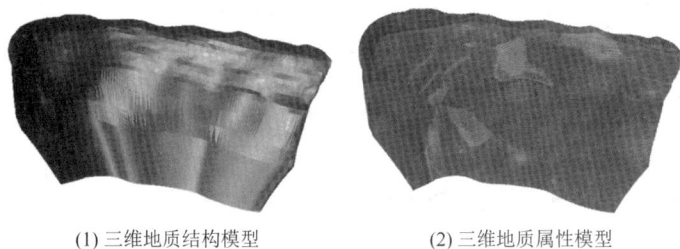

图 4-5　体素法构建三维地质属性模型

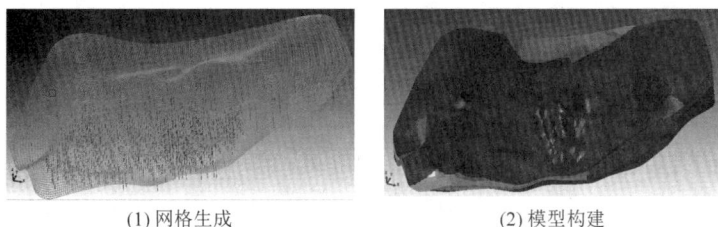

(1) 网格生成　　　　　　　　(2) 模型构建

图 4-6　分层体素法构建三维地质属性模型

4.3.2　块段模型的构建过程

在建立块段模型之前，首先要根据矿体的三维空间位置，确定地质模型的空间范围(长方体空间包围盒)。建成的块段模型空间范围实际上是一个长方体形状，其中方向代表了长方体的长和宽，是矿体形态在平面范围内东向和北向的最大值和最小值。长方体的高度范围为矿体的深度范围。总之，块段模型原型的长方体正好能够容纳整个矿体的范围。

块段模型单元块的划分对克里格估值的结果有十分重要的影响。一般来说，块段越大，估值的结果圆滑性就越强，整个区域内所有块段的估值结果越平均，反映不出矿体内品位的变化特征，同时所有块段的克里格方差也将随之减小，所以对品位变化较大的矿床，块段的尺寸不宜过大。在实际应用中，单元块尺寸的确定主要考虑开采方法、台阶高度、最小采矿单元、矿区的勘探网度以及变异函数的特征等几方面的因素。对品位变化较大的矿床，为了能够比较精确地控制其矿体边界，选择相对小的单元块尺寸更有利于零星小矿体的品位估值。

通常块段模型是在表面模型的基础上经过边界约束建立形成的，其具体步骤如下：①采用钻孔数据(包括孔口数据、测斜数据、样品数据等)建立钻孔模型；②定义剖面，即根据钻孔建模生成的钻孔数据划分钻孔边界，定义剖面步长和剖面宽度并生成剖面；③剖面编辑，即根据定义好的三维钻孔剖面，圈定矿体、地层和断面，通过这种人机交互的方式可以更准确、直观地显示出矿体剖面的形状；④将同属于一个矿体的剖面线相连形成表面模型；⑤对目标地质体进行块段划分，用地质体表面模型(包括矿体、地层和断面等模型)对实体模型进行边界约束，在边界处进一步细分，以逼近地质体的空间形态；⑥通过样品组合、样品分析、变异函数计算、选择正确的估值方法、确定估值参数等一系列过程对块段进行属性估值，地质体建模总体流程如图 4-7 所示。

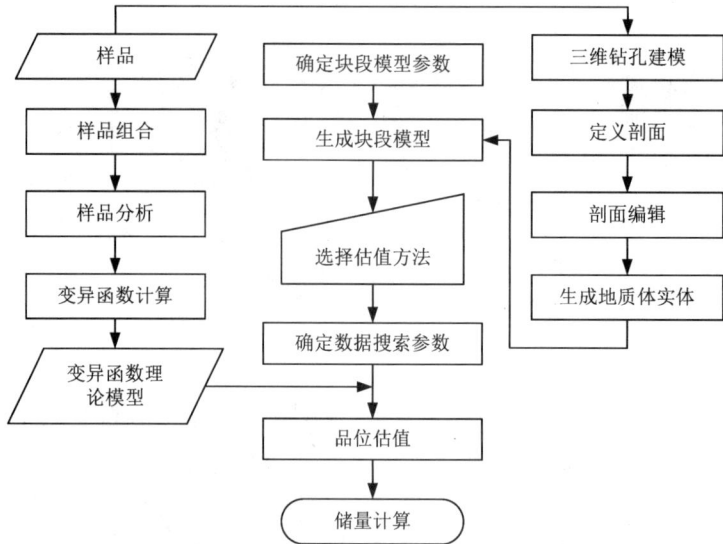

图 4-7 地质模型建立流程

其中第五步是构建块段模型关键的一步,其实质是对目标地质体三维栅格化的结果,目前国内外一些地质建模软件(如 DataMine、MicroMine、Dimine 等)大都是采用简单长方体来表达这些体元,其方法是:首先将研究的范围形成最小包络长方体,将其定义为原型;然后根据地质勘探网度、采矿方法、地质条件以及地质统计学的块度要求等确定单元块尺寸,以此对原型进行三维栅格化;最后通过表面模型对以上得到的块体相交测试,在边界处进一步细分,处于边界内部的块段赋属性,如图 4-8 所示(为方便表述,简化为二维形式)。

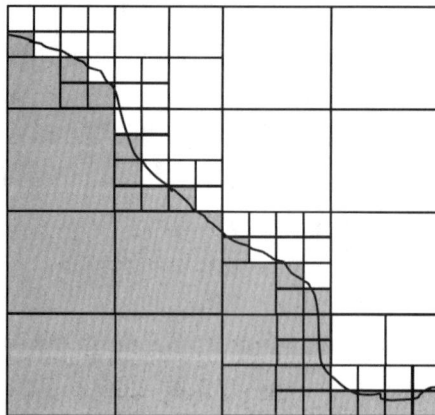

图 4-8 边界处单元块细分

4.3.3 基于八叉树的块段模型

八叉树的应用领域十分广泛,很多学者对此进行了深入的研究,理论和方法日益成熟。然而,地学领域海量数据应用对八叉树模型提出了更高的要求,存储空间与处理效率都要综合考虑。由于八叉树模型失去了栅格模型的规则性,从而使八叉树模型查询效率没有栅格模型高，而正确的八叉树编码技术和索引技术可以较好地避免这一不足。八叉树模型的编码和实现方式主要有常规(指针)八叉树、线性八叉树、深度优先编码和三维行程编码，后两者的空间压缩效率较高，但其访问效率较低。指针八叉树是八叉树模型的一种显式实现方式，它采用一组指针建立结点及其子结点之间关系，最终形成一种树状结构。由于内存指针高效的随机访问特性，查询效率高是指针八叉树的优势，但指针也浪费了存储空间，而且这种方式只限于内存实现，并不适于面向外存的海量八叉树模型。线性八叉树是主要面向数据压缩，它仅保存和处理叶结点，叶结点中存储了两部分信息：结点的属性信息和结点的空间位置信息。与指针八叉树相比，线性八叉树定位时间一般比较长，而且随着结点数量的增加，查询时间也相应增加。

一个八叉树可以用两种方法表示：区域描述和树描述，如图 4-9 所示(为便于问题的描述与理解均采用二维图)，图中两种方式都是对同一个八叉树进行描述。一个区域就是由 $2n \times 2n$ 网格单元(pixels)拼接组成的规则网格组成的笛卡尔坐标空间，如图 4-9(a)所示。处于 0 级上的根结点覆盖整个区域，每个子结点比其父结点增加一级。图 4-9(b)中每条树枝上都标有区分每个子结点的方向码。

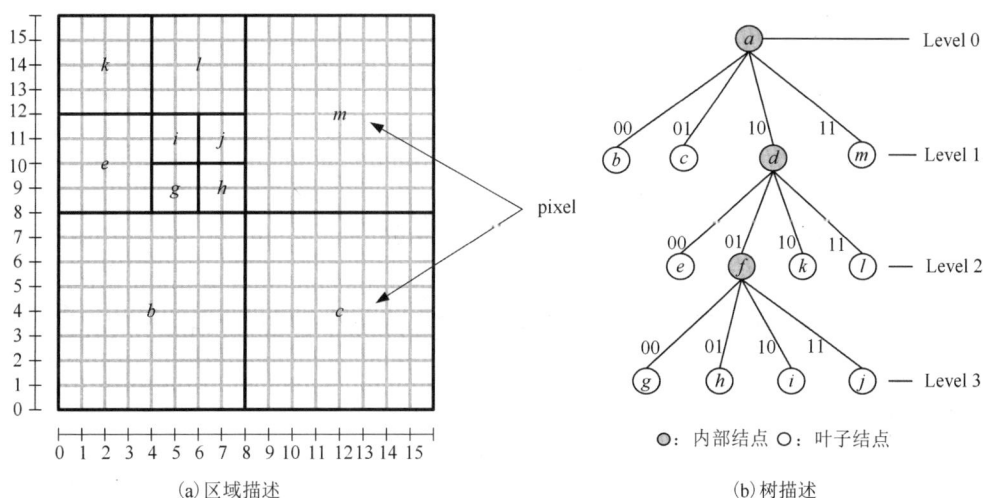

(a)区域描述　　　　　　　　　　　(b)树描述

图 4-9　两种表达八叉树方式(通过二维四叉树示意)

如图 4-9 所示，每个结点地址可以用其最左下角的格网单元的坐标 (x, y, z) 及其所在的级数来表示，所以也叫格网坐标，本章称其为地址码。如 a 的地址是 $(0, 0, 0, 0)$；如 b 的地址是 $(0, 0, 0, 1)$；如 l 的地址是 $(4, 12, 0, 2)$；如 i 的地址是 $(4, 10, 0, 3)$。

基于八叉树的块段模型不同于传统块段模型，其建立过程中不需要对原型进行初始栅格化，只是对三维目标的空间位置进行栅格化，这样可以大大避免冗余数据的产生，同时没有"基本单元块"的限制，这样不同的地质目标可以有不同的体元粒度，实现多分辨率的要求。构建过程分为构造原型和目标赋属性两个步骤(如图 4-10 所示)，其中"目标赋属性"就是对属性模型中目标范围内的三维空间栅格化(划分为若干个体元)，并对每个体元赋上相应的属性，体元的大小可以根据目标的规模以及属性记录的精度要求而定。目标赋属性不是一次完成，而是多次、不同阶段、不同时期完成。因此，在构建属性模型时，其原型范围可以尽可能大，一般包含整个影响开采范围，随着矿山开采的进行，不断将新的地质目标添加到属性模型中。因此，外存八叉树模型的构建过程不等同于表面模型到八叉树的转换。

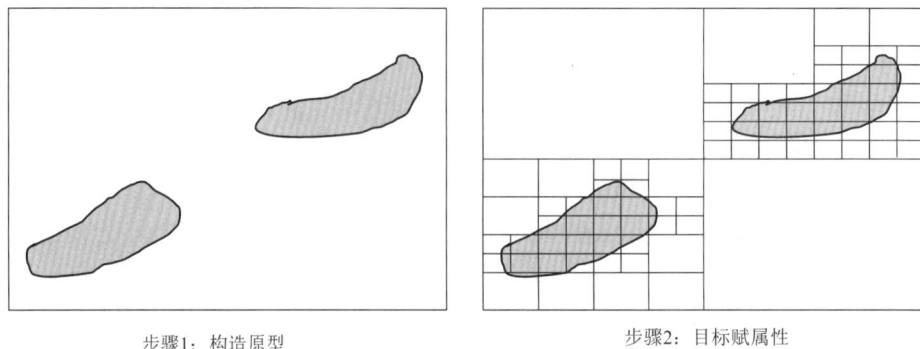

步骤1：构造原型　　　　　　　　　步骤2：目标赋属性

图 4-10　基于外存八叉树的属性模型建立过程

外存八叉树最基本的思想就是对每个结点编码形成唯一标识该结点的定位码，并将其作为关键字通过 B$^+$ 树建立索引对模型数据进行管理，这样可以规避内存的容量限制，实现海量块段模型的存储与应用。

4.4　开采工程建模

开采工程模型包括设计模型，服务于资源储量计算的设计采出模型和基于实测数据的采矿工程三维模型。

4.4.1　开采设计模型

开采设计模型是基于设计数据构建的三维模型，可以用于仿真模拟、优化设计等。开采设计模型通常由设计中心线或边界级及工程结构参数生成，设计工程建模如图 4-11 所示。

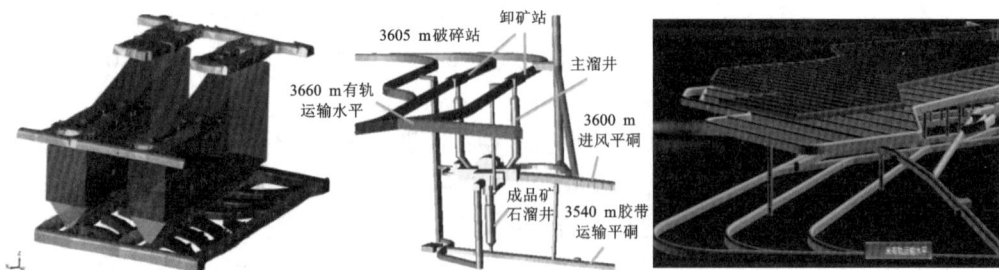

图 4-11　设计工程建模实例

4.4.2 设计采出模型

设计采出模型是一种三维数字
化模型,用于表征采矿设计中的应
采出矿产空间范围。该模型的建立
与矿产开采规划和设计息息相关,
其目的在于为矿产开采提供空间参
考,包括但不限于露天矿设计的开
采边界、设计爆破范围以及地下矿
采场的相关信息。设计采出模型可
以帮助矿产开采过程中的决策制定、
资源分配和风险管理。它不仅为采
矿单位提供了空间信息,还为安全
管理和资源储量统计提供了可靠的
数据基础。设计采出模型示意如图 4-12 所示。

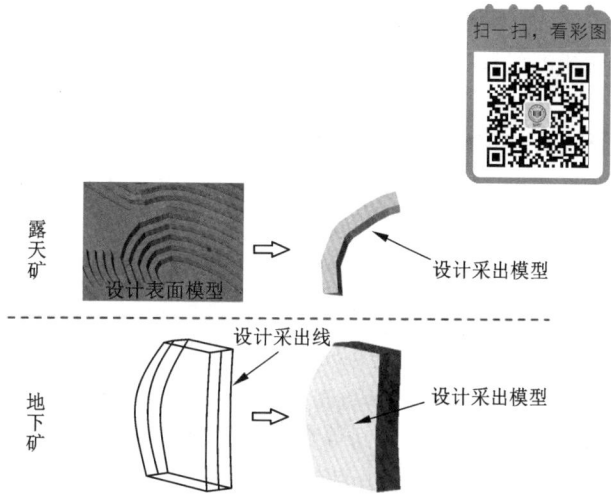

图 4-12 设计采出模型示意图

4.4.2.1 基于设计崩落范围

基于设计崩落范围的设计采出模型其采出的范围为由拉底工程及凿岩工程与采场结构等
设计共同组成的三维空间范围和采出边界,如崩落法开采得到的设计采出模型。

设计采出模型在矿产开采过程中起着至关重要的作用。通过准确的建模数据和有效的构
建方法,这个模型能够提供对矿产空间范围的精确表示,有助于采矿单位在资源管理和矿产
开采计划方面做出明智的决策。同时,它也有助于确保矿场操作的安全性和可持续性。因
此,在矿产开采过程中,设计采出模型不仅仅是一项技术工作,更是一项关键的管理工具,
对于行业的可持续发展和资源利用至关重要。

4.4.2.2 基于开采设计数据

(1)建模数据

设计采出模型的建模数据是模型构建的基础,这些数据用于准确地定义矿产的空间范围
和采矿单元的边界。根据数据的来源不同,建模数据可以分为两个主要类别:露天矿设计数
据和地下矿设计数据。

露天矿设计数据用于限定或影响露天采剥边界的位置,以确保采矿活动在规定范围内进
行。这些数据包括坡顶线(确定矿坑的顶部边界)、坡底线(有助于确定矿坑的底部边缘)和
道路线(辅助控制矿体的边界)。

地下矿设计数据包括矿产开采的具体规划和设计信息,这些信息用于确定应采掘的矿产
空间范围。这些数据通常包括中段运输巷、斜坡道、溜井、切割巷、天井、堑沟设计工程数
据,以及炮孔等设计开采数据。

(2)构建方法

设计采出模型的构建方法取决于矿场类型和可用的数据源。通常,露天矿和地下矿的构
建方法有所不同。

露天矿设计采出模型的构建方法包括以下内容：坡顶线和坡底线构建。利用坡顶线和坡底线的设计数据，可以使用计算机辅助设计工具构建这些线条，确保它们准确地表征矿坑的上下边界；道路线绘制。道路线数据通常是通过测量和地理信息系统（GIS）工具来绘制的。这些数据用于确定矿场内的主要运输通道；连线框和约束三角网。连线框和约束三角网是用于构建地形和矿坑表面的关键工具。这些工具可以将坡顶线、坡底线和道路线等数据转化为三维模型。

地下矿设计采出模型的构建方法包括以下内容：连接线绘制。利用开拓设计、采准设计或回采设计的应采范围数据，可以手动或自动绘制连接线，以标志出地下矿场的边界；闭合面的创建。为了确保地下矿场的边界被正确封闭，可以创建闭合面。这些面可以表示未开采区域和开采区域之间的边界；连线框的使用。连线框工具可以用于构建地下矿场的三维模型，将连接线、闭合面等数据转化为可视化的模型（如图4-12所示）。

设计采出模型的范围应当与资源储量统计范围相适应，以确保资源估算和矿产开采计划的一致性。这个模型应当能够准确地表达设计应采出矿产的空间范围，从而为采矿过程中的决策制定和资源储量管理提供可靠的支持。

4.4.3 采矿工程模型

采矿工程模型是一种基于实测数据构建的三维数字化模型，用于准确表征采矿工程与掘进工程的空间范围。这个模型为采矿工程领域的决策制定、资源管理、安全监测和工程规划提供了可视化的工具。它包括了各种矿产开采环境下的空间信息，例如露天矿场的采场情况、台阶形态，以及地下矿井的井巷结构、采空区形状等。采矿工程三维模型是基于实测数据构建的，通过不同类型的测量数据，能够准确反映采矿工程和掘进工程的现实情况，有助于提高采矿活动的效率和安全性。

4.4.3.1 井巷工程三维建模

矿山巷道工程验收是井巷工程的重要环节，是三维地质建模数据来源的基础，其测量结果直接影响后期巷道掘进工作。根据测量手段的不同，基于实测数据的井巷工程三维建模方法分为基于实测腰线数据的巷道建模法、基于三维激光扫描的点云重建法和图像摄影测量法等建模方法。

（1）基于实测腰线数据的巷道建模法

实测腰线反映了巷道的底板边界与宽度变化以及连通状态，顶、底板中心线反映了巷道的空间位置和高程。因此，该算法无需对岔道口等区域进行单独处理，同时以实际巷道边界轮廓线作为建模边界控制线。

腰线法建模的基本流程为：根据底板中线，调整腰线，生成巷道底板边界线（闭合）；建立顶板中心线的"结点-路径"网络拓扑图，并提取所有的连通路径；连通路径拐点处，根据顶、底板高程和位置，建立该处的断面轮廓线，并提取相邻断面轮廓之间的局部空间网格，从而对巷道的建模转化为对空间网格轮廓线和底板封闭多边形边界线的建模问题；对空间网格和底板边界线进行三角化，并将生成的三角形合并，生成连通的三维巷道实体。

（2）基于三维激光扫描的点云重建法

三维激光扫描技术可以深入到各种复杂的现场和空间对其进行扫描操作，不仅克服了传统测量技术的局限性还有效提高了数据获取的效率。从三维空间物体中获取到采集目标的海量表面数据，提供详实、丰富的原始数据，通过对其预处理、点云拼接、数据精简、特征提取、网格化等操作来重建三维实体表面模型，具有更好的几何完整性、丰富的特征、更强的真实感，增强了计算机视觉表达的丰富性、准确性。由于三维激光扫描仪体积小，非接触以及数据量大等特点，适用于矿山领域，通过非接触式的高速激光测量方式采集被测对象表面的海量三维点云数据。在结合三维实体表面建模理论基础上，现有的隐式曲面法、区域生长法和 Delaunay 三角剖分法构成点云数据重建的主要算法。

（3）图像摄影测量法

通过使用相机对地下巷道标定的位置连续拍摄图像，结合地下控制点测量、角点检测、立体匹配等步骤分析巷道图像。现如今，基于图像的三维实体重建技术日趋成熟，已经有成型的完整体系，例如边缘检测、图像分割等功能。利用已有的理论成果展开基于巷道图像的三维实体重建理论研究，首先采用组件化建模思想，建立巷道组件库，利用图像算法提取巷道边界、断面、交岔点等空间布局信息，查询合适的组件模型，对巷道导线采用局部组件构建巷道三维实体模型，如图 4-13 所示。

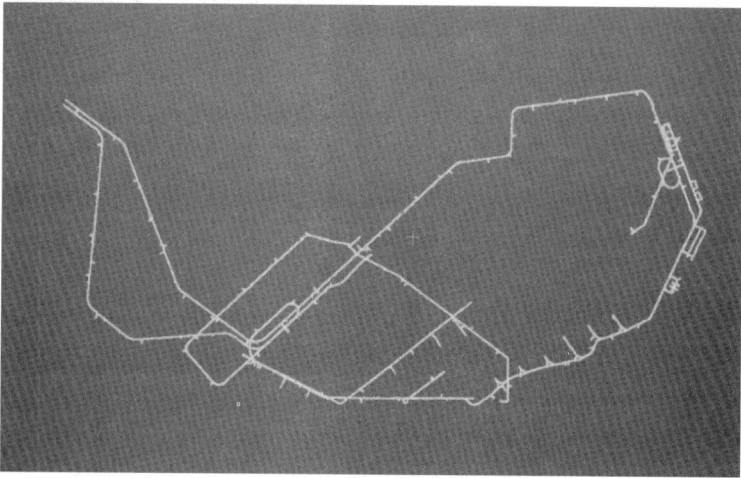

图 4-13　井巷工程实测三维建模

4.4.3.2　露天矿坑三维建模

露天矿坑模型在地质工程中发挥着重要作用，传统的露天坑数据采集依赖于人工测绘、GPS 基站集群以及 RTK 地面差分站来进行相关的检测及测绘工作。露天坑建模一般采用连线框和约束三角网方法，根据实测的坡顶线、坡底线和道路线等数据，通过连线框和约束三角网的技术来构建三维模型。

由于人工测绘方式测绘周期长、测绘工作量大，而 GPS 基站存在基站价格昂贵、受气象的因素影响大且只适用于基站所在一点的数据等缺点，矿山发展了基于车载三维激光扫描技术和无人机倾斜摄影测量技术的露天坑建模方法。这两种方法建模的工作流程主要包括获取原始点云数据和点云重建两部分。

（1）车载三维激光扫描建模

移动测量车以汽车为测量载体，高度集成了卫星定位接收机（GNSS）、激光扫描仪（LS）、惯性测量单元（IMU）、数码相机（CCD）等先进传感器。在车辆行驶或静止状态下由控制系统进行数据采集，通过激光扫描仪获取三维激光点云数据，通过相机获取影像数据，依靠 GNSS 系统获取空间绝对定位信息，基于 IMU 系统获得设备实时姿态信息，通过将多种数据联合解算获取空间坐标基准下的高精度地表三维测量数据。通过对原始激光点云数据进行一系列数据滤波、抽稀和修补等处理形成矿区准确的地形激光点云数据，在数据处理平台中将地形高程点数据生成三角网 TIN，进一步将 TIN 转换成数字地面模型 DEM，从而真正意义上实现矿区地形真三维表达。

（2）无人机倾斜摄影测量建模

通过无人机倾斜摄影技术拍摄的图像带有空间位置信息，可以较真实地反映拍摄地区的相关地理属性。该建模方法包括以下几个步骤：首先，通过无人机倾斜摄影获取图像并对图像进行预处理，保证图像中不存在空间扭曲或变形等其他现象。若存在这些图像，需要对这些图像进行修复或剔除。除此之外还可以根据建模需求，调整图像的重叠率或建模范围信息。然后在图像中添加像控点，通过光束法进行平差解算，最终得到加密点完成对图像的对齐。其次，使用相关影响匹配算法对所有图像中的同名点进行匹配，进而得到点云数据，最终得到大量点云数据精确地表达拍摄对象的细节信息。最后，采用点云重建算法将生成的密集点云构成 TIN 三角网模型，还可以通过计算将模型数据对应的纹理信息进行结合，生成带有纹理的三维模型如图 4-14 所示。

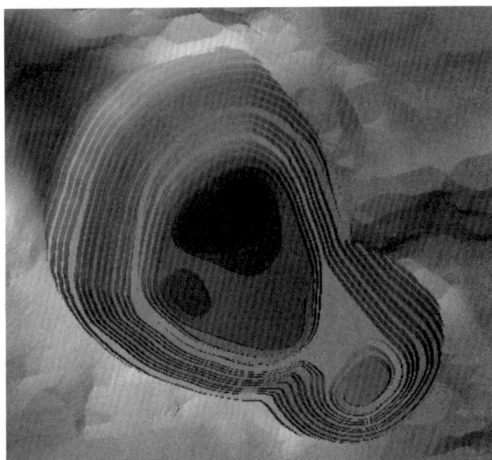

图 4-14　露天坑实测三维模型

4.5　矿山网络模型建模

类似于地理信息系统，道路、井筒、巷道等矿山工程之间的空间相互关系也可以采用图论的思想抽象为网络模型来表示。对矿山工程抽象后的网络模型简化了各图形元素的具体空间位置、现状大小、功能用途等信息，主要关注图形元素间的拓扑关系和属性信息。拓扑关系是指满足拓扑几何学原理的各空间数据集间的相互关系，即节点、分支间的邻接、包含和连通关系；属性信息则是附加在节点、分支上图形元素的特定工程属性。

4.5.1　露天矿运输网络

露天矿山道路网是一种真实反映露天矿山道路地理位置信息及道路间拓扑关系的路网，是露天矿山卡车调度系统及矿山设备运营监控管理的基础。

现有的道路网构建方法主要分为三类：一是传统的测绘方法，存在着自动化程度低、周期长、成本高等缺陷，同时由于矿山开采的不断推进，矿山道路网变动频繁且无规律可循，导致该方法无法有效应用于露天矿山实际生产中；二是基于遥感影像的道路提取方法，由于露天矿山道路光谱及空间特征较为模糊，导致非目标噪声干扰严重，使得该方法无法适用于露天矿山道路网的提取；三是基于 GNSS 数据采集的路网构建方法，许多研究学者在 GNSS 数据的基础上研究了城市道路网络的自动构建方法，且取得了一定的成果。

以 GNSS 数据采集的方法为例说明道路网络的建模方法。露天矿运输网络构建可以直接利用 GNSS 轨迹点云数据来构建栅格道路模型。该方法的基本流程为：根据 GNSS 数据在空间分布的横向跨度 Xspan 和纵向跨度 Yspan，以及路网的精度 Tol，构建 $M \times N$ 的网格，其中 M=Xspan/Tol，N=Yspan/Tol。根据构建的 $M \times N$ 的网格，相应的初始化一个像素为 $M \times N$ 的二值图像，根据 $M \times N$ 网格中落入的 GNSS 点数，对图像的各个像素点赋值 0 或 1。为有效去除 GNSS 数据的异常点和噪声点，规定当有两个或两个以上的 GNSS 点落入某一网格时，该网格对应的二值图像像素点赋值为 1，否则赋值为 0，黑色的像素点表示值为 1，白色的像素点表示值为 0。

栅格化后的露天矿山道路网仅在图形学上表达了矿山道路的形态，而矿山实际应用中需要得到矿山道路网的几何路径和拓扑结构关系，需要将其转化为矢量道路网。有学者提出基于 Hilditch 细化算法的二值图像骨架提取算法和栅格数据矢量化方法来提取露天矿山道路骨架并形成具有拓扑关系的矿山道路网络。通过栅格图像矢量化方法，将像素点 p 的空间位置赋值为对应网格的中心坐标，若像素点 p 的值为 1，则连接像素点 p 及其邻域中值为 1 的像素点，从而将露天矿山的栅格道路网矢量化得到露天矿山道路的拓扑关系网络，如图 4-15 所示。

图 4-15　露天矿道路网络 GPS 轨迹点示意图

近年来，一种新的方法研究较多，如通过倾斜摄影测量或三维激光扫描数据构建露天矿坑三维模型，在此基础上进一步提取坡顶底线，然后构建路网，如图 4-16 所示。

(a)矿坑三维模型

(b)提取坡面

(c)提取坡顶底线

(d)创建道路网线

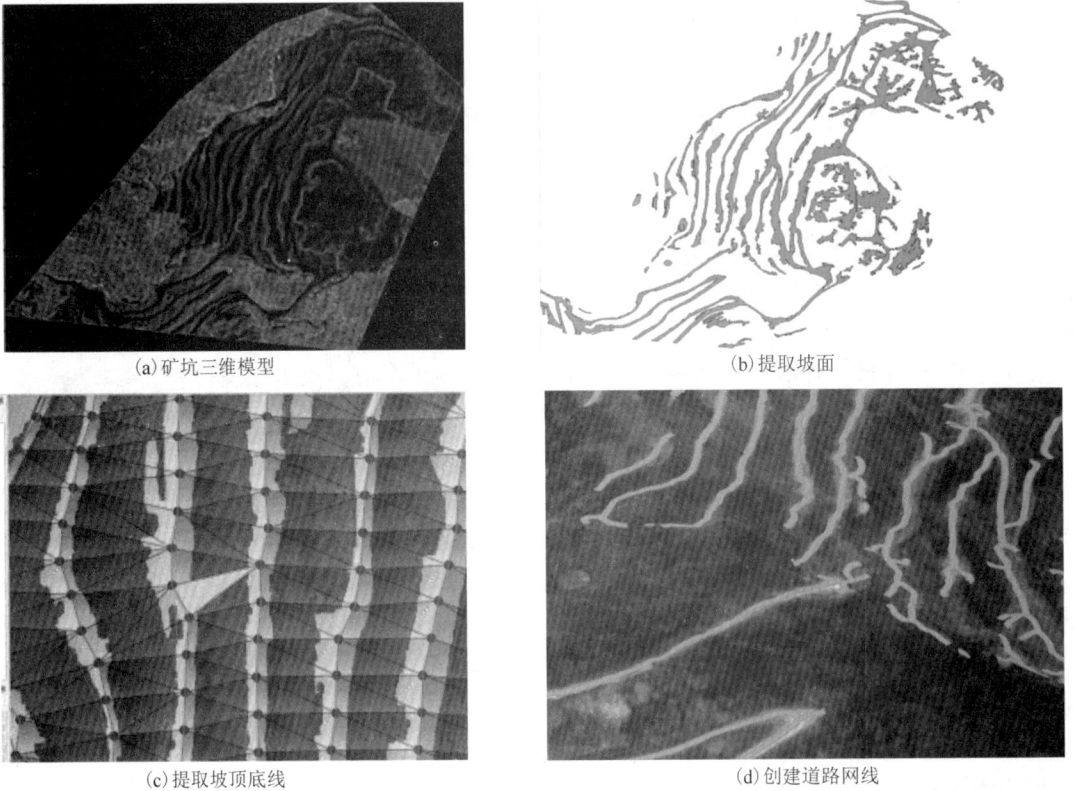

图4-16 基于矿坑三维模型提取路网示意图

扫一扫，看彩图

4.5.2 地下矿运输网络

如果把矿山的运输系统看成是一个矿石流的网络，矿石流所经过的所有运输设备和井巷工程(如溜井等)都是地下矿运输网络的组成部分。

地下矿运输网络建模主要关注组成地下矿运输系统的井下巷道网络模型的构建，该模型需要便于考虑车辆在巷道网络中的位置和路径等信息以及车辆未来的运动规划。相比于实测巷道网络模型，地下矿运输网络模型关注巷道的最主要因素是巷道网络中各巷道支路以及各交叉点的位置和拓扑关系，基于这些信息可以得到巷道网络的基本结构，以便地下矿智能调度等系统可以感知和预测井下车辆的全局位置。

为简化地下矿运输网络模型的结构，可以将巷道抽象为沿着巷道的导线或导线网。这决定了井下矿井巷道的数据模型应以矢量模型为主，即在矿井巷道的延伸掘进阶段，其几何信息应以矢量形式存在。在地下，各矿井巷道纵横交错，形成巷道网络。可以将巷道网络中的各巷道抽象为空间弧段，形成由弧段和结点组成的巷道网络数据结构与模型。

以转载点和路径分叉点为运输网络节点，可以将整个矿石流切分成一个个的运输段(运输网络分支)。值得注意的是，对不同的运输方式来说，运输段的内容是不同的。对胶带运输系统来说，每一段可能是一部完整的胶带运输机，也可能只是一部胶带运输机的一段；对机车运输系统来说，一个运输段是以转载点和轨道交岔口为分界点的一段运输线路；对于无轨运输系统来说，一个运输段是以转载点和巷道交岔口为分界点的一段运输路线；对于溜矿系统来说，一个运输段是一条溜井。将整个主运输系统看成是若干个运输段组成的一个空间网络，这个网络可以划分成机车运输、无轨运输和胶带运输 3 个子网（内含溜井）。

巷道中心线数据和巷道断面数据是地下矿运输网络模型构建的基础数据。每一条巷道的导线点坐标可以通过测量手段获取。导线测量点就是与巷道相关所有信息的原始数据或基础数据。但导线点位大部分情况下是不规则的，各个导线控制点并不在一条直线上，更不在巷道的中心线上，所以简单地直接连接导线点无法准确地描述巷道。因此为了能客观描述真实巷道的几何形态，需要对导线点进行处理，计算得到巷道的中线数据。通过巷道中线可以精确地表示巷道的延伸方向。巷道中心线，是由巷道导线点通过几何拼接而成的、位于巷道中心的、与巷道走向一致的线。巷道导线点的测量一般都是人工测量，测量结果多存在误差，需要对导线点进行筛选，保留有效点。通过导线控制点的三维坐标，及其左右帮距、巷高、巷宽等数据，推算出该导线控制点在巷道中线上对应点的三维坐标。

以巷道中心线数据和巷道断面数据为基础，地下矿运输网络模型构建的方法包括以下几个步骤。

（1）生成巷道中线。井巷工程空间描述的最原始数据是井下导线测量数据，井下导线测量成果里包含导线点的三维坐标和导线点到巷道左右帮的距离。根据导线点与帮侧的距离求出整条导线对应的所有中线点坐标，重复这个过程，求出所有井巷的中线点坐标。连接中线点坐标后形成巷道底板中心线。

（2）构建中心线网络。中线求交并打断。根据导线点逼近的若干条中线在巷道交岔口处不一定有公共点。首先求出这些中线在交岔口中心处的交点，利用该交点将跨越交岔口的中线打断成两段分段中线。经过这步处理之后，不再存在横跨交岔口的中线，交岔口将中线切分成若干条分段中线。中线在交叉口处的交点形成网络的结点，分段中线形成网络的边。根据运输网络的具体应用场景，根据导线点与帮侧的距离构建由巷道帮线组成的巷道双线网络。

（3）生成巷道实体模型。可以采用中线加断面生成巷道实体模型的建模方法。该方法的基本思路是以巷道中线为基础，将巷道断面沿着中心线放置，再逐断面拼接形成三角网模型。建模过程中，除了需要连接相邻断面间的三角网之外，还要特别处理井巷交叉口位置的建模。

相邻断面间的建模分为相同断面间的三角网连接和不同断面间的三角网连接。相同断面之间连三角网比较简单，把相邻的两个断面上的对应点连接起来，形成一个个的矩形，再连接每个矩形的一条对角线，就形成了巷道体的三角网模型。根据需要，可以把顶、底、左帮和右帮的三角网模型分开，也可以放到一个三角网的数据结构里。如果巷道的断面发生了变化，则两端的断面形状不同，这时可以采用相邻轮廓线同步前进法连接三角网。该方法的基本思路是在用三角面片连接相邻两条轮廓线上的特征点时，使连接操作在两条轮廓线上尽可能同步前进。其准则是给每段轮廓线（两特征点之间的线段）赋予一定的权值，该权值可以定义为该线段长度与该线段所在轮廓线总长的比值。每一步都要保证三角面片的连接应使得已经连接的上层轮廓线的权值之和与已经连接的下层轮廓线的权值之和的差值为最小。

巷道交叉口建模是巷道建模的关键部分，在实际建模过程中，需要根据交叉点类型选择相应数目夹角巷道体进行拼接，组合成完整的交叉口模型，进而与相连的直巷道体无缝对接，完成模型的构建。

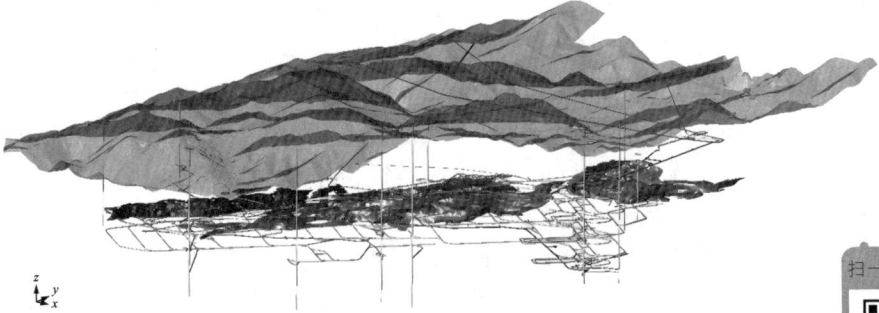

图4-17　地下矿运输网络模型

4.5.3　地下矿管道网络

地下矿管道网络种类繁多、空间布局复杂，传统二维管线平面图无法对地下矿管网的综合信息进行直观的空间描述和信息表达，难以在管线规划设计时发现潜在的冲突，且可能影响矿山规划设计的效率和质量，管道网络的三维可视化建模成为解决上述问题的有效途径。

管网可以由管点、附属物和管线三部分来表达。管点包含了管网中的各类连接管件和特征点，例如：弯头、三通、四通、边径点、落差点等；附属物则包括地下管网中的各类附属物及地上层小体量的构筑物，例如：蝶阀、法兰阀、排水井、笼子、消防栓、配电室等；管线指代管网运输各类物质的管道，它们可被管点截断。

管点、附属物将无数管线连通起来，每段管线的起始点与终止点均与其他管点或附属物相关，它们按照规则关联起来。每一段管线均可通过它们的起点和终点在现实世界中的坐标度量出管线的长度。管线和管线、管点和管线及管点和管点之间形成了多样性的关系组合方式和空间度量方式，体现了管网三维实体间的关联规则，形成了三维地下管网的网络拓扑。

管线的空间结构和分布状态是建立地下管网模型的基础，管线由定位位置的空间几何特征和描述信息的属性特征组成。单条管线建模的数据存储方式可以表示为：

$$L_i = \sum_{j=1}^{N} (P_{ij} + C_{ij}) + G_i + A_j$$

式中：L_i 为第 i 条管线；N 为第 i 条管线的管点个数；P_{ij} 为第 i 条管线的第 j 个管点，其空间坐标为(x_j, y_j, z_j)；C_{ij} 为第 i 条管线第 j 个管点的特征信息，如三通、四通、中间点等；G_i 为第 i 条管线的几何信息，如管径、长度等；A_j 为第 i 条管线的属性信息，如类型、材质等。

管道建模可以由管段建模和管点建模来组成。因此，管道建模过程中需要先将管道模型抽象为管道和管点。其中，管网中的管件/附属物（如：管道连接件、检查井、电箱等）抽象为节点（管点），表达出管点在空间中的位置分布。管网中的节点不仅包含了管点的空间信息，也包括了该点对应管件/附属物的属性信息。将管网中的各类管道的中心轴线提取出来，抽象为分支（管线），依靠管点将一条条管线连接成一片复杂的管道网络。管段建模按照管段的特点可以将管段分为圆管与方管,圆管采用截面为正多边形的圆柱来表示,多边形的边越多越接近圆柱,但数据量也越大。管点建模需要根据管点特点先将管点分为不同的类型,比如大夹角双通管点、小夹角双通管点、多通管点、高程变化管点等类型,然后按不同类型分别进行建模。

地下矿管道网络三维建模方法一般可以分为 CSG(结构实体几何法)建模法和 B-Rep(边界表示法)建模法。

(1)CSG 建模法

管网中的管件和附属物结构复杂但辨识度高且重用率高,且功能各不相同,应对其进行精细建模以突出管网的细节描述。CSG 建模法将管网中的若干管件和附属物实体依照树形结构拆分为最小单元的几何对象,由此得到的 CSG 组件通过三维建模软件进行实体的几何变换、布尔运算、放样等操作,得到对应的管件模型,将建模结果作为管网专用模型库,并将管件、附属物与管线准确匹配,完成三维地下管网模型的构建。

CSG 利用三维建模软件中已有的基本体元或是自助创建简单体元,进行几何变换和布尔操作等动作来构成一个物体模型。常用的体元包括长方体、球体、圆环、圆柱、圆锥、四面体等,模型的结构可以通过 CSG 树来表示。基于 CSG 建模法生成的模型精细逼真无冗余信息,而且详细地记录了构成实体组成部件的详细特征参数,甚至在必要时可通过修改特征参数或叠加体元进行重新拼合,数据结构比较简单。

(2)B-Rep 建模法

B-Rep 建模法可将任意管道拆分为"点-线-环-面-体"层次结构,由此提取管道的表面特征作为管道模型的基本构造单元,随后采用管道建模的方法对管线进行批量的参数化建模,完成人范围管段三维模型的构建。根据管件可视化参数自动将管段与管件匹配连接,联合两种数据结构完成管网三维建模。

B-Rep 是一种基于层次结构的表示方法,空间的任一实体对象可以依照层次级别分解为体、面、边、点的结构。因此,基于 B-Rep 建模法构建的三维模型能保存关于面、边、点的属性信息及其相互之间存在的拓扑关系,可基于这些信息进行空间分析。结合管网建模的需求,B-Rep 结构可以与对象的物理属性、社会属性等联系在一起,将管网综合信息表达得更详细。而它的缺点是它与特征体元和体积特征没有直接的联系,无法删除模型中的单个特征体元。综上所述,B-Rep 模型更适用于构建管网中的管线模型,相对于管件、附属物,管线的外观更简洁且易于复制,最重要的是管线具有空间整体性。B-Rep 建模法可直接根据管线的矢量数据构建模型,面对大范围的管线建模效率较高。

4.5.4　矿井通风网络

构建矿井通风网络模型是研究矿井通风系统优化理论的基础。为了对通风系统进行优化解算与调控,必须将通风系统抽象为通风网络并建立通风巷道之间的拓扑关系。复杂的矿井通风系统可以抽象为由节点、分支、风机和构筑物等设施组成的矿井通风网络模型。图论可以处理事物之间复杂的特定关系,是流体网络的理论基础。将风流方向看作分支的方向,从图论的观点来看,可以将通风网络图看作连通图,其中整体通风区域属于强连通图,局部通风区域属于单向连通图或弱连通图。

矿井通风网络模型分为通风网络几何模型及其关联的属性数据,其中属性数据可以直接采用属性列表的形式关联在几何模型上。通风网络属性数据分为节点属性数据和分支属性数据。分支属性数据分为分支参数数据、分支关联数据、风量分配数据和风量调控数据。其中,分支关联数据又分为测点数据、风机数据和构筑物数据。值得注意的是,分支关联数据可能不包含或包含多于一个的测点数据、风机数据和构筑物数据。

通风网络几何模型的构建主要包括通风巷道网络模型和通风设施模型的构建,如图4-18所示。通风巷道网络模型分为通风巷道中心线模型和通风巷道实体模型,通风设施模型可以抽象为通风设施节点关联在通风巷道中心线模型上。

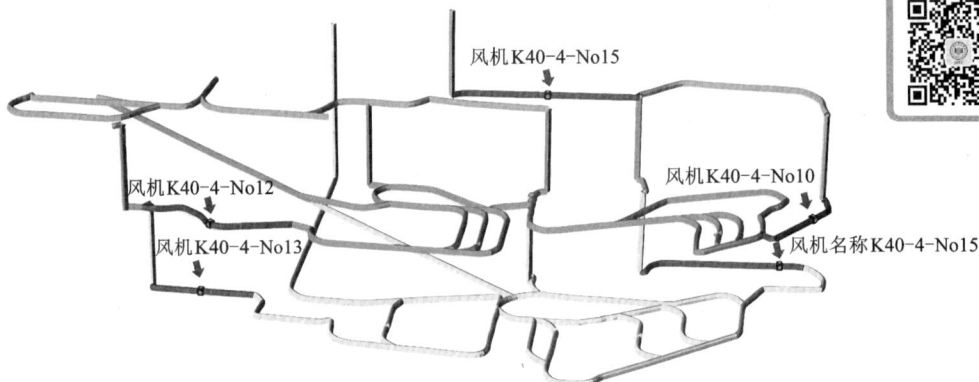

图4-18 矿井通风网络模型

以通风设施数据、通风阻力测定数据、巷道中心线数据和巷道断面数据等为基础,矿井通风网络模型构建的方法包括以下几个步骤。

(1)生成巷道中心线。通风网络几何模型构建的基础数据包括巷道设计中心线(矿井通风设计阶段)和巷道实测中心线或三维巷道实测数据(矿井通风运营阶段)。在矿井通风设计阶段,可以直接利用巷道设计中心线作为风网构建的基础数据;在矿井通风运营阶段,如果没有巷道实测中心线数据,则需要从三维巷道实测数据中提取巷道中心线。

(2)构建中心线网络。在获取了巷道中心线之后,可以直接利用几何网络层拓扑关系的构建方法确定节点与分支间的拓扑邻接关系,并结合通风网络解算等要求修正部分拓扑关系(如采用虚拟分支的方式连接地表节点)。在风网拓扑关系构建过程中,可以采用自适应空间快速索引方法优化通风网络拓扑构建算法,提高通风网络拓扑构建的性能。

(3)关联通风设施及通风属性。在构建了通风网络拓扑关系之后,应根据井下通风实测数据确定通风网络的基础参数数据。通风网络的基础参数数据和实测通风数据应赋予到通风网络模型中的节点属性和分支属性上。对于通风网络,节点和分支之外的其他关联网络信息包括测点、风机和构筑物等。通风网络中的其他关联网络信息通过巷道中心线(分支)线上坐标的方式在拓扑构建的过程中动态关联。

(4)构建巷道实体模型。类似于地下矿运输网络巷道模型构建过程,巷道实体模型构建可以采用中线加断面的巷道实体建模方法,将巷道断面沿着中心线放置,再逐断面拼接形成三角网模型。

思考题

1. 分析 TIN 和 Grid 两种数据构模的特点，它们分别有哪些优缺点？

2. 地质结构建模方法包括显式建模和隐式建模，这两种建模方法有什么优缺点？

3. 什么是地质结构模型？什么是地质属性模型？地质模型的这两种表示方式有什么区别？

4. 用八叉树表达块段模型有什么好处？为什么？

5. 开采工程建模需要构建哪些模型，分别如何构建？模型有何用处？

6. 数字矿山需要构建哪些网络模型？分别如何构建？模型有何用处？

第5章 数字矿山空间分析原理

空间分析(Spatial Analysis, SA)是数字矿山的核心技术,它通过研究地理空间数据及其相应分析理论、方法和技术,探索、证明地理要素之间的关系,揭示地理特征和地理发展过程的内在规律和机理,实现对地理空间信息的认知、解释、预测和调控。空间分析是建立在对空间数据的有效管理之上,是空间信息系统区别于一般信息系统的主要功能特征,空间分析技术主要包括空间关系分析、空间网络分析、空间统计分析、探索性空间数据分析及空间三维分析等。

5.1 空间关系分析

空间关系分析是 GIS(地理信息系统)的核心功能之一,主要用于研究空间物体或现象之间的相互关系,也是数字矿山应用系统在进行开采规划、方案设计经常采用的方法。空间关系分析主要包括以下几种类型。

(1)拓扑关系分析:这是空间关系分析中最基本的一种,主要用于研究空间物体之间的连接、相邻、相离等关系。例如,在城市规划中,可以通过拓扑关系分析来确定不同地块之间的相邻关系,从而更好地进行土地利用规划。

(2)方向关系分析:方向关系分析主要研究空间物体之间的相对方向关系,例如两个道路交叉口的相对方向关系。

(3)距离关系分析:距离关系分析主要研究空间物体之间的距离远近,以及不同物体之间的最短路径等问题。例如,在物流配送中,可以通过分析距离关系来确定最短配送路径,从而提高配送效率。

(4)面积关系分析:面积关系分析主要研究空间物体所占面积的大小及其相互关系。例如,在城市规划中,可以通过面积关系分析来确定不同区域之间的面积比例,从而更好地进行城市布局规划。

(5)高程关系分析:高程关系分析主要研究空间物体之间的高程差异及其相互关系。例如,在水利工程中,可以通过高程关系分析来确定洪水可能淹没的范围,从而更好地进行防洪规划。

除了以上几种常见的空间关系分析类型,还有光照关系分析、地形关系分析等多种空间关系分析方法。这些方法都可以用于研究空间物体之间的相互关系,从而更好地理解空间现象的本质和规律。

　　数字矿山的空间分析从某种角度讲就是从矿山地理信息目标之间的空间关系中获取派生信息和新知识的分析技术。由于空间关系复杂多样，与地理位置、空间分布和对象属性等多方面因素有关，本书把空间关系限定为由空间目标几何特征所引起或决定的关系，即与空间目标的位置、形状、距离、方位等基本几何特征相关联的空间关系。空间几何关系分析主要包括邻近度分析、叠加分析等。

5.1.1　邻近度分析

　　邻近度是定性描述空间目标距离关系的重要物理量之一，表示地理空间中两个空间目标距离相近的程度。以距离关系为分析基础的邻近度分析构成了空间几何关系分析的一个重要手段，例如露天矿运输道路，要考虑到道路的宽度以及道路两侧所保留的安全带，来确定道路实际占用的空间；基础设施如工业广场、选矿厂、堆场、尾矿库、排土场等的位置选择都要考虑到其服务范围。随着邻近度分析技术的发展以及应用范围的扩展，邻近度分析方法中的距离关系也由欧几里得距离发展到曼哈顿距离、切比雪夫距离等。解决这类问题的方法很多，目前比较成熟的分析方法有缓冲区分析、泰森多边形分析等。

5.1.1.1　缓冲区分析

　　(1)基本原理

　　缓冲分析是指在点、线、面实体(缓冲目标)周围建立一定宽度范围的多边形。它是根据指定的距离，在点、线、面几何对象周围建立一定宽度的区域的分析方法。例如露天矿爆破警戒范围设置，可根据爆破所影响距离划定出警戒的范围。

　　从数学的角度看，缓冲区分析的基本思想是给定一个空间对象或集合，确定其邻域，邻域的大小由邻域半径 R 决定，因此对象 O_i 的缓冲区定义为：$B_i = \{x \mid d(x, O_i) \leqslant R\}$，即半径为 R 的对象 O_i 的缓冲区，B_i 为距 O_i 的距离小于等于 R 的全部点的集合，d 一般指最小欧氏距离，但也可以为其他定义的距离，如曼哈顿距离、切比雪夫距离等。对于对象集合 $O = \{O_i \mid i = 1, 2, \cdots, n\}$，其半径为 R 的缓冲区是各个对象缓冲区的并集，即

$$B = \bigcup_{i=1}^{n} B_i$$

　　邻域半径 R 即缓冲距离(宽度)，是缓冲区分析的主要数量指标，可以是常数或变量。空间对象还可以生成多个缓冲带，例如爆破警戒可以分别用 100 m 和 500 m 作缓冲区针对设备、人的不同警戒，如图 5-1(a)所示。图 5-1(b)所示为某街区的多重缓冲。线状要素的缓冲带可以两侧对称，如果该线有拓扑关系，可以只在左侧或右侧建立缓冲区，或生成两侧不对称缓冲区；面状要素可以生成内侧和外侧缓冲区；点状要素根据应用要求的不同可以生成三角形、矩形、圆形等特殊形态的缓冲区。

　　(2)缓冲区分析应用

　　缓冲区作为一个独立的数据层可以参与叠加分析，常应用到道路、河流、居民点、污染源、爆破震动等生产生活设施的空间分析，为不同工作需要提供科学依据。结合不同的专业模型，缓冲区分析能够在景观生态、矿区规划、军事应用等领域发挥重大的作用。例如，在矿区复垦规划中利用缓冲区分析和相邻缓冲区的景观结构总体变异系数方法对自然保护区进

(a) 爆破警戒缓冲　　　　　　　　(b) 某街区的多重缓冲

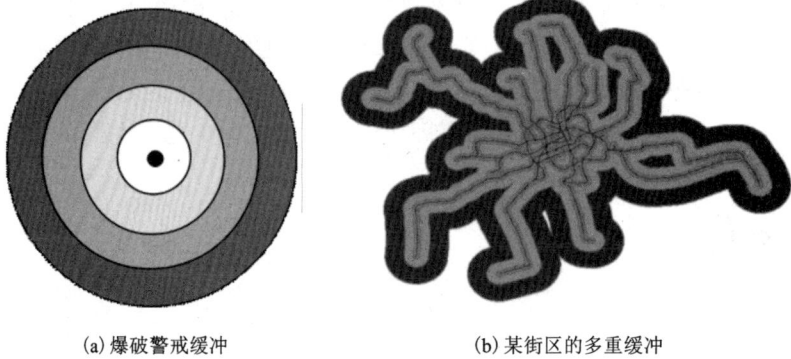

图 5-1　不同类型的缓冲区

行自然景观和人工景观的分析研究。

此外，缓冲分析还可以与其他空间分析方法结合使用，以解决更复杂的实际问题。例如，可以将缓冲分析与网络分析结合使用，以确定最优的资源分配方案。也可以将缓冲分析与多边形叠加分析结合使用，以提取出感兴趣区域内的空间信息。

总之，缓冲分析是一种重要的空间分析方法，它可以为决策者提供有关目标区域的影响和效果的定量指标。随着 GIS 和 AI 技术的不断发展，缓冲分析的方法和技术也将不断进步和完善，并得以广泛应用。例如，在生态学中，缓冲分析可被用来确定自然保护区的范围，以保护生物多样性和生态系统的完整性。在城市规划中，缓冲分析可以用来确定噪声、污染、交通等影响区域的范围，以制定更加合理的城市发展计划。

5.1.1.2　泰森多边形分析

(1) 泰森多边形的定义及其特性

泰森多边形是基于一组点集的平面划分，其中每个点都在其周围区域内具有最小的邻近距离。这意味着，任何给定点的泰森多边形区域都由该点和其最近邻居点之间的区域组成，由荷兰气候学家 A. H. Thiessen 提出。为了能根据离散分布的气象站降雨量数据来计算某地的平均降雨量，A. H. Thiessen 提出了一种新的计算方法，即将所有相邻气象站连成三角形，作三角形各边的垂直平分线，每个气象站周围的若干垂直平分线便围成一个多边形，用这个多边形内所包含的惟一一个气象站的降雨强度来表示这个多边形区域内的降雨强度，该多边形称为泰森多边形（Thiessen Polygons 或 Thiessen Tesselations，又称 Voronoi 或 Dirichlet 多边形），即如图 5-2 所示虚线围成的多边形。

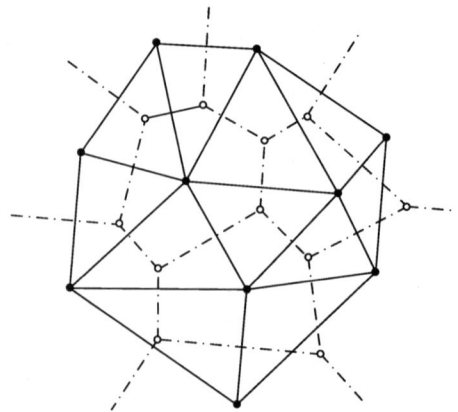

泰森多边形是在计算几何中被广泛研究的一个问题，其原理非常简单，是一种由点内

图 5-2　Voronoi 图与 Delaunay 三角剖分

插生成面的方法。根据有限的采样点数据生成多个面区域，每个区域内只包含一个采样点，且各个面区域到其他采样点的距离小于任何到其他采样点的距离，那么该区域内其他未知点的最佳值就由该区域内的采样点决定，该方法也称为最近邻点法，用于邻域分析。

其几何定义为：设平面上的一个离散点集 $P = \{P_1, P_2, \cdots, P_n\}$，其中任意两个点都不同位，即 $P_i \neq P_j (i \neq j, i \in [1, 2, \cdots, n], j \in [1, 2, \cdots, n])$，且任意四点不共圆，则任意离散点 P_i 的泰森多边形的定义为

$$T_i = \{x: d(x, P_i) < d(x, P_j) \mid P_i, P_j \in P, P_i \neq P_j, d \text{ 为欧氏距离}\}$$

由上述定义可知，任意离散点 P_i 的泰森多边形是一个凸多边形，且在特殊的情况下可以是一个具有无限边界的凸多边形。从空间划分的角度看，泰森多边形是实现对一个平面的划分，在泰森多边形 T_i 中，任意一个内点到该泰森多边形的发生点 P_i 的距离都小于该点到其他任何发生点 P_j 的距离。这些发生点 $P_i (i \in [1, 2, \cdots, n])$ 也称为泰森多边形的控制点或质心（centroid）。

（2）Delaunay 与 Voronoi

Voronoi 图和 Delaunay 三角剖分互为对偶图，如图 5-2 所示，实心点代表平面点集，细实线代表 Voronoi 图，空心点代表 Voronoi 顶点，粗实线代表 Delaunay 三角剖分形成的三角网格。在构造点集的 Voronoi 图之后，再对其做对偶图，即对每条 Voronoi 边（限有限长线段）做通过点集中某两点的垂线，便得到 Delaunay 三角网。同样，由 Delaunay 三角网也可以方便地得到与之对偶的 Voronoi 图。除了可以利用 Delaunay 三角网来求解 Voronoi 图以外，还有很多构造 Voronoi 图的方法，如半平面的交、增量构造方法、分而治之法等。

（3）泰森多边形的建立

①基于 Delaunay 泰森多边形建立过程

第一步，建立 Delaunay 三角网，对离散点和形成的三角形进行编号，并记录每个三角形是由哪三个离散点构成的；

第二步，找出与每个离散点相邻的所有三角形的编号，并记录下来；

第三步，将与每个离散点相邻的所有三角形按顺时针或逆时针方向进行排序；

第四步，计算出每个三角形的外接圆圆心，并记录下来；

第五步，连接相邻三角形的外接圆圆心，即可得到泰森多边形。对于三角网边缘的泰森多边形，可作垂直平分线与图廓相交，与图廓一起构成泰森多边形。

②基于栅格化的泰森多边形实现过程

第一种栅格算法是先将图形栅格化为数字图像，然后对该数字图像进行欧氏距离变换，得到灰度图像，而泰森多边形的边一定处于该灰度图像的脊线上；再通过相应的图像运算，提取灰度图像的这些脊线，就可以得到最终的泰森多边形。

另外一种栅格算法采用以发生点为中心点，同时向周围相邻八方向做栅格扩张运算（一种距离变换），两个相邻发生点扩张运算的交线即为泰森多边形的邻接边，三个相邻发生点扩张运算的交点即为泰森多边形的顶点。

（4）泰森多边形的特性及应用

泰森多边形也可理解为对空间的一种内插方式，空间中的任何一个未知点的值都可以用距离它最近的已知采样点的值来代替。基于泰森多边形可以用离散点的性质来描述多边形区域的性质，可以用离散点的数据来计算泰森多边形区域内的未知数据。泰森多边形适用于根

据离散点的影响力进行空间分析，以及在缺少连续数据的情况下作近似替代的空间分析。

地理分析中经常采用泰森多边形进行快速赋值，其中一个隐含的假设是任何地点的未知数据均使用距它最近的采样点数据。实际上，除非是有足够多的采样点，否则该假设是不恰当的，比如降水、气压、温度等现象是连续变化的，用泰森多边形插值方法得到的结果变化只发生在边界上，即产生的结果在边界上是突变的，在边界内部都是均质的和无变化的，这是泰森多边形分析的不完善之处。露天矿炮孔岩粉取样属性代替以炮孔作为质心的泰森多边形的所有点的属性，是矿山常用矿石品位分布分析方法。

5.1.2 叠加分析

5.1.2.1 叠加分析概述

叠加分析是在统一空间参考系统下，通过对两个数据进行的一系列集合运算，产生新数据的过程。这个分析的目标是分析在空间位置上有一定关联的空间对象的空间特征和专属属性之间的相互关系，对那些在结构和属性上既相互重叠，又相互联系的多种现象要素进行综合分析和评价；或者对反映不同时期同一地理现象的多边形图形进行多时相系列分析，从而深入揭示各种现象要素的内在联系及其发展规律的一种空间分析方法。多层数据的叠置分析，不仅仅产生了新的空间关系，还可以产生新的属性特征关系，能够发现多层数据间的相互差异、联系和变化等特征。

叠加分析是一种对地理信息的图形和属性进行独立叠加处理的技术。在处理矢量数据模型时，该技术利用点、线、面等基础几何形状来精准表达空间要素，但在图形处理方面相对复杂。相反，栅格数据模型以网格形式简洁地记录属性信息，其空间信息虽不直观，却免去了图形叠加的繁琐。在属性叠加处理上，矢量与栅格数据模型主要采用代数和逻辑两大类运算。特别值得一提的是，栅格数据模型的叠加运算，即地图代数，在实际应用中具有广泛的适用性。

5.1.2.2 矢量数据叠加分析

(1)点与多边形的叠加

将一个点层作为输入图层叠加到一个多边形图层上，生成的新图层仍然是点层，区别在于叠加的过程中进行了点与多边形位置关系的判别，即通过计算点与多边形线段的相对位置，来判断这个点是否在多边形内，从而确定是否进行属性信息的叠加。

叠加分析后的图层通常会生成一个新的属性表，该属性表不仅保留了原图层的属性，还含有落在那个多边形内的目标标识。例如，将水质监测井分布图(点)和水资源四级分区图(多边形)进行叠加分析，水资源四级分区的属性信息就添加到水质监测井的属性表中。通过属性查询能够知道每个监测井是属于哪个四级区，还可查询特定的四级区内包含有哪些水质监测井等信息。水资源四级区的属性表中还有属于哪个省区、面积大小等信息，监测井的属性表也可以与这些属性关联起来，便于相关信息的查询。

(2)线与多边形的叠加

将一个线图层作为输入图层叠加到一个多边形图层上，要进行线段与多边形的空间关系判别，主要是比较线上坐标与多边形的坐标，判断线段是否落在多边形内。与点目标不同的是，一个线目标往往跨越多个多边形，这时需要计算线与多边形的交点，只要相交就会生成一个结点，多个交点将一个线目标分割成多个线段，同时多边形属性信息也会赋给落在它范围内的线段。叠加分析的结果产生了一个新的线状数据层，该层内的线状目标属性表发生了变化，可能不与原来的属性表一一对应，包含原始线层的属性和用作叠加图层的多边形的属性。叠加分析操作后既可确定每条线段落在哪个多边形内，也可查询指定多边形内指定线段穿过的长度。例如一个河流层(线)与行政分区层(多边形)叠加到一起，若河流穿越多个省区，省区分界线就会将河流分成多个弧段，可以查询任意省区内河流的长度，计算河网密度；若线层是道路层，则可计算每个多边形内的道路总长度、道路网密度，以及查询道路跨越哪些省份等。

(3)多边形与多边形的叠加

多边形与多边形的叠加要比前两种叠加复杂得多。首先两层多边形的边界要进行几何求交，原始多边形图层要素被切割成新的弧段，然后根据切割后的弧段要素重建拓扑关系，生成新的多边形图层，并综合原来两个叠加图层的属性信息。

叠加分析的几何求交过程首先求出所有多边形边界线的交点，再根据这些交点重新进行多边形拓扑运算，对新生成的拓扑多边形图层的每个对象赋予唯一的标识码，同时生成一个与新多边形图层一一对应的属性表。

5.1.2.3　栅格数据叠加分析

(1)基本原理

用栅格方式来组织存储数据的最大优点就是数据结构简单，各种要素都可用规则格网和相应的属性来表示，且这种格网数据不会出现类似于矢量数据多层叠加后精度有限导致边缘不吻合的问题，因为对于同一区域、同一比例尺、同一数学基础的不同信息表达的要素来说，其栅格编号不会发生变化，即对于任意栅格单元用作标识的行列号 I_0、J_0 是不变的，进行叠加的时候仅增加属性表的长度。

栅格叠加可用于数量统计，如行政区图和土地利用类型图叠加，可计算出某一行政区内的土地利用类型个数以及各种土地利用类型的面积；可进行益本分析，即计算成本、价值等，如城市土地利用图与大气污染指数分布图、道路分布图叠加，可进行土地价格的评估与预测；可进行最基本的类型叠加，如土壤图与植被图叠加，可得出土壤与植被分布之间的关系图；还可以进行动态变化分析以及几何提取等应用，不同专题图层的选择要根据用户的需要以及各专题要素属性之间的相互联系来确定。

栅格数据的叠加分析操作主要通过栅格之间的各种运算来实现。可以对单层数据进行各种数学运算如加、减、乘、除、指数、对数等，也可通过数学关系式建立多个数据层之间的关系模型。设 a、b、c 等表示不同专题要素层上同一坐标处的属性值，f 函数表示各层上属性与用户需要之间的关系，A 表示叠加后输出层的属性值，则

$$A = f(a, b, c, \cdots)$$

叠加操作的输出结果可能是算术运算结果，或者是各层属性数据的最大值或最小值、平均值(简单算术平均或加权平均)，或者是各层属性数据的逻辑运算结果；此外，其输出结果可以通过对各层具有相同属性值的格网进行运算得到；或者通过欧几里得几何距离的运算以及滤波运算等得到。这种基于数学运算的数据层间的叠加运算，在地理信息系统中称为地

图代数。地图代数在形式和概念上都比较简单，使用起来方便灵活。

基于不同的运算方式和叠加形式，栅格叠加变换包括如下几种类型：

①局部变换：基于像元与像元之间一一对应的运算，每一个像元都是基于它自身的运算，不考虑其他的与之相邻的像元；

②邻域变换：以某一像元为中心，将周围像元的值作为算子，进行简单求和、求平均值、最大值、最小值等；

③分带变换：将具有相同属性值的像元作为整体进行分析运算；

④全局变换：基于研究区内所有像元的运算，输出栅格的每一个像元值是基于全区的栅格运算，这里像元是具有或没有属性值的网格（栅格）。

（2）栅格数据叠加方法

①局部变换

每一个像元经过局部变换后的输出值与这个像元本身有关系，而不考虑围绕该像元的其他像元值。如果输入单层格网，局部变换以输入格网像元值的数学函数计算输出格网的每个像元值。局部变换的过程很简单，例如将原栅格值乘以常数后作为输出栅格层中相应位置的像元值，如图 5-3（a）所示。单层格网的局部变换不仅局限于基本的代数运算，三角函数、指数、对数、幂等运算都可用来定义局部变换的函数关系。

输入栅格

2	0	1	1
2	3	0	2
3		2	3
1	1		2

×3 =

输出栅格

6	0	3	9
6	9	0	6
9		6	9
3	3		6

(a) 单层局部变换

输入栅格

2	0	1	1
2	3	0	2
3		2	3
1	1		2

×

乘数栅格

1	1	2	2
1	2	2	2
2	2	3	3
2	3	3	4

=

输出栅格

2	0	2	2
2	6	0	4
6		6	9
2	3		8

(b) 多层局部变换

图 5-3　局部变换

局部变换方法中的常数可用同一地理区域的乘数栅格层作代替进行多层之间的运算，如图 5-3（b）所示。多层格网可作更多的局部变换运算，输出栅格层的像元值可由多个输入栅格层的像元值或其频率的量测值得到，概要统计（包括最大值、最小值、值域、总和、平均值、中值、标准差）等也可用于栅格像元的测度。

②邻域变换

邻域变换输出栅格层的像元值主要与其相邻像元值有关。如果要计算某一像元的值，就将该像元看作一个中心点，一定范围内围绕它的格网可以看作它的辐射范围，这个中心点的值取决于采用何种计算方法将周围格网的值赋给中心点，其中的辐射范围可自定义。若输入栅格在进行邻域求和变换时定义了每个像元周围 3×3 个格网的辐射范围，在边缘处的像元无法获得标准的格网范围，辐射范围就减少为 2×2 个格网，如图 5-4 所示。那么，输出栅格的像元值就等于它本身与辐射范围内栅格值之和。比如，左上角栅格的输出值就等于它和它周围像元值 2、0、2、3 之和 7；位于第二行、第

输入栅格

2	0	1	1
2	3	0	2
3	0	2	3
1	1	0	2

邻域求和 =

输出栅格

7	8	7	4
10	13	12	9
10	12	13	9
5	7	8	7

图 5-4　邻域变换

二列的属性值为 3 的栅格，它周围相邻像元值分别为 2、0、1、0、2、0、3 和 2，则输出栅格层中该像元的值为以上 9 个数字之和 13。

中心点的值除了可以通过求和得出之外，还可以取平均值、标准方差、最大值、最小值、极差频率等。尽管邻域运算在单一格网中进行，其过程类似于多个格网局部变换，但邻域变换的各种运算都是使用所定义邻域的像元值，而不用不同的输入格网的像元值。为了完成一个栅格层的邻域运算，中心点像元是从一个像元移到另一个像元，直至所有像元都被访问。邻域变换中的辐射范围一般都是规则的方形格网，也可以是任意大小的圆形、环形和楔形。圆形邻域是以中心点像元为圆心，以指定半径延伸扩展；环形或圈饼状邻域是由一个小圆和一个大圆之间的环形区域组成；楔形邻域是指以中心点单元为圆心的圆的一部分。

邻域变换的一个重要用途是数据简化。例如，滑动平均法可用来减少输入栅格层中像元值的波动水平，该方法通常用 3×3 或 5×5 矩形作为邻域，随着邻域从一个中心像元移到另一个像元，计算出在邻域内的像元平均值并赋予该中心像元，滑动平均的输出栅格表示初始单元值的平滑化。另一例子是以种类为测度的邻域运算，列出在邻域之内有多少不同单元值，并把该数目赋予中心像元，这种方法用于表示输出栅格中植被类型或野生物种的种类。

③分带变换

将同一区域内具有相同像元值的格网看作一个整体进行分析运算，称为分带变换。区域内属性值相同的格网可能并不毗邻，一般都是通过一个分带栅格层来定义具有相同值的栅格。分带变换可对单层格网或两个格网进行处理，如果为单个输入栅格层，分带运算用于描述地带的几何形状，诸如面积、周长、厚度和矩心。面积为该地带内像元总数乘以像元大小，连续地带的周长就是其边界长度，由分离区域组成的地带，周长为每个区域的周长之和，厚度以每个地带内可画的最大圆的半径来计算，矩心决定了最近似于每个地带的椭圆形的参数，包括矩心、主轴和次轴，地带的这些几何形状测度在景观生态研究中尤为有用。

多层栅格的分带变换如图 5-5 所示，通过识别输入栅格层中具有相同像元值的格网在分带栅格层中的最大值，将这个最大值赋给输入层中这些格网导出并存储到输出栅格层中。输入栅格层中有 4 个地带的分带格网，像元值为 2 的格网共有 5 个，它们分布于不同的位置并不相邻，在分带栅格层中，它们的值分别为 1、5、8、3 和 5，那么取最大值 8 赋给输入栅格层中像元值为 2 的格网，原来没有属性值的格网仍然保持无数据。分带变换可选取多种概要统计量进行运算，如平均值、最大值、最小值、总和、值域、标准差、中值、多数、少数和种类等，如果输入栅格为浮点型格网，则无最后四个测度。

图 5-5　分带变换

④全局变换

全局变换是基于区域内全部栅格的运算，一般指在同一网格内进行像元与像元之间距离的量测。自然距离量测运算或者欧几里得几何距离运算均属于全局变换，欧几里得几何距离运算分为两种情况：一种是以连续距离对源像元建立缓冲，在整个格网上建立一系列波状距离带，另一种是对格网中的每个像元确定与其最近的源像元的自然距离，这种方式在距离量测中比较常见。

欧几里得距离运算首先定义源像元，然后计算区域内各个像元到最近的源像元的距离。在方形网格中，垂直或水平方向相邻的像元之间距离等于像元的尺寸大小或者等于两个像元质心之间距离；如果对角线相邻，则像元距离约等于像元大小的1.4倍；如果相隔一个像元，那么它们之间的距离就等于像元大小的2倍，其他像元距离依据行列来进行计算。如图5-6所示，输入栅格有两组源数据，源数据1是第一组，共有三个栅格，源数据2为第二组，只有一个栅格。欧几里得几何距定义源像元为0值，而其他像元的输出值是到最近的源像元的距离。因此，如果默认像元大小为1个单位的话，输出栅格中的像元值就按照距离计算原则，赋值为0，1，1.4或2。

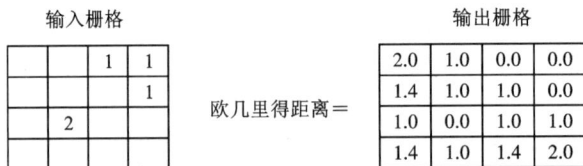

输入栅格

		1	1
			1
	2		

欧几里得距离＝

输出栅格

2.0	1.0	0.0	0.0
1.4	1.0	1.0	0.0
1.0	0.0	1.0	1.0
1.4	1.0	1.4	2.0

图5-6　欧几里得距离运算

⑤栅格逻辑叠加

栅格数据中的像元值有时无法用数值型字符来表示，不同专题要素用统一的量化系统表示也比较困难，故使用逻辑叠加更容易实现各个栅格层之间的运算。比如某区域土壤类型包括黑土、盐碱土以及沼泽土，也可获得同一地区的土壤pH以及植被覆盖类型相关数据，要求查询出土壤类型为黑土、土壤pH<6且植被覆盖以阔叶林为主的区域，将上述条件转化为条件查询语句，使用逻辑求交即可查询出满足上述条件的区域。

5.2　空间网络分析

空间网络分析是一种基于网络模型和空间数据分析的方法，用于研究空间对象之间的连接和关系。它主要涉及空间对象之间的线状分布，包括可见的线状分布（如河流、道路、铁路、输电线路、供水管道、政区边界等）和不可见的线状分布（如地理区域之间、城市之间、工厂之间的联系，无线通信网和航空线路等）。

网络分析主要用来解决两大类问题，一类是解决由线状实体以及连接线状实体的点状实体组成的地理网络的结构，其中涉及到优化路径的求解、连通分量求解等问题；一类是解决资源在网络系统中的分配与流动，主要包括资源分配范围或服务范围的确定、最大流与最小费用流等问题。

网络分析是通过研究网络的状态以及模拟和分析资源在网络上的流动和分配情况，对网络结构及其资源等的优化问题的一种空间分析方法。网络分析的理论基础是图论和运筹学，运筹学是近代形成的一门应用科学，主要研究对象是各种有组织系统的管理问题及其经营活动,一般使用定量化的研究方法,尤其是运用数学模型来解决问题;图论是运筹学中有着广泛应用的一个分支,主要研究事物及其关系,任何一个能用二元关系描述的系统,都可以用图形提供数学模型。

5.2.1　最短路径分析

最短路径分析是图论中的一个重要问题,旨在找到图中两个顶点之间的最短路径。在现实生活中,最短路径分析被广泛应用于交通路线优化、通信网络设计、供应链管理等领域。这里"最短"包含很多含义,不仅指一般地理意义上的距离最短,还可以是成本最少、耗费时间最短、资源流量(容量)最大、线路利用率最高等标准。很多网络相关问题,如最可靠路径问题、最大容量路径问题、易达性评价问题和各种路径分配问题均可纳入最佳路径问题的范畴之中。无论判断标准和实际问题中的约束条件如何变化,其核心实现方法都是最短路径算法。

5.2.1.1　迪杰斯特拉算法

迪杰斯特拉(Dijkstra)算法是 E. W. Dijkstra 于 1959 年提出的一种按路径长度递增的次序产生最短路径的算法,此算法被认为是解决单源点间最短路径问题比较经典而且有效的算法。其基本思路是:假设每个点都有一对标号(d_j, p_j),其中 d_j 是从起源点 s 到点 j 的最短路径的长度[从顶点到其本身的最短路径是零路(没有弧的路),其长度等于零];p_j 则是从 s 到 j 的最短路径中 j 点的前一点。求解从起源点 s 到点 j 的最短路径算法也称标号法或染色法,其基本过程如下。

(1)初始化。起源点设置为 $d_s=0$,并标记起源点 s,记 $k=s$,其他所有点设为未标记点。

(2)检验从所有已标记的点 k 到其直接连接的未标记的点 j 的距离,并设置

$$d_j = \min[d_j, d_k + l_{kj}]$$

其中,l_{kj} 为从点 k 到 j 的直接连接距离。

(3)选取下一个点。从所有未标记的结点中,选取 d_j 中最小的一个 i,则:

$$d_i = \min[d_j, \text{所有未标记的点} j]$$

点 i 就被选为最短路径中的一点,并设为已标记的点。

(4)找到点 i 的前一点。从已标记的点中找到直接连接到点 i 的点 j^*,作为前一点,记为:

$$i = j^*$$

(5)标记点 i。如果所有点已标记,则算法完全退出,否则,记 $k=i$,重复步骤(2)(3)(4)。

图 5-7 为某一带权有向图,若对其使用 Dijkstra 算法,则所得从 V_0 到其余各顶点的最短路径以及运算过程中距离的变化情况见表 5-1 所示。

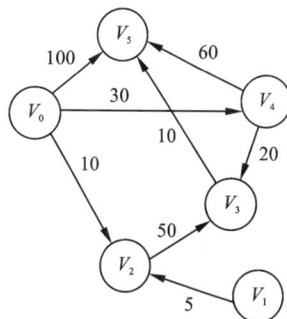

图 5-7　带权的有向图

表 5-1　Dijkstra 算法示例及计算过程

终点	从源点 V_0 到各终点的距离值和最短路径的求解过程				
	$i=1$	$i=2$	$i=3$	$i=4$	$i=5$
V_1	∞	∞	∞	∞	∞
V_2	10 (V_0, V_2)				
V_3	∞	60 (V_0, V_2, V_3)	50 (V_0, V_4, V_3)		
V_4	30 (V_0, V_4)	30 (V_0, V_4)			
V_5	100 (V_0, V_5)	100 (V_0, V_5)	90 (V_0, V_4, V_5)	60 (V_0, V_4, V_3, V_5)	
V_j	V_2	V_4	V_3	V_5	
S	$\{V_0, V_2\}$	$\{V_0, V_2, V_3\}$	$\{V_0, V_2, V_3, V_4\}$	$\{V_0, V_2, V_3, V_4, V_5\}$	

5.2.1.2　弗洛伊德算法

弗洛伊德(Floyd)算法能够求得每一对顶点之间的最短路径, 其基本思想是: 假设求从顶点 V_i 到 V_j 的最短路径。若从 V_i 到 V_j 有弧, 则从 V_i 到 V_j 存在一条长度为 d_{ij} 的路径, 该路径不一定是最短路径, 需要进行 n 次试探。首先判别弧 (V_i, V_1) 和弧 (V_1, V_j) 是否存在(即考虑路径 (V_i, V_1, V_j) 是否存在)。如果存在, 则比较 (V_i, V_j) 和 (V_i, V_1, V_j) 的路径长度, 较短者为从 V_i 到 V_j 的中间顶点的序号不大于 1 的最短路径。假如在路径上再增加一个顶点 V_2, 若路径 $(V_i, \cdots, V_2)$ 和路径 $(V_2, \cdots, V_j)$ 分别是当前找到的中间顶点的序号不大于 1 的最短路径, 那么后来的路径 $(V_i, \cdots, V_2, \cdots, V_j)$ 就有可能是从 V_i 到 V_j 的中间顶点的序号不大于 2 的最短路径。将它和已经得到的从 V_i 到 V_j 的中间顶点的序号不大于 1 的最短路径相比较, 从中选出中间顶点的序号不大于 2 的最短路径之后, 再增加一个顶点 V_3, 继续进行试探。依次类推, 在经过 n 次比较之后, 最后求得的必是从 V_i 到 V_j 的最短路径。按此方法, 可同时求得各对顶点间的最短路径。算法共需 3 层循环, 总的时间复杂度是 $O(n^3)$。

5.2.1.3　矩阵算法

该算法是利用矩阵来求出图的最短距离矩阵。假设 $A = (a_{i,j})_{n \times n}$ 是带权无向图的邻接矩阵, 则 $A^{[2]} = (a_{i,j}^{[2]})_{n \times n}$, 其中 $a_{i,j} = \min \{a_{i1}+a_{1j}, a_{i2}+a_{2j}, \cdots, a_{ik}+a_{kj}\}$, 这里 $a_{i1}+a_{1j}$ 表示从结点 i 经过中间点 1 到结点 j 的路径长度, $a_{i2}+a_{2j}$ 表示从结点 i 经过中间点 2 到结点 j 的路径长度, 其余各项的意义与此相同, 都表示从结点 i 经过一个中间点到结点 j 的路径长度, $a_{i,j}$ 取它们中的最小值, 其意义就是从结点 i 最多经过一个中间点到结点 j 的所有路径中长度最短的那条路径。同理可知, $A^{[k]} = (a_{i,j}^{[k]})_{n \times n}$ 中 $a_{i,j}^{[k]}$ 表示从结点 i 最多经过 $(k-1)$ 个中间点到结点 j 的所有路径中长度最短的那条路径。图的阶数是 n, 从 i 到 j 的简单路径最多经过 $n-2$ 个中间结点，故只需要求到 $A^{[n-2]}$ 即可，然后比较 A，$A^{[2]}$，$A^{[3]}$，$\cdots$，$A^{[n-2]}$，取其中最小的一项就是从结点 i 到结点 j 的所有路径中长度最短的那条路径。算法步骤可表示为：

①已知图的邻接矩阵 A；

②求出 A，$A^{[2]}$，$A^{[3]}$，$\cdots$，$A^{[n-2]}$；

③$D=AA^{[2]}A^{[3]}\cdots A^{[n-2]}=(d_{i,j})_{n\times n}$。

最终得到的 D 为图的最短距离矩阵。求出矩阵中的每个值需要进行 n 次计算，求出矩阵中的所有元素值需要进行 n^2 次计算，最后又需要进行 n 次比较，所以该算法的时间复杂度是 $O(n^4)$。

5.2.1.4　A*算法

A*算法（A-star algorithm）是一种启发式搜索算法，常用于解决路径规划和图搜索问题。它在图或网络中寻找从起点到目标点的最短路径，并考虑了两个因素：路径的实际代价和一种估算的代价（启发式）。A*算法通过综合这两个代价来选择最有可能导致最优解的路径。A*算法的基本思想是从起点出发，逐步扩展搜索范围，同时维护一个优先队列，根据估算的代价来选择下一个节点进行扩展。它使用两个函数来评估节点的代价。

（1）实际代价函数 $g(n)$：表示从起点到节点 n 的实际路径代价，通常是已经走过的距离或成本。

（2）估算代价函数 $h(n)$：表示从节点 n 到目标节点的估算路径代价，通常是一种启发式估计，它不会低估实际代价。这是 A*算法的关键部分，不同的估算函数可以导致不同的搜索行为。

A*算法通过综合实际代价和估算代价来选择下一个节点进行扩展，它选择的节点是具有最小的 $f(n)=g(n)+h(n)$ 值的节点。这个过程不断重复，直到找到目标节点或搜索范围用尽。A*算法保证了找到的路径是最短路径，前提是估算代价函数 $h(n)$ 满足一些特定条件，如不低估实际代价。A*算法的优点在于它在很多实际问题中表现出色，但要注意估算代价函数的选择，不恰当的估算函数可能导致搜索效率下降。

5.2.2　连通分析

5.2.2.1　连通图与生成树

连通分析是一种拓扑性质分析方法，用于确定空间或集合中点的连通性。在计算机科学中，连通性分析被广泛应用于图论、电力网络设计、计算机网络之间连通性以及道路设计、通风网络等领域。

连通性是图论的一个重要概念。在无向图 $G=(V,E)$ 中，如果从顶点 V_s 到顶点 V_t 有路径，则称 V_s 和 V_t 是连通的。如果对于图 G 中的任意两个顶点 V_i，$V_j \in V$，V_i 和 V_j 都是连通的，则称 G 为连通图。如图 5-8(a)所示中 G_2 是非连通图，如图 5-8(b)所示是 G_2 的三个连通分量，连通分量定义为无向图中的极大连通子图。

连通性分析可以根据指定的起始和终止结点，分析两点之间是否连通；也可以根据指定多个点，分析多个点之间是否互通。连通分析的求解过程实质上是对应的图的生成树的求解过程，其中研究最多的是最小生成树问题，最小生成树问题是带权连通图一个很重要的应

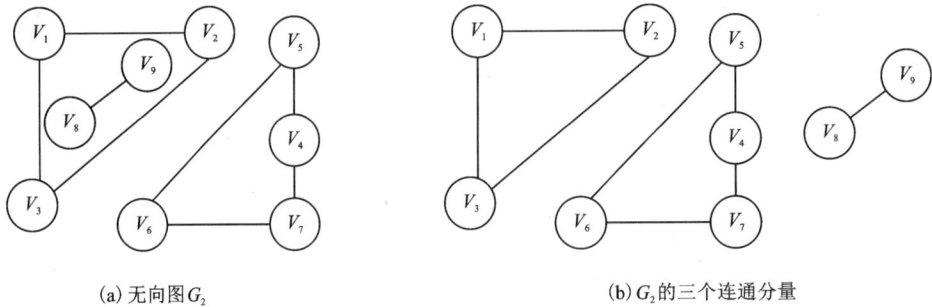

(a) 无向图 G_2 (b) G_2 的三个连通分量

图 5-8　无向图及其连通分量

用,在解决最优(最小)代价类问题上用途非常广泛。

一个连通图的生成树是含有该连通图的全部顶点的一个极小连通子图,包含三个条件:①它是连通的;②它包含原有连通图的全部结点;③它不含任何回路。依据连通图的生成树的定义可知,若连通图 G 的顶点个数为 n,则 G 的生成树的边数为 $n-1$;树无回路,但把相邻顶点连成一条边,就会得到一个回路;树是连通的,但去掉任意一条边,就会变为不连通的。对于一个连通图而言,通常采用深度优先遍历或广度优先遍历来求解其生成树。

从图中某一顶点出发访遍图中其余顶点,且使每一顶点仅被访问一次,这一过程叫作图的遍历。遍历图的基本方法有两种:深度优先搜索(DFS)和广度优先搜索(BFS),这两种方法都适用于有向图和无向图。

深度优先搜索的基本思想是从起始节点开始,沿着一条路径尽可能深地访问,直到到达最深处,然后回溯到上一个节点,继续深入其他路径。DFS 会尽可能深地探索一个分支,直到无法再继续为止,然后回溯到上一个节点,继续探索其他分支。同样广度优先搜索从起始节点开始,先访问当前节点的所有邻居节点,然后依次访问这些邻居节点的邻居节点,以此类推。换句话说,BFS 按层次逐级遍历图,先访问距离起始节点最近的节点,再依次访问距离更远的节点。两种搜索方法是地理信息系统网络分析中比较常用的搜索方法,许多算法的提出都是基于其基本思想进行改进和优化的。如图 5-9(a)所示是一个具有 8 个结点的网络

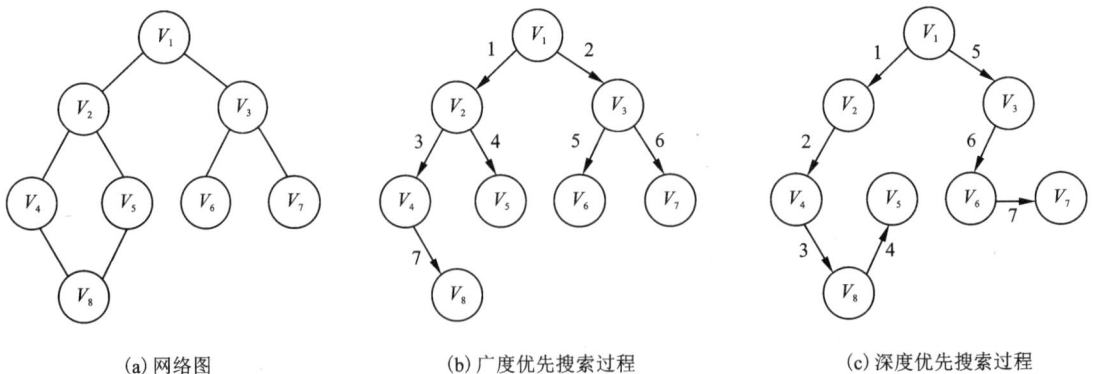

(a) 网络图   (b) 广度优先搜索过程   (c) 深度优先搜索过程

图 5-9　网络图及其遍历图

图，对其分别进行广度优先搜索和深度优先搜索，其搜索过程如图5-9(b)和图5-9(c)所示。

设图 $G=(V, E)$ 是一个具有 n 个顶点的连通图，则从 G 的任一顶点出发，作一次深度优先搜索或广度优先搜索，就可将 G 中的所有 n 个顶点都访问到。在使用以上两种搜索方法的过程中，从一个已访问过的顶点 V_i 搜索到一个未曾访问过的邻接点 V_j，必定要经过 G 中的一条边 (V_i, V_j)；而两种方法对图中的 n 个顶点都仅访问一次，因此除初始出发点外，对其余 $n-1$ 个顶点的访问一共要经过 G 中的 $n-1$ 条边，这 $n-1$ 条边将 G 中的 n 个顶点连接成 G 的极小连通子图，所以它是 G 的一棵生成树。

通常，由深度优先搜索得到的生成树称为深度优先生成树，简称为 DFS 生成树；由广度优先搜索得的生成树称为广度优先生成树，简称为 BFS 生成树。一个连通的赋权图可能有很多的生成树。设 T 为图 G 的一个生成树，若把 T 中各边的权数相加，则这个和数称为生成树的权数。在图中的所有生成树中，权数最小的生成树称为图 G 的最小生成树(minimal spanning tree，简称 MST)。

5.2.2.2　最小生成树算法

最小生成树算法，这一经典图论问题的解法，在各个领域都有着广泛应用。已有很多算法求解此问题，其中著名的有 Kruskal 算法和 Prim 算法。

克鲁斯卡尔(Kruskal)算法被称为"加边法"，初始最小生成树边数为0，每迭代一次就选择一条满足条件的最小权值边，加入到最小生成树的边集合里。具体实现过程如下：

(1)把图中的所有边按权值从小到大排序。

(2)将图中的所有边都去掉。

(3)将边按权值从小到大的顺序添加到图中，保证添加的过程中不会形成环。

(4)重复(3)，直到有 $n-1$ 条边为止，其中 n 为顶点数。

普里姆(Prim)算法被"加点法"，其过程是从一个顶点 $U=\{u_0\}$ 开始，不断寻找与 U 中顶点相邻且权值最小的边的另一个顶点，直到顶点全部进入生成树为止。具体实现过程如下：

(1)初始化：将图中的所有顶点加入顶点集合 A 中，顶点集合 $U=\{\}$。

(2)从集合 A 中随机选取一个顶点作为起始点，并将其加入顶点集合 U 中，同时从集合 A 中删除该顶点。

(3)找到集合 A 中与集合 U 中所有顶点构成边且权值最小的边作为最小生成树的边。

(4)将对应的顶点加入集合 U 中，从集合 A 中删除该顶点。

(5)重复步骤(3)~(4)，直到最小生成树中包含了 $n-1$ 条边，其中 n 为顶点数。

如图5-10所示中带权图最小生成树 Prim 求算过程如图5-11所示。如图5-10(a)所示为一个网，设 $U=\{6\}$，$V-U=\{1,2,3,4,5\}$，在和6相关联的所有边中(6,4)的权值最小，因此取(6,4)为最小生成树的第一条边，如图5-11(a)所示；此时，$U=\{6,4\}$，$V-U=\{1,2,3,5\}$，在和6、4相关联的所有边中，(6,3)为权值最小的边，取(6,3)为最小生成树的第二条边，如图5-11(b)所示；现在 $U=\{6,4,3\}$，$V-U=\{1,2,5\}$，在和6、4、3相关联边中，(3,1)的权值最小，取(3,1)为最小生成树的第三条边，如图5-11(c)所示；这样，$U=\{6,4,3,1\}$，$V-U=\{2,5\}$，在和6、4、3、1相关联的所有边中，(3,2)为权值最小的边，取(3,2)为最小生成树的第四条边，如图5-11(d)所示；$U=\{6,4,3,1,2\}$，$V-U=\{5\}$，U 中顶

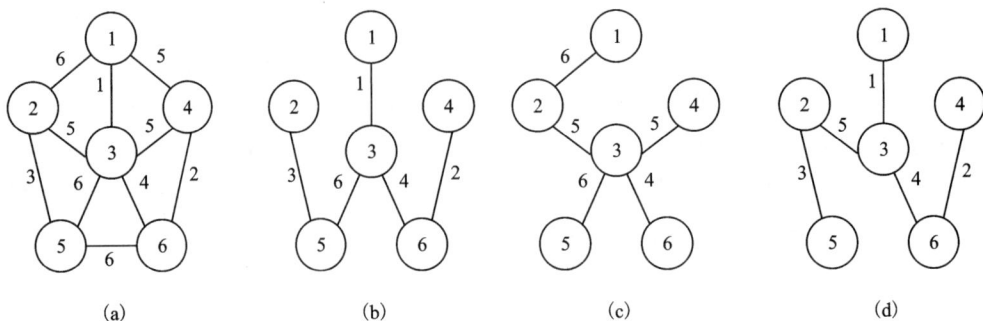

图 5-10   带权图及其生成树

点和 5 相关联的边权值最小边为(2，5)，取(2，5)为最小生成树的第五条边，如图 5-11(e)所示。图 5-11(e)为最终得到的最小生成树，Prim 算法的时间复杂度为 $O(n^2)$。

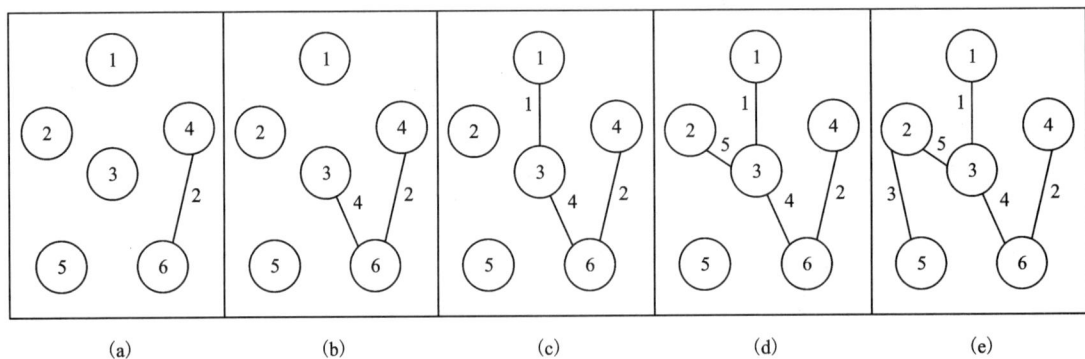

图 5-11   求带权图最小生成树的过程

5.2.3   资源分配

资源分配也称定位与分配问题。在多数的应用中，需要解决在网络中选定几个供应中心，并将网络的各边和点分配给某一中心，使各中心所覆盖范围内每一点到中心的总的加权距离最小，实际上包括定位与分配两个问题。定位是指已知需求源的分布，确定在哪里布设供应点最合适的问题；分配指的是已知供应点，确定其为哪些需求源提供服务的问题。定位与分配是常见的定位工具，也是网络设施布局、规划所需的一个优化的分析工具。

（1）定位问题（选址问题）

选址是在某一指定区域内选择服务性设施的位置，如确定市郊商店区、消防站、工厂、矿仓、堆场等的最佳位置。网络分析中的选址问题一般限定设施必须位于某个结点或位于某条网线上，或限定在若干候选地点中选择位置。选址问题种类繁多，实现的方法和技巧也多种多样，不同的 GIS 系统在这方面各有特色，主要原因是对"最佳位置"具有不同的解释（即用什么标准来衡量一个位置的优劣），以及定位设施数量的要求不同。

（2）分配问题

分配问题在现实生活中体现为设施的服务范围及其资源的分配范围的确定等一类问题，资源的分配能为城市中的每一条街道上的学生确定最近的学校、为水库提供其供水区等。资源分配是模拟资源如何在中心(学校、消防站、水库等)和周围的网线(街道、水路等)、结点(交叉路口、汽车中转站等)间流动的。在计算设施的服务范围及其资源的分配范围时，网络各元素的属性也会对资源的实际分配有很大影响。主要属性包括中心的供应量和最大阻值、网络边和网络结点的需求量及最大阻值等，有时也用到拐角的属性。根据中心容量以及网线和结点的需求将网线和结点分配给中心，分配沿最佳路径进行。当网络元素被分配给某个中心时，该中心拥有的资源量就依据网络元素的需求而缩减，当中心的资源耗尽、分配停止时，用户可以通过赋给中心的阻碍强度来控制分配的范围。

（3）中心定位与分配问题

许多资源分配问题的供应点布设要求满足多种组合条件，比如在选择供应点时不仅要求使总的加权距离最小，有时还要使总服务范围最大，有时又限定服务范围最大距离不能超过一定的限值等，这些问题都可以分解为多个单目标问题，利用单目标方程即最小目标值法来求解。所谓目标方程是用数学方式表达满足所有需求点到供应点的加权距离最小的条件方程，也称 P 中心定位问题(P-median location problem)，是定位与分配问题的基础。

5.2.4　流分析

（1）网络与流

设有向图 $G=(V, A, C)$，其中 V 表示节点的集合，v_s 为 V 中的发点，v_t 为 V 中的收点，其余为中间节点，A 表示弧的集合。对于每一个弧 $(v_i, v_j) \in A$，对应有一个弧的容量 $c_{ij} \geqslant 0$，并称 $G=(V, A, C)$ 为网络，网络上的流量是指定义在弧 (v_i, v_j) 上的函数 $f_{ij} \geqslant 0$。

（2）可行流与最大流

网络中的流量在实际应用中具有两个基本条件，首先，各弧上的流量必定不大于该弧上的容量；其次，发点的净流出流量必定等于收点的净流入流量，该流量即网络的总流量。

满足以下约束条件的流 f 称之为网络的可行流。

①容量限制约束

对于任意的弧 $(v_i, v_j) \in A$，满足：

$$0 \leqslant f_{ij} \leqslant c_{ij}$$

②流量平衡约束

对于任意中间节点 $i(i \neq s, t)$，满足流出流量等于流入流量：

$$\sum_{(v_s, v_t) \in A} f_{ij} - \sum_{(v_s, v_t) \in A} f_{ji} = 0$$

对于发点 v_s，满足其净流出流量等于网络的总流量：

$$\sum_{(v_s, v_j) \in A} f_{sj} - \sum_{(v_j, v_s) \in A} f_{js} = v(f)$$

对于收点 v_t，满足其净流入流量等于网络的总流量

$$\sum_{(v_t, v_j) \in A} f_{ij} - \sum_{(v_j, v_t) \in A} f_{jt} = -v(f)$$

其中，$v(f)$ 表示网络的总流量，即可行流的流量。当网络中所有弧上的流量均为 0 时，此时

网络的流称之为零流，显而易见，零流同样是可行流，故网络中的可行流是必然存在的。

最大流问题就是求解网络的一个可行流 $\{f_{ij}\}$，使网络的总流量 $v(f)$ 最大化。网络最大流问题是一种特殊的线性规划问题，利用图论的方法是求解网络最大流问题的基本思路。

（3）增广链

假定 $\{f_{ij}\}$ 是网络 $G=(V, A, C)$ 的一个可行流，将网络 $G=(V, A, C)$ 中满足条件 $f_{ij}=c_{ij}$ 的弧称为饱和弧，满足条件 $f_{ij}<c_{ij}$ 的弧称为非饱和弧，满足条件 $f_{ij}=0$ 的弧称为零弧，满足条件 $f_{ij}>0$ 的弧称为非零弧。

若 μ 是网络 $G=(V, A, C)$ 由发点 v_s 出发，经过网络中的若干中间节点，回到收点 v_t 处的一条链路，其中链路的方向为 $v_s \rightarrow v_t$，则网络 $G=(V, A, C)$ 中与该方向相同的称之为前向弧，记为 μ^+，与该方向相反的称之为后向弧，记为 μ^-。

设 $\{f_{ij}\}$ 是网络 $G=(V, A, C)$ 的一个可行流，μ 是网络 $G=(V, A, C)$ 由发点 v_s 出发，经过网络中的若干中间节点，回到收点 v_t 处的一条链路，若 μ 满足如下约束关系，则称 μ 为网络 $G=(V, A, C)$ 关于可行流 $\{f_{ij}\}$ 的增广链。

①对于任意的弧 $(v_i, v_j) \in \mu^+$，满足：

$$0 \leqslant f_{ij} < c_{ij}$$

②对于任意的弧 $(v_i, v_j) \in \mu^-$，满足：

$$0 < f_{ij} \leqslant c_{ij}$$

（4）截集与截量

给定网络 $G=(V, A, C)$，将节点集合 V 分割为两个非空节点集合 V_1 和 $\overline{V}_1$，其中 $v_s \in V_1$，$v_t \in \overline{V}_1$，则将弧集 $(V_1, \overline{V}_1)$ 称为分割网络 $G=(V, A, C)$ 中发点 v_s 和收点 v_t 的截集（也称割集）。截集 $(V_1, \overline{V}_1)$ 中所有弧的容量之和称为截集的截量，截量使用 $c(V_1, \overline{V}_1)$ 表示。发点 v_s 至收点 v_t 的必定经过截集 $(V_1, \overline{V}_1)$，任一可行流的流量不会超过截量。故若某可行流的流量等于截量，则该可行流必为最大流。

寻找最大流的一般思路：对于给定的初始可行流，判断是否存在增广链，若存在，进行增广得到一个流值增大的可行流，并继续判断；若不存在，则该可行流即为最大流。基于该思路衍生出多种求解最大流问题的算法。

（5）最大流算法

求解网络最大流的算法主要分为两大类：增广链（augmenting path，AP）算法和推进重标号（push relabel，PR）算法。在求解大型复杂网络的最大流问题时，由于推进重标号算法复杂度较高、效率较低，且内存消耗较大，故往往无法适用，本书主要在分析增广链算法的基础上，研究一种适用于露天境界优化的网络最大流求解算法。

所有增广链算法的基础均是基于 Ford-Fulkerson 方法，各算法的区别就在于寻找增广路径的方法不同，首先，可以寻找从发点到收点的最短路径，此类算法主要包括最短增广链（shortest augmenting path，SAP）算法、Edmonds-Karp 算法和 Dinic 算法等，另外也可以寻找从发点到收点的流量最大的路径，此类算法主要包括最大容量路径（maximum capacity path，MCP）算法和容量缩放（capacity scaling，CS）算法等。

①Ford-Fulkerson 方法

给定有向网络 $G(V, E)$，以及发点 v_s 和收点 v_t，Ford-Fulkerson 方法步骤如下：

第一步，将各弧的流量 f_{ij} 初始化为 0；

第二步，在网络中寻找出一条增广链 p；

第三步，沿增广链 p 增广流量 f_{ij}；

第四步，判断网络中是否依然存在增广链，若存在，继续执行②，若不存在，算法终止。

设有向网络 $G(V, E)$ 中弧 e_{ij} 的容量为 c_{ij}，假定当前流量为 f_{ij}^*，则弧 e_{ij} 的剩余容量为 $r_{ij} = c_{ij} - f_{ij}^*$，网络中所有剩余容量 $r_{ij} > 0$ 的弧构成残量网络 G_f，增广链即是残量网络 G_f 中从发点 v_s 至收点 v_t 的路径。

②SAP 算法

SAP 算法是增广链算法中每次寻找最短增广链的一类算法，SAP 算法步骤如下：

第一步，将各弧的流量 f_{ij} 初始化为 0；

第二步，判断残量网络 G_f 中是否存在增广链 p，若存在，执行下一步，若不存在，算法终止；

第三步，在残量网络 G_f 中寻找一条路径最短的增广链 p；

第四步，计算出增广链 p 中剩余容量最小的弧，对应的剩余容量为 r_{ij}；

第五步，沿增广链 p 增广值为 r_{ij} 的流量；

第六步，更新残量网络 G_f，继续执行第二步。

③Edmonds-Karp 算法

Edmonds-Karp 算法是指 SAP 算法在残量网络 G_f 中使用广度优先搜索（breadth first search，BFS）策略寻找最短路径的算法，算法每次用一遍 BFS 寻找从发点 v_s 和收点 v_t 的最短路径作为增广路径，然后增广流量 r_{ij} 并修改残量网络 G_f，直到不存在新的增广路径。

由于 BFS 要搜索全部小于最短距离的分支路径之后才能找到收点，因此频繁地 BFS 效率较低，Edmonds-Karp 算法的时间复杂度为 $O(VE^2)$。

④Dinic 算法

BFS 寻找收点太慢，而深度优先搜索（depth first search，DFS）又不能保证找到最短路径。Dinic 算法结合了 BFS 与 DFS 的优势，采用构造分层网络的方法可以较快找到最短增广路径。

首先定义分层网络 AN(f)，在分层网络中，只保留满足条件 $d(i) + 1 = d(j)$ 的边，在残量网络 G_f 中从发点 v_s 开始进行 BFS，于是各节点在 BFS 树中会得到一个距离发点 v_s 的距离函数，直接从发点 v_s 出发可直接到达的节点的距离为 1，从发点 v_s 出发经过某一个节点可到达的节点的距离为 2，依此类推，称所有具有相同距离的节点位于同一分层，在分层网络中的任意路径就成为到达此顶点的最短路径。

Dinic 算法每次使用一遍 BFS 构建分层网络 AN(f)，然后在 AN(f) 中使用一遍 DFS 找到所有到收点 v_t 的增广路径，之后重新构造 AN(f)，若收点 v_t 不在 AN(f) 中，则算法结束。

⑤MCP 算法

MCP 算法每次寻找增广路径时并不是采用 BFS 寻找最短路径，而是采用 Dijkstra 寻找容量最大的路径，显而易见，该算法与 SAP 类算法相比，可更快逼近最大流，从而降低增广操作的次数。

BFS 的时间复杂度为 $O(E)$，而 Dijkstra 的时间复杂度为 $O(V^2)$，因此 MCP 算法与 SAP 类算法相比，效率相对低下。

⑥CS 算法

CS 算法采用二分查找的思想，寻找增广路时不必非局限于寻找最大容量，而是找到一个可接受的较大值即可，一方面有效降低寻找增广路时的复杂度，另一方面增广操作次数也不会增加太多。CS 算法时间复杂度为 $O(E^2 \lg V)$，CS 算法效率稍优于 MCP 算法，但与 SAP 类算法相比，效率依然相对低下。

5.3 空间统计分析

空间统计分析是统计分析理论在空间科学的应用和拓展，是统计学与地理学交叉的学科内容，也是当前地理信息科学空间分析由空间几何分析向地学建模发展的理论工具和技术方法。它包括"空间数据的统计分析"及"数据的空间统计分析"，前者着重于空间物体和现象的非空间特性的统计分析，解决的一个中心议题就是如何以数学统计模型来描述和模拟空间现象和过程，即将地理模型转换成数学统计模型，以便于定量描述和计算机处理，着重于常规的统计分析方法，尤其是多元统计分析方法对空间数据的处理，而空间数据所描述的事物的空间位置在这些分析中不起制约作用。数据的空间统计分析则是直接从空间物体的空间位置、联系等方面出发，研究既具有随机性又具有结构性，或具有空间相关性和依赖性的自然现象。空间统计分析的主要目的是从数据中获取有关空间分布的信息，并理解和描述空间依赖性。这种分析方法可以应用于各种领域，包括环境科学、地理学、地质学和社会学等。

5.3.1 空间统计分析方法的基本理论

5.3.1.1 空间统计分析的概念

由于空间现象之间存在不同方向、不同距离成分等相互作用，使得传统的数理统计方法无法很好地解决空间样本点的选取、空间估值和两组以上空间数据的关系等问题，因此，空间统计分析方法应运而生。20 世纪 60 年代，在法国统计学家 G. Matheron 的大量理论研究基础上，形成了一门新的统计学分支，即空间统计学。它是以区域化变量理论为基础，以变异函数为主要工具，研究具有地理空间信息特性的事物或现象的空间相互作用及变化规律的学科。当研究空间分布数据的结构性和随机性，或空间相关性和依赖性，或空间格局与变异，并对这些数据进行最优无偏内插估计，或模拟这些数据的离散性、波动性时，均可应用空间统计学的理论及相应方法。G. Matheron 创造了一个新名词"克立格法"（Kriging），借以表彰克立格在矿床的地质统计学评价工作中所起到的先驱作用。

空间统计分析方法假设研究区中所有的值都是非独立的，相互之间存在相关性。在空间或时间范畴内，这种相关性被称为自相关。根据空间数据的自相关性，可以利用已知样点值对任意未知点进行预测。但事实上，在进行未知点预测之前并不知道数据间具体的相关规律，因此揭示空间数据的相关规律是空间统计分析的重要任务之一；而利用相关规律进行未知点预测是空间统计分析的另一个重要任务。由于空间统计分析包含这两个显著的任务，所以涉及两次使用样点数据,第一次用作估计空间自相关,第二次用作未知点预测。

空间统计分析经过不断完善与改进,目前已成为具有坚实理论基础和实用价值的数学工具,不仅可以研究空间分布数据的结构性与随机性、空间相关性与依赖性、空间格局与变异,还可以对空间数据进行最优无偏内插,以及模拟空间数据的离散性及波动性。空间统计分析方法由分析空间变异与结构的半变异函数(或称半方差函数)和用以空间局部估计的克立格插值法两个主要部分组成,是空间分析的一个重要技术手段。

5.3.1.2　空间自相关理论

在空间统计分析中,通过相关分析(correlation analysis)可以检测两种现象(统计量)的变化是否存在相关性,若所分析的统计量为不同观察对象的同一属性变量,则称之为自相关(autocorrelation)。而空间自相关(spatial autocorrelation)反映的是一个区域单元上的某种地理现象或某一属性值与邻近区域单元上同一现象或属性值的相关程度。空间自相关理论是研究空间中某位置的观察值与其相邻位置的观察值之间的相互依赖性,当变量在空间上表现出一定的规律性,即不是随机分布,则存在着空间自相关。这种理论可以用来检验某一要素的属性值是否显著地与其相邻空间点上的属性值相关联。空间自相关可以分为正相关和负相关,正相关表明某单元的属性值变化与其邻近空间单元具有相同变化趋势,负相关则相反。

当空间自相关仅与两点间距离有关时,称为各向同性(isotropy);当考虑方向的影响时,可能在不同的距离上具有相同的自相关值,即与其他方向相比,在某个方向上距离更远的事物具有更大的相似性,这种方向效应称为各向异性(anisotropy)。

5.3.1.3　空间统计分析中的理论假设

(1)区域化变量

空间统计学主要以区域化变量理论为基础,研究那些分布于空间中并显示出一定结构性和随机性的自然现象。当一个变量呈空间分布时,称之为区域化,而所谓区域化变量就是指以空间点 x 的三个直角坐标 (x_u, x_v, x_w) 为自变量的随机场 $Z(x_u, x_v, x_w) = Z(x)$,它常常反映某种空间现象的特征。在对所研究的空间对象进行了一次抽样或随机观测后,就得到了它的一个现实随机场 $Z(x)$,它是一个普通的三元实值函数或空间点函数。区域化变量的两重性表现在观测前把它看成是随机场[依赖于坐标 (x_u, x_v, x_w)],观测后是一个普通的空间三元函数值或一个空间点函数(即在具体的坐标上有一个具体的值)。

G. 马特隆(G. Matheron)定义的区域化变量是一种在空间上具有数值的实函数,它在空间的每一个点取一个确定的数值,即当由一个点移到下一个点时,函数值是变化的。对某一具体的区域化变量而言,它具有空间的局限性、不同程度的连续性、不同类型的各向异性等属性。

①空间局限性。区域化变量被限制于一定空间范围,这一空间范围称为区域化的几何域。在几何域或空间范围内,区域化变量的属性最为明显;在几何域或空间范围之外,变量的属性则表现不明显或表现为零,区域化变量是按几何支撑定义的。

②连续性。不同的区域化变量具有不同程度的连续性,这种连续性是通过区域化变量的半变异函数来描述的。

③各向异性。当区域化变量在各个方向上具有相同性质时称各向同性，否则称为各向异性。各向同性或各向异性的分析，主要考虑区域化变量在一定范围内样点之间的自相关程度。

④区域化变量在一定范围内呈一定程度的空间相关，当超出这一范围之后，相关性变弱甚至消失。

⑤对于任一区域化变量而言，特殊的变异性可以叠加在一般的规律之上。

区域化变量反映了某种现象的特征，例如，金属品位就是矿化的特征。一个区域化变量可以看作是一个以三维空间位置 x 为自变量的函数 $f(x)$，它在每一个点 (x_u, x_v, x_w) 都有一个值。但这个函数在空间上的变化通常不规则，很难用直接的数学方法对其进行研究。通常，矿床的矿石品位在三维空间中的变化具有局部不规则和区域连续性两个特点。这也正反映出区域化变量的两个相互矛盾的性质：随机性和结构性。因此随机函数被引入地质统计学，用于解决区域化变量的双重属性。

(2) 协方差函数

在随机函数中，当只有一个自变量 x 时称为随机过程，随机过程 $Z(t)$ 在时间 t_1 和 t_2 处的随机变量 $Z(t_1)$、$Z(t_2)$ 的二阶混合中心矩定义为随机过程的协方差函数(covariance)，记为 $\text{Cov}\{Z(t_1), Z(t_2)\}$，即：

$$\text{Cov}\{Z(t_1), Z(t_2)\} = E\{[Z(t_1) - E(Z(t_1))][Z(t_2) - E(Z(t_2))]\}$$

当随机函数依赖于多个自变量时，$Z(x) = Z(x_u, x_v, x_w)$ 称为随机场，而随机场 $Z(X)$ 在空间点 x 和 $x+h$ 处的两个随机变量 $Z(x)$ 和 $Z(x+h)$ 的二阶混合中心矩定义为随机场 $Z(X)$ 的自协方差函数，即：

$$\text{Cov}\{Z(x), Z(x+h)\} = E[Z(x)Z(x+h)] - E[Z(x)]E[Z(x+h)]$$

随机场 $Z(x)$ 的自协方差函数亦称为协方差函数，一般地，协方差函数依赖于空间点 x 和向量 $\boldsymbol{h}$。当 $h=0$ 时，自协方差函数变为：

$$\text{Cov}(x, x+0) = E[Z(x)]^2 - \{E[Z(x)]\}^2$$

(3) 变异函数

变异函数或变差函数(variograms)是空间统计学的基本理论，在一维条件下，当空间点 x 在一维 x 轴上变化时，区域变量 $Z(x)$ 在点 x 和 $x+h$ 处的值 $Z(x)$ 与 $Z(x+h)$ 的方差的一半定义为区域变量 $Z(x)$ 在 x 轴上的半变异函数，记为 $\gamma(x, h)$，即：

$$\gamma(x, h) = \frac{1}{2}\text{Var}[Z(x) - Z(x+h)]$$

$$= \frac{1}{2}E[Z(x) - Z(x+h)]^2 - \frac{1}{2}\{E[Z(x)] - E[Z(x+h)]\}^2 \tag{5-1}$$

在二阶平稳假设条件下对任意 h 有：

$$E[Z(x+h)] = E[Z(x)] \tag{5-2}$$

因此，式(5-1)可改写为：

$$\gamma(x, h) = \frac{1}{2}E[Z(x) - Z(x+h)]^2 \tag{5-3}$$

从式(5-3)可知，变异函数依赖于 x 和 h，当变异函数仅依赖于 h，与 x 无关时，变异函数 $\gamma(x, h)$ 可改写成 $\gamma(h)$，即：

$$\gamma(h)=\frac{1}{2}E\left[\,Z(x)-Z(x+h)\,\right]^2 \tag{5-4}$$

（4）平稳性假设及内蕴假设

在地质统计学研究中是用变异函数表示矿化范围内区域化变量的空间结构性的。计算变异函数时，必须要有 $Z(x)$，$Z(x+h)$ 这一对区域化变量的若干实现，而在实际工作中（尤其是地质、采矿工作中）只有一对这样的实现，即在 x，$x+h$ 点只能测得一对数据（因为不可能恰在同一样点上取得多个样品），也就是说，区域化变量的取值是唯一的，不能重复的。为了克服这个困难，提出了如下的平稳假设及内蕴假设。

①平稳性假设

设某一随机函数 $Z(x)$，其空间分布律不因平移而改变，即若对任一向量 $\boldsymbol{h}$，关系式

$$G(z_1,\ z_2,\ \cdots,\ x_1,\ x_2,\ \cdots)=G(z_1,\ z_2,\ \cdots,\ x_1+h,\ x_2+h,\ \cdots)$$

成立时，则该随机函数 $Z(x)$ 为平稳性随机函数。确切地说，无论位移向量 $\boldsymbol{h}$ 多大，两个 k 维向量的随机变量 $\{Z(x_1),\ Z(x_2),\ \cdots,\ Z(x_k)\}$ 和 $\{Z(x_1+h),\ Z(x_2+h),\ \cdots,\ Z(x_k+h)\}$ 有相同的分布律。也就是说，$Z(x)$ 与 $Z(x+h)$ 之间的相关性不依赖于它们自身特定的空间位置。这种平稳假设至少要求 $Z(x)$ 的各阶矩均存在且平稳，这在实际工作中很难满足，因此在实际研究中，只假设其一、二阶矩存在且平稳，因而提出二阶平稳或弱平稳假设。

当区域化变量满足下列两个条件时，称该区域化变量满足二阶平稳。

条件一：在整个研究区内，区域化变量 $Z(x)$ 的数学期望对任意 x 存在且等于常数，即：

$$E\left[\,Z(x)\,\right]=m(常数)\qquad \forall x$$

条件二：在整个研究区内，区域化变量的空间协方差函数对任意 x 和 h 存在且平稳，即：

$$\mathrm{Cov}\left[\,Z(x),\ Z(x+h)\,\right]=E\left[\,Z(x)Z(x+h)\,\right]-m^2=C(h)\qquad \forall x,\ \forall h \tag{5-5}$$

当 $h=0$ 时，式（5-5）改写成：

$$\mathrm{Var}\left[\,Z(x)\,\right]=C(0)\qquad \forall x$$

上述各式中 $\mathrm{Cov}(\cdot)$ 及 $C(\cdot)$ 表示协方差，$\mathrm{Var}(\cdot)$ 表示方差。协方差平稳意味着方差及半变异函数平稳，从而有关系式：

$$C(h)=C(0)-\gamma(h)$$

②内蕴假设

在实际工作中，有时协方差函数不存在，因而没有有限先验方差，即不能满足上述的二阶平稳假设，例如一些自然现象和随机函数，它们具有无限离散性，即无协方差及先验方差，但有半变异函数，这时区域化变量 $Z(x)$ 的增量 $Z(x)-Z(x+h)$ 满足下列两个条件时，称该区域化变量满足内蕴假设。

条件一：在整个研究区内，随机函数 $Z(x)$ 的增量 $Z(x)-Z(x+h)$ 的数学期望为 0，即：

$$E\left[\,Z(x)-Z(x+h)\,\right]=0\qquad \forall x,\ \forall h$$

条件二：对于所有矢量的增量 $Z(x)-Z(x+h)$ 的方差函数存在且平稳，即：

$$\mathrm{Var}\left[\,Z(x)-Z(x+h)\,\right]=E\left[\,Z(x)-Z(x+h)\,\right]^2=2\gamma(x,\ h)=2\gamma(h)\qquad \forall x,\ \forall h$$

即要求 $Z(x)$ 的半变异函数 $\gamma(h)$ 存在且平稳。

内蕴假设可以理解为：随机函数 $Z(x)$ 的增量 $Z(x)-Z(x+h)$ 只依赖于分隔它们的向量 h（模和方向）而不依赖于具体位置 x，这样，被向量 h 分割的每一对数据 $[Z(x),\ Z(x+h)]$ 可以看成是一对随机变量 $\{Z(x_1),\ Z(x_2)\}$ 的一个不同现实，而半变异函数 $\gamma(h)$ 的估计量 $\gamma^*(h)$ 为：

$$\gamma^*(h) = \frac{1}{2N(h)} \sum_{i=1}^{N(h)} [Z(x_i) - Z(x_i + h)]^2$$

式中：$N(h)$ 是被向量 h 相分隔的试验数据对的数目。

如果随机函数只在有限大小的邻域（例如以 a 为半径的范围）内是平稳的（或内蕴的），则称该随机函数服从准平稳（或准内蕴）假设，准平稳或准内蕴假设是一种折中方案，它既考虑到某现象相似性的尺度，也顾及到有效数据的多少。

5.3.2 空间插值方法

5.3.2.1 临近数据搜索

待插值单元临近样品数据的搜索是属性空间插值首先要解决的问题。包括确定搜索范围、减少数据的聚类效应、加快搜索速度等。

在三维空间中采用八分圆的搜索方法能够有效减少数据聚类效应。将搜索椭球体沿其三个轴的垂直面分割，得到 8 个扇区。然后设置每个扇区内参与插值的数据个数最大值。对每个扇区内的全部数据点按照距离待估点的远近排序，从最近的开始选取，直至达到所设置的最大值。

如图 5-12 所示，为八分圆的二维形式四分圆的示意图，图中连线点为所选择的用来插值的临近数据。此外，还可通过控制临近数据中同属于一个钻孔工程的样品数目减少聚类效应。对于一个位置的插值，如果是在钻孔工程控制区域内部，临近数据中应该至少有两个钻孔工程的样品。在大多情况下使用八分圆可以在某种程度上达到这种效果，但可以设置具体的工程个数直接对临近数据的搜索加以控制。

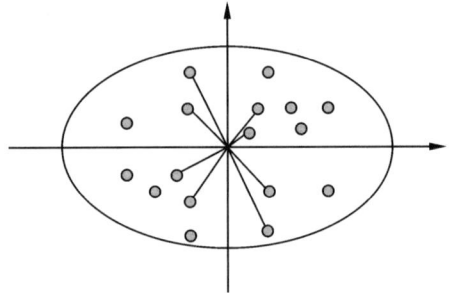

图 5-12　四分圆临近数据搜索

一个矿床的钻孔的样品数据量从几百到几万个不等，其用来进行插值的组合样数据量大致相同，而矿床的离散模型中的单元体更是数以百万计。如果以简单的循环所有组合样，判断其是否在椭球体范围内，计算量非常大，因此需要对搜索速度进行优化。

首先，在样本点数据范围内建立一个三维网格，如图 5-13 所示，将所有样本点按其在网格中的索引位置进行排序，索引位置通过单元块在每个坐标轴方向上的索引计算。建立一个与三维网格单元块数目大小一致的数组，存放网格中样本点的累积数目。通过这个数组，可以很容易地快速选取指定位置的临近数据。然后，以坐标原点为中心，分别沿坐标轴逐次偏移一个单元块的尺寸，计算单元块是否覆盖椭球，从而得到搜索范围在各个坐标轴方向上相对坐标原点的偏移量。最后，根据每个插值位置对三维网格按各方向的偏移量进行搜索，对搜索得到的全部样本点进一步按八分圆和工程控制等要求进行选取，得到最终的临近样本点。

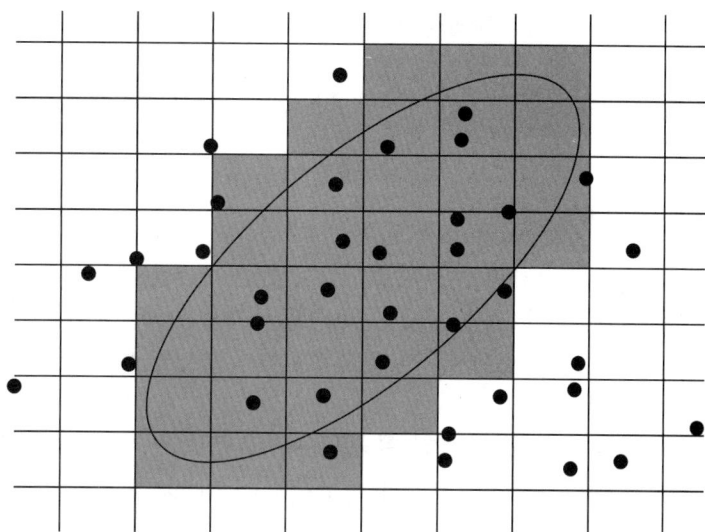

图 5-13　椭球体区域的三维网格搜索示意图

临近样本点搜索算法的具体步骤如下：

（1）在样本数据范围内建立三维网格，参数包括原点坐标（x_{min}，y_{min}，z_{min}）、单元块尺寸 x_{Size}，y_{Size}，z_{Size} 和各坐标轴方向上单元块的个数 x_{Num}，y_{Num}，z_{Num}。单元块尺寸依据椭球体三个轴长确定，原则上小于轴长的四分之一。

（2）判断每一个样本点位于哪个单元块中，记录总索引，并计算每个单元块中样本点的总数。总索引 index 计算公式为：

$$\text{index} = (i_z - 1)x_{Num}y_{Num} + (i_y - 1)x_{Num} + (i_x - 1)$$

其中：i_x，i_y，i_z 分别为单元块在三个轴方向上的索引。

（3）对样本点按照总索引值升序排列，方便检索每个单元块总的样本点；统计单元块内样品累积数目，即单元块内的样本点数目加上总索引值在其前的单元块内的样本点总数目。

（4）以坐标原点为中心，在（$-[x_{Num} - 1]$，$-[y_{Num} - 1]$，$-[z_{Num} - 1]$）和（$[x_{Num} - 1]$，$[y_{Num} - 1]$，$[z_{Num} - 1]$）范围内进行循环。以点（ix_{Size}，jy_{Size}，kz_{Size}）为中心，建立一个单元块。

（6）计算单元块八个顶点到坐标原点的各向异性距离，各向异性距离的计算首先要根据椭球体的各向异性参数进行坐标变换，坐标变换矩阵的计算参见变异函数模型的套合。如果八个顶点到原点的各向异性距离的最小值小于椭球长半轴，则该单元块与椭球有重叠区域，记录此时的 i、j、k 值，分别存放在数组 ixoffset，iyoffset，izoffset 中，得到单元块相对原点在三个坐标轴方向上的偏移量。

（7）循环全部插值点。对于每个点，计算该点在三维网格中每个坐标轴方向上的索引，根据步骤（5）计算出偏移量数组计算在搜索范围内的每个单元块在三维网格中的总索引。

（8）根据步骤（3）中的样品累积数目得到单元块中样片点个数，取出单元块中的样本点，判断其到插值点的各向异性的距离是否小于椭球长半轴，如果是，则将该样本点存放到临近样本点数组中，并按照插值点的距离升序排列。

(9)使用步骤(5)中的坐标变化矩阵对临近样本点数组中样本点坐标和插值点坐标进行变换，并计算 Δx，Δy，Δz，据此得到每个八分圆扇区内样本点。根据用户设置的每个扇区的最多样本点个数进行取舍，然后根据样本点的钻孔名称属性和用户设置的单工程样本最大个数进一步对样本点取舍。最后判断最终的临近点个数是否满足插值最少和最多样本点个数要求和最少工程数要求。

5.3.2.2 空间插值概念

空间插值，统计学名称，常用于将离散点的测量数据转换为连续的数据曲面，以便与其他空间现象的分布模式进行比较，它包括了空间内插和外推两种算法。空间内插算法：通过已知点的数据推求同一区域未知点数据。空间外推算法：通过已知区域的数据，推求其他区域数据。空间内插目标如下。

(1)缺值估计：估计某一点缺失的观测数据以提高数据密度；

(2)内插等值线：以等值线的形式直观地显示数据的空间分布；

(3)数据格网化：把无规则分布的空间数据内插为规则分布的空间数据集，如规则矩形格网、三角网等。

大部分插值方法都可以看作数据的加权平均，其通用公式为：

$$z^*(x_0) = \sum_{i=1}^{n} \lambda_i z(x_i)$$

式中：x_0 是需要插值的目标点；$z(x_i)$（$i=1, 2, \cdots, n$）是在位置 x_i 处的测量值；λ_i 是赋予测量值的权重。各种不同的插值方法所赋予的权重值也不尽相同。

5.3.2.3 空间插值类型与方法

根据空间插值的确定性可将插值方法分为两类：一类是确定性方法，另一类是地质统计学方法。确定性插值方法是基于已知数据点之间的数学关系（存在一个确定的函数或关系）来估计未知点的值。它们通常假设数据之间的变化是连续的，而且未知点的值是确定的，不考虑随机性。比如距离幂次反比法（IDW）、趋势面法、样条函数法等。地质统计学插值方法是基于统计原理，考虑数据之间的空间自相关性和不确定性。它们假设地质数据具有一定的随机性，并通过概率分布和变异函数来建模数据的空间变异性，比如克立格（Kriging）插值法。

根据是否能保证创建的表面经过所有的采样点，插值法又可分为两类：精确性插值方法和非精确性插值方法。精确性插值法预测的样点值与实测的样点值相等，非精确性插值法预测出的样点值与实测值之间不一定相等。使用非精确性插值法可以避免在输出表面上出现明显的波峰或波谷。

根据样品参与范围分为全局性插值法和局部性插值法。全局性插值法以整个研究区的样点数据集为基础来计算预测值；局部性插值法则使用一个大研究区域中较小的空间区域内的已知样点来计算预测值。

具体空间插值类型与方法如下。

(1)几何方法

几何方法是最简单的空间内插方法，是基于"地理学第一定律"的基本假设，即邻近的区域比距离远的区域更相似。优点是计算开销少,具有普适性,不需要根据数据的特点对方法加以调整,当样本数据的密度足够大时,几何方法一般能达到满意的精度;缺点是无法对误差进行理论估计。最常用的几何方法有泰森多边形(最近距离法)和距离幂次反比法。

①泰森多边形法(最近距离法)

泰森多边形用于生成"领地"或控制区域。实际上,尽管泰森多边形产生于气候学领域,它却特别适合于专题数据的内插,因为它生成专题与专题之间明显的边界,不会有不同级别之间的中间现象。泰森多边形的算法的核心思想是未采样点的值等于与它距离最近的采样点的值。

②距离幂次反比法

距离幂次反比法是最常用的空间内插方法之一。它认为与未采样点距离最近的若干个点对未采样点值的贡献最大,其贡献与距离幂次成反比。

(2)统计方法

其基本假设是,一系列空间数据相互相关,预测值的趋势和周期是与它相关的其他变量的函数。统计方法的优点是计算开销不大,有一定的理论基础,能够对误差作出整体上的估计;缺点是如果采样过程不能反映出表面变化的重要因素,如周期性和趋势,则内插一定不能取得好的效果。常用方法:趋势面法、多元回归方法。

①趋势面法

趋势面法可通过全局多项式插值法将由数学函数(一般为多项式)定义的平滑表面与输入采样点进行拟合。通常把实际的地理曲面分解为趋势面和剩余面两部分,前者反映地理要素的宏观分布规律,属于确定性因素作用的结果;而后者则对应于微观区域,被认为是随机因素影响的结果。趋势面分析的一个基本要求就是,所选择的趋势面模型应该是剩余值最小,而趋势值最大,这样拟合度精确度才能达到足够的准确性。趋势面分析是通过回归分析原理,运用最小二乘法拟合一个二维非线性函数,模拟地理要素在空间上的分布规律,展示地理要素在地域空间上的变化趋势。在数学上,拟合数学曲面要注意两个问题:一是数学曲面类型(数学表达式)的确定,二是拟合精度的确定。用来计算趋势面的数学方程式有多项式函数和傅立叶级数,其中最常用的是多项式函数,因为任何一个函数都可以在一个适当的范围内用多项式来逼近,而且调整多项式的次数,可使所求的回归方程适合实际问题的需要。

②多元回归方法

在各种统计方法中,使用较多的是多元回归分析,其特点是不需要分布的先验知识(不需要知道分布趋势是什么),多元回归在数学形式上与趋势面很相似,但是它们又有着显著的不同。在趋势面方法中,模型的拟合严格地遵从自常数、一次、二次、立方等的顺序,主要的问题是确定模型的次数,因此,趋势面分析有内在的多重共线性问题,而在多元回归中,尽管也存在多重共线性,但它并非内在的,可以通过逐步回归解决,因此,相对于趋势面的选择次数,多元回归的核心问题是选择变量主成分分析等方法有助于选择变量和区分模型。

(3)空间统计方法

空间统计方法以克立格(Kriging)及其各种变种(如 Cokriging 等)为代表,其基本假设是建立在空间相关的先验模型之上的。先验分布是根据一般的经验认为随机变量应该满足的分布,可通过探索性空间数据分析工具得到。假定空间随机变量具有二阶平稳或内蕴假设,则它具有这样的性质:距离较近的采样点比距离远的采样点更相似,相似的程度、或空间协方差的大小，是通过点对的方差度量的。空间统计方法的最大优点是以空间统计学作为其坚实的理论基础，可以克服插值中误差难以分析的问题，能够对误差做出逐点的理论估计；缺点是复杂，计算量大，变异函数需要根据经验人为选定。

（4）函数方法

函数方法是一种数学技术，用于估计在采样点之间或采样点之外的未知数据点的值。它基于一个假设，即存在一个连续函数，可以近似地描述数据点之间的关系。函数方法插值的目标是找到这个函数，以便可以在任何位置估计函数的值。函数方法在空间内插领域大多用于一些特殊场合，如利用高密度的高程数据产生等高线、为提高格网数据的空间分辨率而内插数据等。对于利用有限的观测数据进行缺值预测和内插格网。函数方法大多不适合，因为它难以满足内插的精度，也难以估计误差。函数方法的优点是不需要对空间结构的预先估计、不需要做统计假设；缺点是难以对误差进行估计，点稀时效果不好。常见的方法有傅里叶级数、样条函数、径向基函数、双线性内插、立方卷积法等。

（5）随机模拟方法

随机模拟是指把某一现实的或抽象的系统的某种特征或部分状态，用另一系统（称为模拟模型）来代替或模拟。为了解决某问题，把它变成一个概率模型的求解问题，然后产生符合模型的大量随机数，对产生的随机数进行分析从而求解问题，这种方法叫作随机模拟方法。其基本假设与空间统计方法不同，随机模拟认为地理空间具有非平稳性，是空间异质的。其优点是定义了各种随机变量之间的空间相关，这类相关可以根据相邻数据把高度不确定性的先验分布更新为低不确定性的后验分布；缺点是建模困难，计算量大。常用的随机模拟方法有高斯过程、马尔科夫过程、蒙特卡罗方法、人工神经网络方法等。

（6）确定性模拟方法

假设变量的空间分布受物理定律控制，因此可以使用物理模型或半经验、半物理的模型模拟空间分布。对于这一类插值方法，常常是使用有限的观测值获得一些必要的经验参数，再把这些参数代入到物理模型之中。优点是它的确定性，它不依赖或很少依赖观测样本，但空间准确性有待商榷。

5.3.2.4 克立格法插值概述

对于任何一种插值方法，都不能要求估计值和它的实际值完全一样，偏差是不可避免的。然而，在实际中常常要求插值方法满足以下两点。

（1）所有实际值与其估计值之间的偏差平均为0，即估计误差的期望等于0，则称这种估计是无偏的。无偏是指，平均上来讲，品位的任何过高或过低的估计，都应该避免。

（2）估价值和实际值之间的单个偏差应该尽可能小，即误差平方的期望值应该尽可能小。因此，最合理的估计方法应提供一个无偏估计且估计方差为最小的估计值。

克立格法是空间统计分析方法的重要内容之一，它是建立在半变异函数理论分析基础上的，是对有限区域内的区域化变量取值进行无偏最优估计的一种方法。基于这种方法进行插值时，不仅考虑了待预测点与邻近样点数据的空间距离关系，还考虑了各参与预测的样点之间的位置关系，充分利用了各样点数据的空间分布结构特征，使其估计结果比传统方法更精确，更符合实际，更有效地避免了系统误差的出现。

对于任意待估计点的估计值 $Z'(x_0)$ 均可以通过待估测点范围内的 n 个观测样本值

$Z(x_i)$ （$i=1, 2, \cdots, n$）的线性组合得到，即：

$$Z'(x_0) = \sum_{i=1}^{n} \lambda_i Z(x_i) \tag{5-6}$$

其中，λ_i 为权重系数，$Z(x_i)$ 为观测样本值，它们位于区域内 x_i 位置，式（5-6）表明内插估计值的精度取决于权重的求解，不同的克立格法采用不同的克立格方程组求解。

克立格法与确定性插值法都是从预测点周围的观测值中生成权系数进行预测；但克立格法的权系数获取更为复杂，是通过计算反映数据空间结构的半变异函数得到的。运用克立格法可以在研究邻域中观测值的半变异函数和空间分布的基础上对研究区中未知点的值进行预测。常见的克立格插值方法有普通克立格、简单克立格、泛克立格、概率克立格、指示克立格、析取克立格及协同克立格等，后文将对其中的部分方法进行详细介绍。

运用克立格法进行插值一般分为两步：第一步进行样点的空间结构量化分析，即半变异函数分析，为样点数据拟合一个空间独立模型；第二步利用第一步拟合的半变异函数、样点数据的空间分布及样点数据值对某一区域的未知点进行预测。

5.3.2.5　距离幂次反比法插值

距离幂次反比法（inverse distance weighted method，简称 IDW 法），广泛应用于地球科学领域。它是一种多元插值方法，通过已知空间散乱点的值计算未知点的值。IDW 法最大的优点是它的简单性，未知点的值只是一个邻近点距离倒数的函数。对于点 x 的估计值，其一般形式的公式为：

$$z^*(x) = \frac{\sum_{i=1}^{N} \left[\lambda_i(x) z(x_i) \right]}{\sum_{i=1}^{N} \lambda_i(x)} \tag{5-7}$$

式中：

$$\lambda_i(x) = \frac{1}{d(x, x_i)^p}$$

其中，x 表示插值点的位置；x_i 表示已知点的位置；N 是用于插值的已知点的总数；d 是已知点 x_i 到未知点 x 的距离；p 为幂次。权重 λ_i 随着与插值点距离的增加而减小，p 值越大，则距离未知点越近对未知点的值影响也越大。距离幂次反比法的幂次不同，则有不同的适用范围和插值效果，当幂次为 2 时，该方法称为"距离平方反比法"。

5.3.3　克立格法

5.3.3.1　普通克立格法

普通克立格法是目前实践中应用最广泛的克立格法。它不要求 $Z(x)$ 期望值是已知的，普通克立格方程组是地质统计学方法中很多其他线性估计的基础。随机变量 Z 在 x_0 处的普通克立格估计量记为 $Z^*(x_0)$，计算公式为：

$$Z^*(x_0) = \sum_{i=1}^{N} \lambda_i z(x_i)$$

式中：λ_i 为权重系数，为了避免系统误差，要求估计无偏，即 $E\{Z-Z^*\}=0$。在二阶平稳条件下 $E\{Z\}=E\{Z^*\}=m$，而 $E\{Z^*\}=E\{\sum \lambda_\alpha Z_\alpha\}=\sum \lambda_\alpha E\{Z_\alpha\}=\sum \lambda_\alpha m$，要使 $E\{Z\}=E\{Z^*\}$，即 $m\sum \lambda_\alpha=m$ 就必须使：

$$\sum_{i=1}^N \lambda_i = 1 \qquad\qquad (5-8)$$

式(5-8)就是无偏条件。

并且误差的期望值 $E[Z^*(x_0)-Z(x_0)]=0$，此时估计方差为：

$$\mathrm{Var}[Z^*(x_0)]=E[\{Z^*(x_0)-Z(x_0)\}^2]=E\Big[Z(x)-\sum_{i=1}^N \lambda_i Z(x_i)\Big]^2$$

$$=C(x_0,x_0)+\sum_{i=1}^N\sum_{j=1}^N \lambda_i\lambda_j C(x_i,x_j)-2\sum_{i=1}^N \lambda_i C(x_i,x_0)$$

式中：$C(x_i,x_j)$ 为随机变量在点 x_i 和 x_j 处的协方差；$C(x_i,x_0)$ 为在 x_i 处的变量值和估计点 x_0 之间的协方差；$C(x_0,x_0)$ 为先验方差。

对于每一个克立格估计值都有一个对应的克立格方差，记为 $\sigma^2(x_0)$。要找到最佳的权重系数使克立格方差最小，且满足权重之和为 1，采用拉格朗日乘数的方法。定义一个包含克立格方差辅助函数 $F(\lambda_i,\mu)$，以及一个拉格朗日参数 μ。

$$F(\lambda_i,\mu)=\mathrm{Var}[Z^*(x_0)-Z(x_0)]-2\mu\Big(\sum_{i=1}^N \lambda_i-1\Big)$$

求函数 F 对权重系数 λ_i 和拉格朗日参数 μ 的偏导数，并令其为 0，即：

$$\frac{\partial F(\lambda_i,\mu)}{\partial \lambda_i}=0,\ \frac{\partial F(\lambda_i,\mu)}{\partial \mu}=0$$

对于 $i=1,2,\cdots,N$，得到有 $N+1$ 个方程的方程组，即：

$$\begin{cases}\sum_{i=1}^N \lambda_j C(x_i,x_j)-\mu=C(x_j,x_0),\ \forall j\\ \sum_{i=1}^N \lambda_i=1\end{cases}$$

上式即为普通克立格方程组，求出权重系数 λ_i 和拉格朗日参数 μ，即可求出估计值，相应的克立格方差为：

$$\sigma^2(x_0)=C(x_0,x_0)-\sum_{i=1}^N \lambda_i C(x_i,x_0)+\mu$$

普通克立格方程组可以表示为矩阵形式：

$$[A][\lambda]=[b]$$

式中：

$$[A]=\begin{bmatrix} C(x_1,x_1) & C(x_1,x_2) & \cdots & C(x_1,x_N) & 1 \\ C(x_2,x_1) & C(x_2,x_2) & \cdots & C(x_2,x_N) & 1 \\ \vdots & \vdots & & \vdots & \vdots \\ C(x_N,x_1) & C(x_N,x_2) & \cdots & C(x_N,x_N) & 1 \\ 1 & 1 & \cdots & 1 & 0 \end{bmatrix},$$

$$[\boldsymbol{\lambda}] = \begin{bmatrix} \lambda_1 \\ \lambda_2 \\ \vdots \\ \lambda_N \\ -\mu \end{bmatrix}, \quad [\boldsymbol{b}] = \begin{bmatrix} C(x_1, x_0) \\ C(x_2, x_0) \\ \vdots \\ C(x_N, x_0) \\ 1 \end{bmatrix}$$

计算矩阵$[\boldsymbol{A}]$的逆矩阵$[\boldsymbol{A}^{-1}]$，可得权重系数和拉格朗日参数，即：

$$[\boldsymbol{\lambda}] = [\boldsymbol{A}^{-1}][\boldsymbol{b}]$$

克立格方差按下式计算，即：

$$\sigma^{2*}(x_0) = C(x_0, x_0) - [\boldsymbol{b}^{\mathrm{T}}][\boldsymbol{\lambda}]$$

根据变异函数与协方差的关系，$\gamma(h) = C(0) - C(h)$，也可以用变异函数表示普通克立格方程组，即：

$$\begin{cases} \sum\limits_{i=1}^{N} \lambda_i \gamma(x_i, x_j) + \mu = \gamma(x_j, x_0), \ \forall j \\ \sum\limits_{i=1}^{N} \lambda_i = 1 \end{cases}$$

克立格方差为：

$$\sigma^2(x_0) = \sum_{i=1}^{N} \lambda_i \gamma(x_i, x_0) - \gamma(x_0, x_0) + \mu$$

此时，普通克立格方程组的矩阵形式为：

$$[\boldsymbol{A}][\boldsymbol{\lambda}] = [\boldsymbol{b}]$$

式中：

$$[\boldsymbol{A}] = \begin{bmatrix} \gamma(x_1, x_1) & \gamma(x_1, x_2) & \cdots & \gamma(x_1, x_N) & 1 \\ \gamma(x_2, x_1) & \gamma(x_2, x_2) & \cdots & \gamma(x_2, x_N) & 1 \\ \vdots & \vdots & & \vdots & \vdots \\ \gamma(x_N, x_1) & \gamma(x_N, x_2) & \cdots & \gamma(x_N, x_N) & 1 \\ 1 & 1 & \cdots & 1 & 0 \end{bmatrix},$$

$$[\boldsymbol{\lambda}] = \begin{bmatrix} \lambda_1 \\ \lambda_2 \\ \vdots \\ \lambda_N \\ \mu \end{bmatrix}, \quad [\boldsymbol{b}] = \begin{bmatrix} \gamma(x_1, x_0) \\ \gamma(x_2, x_0) \\ \vdots \\ \gamma(x_N, x_0) \\ 1 \end{bmatrix}$$

权重系数和拉格朗日参数：

$$[\boldsymbol{\lambda}] = [\boldsymbol{A}^{-1}][\boldsymbol{b}] \tag{5-9}$$

克立格方差按下式计算：

$$\sigma^{2*}(x_0) = [\boldsymbol{b}^{\mathrm{T}}][\boldsymbol{\lambda}] \tag{5-10}$$

应用普通克立格法进行矿床品位估值时，重点是找到合理的变异函数，通过变异函数及公式(5-9)即可求出权重系数，再通过公式(5-28)即可对未知样品进行估值。地质统计学中变异函数的求取详见第 6 章。

5.3.3.2　简单克立格法

简单克立格假定随机变量的均值为已知的，$E[Z(x)]=m$（常数），区域化变量满足二阶平稳假设，即变异函数要有上限。对于简单克立格法，公式为：

$$Z_{SK}^*(x_0) = \sum_{i=1}^{N} \lambda_i z(x_i) + \left(1 - \sum_{i=1}^{N} \lambda_i\right) m$$

λ_i 同以前一样为权重，但不再有权重之和为1的约束条件。其无偏性是通过添上公式右边的第二项来达到。随着位置 x_0 至已知点的距离增加，赋给均值 m 的权重随之增大，位置 x_0 处的估计值也就越来越接近于均值 m。当距离大于变程后，估计值就等于均值 m。

由于权重之和不再为1，此时只能使用协方差 C，而不能用变异函数 γ，此时简单克立格方程组为：

$$\sum_{i=1}^{N} \lambda_i C(x_i, x_j) = C(x_0, x_j), \quad (j=1,2,\cdots,N)$$

克立格方差为：

$$\sigma_{SK}^2(x_0) = C(x_0, x_0) - \sum_{i=1}^{N} \lambda_i C(x_i, x_0)$$

简单克立格方程组的矩阵形式为：

$$[A_{SK}] = [\lambda_{SK}][b_{SK}]$$

式中：

$$[A_{SK}] = \begin{bmatrix} C(x_1,x_1) & C(x_1,x_2) & \cdots & C(x_1,x_N) \\ C(x_2,x_1) & C(x_2,x_2) & \cdots & C(x_2,x_N) \\ \vdots & \vdots & & \vdots \\ C(x_N,x_1) & C(x_N,x_2) & \cdots & C(x_N,x_N) \end{bmatrix},$$

$$[\lambda_{SK}] = \begin{bmatrix} \lambda_1 \\ \lambda_2 \\ \vdots \\ \lambda_N \end{bmatrix}, \quad [b_{SK}] = \begin{bmatrix} C(x_1,x_0) \\ C(x_2,x_0) \\ \vdots \\ C(x_N,x_0) \end{bmatrix}$$

如果协方差矩阵 $[A_{SK}]$ 是正定的，则权重可得唯一解，即：

$$[\lambda_{SK}] = [A_{SK}^{-1}][b_{SK}]$$

简单克立格算法流程同普通克立格法基本相同，区别有以下几点：

（1）需要输入平稳的均值 m；

（2）主克立格矩阵 $[A_{SK}]$ 和右手边矩阵 $[b_{SK}]$ 的元素与普通克立格不同；

（3）估计值计算公式为 $Z_{SK}^*(x_0) = \sum_{i=1}^{N} \lambda_i z(x_i) + \left(1 - \sum_{i=1}^{N} \lambda_i\right) m$。

5.3.3.3　泛克立格法

普通克立格法要求区域化变量 $Z(x)$ 是二阶平稳，或至少是准平稳或准内蕴，这就要求在估计领域内有 $E[Z(x)]=m$（常数）成立，但实际中许多区域化变量 $Z(x)$ 在研究区是非平稳的，即 $E[Z(x)]=m(x)$，这时，就不能运用普通克立格方法进行局部估计。

实际研究中，常常可以看到以下两种现象：

（1）在某一区域中，某区域化变量自西向东或自东向西是逐渐升高的，即存在所谓的"漂移"（drift，也可称为"趋势"），但在一小的局部范围内，又可以认为是平稳的，普通克立格法即利用这个性质进行估计；

（2）从整体上看某区域化变量是平稳的，但某一小的局部范围却呈现漂移的现象，即具有平稳的数学期望 $E[Z(x)] = m(x)$，这是由于估计领域内的有效数据不足以应用普通克立格法进行局部估计，就必须考虑漂移的存在。

泛克立格法是在漂移 $E[Z(x)] = m(x)$ 和非平稳随机函数 $Z(x)$ 的协方差 $C(h)$ 或变异函数 $\gamma(h)$ 为已知的条件下，一种考虑到有漂移的无偏线性估计量的地质统计学方法，也称为"K 阶无偏克里格法"、带趋势的克里格法。

一组具有漂移的数据 $Z(x)$，可以分解为两个部分：

$$Z(x) = m(x) + R(x)$$

式中：$m(x) = E[Z(x)]$ 为点 x 处的漂移，并且有 $m(x) = \sum_{l=0}^{n} a_l f_l(x)$；$R(x)$ 为涨落（也称为波动），且 $E[R(x)] = E[Z(x) - m(x)] = E[Z(x)] - m(x) = 0$。

与前面普通克里格方程组及方差的推导类似，我们可以得到估计 $Z(x)$ 的泛克里格方程组：

$$\begin{cases} \sum_{\beta=1}^{n} \lambda_\beta C(x_\alpha, x_\beta) - \sum_{l=0}^{k} \mu_l f_l(x_\alpha) = C(x_\alpha, x) \\ \qquad\qquad\qquad\qquad (\alpha = 1, 2, \cdots, n), (l = 0, 1, 2, \cdots, k) \\ \sum_{\alpha=1}^{n} \lambda_\alpha f_l(x_\alpha) = f_l(x) \end{cases}$$

相应的泛克里格方差为：

$$\sigma_{UK}^2 = C(x, x) - \sum_{\alpha=1}^{n} \lambda_\alpha C(x_\alpha, x) + \sum_{l=0}^{k} \mu_l f_l(x)$$

漂移一般用多项式表示：

$$m(x) = \sum_{l=0}^{k} a_l f_l(x)$$

当为线性漂移时，在一维条件下：

$$m(x) = a_0 + a_1 x$$

在二维条件下：

$$m(x, y) = a_0 + a_1 x + a_2 y$$

在三维条件下：

$$m(x, y, z) = a_0 + a_1 x + a_2 y + a_3 z$$

当为二次漂移时，一维、二维、三维分别表示为：

$$m(x) = a_0 + a_1 x + a_2 y$$

$$m(x, y) = a_0 + a_1 x + a_2 y + a_3 xy + a_4 x^2 + a_5 y^2$$

$$m(x, y, z) = a_0 + a_1 x + a_2 y + a_3 z + a_4 xy + a_5 xz + a_6 yz + a_7 x^2 + a_8 y^2 + a_9 z^2$$

在采矿实践中，使用线性漂移就足够了。

5.3.3.4 指示克立格法

在地质、物化探数据处理及矿产储量计算中影响计算精度的因素有很多，但主要有以下几个问题：

(1)特异值的出现，所谓特异值是指那些比全部数值的平均值或中位数高得多的数值，它既非分析误差所致，也非采样方法等人为误差引起，而是实际存在于所研究的母体之中。这些特异值只占全部数据的极少部分，但却控制了总金属资源量的很大比例；

(2)在一个研究区域或一个矿床中存在几个不同类型的矿化作用，这也影响了品位和储量的精确估计。

为了解决上述问题，指示克立格法应运而生，它是在不必去掉重要而实际存在的高值数据的条件下来处理不同的现象，而且给出在一定风险概率条件下未知量 $Z(x)$ 的估计值及空间分布。

指示克里格法是一种非参数地质统计学方法。它是根据一系列的临界值(threshold)例如边界品位 z，先对原始数据 $Z(x)$ 如下公式进行转换：

$$i(x; z) = \begin{cases} 1, & Z(x) \leq z \\ 0, & Z(x) > z \end{cases}$$

然后对转换后的数值求变异函数、进行克立格估值。

在边界品位 z 的条件下，随机函数 $I(x, z)$ 服从二项分布，其期望值是：

$$E\{I(x, z)\} = \text{Prob}\{Z(x) \leq z\}$$

变异函数为：

$$\gamma_I(h; z) = \frac{1}{2}E\{[I(x + h; z) - I(h; z)]^2\}$$
$$= C_I(0; z) - C_I(h; z)$$

待估点的指示估计值表示为：

$$i^*(x; z) = \sum_{\alpha=1}^{n} \lambda_{\alpha}(z) i(x_{\alpha}; z)$$

$i^*(x; z)$ 的值介于 0 和 1 之间，表示为随机变量 $Z(x) \leq z$ 的概率。

指示克立格方程组：

$$\begin{cases} \sum_{\beta=1}^{n} \lambda_{\beta}(z) C_i(x_{\alpha}, x_{\beta}; z) + \mu = C_i(x_a, x; z) \\ \sum_{\alpha=1}^{n} \lambda_{\beta}(z) = 1 \end{cases} \quad (\alpha = 1, 2, \cdots, n)$$

指示克立格方差：

$$\sigma_{IK}^2 = C(x, x; z) - \sum_{\alpha=1}^{n} \lambda_{\alpha} C(x_{\alpha}, x; z) + \mu$$

5.3.3.5 协同克立格法

上述克立格估值方法都只考虑用一个变量对未知点进行估值。在某些情况下，一个数据集往往含有多个变量，当某一个变量的取样量不足以获得所需精度的估计量，而其他变量却有较充足的取样量时，如果前者和后者存在空间相关性，则前者称为主变量，后者称为次级变量。协同克里格法就是通过研究主变量与次级变量之间的空间相互关系，借助次级变量的样品信息以提高对主变量的估计精度。例如在地质、采矿及其他自然现象的研究中，在一个区域的地球化学观测中，Au、Ag、As 的含量呈正相关，即在样品中 Au 含量高，Ag 和 As 的含量也不同程度的增高。由于一些样品中缺少 Au 的化验值，这时可利用 Ag 或 As 的化验值对 Au 进行估计。

在上述的区域地球化学研究中，Au、Ag、As 是在同一空间领域中定义的区域化变量，它们之间既有空间相关性，又有统计相关性，则称 Au、Ag、As 是同时区域化的。所谓协同区域化是指那些在统计意义及空间位置上均具有某种程度相关，并且定义于同一空间域中的区域化变量。

协同区域化变量可以用一组 K 个相关的区域化变量 $\{Z_1(x), Z_2(x), \cdots, Z_k(x)\}$ 来表示，即它是一个随机场。研究协同区域化变量的空间相关关系使用互变异函数。

对于每一个区域化变量 $Z_k(x)$ 及 $Z_{k'}(x)$ $(k, k'=1, 2, \cdots, K)$ 之间的互变异函数为：

$$\gamma_{k'k}(h) = \frac{1}{2}E\{[Z_{k'}(x+h) - Z_{k'}(x)] \cdot [Z_k(x+h) - Z_k(x)]\}$$

式中：$h, h' = 1, 2, \cdots, k$

协同克立格法的任务是应用估计邻域内定义于支撑 $\{v_{\alpha_k}\}$ 上的有效数据 $\{Z_{\alpha_k}, \alpha_k = 1, 2, \cdots, n_k\}$。来估计中心点在 x_0 的待估域 $V(x_0)$ 的估计值 $Z^*_{V_{k0}}$ 为：

$$Z^*_{V_{k0}} = \sum_{k=1}^{K} \sum_{\alpha_k=1}^{n_k} \lambda_{\alpha_k} Z_{\alpha_k}$$

协同克立格方程组为：

$$\begin{cases} \sum_{k'=1}^{K} \sum_{\beta_{k'}=1}^{n_{k'}} \lambda_{\beta_{k'}} C_{k'k}(v_{\beta_{k'}}, v_{\alpha_k}) - \mu_k = C_{k_0 k}(V_{k0}, v_{\alpha_k}) \\ \qquad\qquad (\alpha_k = 1, 2, \cdots n, k = 1, 2, \cdots, K) \\ \sum_{\beta_{k0}}^{n_{k0}} \lambda_{\beta_{k0}} = 1 \\ \sum_{\beta_k}^{n_k} \lambda_{\beta_k} = 0 \qquad (k \neq k_0) \end{cases}$$

协同克立格估计方差为：

$$\sigma^2_{v_{k0}} = C_{k_0 k_0}(V_{k_0}, V_{k_0}) + \mu_{k_0} - \sum_{k=1}^{K} \sum_{\alpha_k=1}^{n_k} \lambda_{\alpha_k} C_{k_0 k}(V_{k_0}, v_{\alpha_k})$$

5.4 探索性空间数据分析

探索性空间数据分析（ESDA）是研究地区社会经济发展空间分布特征的基本统计方法。它以空间关联测度为核心，通过对某事物或现象的空间分布的可视化分析，从而发现其空间关联性和聚集性。探索性空间数据分析(ESDA)在地理信息系统(GIS)的帮助下,可以更有效地进行空间数据的分析和解释。通过可视化工具,如地图和图表,ESDA 能够揭示空间数据的分布模式、趋势和关联。目前,全局空间自相关和局部空间自相关是 ESDA 中最常用的两种方法。

全局空间自相关分析可以用来确定整个研究区域内的空间关联性。这种方法可以检测空间数据在整个区域内的总体趋势,例如,是否某些相似的属性在空间上集中分布。Moran's Ⅰ指数是最常用的全局空间自相关统计量,它可以衡量整个区域的总体空间关联性。

局部空间自相关分析则更关注于局部的空间关联性。它可以帮助我们识别出哪些特定的空间单元(例如,特定的城市或地区)与其他空间单元存在较强的关联性。LISA(局部空间关联指数)是常用的局部空间自相关统计量,它可以识别出空间上的高值聚集区和低值聚集区。

5.4.1　探索性空间数据分析的基本理论

探索性空间数据分析(ESDA)是研究地区社会经济发展空间分布特征的基本统计方法,它以空间关联测度为核心,通过对某事物或现象的空间分布的可视化分析,从而发现其空间关联性和聚集性。探索性空间数据分析的基本理论包括以下几个方面。

(1)空间自相关:空间自相关是探索性空间数据分析的核心概念,它描述了空间中相邻区域之间的数据之间的相似性或相关性。如果一个区域的数据与相邻区域的数据相似,则说明存在正的空间自相关;如果一个区域的数据与相邻区域的数据不同,则说明存在负的空间自相关。空间自相关可以用全局空间自相关和局部空间自相关两种方法来衡量。

(2)全局空间自相关:全局空间自相关是对整个研究区域中所有观测点的空间自相关的衡量。常用的全局空间自相关指标有莫兰指数(Moran's Ⅰ)和赛斯-恩格尔-莫兰指数(Geary's C)。

(3)局部空间自相关:局部空间自相关是对研究区域中局部地区观测点的空间自相关的衡量。它可以帮助我们更好地了解空间数据的局部差异和聚类现象。常用的局部空间自相关指标有局部莫兰指数(Local Moran's Ⅰ)和局部赛斯-恩格尔-莫兰指数(Local Geary's C)。

(4)空间权重矩阵:空间权重矩阵是衡量空间数据点之间的相似性和距离的矩阵。常用的空间权重矩阵包括基于距离的权重矩阵、基于连接的权重矩阵和基于属性的权重矩阵等。

(5)空间滞后变量:空间滞后变量是将一个区域的数据与相邻区域的数据进行比较,以发现空间自相关的变量。常用的空间滞后变量包括全局空间滞后变量和局部空间滞后变量。

(6)空间统计量:空间统计量是用来描述空间数据分布特征的一组统计指标,包括集中趋势、离散程度、形态和相关性等。常用的空间统计量包括平均值、中位数、方差、标准差、极差、峰度和偏度等。

(7)空间可视化:空间可视化是将空间数据以图形或图表的形式呈现出来,以便更好地理解空间数据的分布特征和变化趋势。常用的空间可视化方法包括地图、散点图、柱状图和热力图等。

5.4.2　探索性空间数据分析的方法

5.4.2.1　直方图

直方图通常用于统计学、数据分析、机器学习等领域。直方图适用于对大量样品数据进行整理加工，找出其统计规律，即分析数据分布的形态，可以帮助我们了解数据的分布情况。在机器学习中，直方图可以用来表示数据的特征和分布情况，从而帮助我们选择合适的算法和模型。

在直方图中，数据被分段成若干个连续的区间，每个区间的中点代表该区间的平均值，区间的高度代表该区间的频率。通过观察直方图，我们可以了解数据的分布情况，例如数据的集中趋势、离散程度、偏态等。

在制作直方图时，我们需要先将数据分段，并计算每个区间的频率。然后，将每个区间的中点和频率用图形的方式表示出来，形成直方图。直方图的形状可以反映数据的分布情况，例如正态分布、偏态分布等。

直方图可以很方便地描述数据中单变量（一个变量）的特征，并可得到感兴趣数据集的频率分布特征以及一些概括性的统计指标。直方图方法中有两个重要的参数：频率分布和概括性的统计指标。频率分布是显示观测值落在一定区间内的频率的一种柱状图；概括性的统计指标则指某种分布的重要特征可以通过一些描述它的位置、分布和形状的统计指标来概括性地表达。

（1）位置指标

位置指标提供该分布中心及其他部分的位置信息；均值是数据的算术平均值，反映该分布的中心位置；中值是描述分布中心的另一种数字特征，中值相当于累积比例的 1/2 倍，如果数据是按递增次序排列的，则 50% 的值将小于中值，而另 50% 的值将大于中值。

第一和第三、四分位数是分位数的两个特例，第一和第三、四分位数分别相当于累积比例的 0.25 倍和 0.75 倍。如果数据是按递增次序排列的，则 25% 的值将小于第一、四分位数，25% 的值将大于第三、四分位数。分位数的计算方法如下：

$$分位数 = (i) - 0.5/N$$

式中：(i) 为排序后数据值中的第 i 级；N 是数据的个数。

（2）分布指标

均值周围点的分布是描述频率分布的另一个特征，数据的方差是所有观测值与均值的平方离差的均值。因为是平方离差，所以它的单位是原始测量单位的平方，计算出的方差对异常的高值或低值很敏感。

标准差是方差的平方根，它描述数据相对于均值的分布特征，其量度单位与原测量单位相同。方差越小，标准差也越小，表明数据相对于均值的分布越集中。

（3）形状指标

形状指标主要有偏度和峰度。偏度（也称偏斜系数）用来描述分布的对称性。对于对称分布来说，偏度为 0；如果一个分布曲线右侧的拖尾较长、有较多的大值分布（分布曲线向左倾斜），偏度为正；如果一个分布曲线左侧的拖尾较长、有较多的小值分布（分布曲线向右倾斜），偏度为负。正偏斜分布的均值大于中值，负偏斜分布正好相反，如图 5-14 所示是一个正偏斜分布曲线。

峰度是反映曲线尖峭程度的指标。峰度一般可表现为三种形态:标准峰度(正态峰度)、尖顶峰度、平顶峰度。峰度指标 $K=0$,分布为正态峰度,当峰度指标 $K>0$ 时,表示频数分布比正态分布更集中,分布呈尖峰状态,$K<0$ 时表示频数分布比正态分布更分散,分布呈平顶峰,如图 5-15 所示。

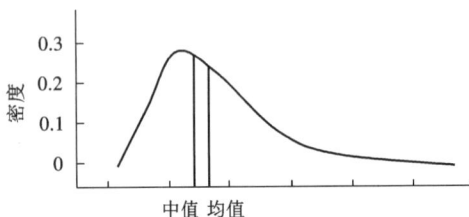

图 5-14　典型的正偏态分布

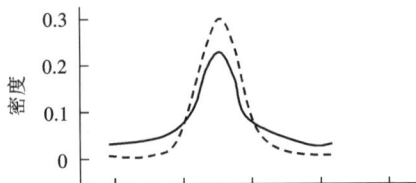

图 5-15　正态分布(实线)与尖顶峰度(虚线)

5.4.2.2　概率图

Q-Q(quantile-quantile)图是一种用于检验数据是否符合某个理论分布的统计图。它通过比较样本分位数与理论分位数的对应关系来直观地判断数据是否服从某个特定分布。Q-Q图的绘制步骤如下:

(1)将数据按升序排列;

(2)计算每个数据点的累积分布函数(CDF)的值。

(3)计算对应于标准正态分布的理论分位数。

(4)绘制数据点的坐标,其中 x 轴为理论分位数,y 轴为样本分位数。

(5)如果数据点在 Q-Q 图上近似地落在一条直线上,说明数据较好地拟合了所选的理论分布。如果数据点离直线较远,可能表明数据与理论分布存在偏差。

Q-Q 图不仅可用于检验数据是否符合正态分布,还可用于检验数据是否符合其他特定的理论分布,如指数分布、对数正态分布等。

5.4.2.3　P-P 图

P-P(probability-probability)图是一种用于检验样本分布与理论分布是否一致的统计图。与 Q-Q 图类似,P-P 图通过比较样本累积分布函数(CDF)与理论分布的理论累积分布函数之间的对应关系来判断数据是否符合特定的概率分布。P-P 图的绘制步骤如下:

(1)将数据按升序排列;

(2)计算每个数据点的累积分布函数(CDF)的值;

(3)计算对应于理论分布的理论累积分布函数值;

(4)绘制数据点的坐标,其中 x 轴为理论累积分布函数值,y 轴为样本累积分布函数值。

P-P 图与 Q-Q 图的区别在于,Q-Q 图对应的是分位数,而 P-P 图对应的是概率值。如果 P-P 图上的点近似地分布在一条 45° 直线上,说明样本分布与理论分布较为一致。如果数据点离直线较远,可能表明样本分布与理论分布存在偏差。

P–P 图是根据变量的累积概率与指定分布的累积概率之间的关系所绘制的图形。通过 P–P 图可以检验数据是否符合指定的分布。当数据符合指定分布时，P–P 图中各点近似线性。如果 P–P 图中各点不呈线性，但有一定规律，可以对变量数据进行转换，使转换后的数据更接近指定分布。

P–P 图的绘制使用指定模型的理论累积分布函数 $F(x)$，样本数据值从小到大表示为 x_1, x_2, $\cdots$, x_n。P–P 图即为 $F(x_i)$ 比上 $\left(i-\dfrac{1}{2}\right)/n$, $i=1, 2, \cdots, n$。

P–P 图和 Q–Q 图的用途相同，只是在检验方法上存在差异。如图 5–16 所示为 P–P 图和 Q–Q 图的例子，可以看出硫铁元素（SFe）含量服从正态分布。

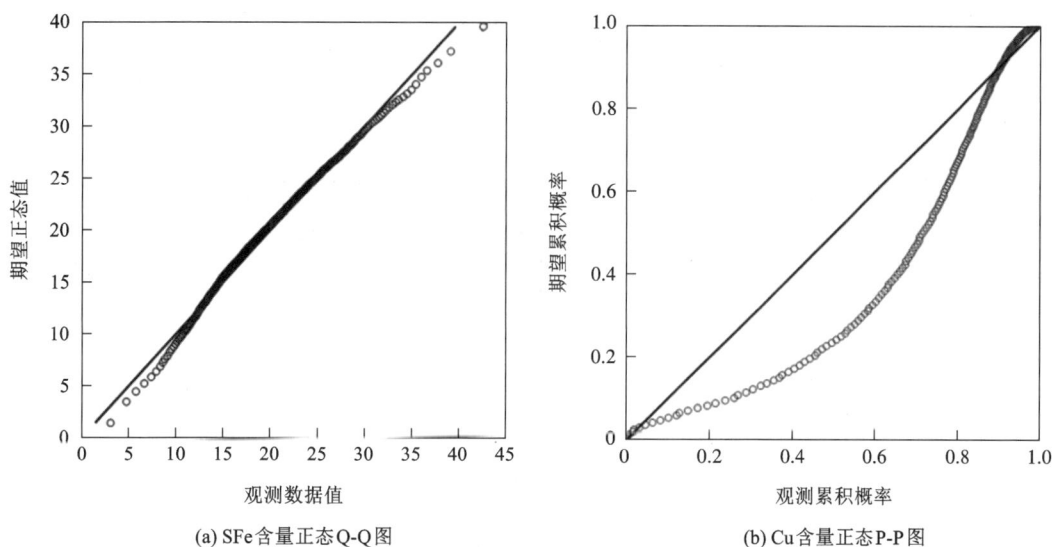

(a) SFe 含量正态 Q-Q 图　　(b) Cu 含量正态 P-P 图

图 5–16　检验正态分布的 Q–Q 图和 P–P 图

5.4.2.4　散点图

散点图是表示两个变量之间关系的图，又称相关图。用于分析两组数据值之间相关关系，它有直观简便的优点。通过散点图对数据的相关性进行直观的观察，不但可以得到定性的结论，而且可以通过观察剔除异常数据。

如图 5–17 所示，图（a）表明 X 和 Y 之间为完全线性相关，X 增大时，Y 也显著增大，此时为正相关；若 X 增大时，Y 却显著减小，则为负相关。图（b）表明 X 和 Y 之间存在一定的线性相关性。图（c）表明 X 和 Y 之间存在相关关系，但这种关系比较复杂，是曲线相关，而不是线性相关。图（d）表明 X 和 Y 之间不相关，X 变化对 Y 没有什么影响。

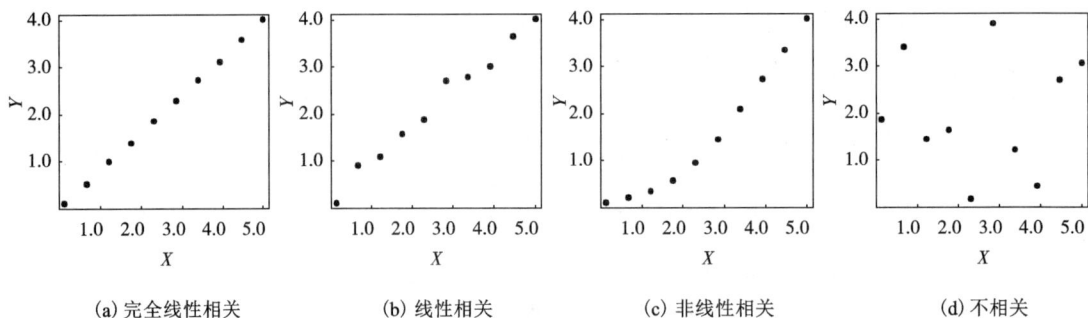

(a) 完全线性相关   (b) 线性相关   (c) 非线性相关   (d) 不相关

图 5-17　散点图类型

5.4.2.5　频率分布图

任何一组数据都可以分为多个级别，并且可以计算每个等级内数据的个数。对于一个变量按照测量范围进行等宽度分级，统计数据落入各个级别中的个数或占总数据的百分比，这一组频率值组成频率分布，其图形即为直方图。直方图可以直观地反映数据分布特征、总体规律，可以用来检验数据分布形式和寻找数据特异值。如图 5-18 所示，为某矿山 SFe 质量分数的直方图，从图中可以看出，SFe 质量分数大致服从正态分布。

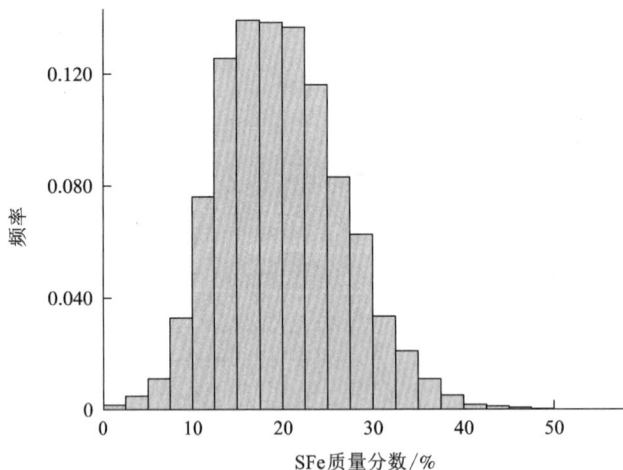

图 5-18　SFe 质量分数直方图

直方图级别的数量要根据数据个数和数据值的范围来确定。通常情况下，数据个数越少，所需级别的数量也越少，才能更好地表示数据。相同的区间宽度确保每个条带的面积与该级别的频率成正比。

5.4.2.6 趋势分析图

样点的位置可以在 X、Y 平面上来表示, 对于感兴趣的属性值, 则可通过垂直方向上的 Z 轴来表示, 构成三维趋势分布图, 如图 5-19 所示。在进行趋势分析时, 将 Z 轴数据值分别投影到 X、Z 平面和 Y、Z 平面作散点图, 这也可以被看作是三维数据的侧视图, 然后用多项式来拟合投影平面上的散点图。如果经过投影后的曲线是平直的, 表明没有趋势; 如果多项式有确定的形式, 如是呈上升趋势的曲线模式, 则表明数据中存在全局趋势。

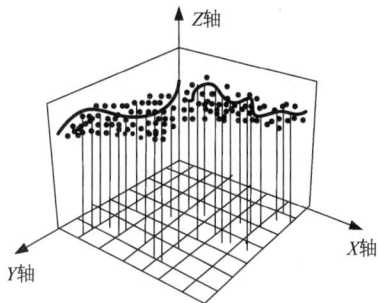

图 5-19 趋势分布图

为了识别数据中的全局趋势, 检查在投影平面上是否有一条非平直的曲线。如果数据中存在着全局趋势, 可以使用某种确定性内插方法(如全局多项式或局部多项式)来生成一个表面, 或者通过半变异函数/协方差函数的克立格模型模拟来剔除全局趋势。

如果能识别和量化全局趋势, 那么就能对数据作更深入的了解, 从而作出更好的决策。

5.5 空间三维分析

空间三维分析是地理信息系统(GIS)中的一项关键任务, 它涉及对三维地理数据进行获取、处理、分析和可视化的过程。这种分析通常包括对地形、地貌、建筑物、自然资源等三维地理实体进行研究和理解。通过空间三维分析, 我们可以更好地理解和利用空间数据, 为决策提供准确和客观的支持。

5.5.1 地形表面信息计算

(1)距离

用鼠标在 DEM 模型上任意选取两个不同的点, 距离 S 为两点连线与模型的一系列交点 (X_i, Y_i, Z_i) 间的距离 $D_{i, i+1}$ 之和, 得到连线与模型一系列交点的三维坐标, 利用以下公式可以计算空间两点的距离:

$$S = \sum D_{i, i+1}$$

$$D_{i, i+1} = \sqrt{(X_{i+1} - X_i)^2 + (Y_{i+1} - Y_i)^2 + (Z_{i+1} - Z_i)^2}$$

显然, 这样计算的距离长度是沿地形表面计算出的长度, 而非一般意义上的平面距离, 因此该值与实际长度具有很好的一致性。

(2)面积

①剖面积

剖面切割后需要计算投影面积, 即任意多边形在水平面上的面积。可以采用海伦公式进行计算, 但通常采用梯形法则来计算投影面积

$$S = \sum_{i=1}^{n-1} \frac{Z_i + Z_{i+1}}{2} \cdot D_{i,\ i+1}$$

式中：n 为交点数；$D_{i,\ i+1}$ 为 P_i 与 P_{i+1} 之间的距离，同理可计算任意横断面面积。

②表面积

地形表面积可看作是由其所包含各个网格的表面积之和，若网格中有特征高程点或地形线，则可将小网格分解为若干小三角形，求出他们斜面面积之和，就得出该网格的地形表面面积之和。若网格中没有地形线，则可计算网格对角线交点处的高程，用四个共顶点的斜三角形面积之和作为网格的地形表面。

空间三角形面积的计算公式如下。

三个边长为：

$$S_i = \sqrt{\Delta x^2 + \Delta y^2 + \Delta z^2}$$

面积为：

$$A = \sqrt{P(P - S_1)(P - S_2)(P - S_3)}$$

式中：

$$P = \frac{1}{2}(S_1 + S_2 + S_3)$$

5.5.2　等值线(面)生成

(1)等值线

等值线是连接相邻且具有相同属性值的点的线，如果属性值为高程值则等值线为等高线，在 Grid 数据和 TIN 数据中均可以绘制等值线。

①从 Grid 数据中绘制等值线

从高程分层设置灰度图中看到，不同灰度带间的边界就是等值线。从 Grid 数据绘制等值线一般要经过三个步骤：第一步，计算各条等值线和网格边界交点的坐标值，找到一系列等值点，这是一个数据插值的过程；第二步，找出一条等值线的起始等值点(线头)，并确定判断和识别条件，以追踪一条等值线的全部等值点，因为相同高程的等值点连成的等值线通常不止一条，若是闭合线必位于区域内部，其线上任一等值点均可作为线头和线尾，若是开曲线，其起始等值点和终止等值点一定位于边界的最外边上；第三步，采用合适的样条函数，连接各等值点为一条光滑曲线。

②从 TIN 数据中绘制等值线

首先在确定三角形边上存在等值点后，用内插法求得等值点的坐标，然后找出起始等值点，并追踪等值点。由于三角网比方格网复杂，所以线头找到后需要计数，且内插得到的等值点按三角形的序号排列，以便按一条等值线通过的先后顺序排列进行追踪。

(2)等值面

等值面是空间中所有具有某个相同值的点的集合。它可以表示为：

$$\{(x,\ y,\ z) \mid f(x,\ y,\ z) = c\}$$

式中：c 是常数。等值面在一个边界体素内的部分称为该体素内的等值面片，并非每个体素内都有等值面片，比如当体素的八个角点都大于 c 或者都小于 c 时，就不存在等值面片。只

有存在既有大于 c 又有小于 c 的角点的体素才含有等值面片，通常称这样的体素为边界体素。等值面是由许多个等值面片组成的连续曲面，文中在边界体素中生成三角面片，以三角面片拟合等值面，待重建的矿体表面为 $c=0$ 的等值面。

在三维空间规则数据场中构造等值面的方法有很多种，如 MC 算法、MT 算法、剖分立方体（dividing cubes）方法、立方体（cuberille）方法等，其中最具代表性的是 MC 方法。在 MC 算法中，体素是一个逻辑上的立方体，八个数据点位于体素的八个角上。

由于每个体素有 8 个顶点，每个顶点可能有 0，1 两个状态，分别表示顶点位于等值面外和位于等值面内，因此每个体素按其 8 个顶点的 0，1 分布而言，共有 $2^8=256$ 个不同的状态。分析立方体体素两种不同的对称性，可以将 256 种不同的情况简化为 15 种，如图 5-20 所示。

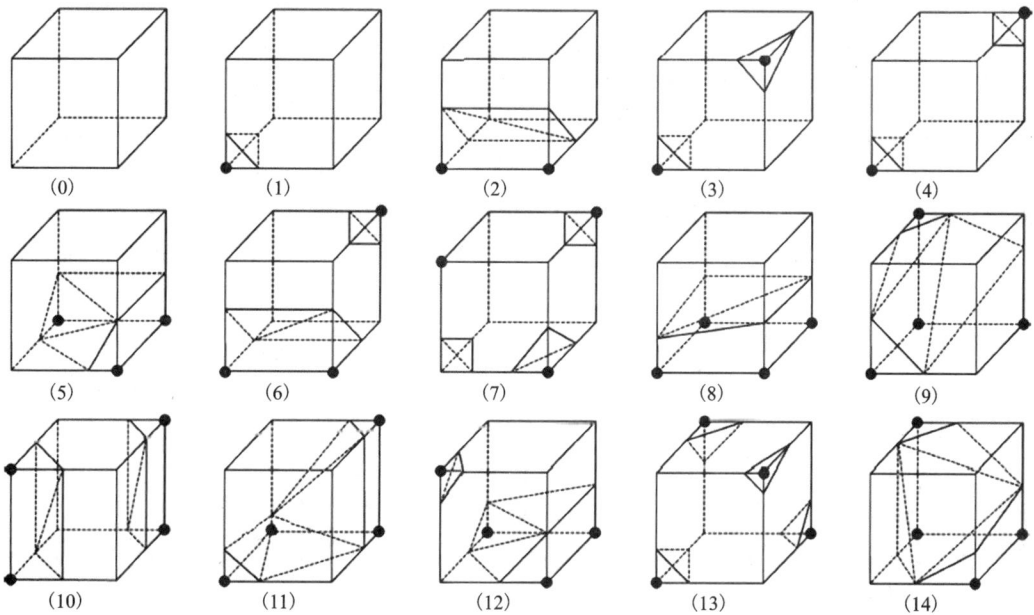

图 5-20　体素中等值面的 15 种基本构型

Durst 通过分析基本体元状态模型，提出在立方体的一个面上，如果位于等值面内外的顶点分别分布在对角线的两端，就存在两种连接方式；当相邻的两个立方体在公共面上采取不同的连接时，就会出现孔洞。如图 5-21 所示，相邻的两个体元，它们邻接的面存在二义性，如果在各自体元内，面与等值线的交线不一致，所构造的等值面会出现孔隙。在 15 种基本构型中，3，6，7，10，12，13 都会有多种连接方式，存在二义性问题。如何从 2 种以上的连接模式中选择正确的模式是解决二义性的关键。解决这种面上二义性的算法主要有两类：四面体剖分算法和双曲线渐近线算法。

四面体剖分算法能够解决拓扑二义性，但 Cignoni 等认为，四面体剖分算法中等值面的构造与剖分方式有关，如果相邻立方体单元剖分不一致同样会产生裂缝。另外，在立方体内的等值面没有二义性时，立方体也会被剖分处理，大大增加了算法的时间复杂度，因此较少应用。

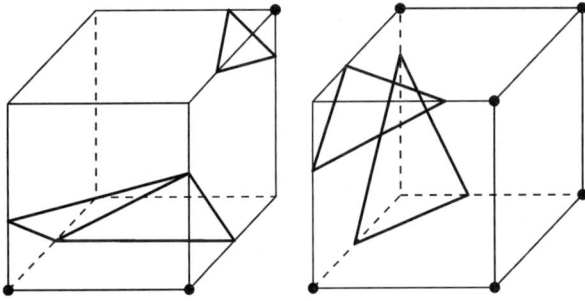

图 5-21　相邻体元面上交线方式不一致形成孔隙

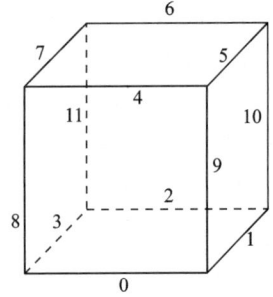

图 5-22　体素边编号方式

Nielson 提出使用双曲线渐近线算法来解决面上的二义性，等值面与立方体某一面的交线是一组双曲线或者其中的一支。当两支双曲线都与立方体表面相交时，就会出现二义性，此时两支双曲线将立方体表面分成三个区域。可以证明，双曲线渐近线的交点总是和其中一对交点落在同一个区域，比较渐近线交点和等值面的标量值，若渐近线交点的标量值大于等值面的标量值，则标量值大于等值面标量值的一对顶点与该交点落在同一个区域；反之亦然。

本节采用双曲线渐近线算法来解决面上的二义性问题，则基于 MC 方法求等值面的算法流程如下。

①构造"等值面三角形构型"查找表，该表包含 256 个索引项，每个索引项信息为等值面三角形顶点所在体素的边号。如果对体素的边进行如图 5-22 所示的方式进行编号，则图 5-20(0) 记录信息为：{-1, -1, -1, -1, -1, -1, -1, -1, -1, -1, -1, -1, -1, -1, -1, -1}，而图 5-20(1) 记录信息为：{0, 3, 8, -1, -1, -1, -1, -1, -1, -1, -1, -1, -1, -1, -1, -1}，其中 0, 3, 8 表示等值面的一个三角形面片的三个顶点是 0, 3, 8 号边与等值面的交点形成，-1 表示不存在的边。索引就是体元 8 个顶点标记的有序二进制编码，代表了体元的 256 种状态。

②将体元的 8 个顶点的值与预先给定的等值面值进行比较，根据结果构造该体元的状态标志项。

③从"等值面三角形构型"查找表中取出该状态标志项的记录信息，如果是存在二义性的项，使用双曲线渐近线算法来解决二义性。

④如果体素边界与等值面存在交点，则通过边线两端点的坐标线性插值计算交点坐标，并将交点作为等值面三角形的顶点。

⑤连接所有体素等值面三角形面片，形成等值曲面。

5.5.3　体积计算

(1)面模型体积计算

①DTM 或 DEM 的体积

由四棱柱(无特征的格网)与三棱柱体积进行累加得到，四棱柱体上表面用抛物双曲面拟合，三棱柱体上表面用斜平面拟合，下表面均为水平面，计算公式分别为：

$$V_3 = (Z_1 + Z_2 + Z_3)/3 \times S_3$$

$$V_4 = (Z_1 + Z_2 + Z_3 + Z_4)/4 \times S_4$$

式中：S_3 与 S_4 分别是三棱柱与四棱柱的底面积。

根据以上两个公式可计算工程中挖方、填方及土壤流失量。在对 DEM 模型进行挖或填后，体积由原始的 DEM 体积减去新的 DEM 的体积求得，即

$$V = V_{老DEM} - V_{新DEM}$$

当 $V > 0$ 时，表示挖方；当 $V < 0$ 时，表示填方；当 $V = 0$ 时，表示既不挖方也不填方。

②TIN 封闭模型的体积

一是基于"散度定理"计算。

设多面体为 S，其封闭空间中的一个简单的互连区域为 R，该多面体的 n 个面为 S_i，其中，$0 \leq i < n$。设 S_i 指向外的单位长度法线为 $\vec{n_i}$，顶点为 $P_{i,j}$，其中 $0 \leq j < m(i)$ [$m(i)$ 为面 i 的顶点个数]，当从外面观察时，它们是逆时针排列的，即法线方向都指向封闭体的外面。根据散度定理，该多面体所包围的体积推导如下。对于具有边界曲面 S 的一个简单互连区域 R，有：

$$\iiint \vec{\nabla} \cdot F \mathrm{d}x\mathrm{d}y\mathrm{d}z = \iint F \cdot \vec{n} \cdot (x, y, z) \mathrm{d}\sigma$$

式中：$F(x, y, z) = [F_1(x, y, z), F_2(x, y, z), F_3(x, y, z)]$ 是一个微分向量域；$\vec{\nabla} \cdot F = \dfrac{\partial F_1}{\partial x} + \dfrac{\partial F_2}{\partial y} + \dfrac{\partial F_3}{\partial z}$ 是该向量域的散度；$\vec{n}$ 是曲面 S 指向外的法线向量；$\mathrm{d}\sigma$ 是这个曲面上的无限小元素。当选择 $F = (x, y, z)/3$ 时，就得到体积公式。此时，$\vec{\nabla} \cdot F \equiv 1$，并且有：

$$\text{Volume}(R) = \iiint_R \mathrm{d}x\mathrm{d}y\mathrm{d}z = \frac{1}{3} \iint_S \vec{n} \cdot (x, y, z) \mathrm{d}\sigma$$

由于这个多面体是一个不相交的并集 $S = \bigcup_{i=0}^{n-1} S_i$，右边的积分成为多个积分的和，每一个积分都与多面体的一个多边形面积相关，即：

$$\iint_S \vec{n} \cdot (x, y, z) \mathrm{d}\sigma = \sum_{i=0}^{n-1} \iint_{S_i} \vec{n_i} \cdot (x, y, z) \mathrm{d}\sigma$$

式中：$\vec{n}$ 是 S_i 指向外的法线。S_i 的平面方程为 $\vec{n_i} \cdot (x, y, z) = c_i$，$c_i$ 为常数。位于多边形上的任何点都可确定该常数，特别地，$c = \vec{n} \cdot P_{0,i}$。这个积分进一步简化为：

$$\sum_{i=0}^{n-1} \iint_{S_i} \vec{n_i} \cdot (x, y, z) \mathrm{d}\sigma = \sum_{i=0}^{n-1} \iint_{S_i} c_i \mathrm{d}\sigma = \sum_{i=0}^{n-1} c_i \text{Area}(S_i) \tag{5-11}$$

将平面多边形的面积公式 $\text{Area}(R) = \dfrac{1}{2} \vec{n} \cdot \sum_{i=0}^{n-1} (P_i \times P_{i+1})$ 代入式(5-11)，即得到体积公式为：

$$\text{Volume}(R) = \frac{1}{6} \sum_{i=0}^{n-1} \left[(\vec{n_i} \cdot P_{0,i}) \vec{n_i} \cdot \sum_{j=0}^{m(i)-1} (P_{i,j} \times P_{i,j+1}) \right] \tag{5-12}$$

体积公式(5-12)的推导前提条件为表面模型是有效的(即不存在相交三角形、无效边等)、封闭的且各个面片的法向方向都指向外面。对于表面模型的封闭性判断比较简单，通过遍历所有三角形网格单元的边，如果存在不被两个三角形共享的边，则该表面模型不封闭。当然，如果有一条边被三个及以上的三角形共享，则这样的边为无效边，同样不满足条

件。对于不满足法向方向都指向外面条件的封闭体，需要进行一致化处理或应用后面的方法进行计算。

二是基于构建正六面体计算。

在实际应用中，可能存在不满足以上条件，但处理起来又相当困难的网格模型，比如存在细小的、难以用肉眼观察到的相交三角形、无效边等，此时通过处理满足计算要求是相当困难的，对于这种情况可先将网格模型体素化，再基于体模型进行体积计算。正六面体化是最简单的体素化方法。面模型仅仅是一个空壳，所谓面模型正六面体化就是将表面模型所包裹的空间用六面体充填起来。六面体填充运算中关键问题就是点在多面体内外判定，为了提高运算的健壮性与高效率性，可将点在多面体内判定的三维问题转化为点在多边形内判定的二维问题，即用扫描法交点奇偶性判断法。表面模型六面体化算法流程如下：

第一步，求表面模型体的最小外包；

第二步，按所提供的六面体单元块尺度对整个最小外包进行六面体剖分；

第三步，沿任意一轴，过六面体中心点并垂直于该轴做平面切割表面模型，形成一系列轮廓线，平面切割表面模型形成轮廓线利用隐函数（implicit function）来实现平面切割算法，这种方法省去大量几何计算，大大提高了运算速度；

第四步，在二维空间用栅格扫描法找出处于表面模型内的六面体，采用通过体素中心点的射线与轮廓线求交点，然后通过交点的奇偶性来判断点与多面体的内外关系，从而达到判断体素与多面体的内外关系。

（2）体模型体积计算

体模型体积计算非常简单，就是总和所有体素的体积即为原表面模型的体积，即：

$$\text{Volume}(R) = \sum_{i=0}^{n} v_i$$

式中：v_i 为每个体素的体积；n 为体模型的体素个数。

5.5.4 三维空间布尔分析

三维空间布尔分析是指在三维空间中对三维对象进行布尔运算，以分析它们之间的关系，生成新的三维对象或进行空间操作的过程。这类分析主要应用于三维建模、计算机辅助设计（CAD）、虚拟现实（VR）、计算机图形学等领域。以下是一些常见的三维空间布尔分析。

（1）三维对象的交集分析：分析两个或多个三维对象的交集，确定它们在三维空间中的重叠区域。

（2）三维对象的并集分析：分析两个或多个三维对象的并集，将它们的所有部分合并为一个整体。

（3）三维对象的差集分析：分析一个三维对象减去另一个三维对象，得到剩余的部分，即去除它们在三维空间中重叠的部分。

（4）三维对象的对称差集分析：分析两个三维对象的对称差集，得到它们之间的非重叠部分。

三维空间布尔分析根据数据模型的不同可以分为栅格布尔分析、矢量布尔分析。栅格布尔分析较为简单，矢量布尔分析较为复杂，矢量三维模型以三维三角形网格模型较为常见。

基于三角形网格模型的空间布尔运算实现方法，首先要确保网格模型是可定向的流形网格，可定向网格是指网格的相邻面具有一致的次序，而流形网格则要求网格的每一条边最多被两个面共享。设 F_1 和 F_2 共享边小于 V_1、V_3 大于的相邻的两个面，如果 V_1 和 V_3 在面 F_1 上依次出现，那么，在 F_2 上它们出现的次序必须为 V_3、V_1，如图 5-23 所示。如果一个网格的所有网格都满足该要求，则这样的网格模型为可定向的。在所有的图形学应用程序中，几乎都要求网格是可定向的。对于非可定向网格模型可以通过如下算法进行调整：以一个网格作为"种子"，找出与其相邻的所有网格，判断它们与"种子"网格共享边的两顶点是否出现的次序正好相反，否则改变相邻网格的顶点序列，将这些相邻网格作访问标记，以便以后不再访问，并将它们作为"种子"的"繁衍对象"，再作为新的"种子"进行如上操作，直到不再有"繁衍对象"产生。

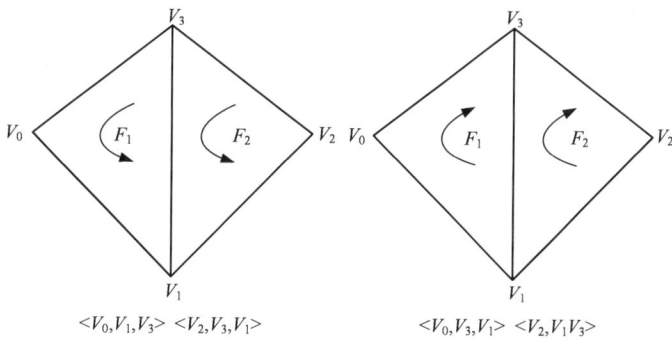

图 5-23　可定向流形网格

本书所提出的算法，既适用于三角形网格，也适用其他多边形网格，为方便讲述，文中将以三角形网格为例。实现三维网格模型的空间布尔运算的基本步骤如下：

(1)根据相交测试求出两两相交的三角形面片之间的交线；

(2)根据空间位置关系，建立交线间的拓扑关系，使交线首尾相连(不一定封闭)；

(3)由相交三角形与它的交线得到多边形，由所有多边形形成"结果交域"；

(4)对"结果交域"中的多边形进行三角化并加入到结果网格中；

(5)最后根据这些"结果交域"，通过网格间的邻接关系判断非相交网格的取舍，得到最终结果。

以下将对布尔运算实现方法进行具体阐述，并对其中应用到的原理、特殊情况处理、需要注意的问题及所采用的技巧进行详细说明。

思考题

1.什么是空间关系分析？主要包含哪些分析内容？

2.认真理解最短路径分析的各种算法，它们各有哪些优缺点及适应性？

3.什么是最小生成树，举例说明有哪些应用场景？

4.什么是最大流，举例说明有哪些应用场景？

5.什么是空间统计学分析？与统计学分析有什么异同点？

6. 空间统计学分析为什么需要理论假说?

7. 空间插值方法有哪些,分别有哪些技术特点?

8. 克立格插值属于确定性插值还是非确定性插值,为什么?

9. 距离幂次反比法属于地质统计学法吗?为什么?

10. 克立格插值有哪些主要方法,分析它们的适用性。

11. 探索性空间数据分析主要用途是什么?

12. 探索性空间数据分析有哪些主要方法?各自有什么用途?

13. 思考等值线(面)求取会有哪些用途?

14. 思考三维空间布尔运算会有哪些用途?

第6章　数字化地测技术

通过数字化手段和工具开展地质、测量业务是数字矿山建设目标之一，有重要意义，其业务处理的成果是数字化规划、设计、排产及智能化作业、运营管理的重要依据和基础。主要包括基于三维模型进行资源储量管理、动态资源储量管理，应用数字化手段进行测量验收、量算；等等。

6.1　填挖方量计算方法

矿山填挖方量常用的计算方法有：方格网法、等高线法、断面法、散点法、DTM 法等，以上方法主要根据数据源的不同进行分类。方格网法适合地形起伏较小、坡度变化平缓的场地；等高线法适合地面起伏较大、坡度变化较多的场地，使用该方法计算时必须与断面法和平均高程法结合使用；断面法主要适合山地及高差较大的地形；散点法适合地形起伏均匀的地形；DTM 法适合地形复杂、不规则、数据量较小、要求精度较高的场地。随着三维可视化技术的发展，散点、等高线、规则格网等数据都可以通过各种插值方法生成由不规则三角网（TIN）构成的 DTM。以 DTM 为数据源计算填挖方量包括 4 种方法：剖面法、网格法、三角网法、块段法。在实际使用中，由于各种方法原理不同，对数据的适应性不同，计算结果存在差距。

6.1.1　剖面法

为了求得边界范围内填挖实体的体积，按照设定的剖面间距和方向剖切 DTM（如图 6-1 所示），从而形成若干个平行的剖面，剖面与计算边界线形成相应的封闭区域（如图 6-2 所示）。提取封闭区域的顶点，按照多边形面积计算原则，采用式（6-1）计算封闭区域的面积：

$$S = \frac{1}{2} \sum_{i=1}^{n} (x_i y_{i+1} - x_{i+1} y_i) \tag{6-1}$$

式中：(x_i, y_i) 为多边形顶点的坐标（$i=1, 2, 3, \cdots, n$）。当 $i=n$ 时，$x_{n+1}=x_1$，$y_{n+1}=y_1$。

面积相对差 $k=(S_1-S_2)/S_1$，根据相邻两个剖面的封闭区域对应面积关系选择合适的公式计算体积，公式选择原则如下。

当 $k \leqslant 40\%$ 时，采用棱柱体公式：

$$V = \frac{1}{2}(S_1 + S_2) \times L$$

当 $k \geq 40\%$ 时，采用截锥体公式：

$$V = \frac{1}{3}(S_1 + S_2 + \sqrt{S_1 + S_2}) \times L$$

当 $S_2 = 0$，楔形尖灭时，采用楔形体公式：

$$V = \frac{1}{2}S \times L$$

当 $S_2 = 0$，锥形尖灭时，采用角锥体公式：

$$V = \frac{1}{3}S \times L$$

如图 6-2 所示，当 Ⅰ 期高于 Ⅱ 期时，该体积为挖方；当 Ⅱ 期高于 Ⅰ 期时，该体积为填方。分别累加每组相邻剖面所计算的填挖实体体积即为该工程的填挖方量。

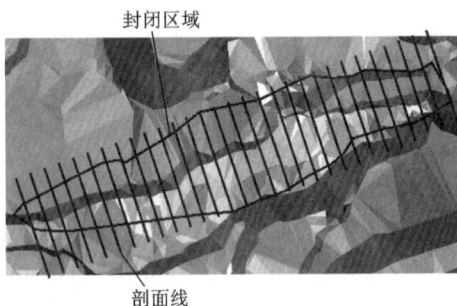

图 6-1 剖面部分

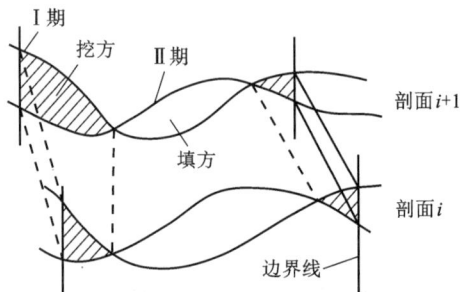

图 6-2 相邻剖面

由剖面法原理分析可知，该方法存在误差主要是由于以下原因：①该方法将非线性剖面面积以线性的方式表达，用规则形体估算不规则形体的体积；②当剖面间距无穷小时，计算的结果最接近准确值，但在工程实际运用中，考虑到计算速度和硬件条件，只能选择一定的间距进行计算；③在相邻剖面的间距内，可能会出现两期 DTM 交叉的现象；④在计算区域内的垂直剖面方向上，两个端部的体积采用尖灭的方式计算也存在误差。

6.1.2 网格法

根据地形的特征和计算精度的要求，按照一定的单元尺寸对计算区域内的两期 DTM 分别进行平面规则网格化，提取每个单元的中心点，通过射线交叉法进行点在多边形内的搜索，舍去中心点在边界范围外的单元。每个中心点的高程等于该点在相应 DTM 上正交投影点的高程（如图 6-3 所示），每个单元的高程即为其中心点的高程。通过两期高程变化计算边界内单元的高差，大于零时为挖方，小于零时为填方。上下对应网格单元按照柱体规则计算体积，分别累加相应体积即为填挖方量。

由网格法原理分析可知，该方法存在误差。一方面，在网格划分时，网格尺寸越小，其计算结果越接近实际值，在实际应用中，综合考虑计算速度和计算精度，只能选取一定的网

1.79	1.58	3.05	1.31	1.62	0.62	2.24	3.01
1.78	1.56	3.03	1.22	1.61	0.86	2.18	1.03
1.53	1.32	3.55	1.12	1.36	0.59	2.03	2.07
1.24	1.04	3.37	0.92	1.24	0.49	0.94	0.79
1.27	1.04	3.27	0.95	1.29	0.51	0.95	0.82
1.07	0.79	3.18	0.84	1.15	0.38	0.79	0.70
0.93	0.74	3.05	0.74	1.30	0.54	0.79	0.60
0.82	0.64	0.98	0.67	1.06	0.25	0.85	0.52

1.19	1.18	2.15	1.01	0.82	0.72	0.59	0.51
1.09	1.06	1.03	0.42	0.74	0.58	0.43	0.43
0.93	0.92	2.55	0.62	0.56	0.42	0.35	0.37
0.64	0.64	2.67	0.62	0.44	0.29	0.29	0.28
0.67	0.54	2.47	0.56	0.39	0.21	0.20	0.22
0.47	0.39	2.42	0.54	0.35	0.12	0.14	0.20
0.33	0.34	2.32	0.45	0.30	0.14	0.13	0.10
0.22	0.24	1.28	0.36	0.26	0.15	0.00	0.02

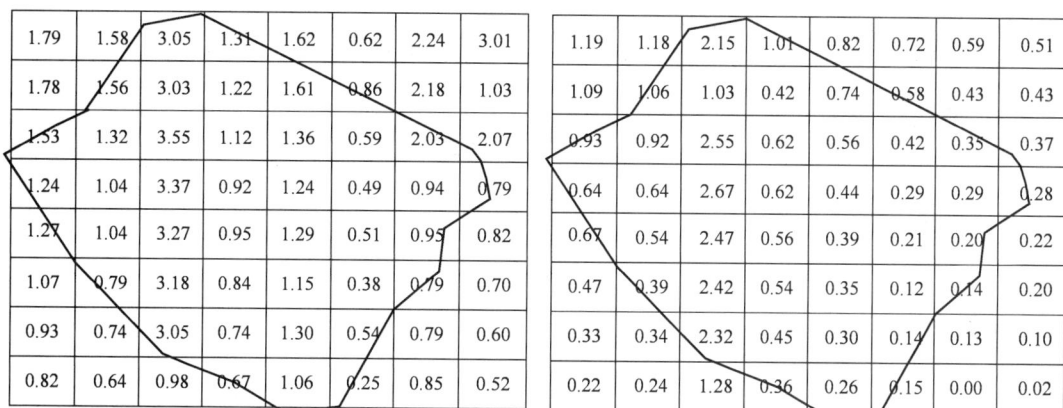

图 6-3　对每个单元中心点赋高程

格尺寸进行划分，在计算填挖方量时，由于网格尺寸的问题，导致边界范围内存在计算死角以及部分网格超出边界范围，如图 6-4(a) 所示；另一方面，该方法是通过累加上下网格对应形成的柱体体积来计算填挖方量的，由于每个柱体的顶底面高程分别由各自中心点在相应的 DTM 上投影位置的高程确定，这会产生一定的高程误差，如图 6-4(b) 所示。

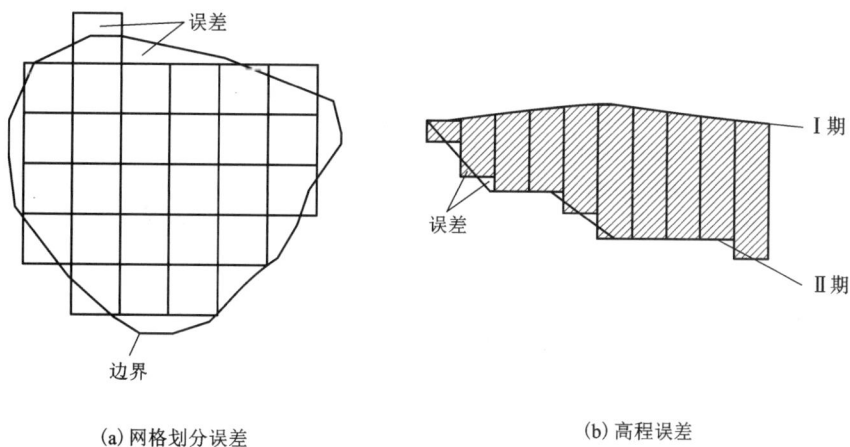

(a) 网格划分误差

(b) 高程误差

图 6-4　网格法的误差区域

6.1.3　三角网法

设 Ⅰ 期和 Ⅱ 期地形模型分别为 DTMⅠ 和 DTMⅡ，首先分别取出 DTMⅠ 和 DTMⅡ 在边界范围内的所有三角形顶点，如图 6-5 所示，并将 Ⅰ 期和 Ⅱ 期中的点相互投影到对方的 DTM 上，如图 6-6 所示，可见投影后 Ⅰ 期和 Ⅱ 期中的点在 X、Y 面上相同，仅高程不同，然后分别对 Ⅰ 期和 Ⅱ 期构建 Delaunay 三角网，如图 6-7 所示。由于 Delaunay 三角网在二维平面三角网中是唯一的、最稳定的，即上下两个重新构建的三角网在拓扑连接上完全相同，这样可将

Ⅰ期和Ⅱ期中的三角形上下连接形成三棱柱。若三棱柱顶面三角形为Ⅰ期则是挖方，反之则为填方。分别累加相应三棱柱的体积即为填挖方量，见公式(6-2)、(6-3)。

$$V_{挖} = \sum v_{挖} \tag{6-2}$$

$$V_{填} = \sum v_{填} \tag{6-3}$$

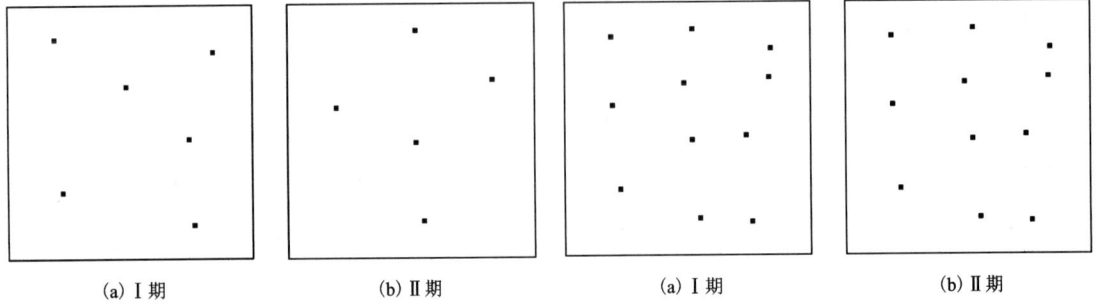

(a) Ⅰ期　　　　　　(b) Ⅱ期　　　　　　(a) Ⅰ期　　　　　　(b) Ⅱ期

图 6-5　边界范围内两期地形 DTM 的三角形顶点　　图 6-6　Ⅰ期和Ⅱ期中的点相互投影

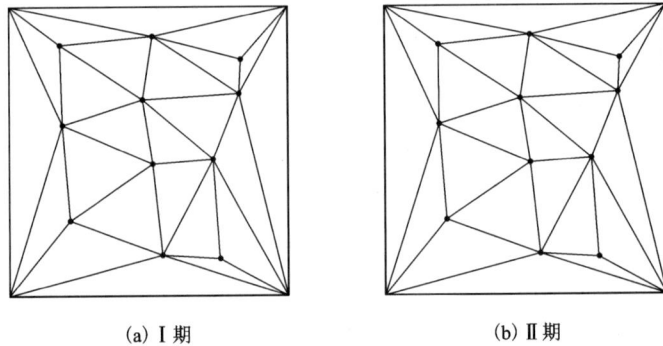

(a) Ⅰ期　　　　　　(b) Ⅱ期

图 6-7　对Ⅰ期和Ⅱ期中的点构建 Delaunay 三角网

由三角网法原理分析可知，该方法存在误差。一方面，在对台阶状地形进行 Delaunay 划分时，会破坏原始的台阶状地貌，如有露天矿坡顶底线约束 Delaunay 形成的台阶，而重新建立 DTM 时只是通过顶点构建 Delaunay 三角网，出现"削平"台阶的现象；另一方面，该方法没有考虑两期 DTM 三角相交的情况。

6.1.4　块段法

如图 6-8 所示，按照一定的块段尺寸将Ⅰ期、Ⅱ期边界所组成的三维区域离散化，并舍去中心点在区域外的块段。计算区域内两期 DTM 的高差，若高差大于零，则该区域为挖方，反之为填方。分别累加相应区域内的块体体积即为填挖方量。

网格法仅在 X、Y 方向上将计算区域离散化，计算填挖区域内的柱体体积，而块段法是在 X、Y、Z 方向上进行离散，计算填挖区域内块体体积。

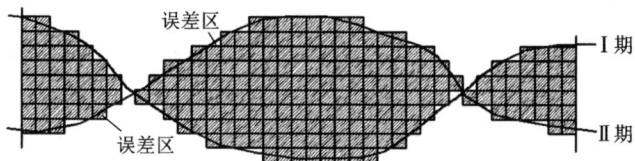

图 6-8　三维计算区域块段化

由块段法原理分析可知，该方法无法采用无穷小的块体尺寸将三维计算区域离散化，导致计算误差较大，特别是当块体较大时，该方法对模型质量要求不高。

6.2　资源储量三维估算

资源储量三维估算方法主要有两大类：几何法和插值法。几何法包括块段法和断面法，插值法主要有距离幂次反比法和克立格插值法。

基于三维方法进行资源储量估算时，首先基于探矿工程的数据进行地质解译建立矿体模型，基于开采范围建立地质属性模型。然后，在矿体模型的约束下通过某种插值方法对地质属性模型进行估值。最后，可基于矿体、任意区域模型或某属性进行资源储量统计，其流程如图 6-9 所示。

在进行三维资源储量统计时，插值方法主要用距离幂次插值法和克立格插值法，距离幂次插值法较为简单，本书主要介绍普通克立格法。

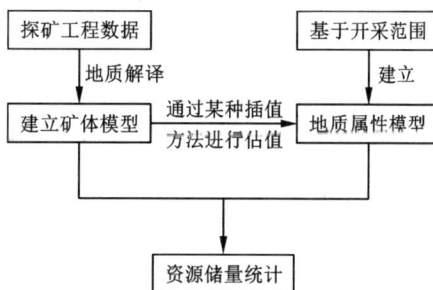

图 6-9　资源储量三维估算流程图

6.2.1　样品数据分析与奇异值处理

样品数据的统计分析，主要对样品数据进行探索性空间分析，用以引导确定性模型的结构和解法。通过研究数据的空间依赖与空间异质性，即描述空间分布，揭示空间联系的结构，给出空间异质的不同形式，发现奇异值。

奇异值，即特别大和特别小的数值。这些异常的数据与其他数据远远分开，在统计分析时可能会引起较大的误差，从而影响数据的有效性。特别大的奇异值对矿床资源估算产生的影响较大，这些奇异值通常称为特高品位。特高品位会影响试验变异函数的稳健性，可能造成周围单元块品位值被过高估计。

对于特高品位的处理，至今没有一个普遍接受的方法可以解决各种情况下的特高品位。目前，在矿业中广泛使用的方法是将特高品位替换为临界值。特高品位的识别可通过直方图辅助经验数据，即大于均值的 6~8 倍。

6.2.2 样长组合

地质统计学中对于区域化变量进行研究的第一步就是使数据满足相同承载的要求，即一定横截面积和长度的岩心样品。同样的空间变异性会随着载体的大小和形状的不同而发生变化。如果矿床的地质样品的取样长度是不均匀的，首先要将样品长度重新组合，确保数据在正常的载体上。样品组合主要有按样品长度组合和按台阶高度组合两种。

按样品长度组合方法中，组合后样品的属性值是原始样品属性值的加权平均值，如图 6-10 所示，组合样 L 由原始三个样品重新组成，参与组合的长度分别为 L_1、L_2 和 L_3，如果三个原始样品的品位分别为 G_1、G_2 和 G_3，那么组合后样品的品位 G_C 为：

$$G_C = \frac{L_1 G_1 + L_2 G_2 + L_3 G_3}{L_1 + L_2 + L_3}$$

按台阶组合，即在高度方向对样长进行组合，对直孔产生的结果与按长度组合是一样的。而对弯曲钻孔，组合样的长度并不一致，但其高程差相等，组合后样品的属性值需按样品参与组合部分的高度进行加权平均。

样品组合的计算公式为：

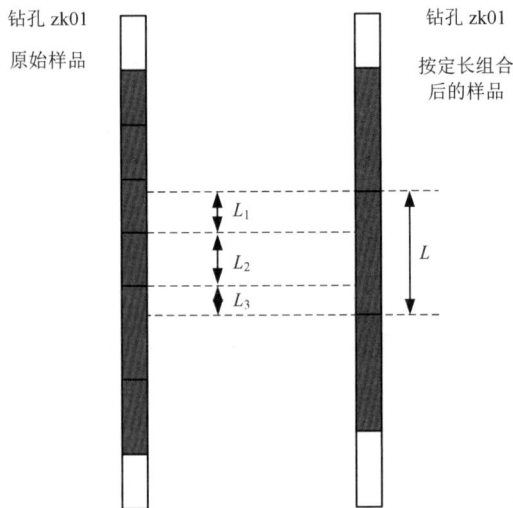

图 6-10 样品长度组合

$$G_C = \frac{\sum_{i=1}^{n} G_i \cdot L_i}{\sum_{i=1}^{n} L_i} \quad \left(L_C \geqslant \sum_{i=1}^{n} L_i \geqslant 0.75 L_C \right) \tag{6-4}$$

式中：G_C 是组合样的属性值；G_i 是参与组合新组合样的第 i 个样品的属性值；L_i 是第 i 个样品的长度，台阶组合时 L_i 为高度；$\sum_{i=1}^{n} L_i$ 是组合样的实际长度；L_C 为确定的组合样长度，台阶组合时是组合样的高度；n 是参与组合样计算的样品数。

在样品组合过程中，假定了每个样品的属性值是不变的，组合样的属性值对原始属性值的变异性进行了平滑，从而产生平滑效应。如果每个样品实际的属性值变化较大，组合样的长度小于原始样品的平均长度或者计算变异函数的滞后距 h 较小，这种平滑效应对于结构分析的影响是重大的。因此，在样品组合过程中，组合样的长度不能小于原始样品的平均长度。

样长组合使用钻孔三维模型数据时，根据所选择的主要属性进行组合，输出新的钻孔三维模型，算法的基本步骤如下。

(1)从钻孔三维模型中取出一个钻孔的数据。

(2)取出第一个样品，样品起点坐标和终点坐标分别为 (x_1, y_1, z_1) 和 (x_2, y_2, z_2)，判断

其长度 L 与组合样长度 L_C 的关系，分情况处理。

（3）如果 $L \geqslant L_C$，则新钻孔三模型中添加一个组合样，组合样的属性与原始样品一致，起点坐标为 (x_1, y_1, z_1)，终点坐标按式（6-5）重新计算：

$$x'_2 = x_1 + L_C \vec{t}_1, \quad y'_2 = y_1 + L_C \vec{t}_2, \quad z'_2 = z_1 + L_C \vec{t}_3 \qquad (6-5)$$

式中：$\vec{t}$ 为样品起点至终点向量的单位向量。

剩余长度 $L_r = L - L_C$，如果 $L_r \geqslant L_C$，添加一个组合样，起点为上一个组合样终点，终点计算方法同上，直至 $L_r < L_C$，此时剩余长度的样品作为下一个组合样的起始部分，$L = L_r$。

（4）如果 $L < L_C$，取出下一个样品，计算累积长度。若小于 L_C，继续取下一个样品，直至累积长度大于等于 L_C，转至步骤（3）。此时 L 为累积长度，(x_1, y_1, z_1) 和 (x_2, y_2, z_2) 为最后取出的样品的起点和终点坐标。组合样数字型属性根据式（6-4）进行计算，字符型属性取最长原始样的属性值。

若没有下一个样品，且累积长度大于等于 $0.75 L_C$，则添加一个组合样，否则对下一个钻孔进行组合。

以上是按样品长度组合的算法步骤，若是按台阶高度组合，则要改为计算样品的高度与组合样高度进行比较，然后进行组合。

6.2.3　区域化变量的结构分析

6.2.3.1　变异函数

变异函数通常绘制为 $\gamma(h)$ 和对应滞后距 h 的二维图形，图 6-11 为变异函数图及其主要组成。变程，记为 a，表示变量 $Z(x)$ 和 $Z(x+h)$ 之间相互关系消失的最大距离，当 $|h| \leqslant a$ 时，变量之间存在相关性，例如矿体中品位具有连续性；当 $|h| > a$ 时，不再具有相关性。基台表示当 h 超过某一距离后，变异函数稳定在一个极限值 $\gamma(\infty)$ 附近，反映了区域化变量在研究区域内的变异强度。基台值为随机函数的先验方差，此时协方差也存在。这种有基台和变

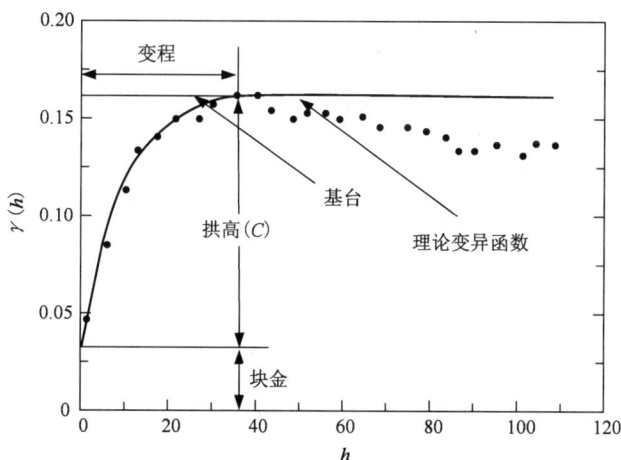

图 6-11　变异函数图及其组成

程的变异函数为"可迁型"的。块金，或块金效应，记为 C_0，反映变异函数在原点的间断性，可以是来自矿化现象的微变异性，也可能是测量误差带来的。块金表示变程远小于测点距离的全部变异性的残留影响。

确定变异函数的主要组成后，根据理论变异函数类型即可得到理论变异函数。研究分析实验变异函数和定义理论变异函数所需要的基本步骤如图 6-12 所示。

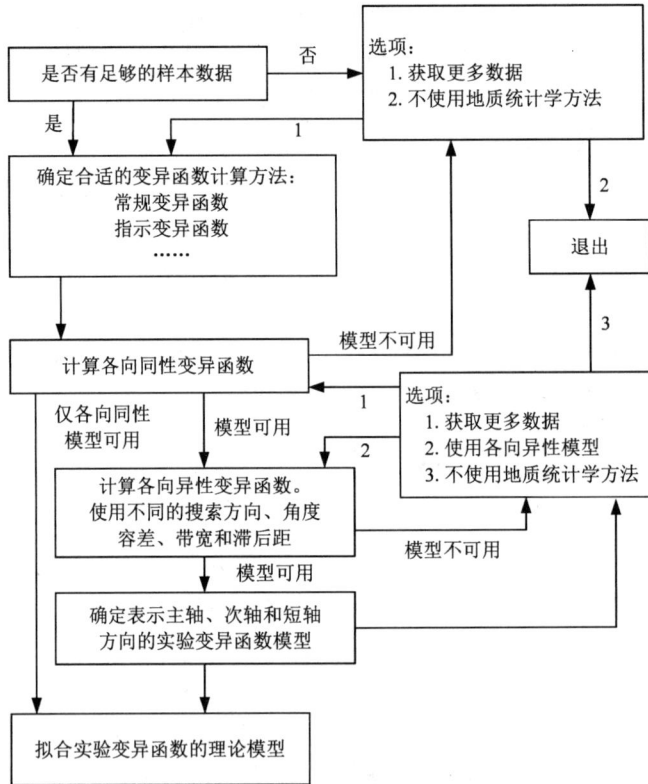

图 6-12　变异函数计算流程

实验变异函数和理论变异函数的主要区别在于：

（1）实验变异函数是离散的；

（2）理论变异函数使用数学公式表示实验变异函数反映的空间变异性，用于克立格算法。理论函数必须是正定的，以确保不出现非奇异解。

6.2.3.2　实验变异函数的计算

由式（5-4）可知，变异函数为：

$$\gamma(h) = \frac{1}{2} E[Z(x) - Z(x+h)]^2$$

其估计量为：

$$\gamma^*(h) = \frac{1}{2} \text{mean}\{[z(x) - z(x+h)]^2\}$$

式中：$z(x)$ 和 $z(x+h)$ 为向量 h 分隔的两个位置上 Z 的真实值。对于一组观测数据 $z(x_i)$ $[i=1,2,\cdots,N(h)]$ 计算公式为，

$$\gamma^*(h) = \frac{1}{2N(h)} \sum_{i=1}^{N(h)} [z(x_i) - z(x_i + h)]^2 \tag{6-6}$$

式中：向量 h 称为滞后距；$N(h)$ 是由滞后距 h 分隔的点对数目；$z(x_i)$ 和 $z(x_i+h)$ 分别称为向量分隔的点对的底部值和顶部值。通过改变滞后距 h 可以得到一组函数值，构成实验变异函数。

除由公式(6-6)计算的传统变异函数外，还有另外几种度量区域化变量变化特征的实验变异性度量方法。

(1)协方差函数。

$$C^*(h) = \frac{1}{N(h)} \sum_{i=1}^{N(h)} [z(x_i)z(x_i + h) - m_{-h}m_{+h}]$$

式中：m_{-h} 是底部值的均值；m_{+h} 是顶部值的均值。

(2)整体相对变异函数。将变异函数值用滞后距的底部值和顶部值的均值的平方来标准化。

$$\gamma_{GR}^*(h) = \frac{\gamma^*(h)}{\left(\dfrac{m_{-h} + m_{+h}}{2}\right)^2}$$

(3)成对相对变异函数。每一对都用它们的底部值和顶部值的均值的平方来标准化。

$$\gamma_{PR}^*(h) = \frac{1}{2N(h)} \sum_{i=1}^{N(h)} \frac{[z(x_i) - z(x_i + h)]^2}{\left[\dfrac{z(x_i) + z(x_i + h)}{2}\right]^2}$$

整体相对半变异函数和成对相对变异函数在数据量少、有特异值且服从正态分布的情况下比较有用。它们有时可以得到其他方法分析不出的空间结构和各相异性。

(4)对数变异函数。

$$\gamma_L^*(h) = \frac{1}{2N(h)} \sum_{i=1}^{N(h)} [\ln(zx_i) - \ln z(x_i + h)]^2$$

对数变异函数需要对数据取自然对数，所以数据值必须为正值。

(5)指示变异函数。将连续变量或离散变量根据不同的阈值或临界值进行指示转换后计算得到。

(6)绝对值变异函数。

$$\gamma_M^*(h) = \frac{1}{2N(h)} \sum_{i=1}^{N(h)} |z(x_i) - z(x_i + h)|$$

(7)方根变异函数。

$$\gamma_R^*(h) = \frac{1}{2N(h)} \sum_{i=1}^{N(h)} \sqrt{|z(x_i) - z(x_i + h)|}$$

使用绝对值变异函数或方根变异函数可以推断出几何各向异性和各向异性比，从而在此基础上获得样品的变异函数模型。

通常样品数据是不规则地分布在空间的，每一对样品之间都可能是一个唯一的 h，解决方法是采用分布于某个方向一定范围内的样品参与进行该方向的变异函数计算。因此在计算时需使用容差距离和容差角度，并限制搜索条带的水平宽度和垂直宽度。如图6-13所示，为点对搜索的二维示意图。凡是距离在滞后距加减容差距离范围内，方向与该方向夹角为容差角范围内，即图中两条圆弧之间的区域内的数据点均参与该方向变异函数的计算。

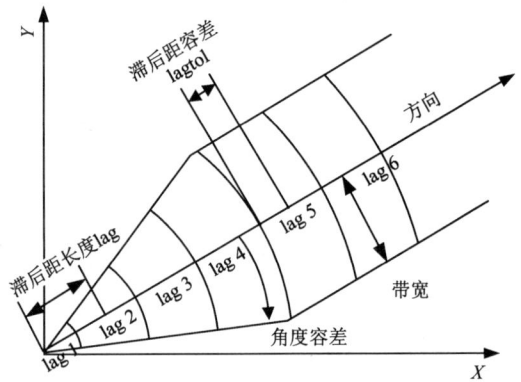

图6-13 变异函数点对搜索二维示意图

在三维环境下，全向变异函数的点对搜索需要指定方位角容差、倾角容差和垂直带宽，如图6-14(a)所示。指定某个方向的变异函数的点对搜索棱柱如图6-14(b)，它是在全向搜索策略的基础上增加方位角和方位角容差参数，如图6-14(c)所示。

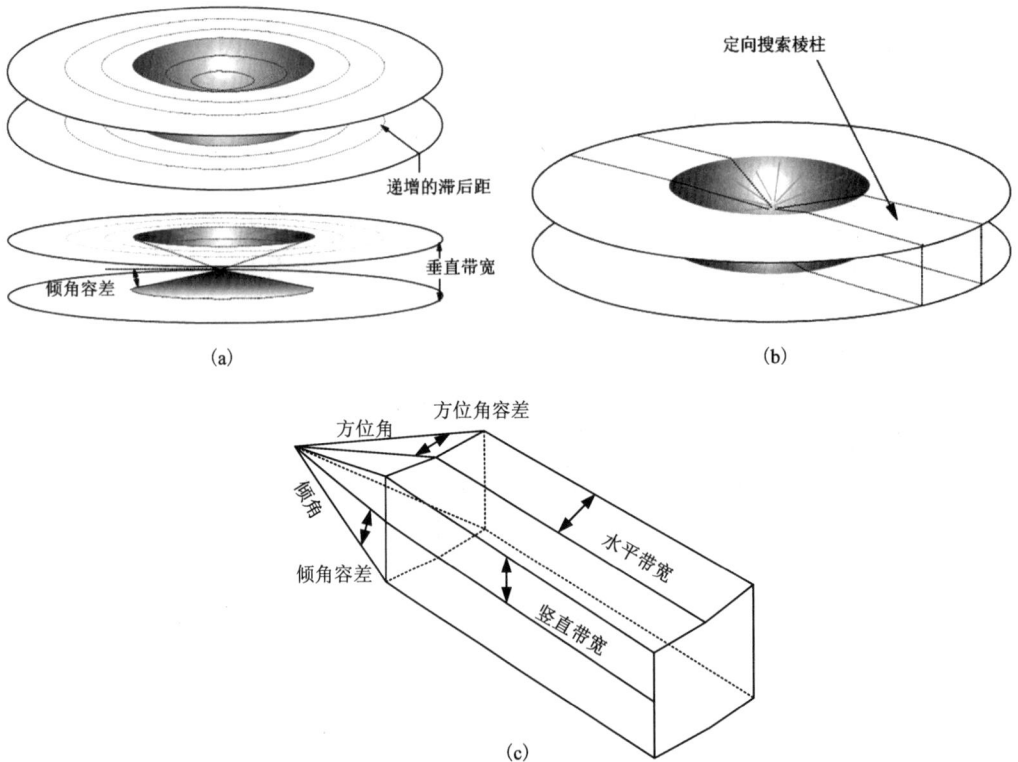

(a)

(b)

(c)

图6-14 三维空间变异函数点对搜索

对于三维空间某个方向的实验变异函数计算，设该方向的方位角为 azimuth，倾角为 dip，方位角容差和倾角容差分布为 atol 和 dtol；水平带宽为 bandwh，垂直带宽为 bandwv；滞后距长度为 lag，滞后距容差为 lagtol，要计算的滞后距数目为 nlag。实验变异函数的计算步骤如下。

（1）取出一对样品，样品点坐标分别为 (x_1, y_1, z_1) 和 (x_2, y_2, z_2)，计算坐标增量，$\Delta x = x_1 - x_2$，$\Delta y = y_1 - y_2$，$\Delta z = z_1 - z_2$。

（2）计算两点之间的距离，$|h| = \sqrt{\Delta x^2 + \Delta y^2 + \Delta z^2}$，$|h|$ 要小于最大滞后距，$|h| < nlag * lag + lagtol$，同时判断其属于哪一个滞后距。

（3）判断分隔向量 h 的水平分量是否满足要求，即与指定方向的水平夹角小于方位角容差，且长度小于水平带宽。

$$a\cos\left(\frac{\Delta x \sin(azimuth) + \Delta y \cos(azimuth)}{\sqrt{\Delta x^2 + \Delta y^2}}\right) < atol$$

$$\Delta y \sin(azimuth) - \Delta x \cos(azimuth) < bandwh$$

（4）判断分隔向量 h 的垂直分量是否满足要求，即与指定方向的垂直夹角小于倾角容差，且长度小于垂直带宽。

$$a\cos\left(\frac{\sqrt{\Delta x^2 + \Delta y^2} \cos(dip) + \Delta z \sin(dip)}{|h|}\right) < dtol$$

$$\Delta z \cos(dip) - \sqrt{\Delta x^2 + \Delta y^2} \sin(dip) < bandwv$$

（5）取出底部值和顶部值，计算所选择的变异函数度量值。

（6）重复以上步骤，直至循环计算完全部样品对，记录各个滞后距满足条件的样品对数目。

（7）计算各个滞后距的变异函数值、底部值、顶部值和滞后距的平均值，输出结果。

6.2.3.3　变异函数拟合

（1）变异函数理论模型

变异函数是地质统计学的主要工具，前文所述的是实验变异函数的计算方法，只是对若干个离散的滞后距计算出了变异函数的估计值。要通过变异函数对区域化变量进行结构分析或者进行地质统计学插值，还要根据这些离散的估计值用各种理论变异函数模型进行拟合，得到理论变异函数模型的块金、变程和基台等参数。

变异函数的理论模型分为有基台和无基台两大类，其中有基台的模型有：球状模型、指数模型和高斯模型；无基台的模型有幂函数模型、对数函数模型、纯块金效应模型及空穴效应模型等。在矿床地质属性的结构分析中，常用的有球状模型、指数模型、高斯模型和幂函数模型。

球状模型数学表达式为三次多项式函数：

$$\gamma(h) = \begin{cases} 0, & h = 0 \\ C_0 + C\left(\dfrac{3h}{2a} - \dfrac{h^3}{2a^3}\right), & 0 < h \leqslant a \\ C_0 + C, & h > a \end{cases} \tag{6-8}$$

式中：C_0 为块金值；$C+C_0$ 为基台值；a 为变程值。

指数模型：

$$\gamma(h) = \begin{cases} 0, & h = 0 \\ C_0 + C\left[1 - \exp\left(-\dfrac{h}{a}\right)\right], & h > 0 \end{cases}$$

高斯模型：

$$\gamma(h) = \begin{cases} 0, & h = 0 \\ C_0 + C\left[1 - \exp\left(-\dfrac{h^2}{a^2}\right)\right], & h > 0 \end{cases}$$

有基台模型的函数曲线如图 6-15 所示，球状模型在变程处已经达到自身的基台值，而指数模型只是逐渐逼近其基台值。对于指数模型实际的变程可以取为 $3a$，因为 $h = 3a$ 时，$\gamma(h) = C(1-e^{-3}) > 0.95C \approx C$。球状模型和指数模型之间的差别在于过原点的切线与其基台相交点的距离，见图 6-15 所示，球状模型为实际变程的三分之二，指数模型为实际变程的 1 倍，因此球状模型达到基台要比指数模型快。高斯模型也只能以渐进的方式达到基台，其实际的变程取为 $\sqrt{3}a$，此时，$\gamma(h) > 0.95C \approx C$。

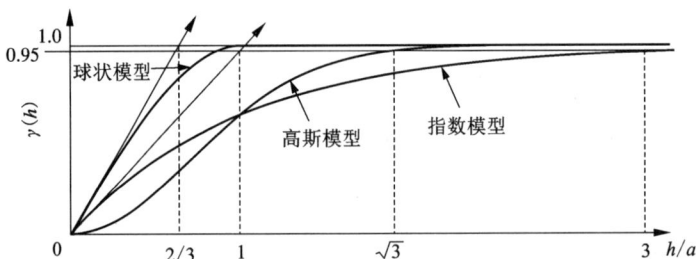

图 6-15　有基台的标准化的理论变异函数模型

幂函数模型：

$$\gamma(h) = Ch^{\theta}, \quad 0 < \theta < 2$$

其函数曲线如图 6-16 所示，实践中常用线性模型 $\gamma(h) = Ch$。

(2)理论变异函数模型的拟合

变异函数的拟合通常采用人工拟合的方法。而对于变异函数的自动拟合方法，许多学者进行了各种研究，取得了一定的成果。自动拟合方法主要包括加权最小二乘法、加权多项式回归法和线性规划法等。自动拟合方法对于经常有较多数量的变异函数要进行拟合的情况帮助较大，例如气象卫星每隔 $0.5 \sim 1\,h$ 对提供的卫星图片中的气象变量进行变异函数拟合。

人工拟合方法通过实验者根据变异函数的曲线图形去观察拟合程度，是一个反复实验的过程。该方法优于过程完全隐蔽的自动拟合方法，因为实验者可以根据自身的专业经验和其他地质信息等进行判断。根据离散的实验变异函数值进行人工拟合理论变异函数的步骤如下。

(1)绘制每个平均滞后距对应实验变异函数值的散点图，并标注点对数目。

(2)选择理论变异函数类型，确定参数 C_0，C 和 a。

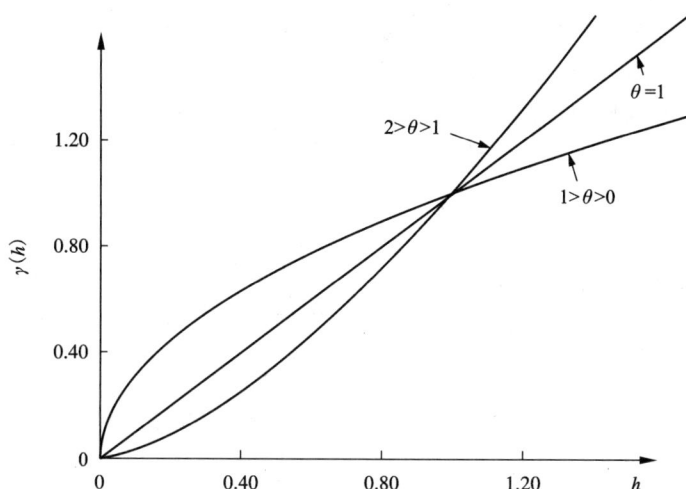

图 6-16　幂函数模型

（3）根据所确定变异函数模型计算不同滞后距的变异函数真实值，在散点图上绘制理论曲线。

（4）观察理论曲线与散点的拟合程度，如果任务合适则完成，否则重复步骤 2~步骤 4。

6.2.3.4　变异函数模型的套合

克立格方法通过变异函数模型来反映属性变量的空间相关性，并由此对未知属性值进行推断。三维空间中的地质采样数据常常存在不同尺度的变化，例如在岩土参数采样时，水平方向的采样尺度在千米级别，而垂直向上的采样间隔则在数米以内。与此同时，地质变量在各个方向上的变异规律也不尽相同，具体表现为不同尺度、不同方向上的变异函数具有不同的形式，将不同尺度、不同方向的变异函数模型经过一定的变换后叠加在一起形成统一的"套合"结构，被称为变异函数模型的套合。

变异函数 $\gamma(h)$ 表示为矢量 $\boldsymbol{h}$ 的函数，$\boldsymbol{h}$ 的直角坐标为 (h_u, h_v, h_w)，球坐标为 $(|h|, \alpha, \varphi)$，α 和 φ 为矢量的经度和纬度。当变异函数只取决于 $|h|$，而与 α 和 φ 无关时，变异函数模型为各向同性。此时随机函数 $Z(x_u, x_v, x_w)$ 的变异性在空间的每个方向上都是相同的，此时有：

$$\gamma(|h|, \alpha, \varphi) = \gamma(|h|), \ \forall \alpha \text{ 和 } \varphi$$

因此，各向同性或同一方向不同尺度变异函数的套合模型为基本变异函数的和。对于球状模型，其二级套合模型为：

$$\gamma(h) = \begin{cases} 0, & h = 0 \\ C_0 + C_1\left[\dfrac{3h}{2a_1} - \dfrac{1}{2}\left(\dfrac{h}{a_1}\right)^3\right] + C_2\left[\dfrac{3h}{2a_2} - \dfrac{1}{2}\left(\dfrac{h}{a_2}\right)^3\right], & 0 < h \leq a_1 \\ C_0 + C_2\left[\dfrac{3h}{2a_2} - \dfrac{1}{2}\left(\dfrac{h}{a_2}\right)^3\right], & a_1 < h \leq a_2 \\ C_0 + C_1 + C_2, & h > a_2 \end{cases} \tag{6-9}$$

式中：a_1 和 C_1 为短变程的变异函数参数；a_2 和 C_2 为长变程的变异函数参数。

当区域化变量的变异性在空间各个方向不一致时，即各向异性，此时变异函数与方向参数 α 和 φ 有关。各向异性模型又分为几何各向异性和带状各向异性。

若各方向的变异函数均有相同的基台值，只是变程不相同时，称这类各向异性为几何各向异性。这类各向异性可以通过线性变换转化为各向同性的结构；凡不属于几何各向异性的异向性类型都统称为带状各向异性。这种情况下，不同方向的变异函数基台值不相同，变程可以相同，也可以不同。

对于几何各向异性模型，可以通过矢量 h 的线性变换，将其转换为各向同性，用各向同性模型表示各向异性，要进行套合的各个方向上模型的块金和基台值必须相同。

$$\gamma(h_u, h_v, h_w) = \gamma'\left(\sqrt{h_u'^2 + h_v'^2 + h_w'^2}\right)$$

公式左边为几何各向异性模型，右边为各向同性模型，该模型的变程等于最大变程。其中，

$$h' = A \cdot h$$

式中：A 表示坐标变换矩阵；h 和 h' 是两个坐标的列矩阵。

三维情况下的几何各向异性，变程的方向图是椭球状的，椭球概括了变异函数所反映出的结构自相关性的方向和大小。可通过计算坐标变换矩阵 A，从而将各向异性简化为各向同性。

设原始坐标系为 XYZ，坐标变换矩阵的计算方法如下。

(1)校正方位角 θ_1，如图 6-17 所示，将 XY 平面绕 Z 轴逆时针旋转角度 α，$\alpha=90-\theta_1$，原始坐标系转换为 $X'Y'Z$，旋转矩阵记为 $R(\alpha)$。

$$R(\alpha) = \begin{bmatrix} \cos\alpha & \sin\alpha & 0 \\ -\sin\alpha & \cos\alpha & 0 \\ 0 & 0 & 1 \end{bmatrix}$$

(2)校正倾角 θ_2，如图 6-18 所示，将 $X'Z$ 平面绕 Y' 轴逆时针旋转角度 β，$\beta=-\theta_2$，坐标系从 $X'Y'Z$ 转换为 $X''Y'Z'$，旋转矩阵记为 $R(\beta)$。

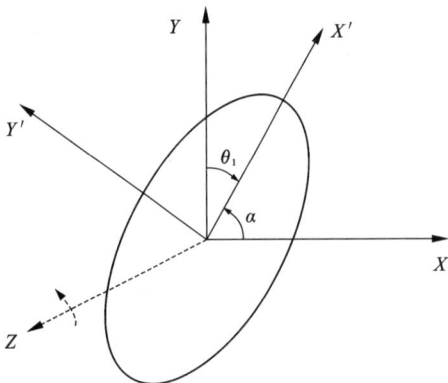

图 6-17 第一次旋转

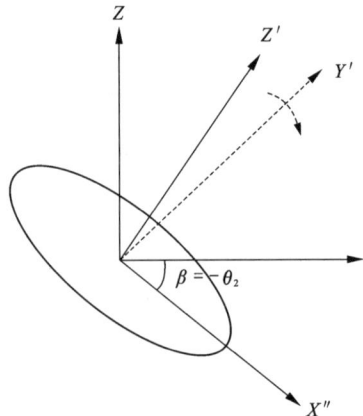

图 6-18 第二次旋转

$$R(\beta) = \begin{bmatrix} \cos\beta & 0 & -\sin\beta \\ 0 & 1 & 0 \\ \sin\beta & 0 & \cos\beta \end{bmatrix}$$

（3）校正倾伏角 θ_3，如图 6-19 所示，将 $Y'Z'$ 平面绕 X'' 轴逆时针旋转角度 θ，$\theta=\theta_3$，坐标系从 $X''Y'Z'$ 转换为 $X''Y''Z''$，旋转矩阵记为 $R(\theta)$。

$$R(\theta) = \begin{bmatrix} 1 & 0 & 0 \\ 0 & \cos\theta & \sin\theta \\ 0 & -\sin\theta & \cos\theta \end{bmatrix}$$

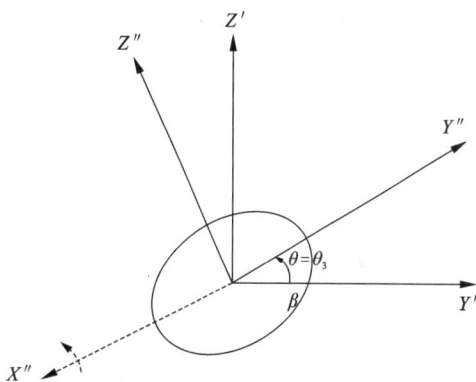

图 6-19　第三次旋转

（4）将椭球变异函数结构进行比例缩放，成为最终坐标系中半径等于椭球长半轴的球。设椭球长半轴、次半轴和短半轴长度分别为 r_u，r_v，r_w，各向异性比分别为 $k_1 = r_u/r_v$，$k_2 = r_u/r_w$，则缩放矩阵 S 为：

$$S = \begin{bmatrix} 1 & 0 & 0 \\ 0 & k_1 & 0 \\ 0 & 0 & k_2 \end{bmatrix}$$

最终坐标变换矩阵为：

$$A = R(\theta) \times R(\beta) \times R(\alpha) =$$

$$\begin{bmatrix} \cos\beta\cos\alpha & \cos\beta\sin\alpha & -\sin\beta \\ -k_1(\cos\theta\sin\alpha + \sin\theta\sin\beta\cos\alpha) & k_1(\cos\theta\cos\alpha + \sin\theta\sin\beta\sin\alpha) & k_1\sin\theta\cos\beta \\ k_2(\sin\theta\sin\alpha + \cos\theta\sin\beta\cos\alpha) & -k_2(\sin\theta\cos\alpha + \cos\theta\sin\beta\sin\alpha) & k_2\cos\theta\cos\beta \end{bmatrix}$$

6.2.4　交叉验证

在使用地质统计学进行属性插值时，需要对不同的方案进行比较然后选择一个最好的方案。包括克立格类型、变异函数模型和临近数据搜索策略等。比较的基础是样品的真实值和估计值之间的差别。这个过程通常被称为交叉验证，交叉验证仅是一种探索性方法，虽然其并不能确定性衡量变异函数模型和克立格类型的好坏，但是还是用它来帮助确定变异函数模型和克立格类型。

变异函数用于描述空间变异性，对于研究区域内的样品数据计算得到的实验变异函数，会有多个看上去拟合很好的理论变异函数模型，这就是为什么要使用交叉验证的方法去检验理论变异函数模型。检验变异函数的流程如下。

（1）使用研究区域内的全部样品数据计算实验变异函数，根据实验变异函数得到几个拟合较好的理论变异函数模型。

（2）使用每个理论变异函数模型，对每个样品点进行克立格估值，估值时假设该样品点的数据值未知，用其他数据对其进行估值。

（3）根据估值结果计算三个诊断统计值。

平均误差 ME：

$$ME = \frac{1}{N} \sum_{i=1}^{N} \left[z(x_i) - Z^*(x_i) \right]$$

均方差 MSE：

$$MSE = \frac{1}{N} \sum_{i=1}^{N} \left[z(x_i) - Z^*(x_i) \right]^2$$

均方差率 $MSER$，通过平方误差和克立格方差计算，其中克立格方差可从公式（5-10）得到：

$$MSER = \frac{1}{N} \sum_{i=1}^{N} \frac{\left[z(x_i) - Z^*(x_i) \right]^2}{\sigma^{*2}(x_i)}$$

平均误差 ME 理论上应该为 0，因为克立格方法具有无偏性。均方差 MSE 应尽可能小。如果理论变异函数模型是准确的，那么均方差应该等于克立格方差，即均方差率 $MSER$ 应该等于 1。

（1）绘制诊断图形。

①样品真实值和估计值的散点图，如图 6-20 所示，应该具有很高的相关系数和很少的离群值。

②误差直方图，如图 6-21 所示，应该具有对称性，对称中心为 0，且标准偏差很小。

③误差位置分布图，如图 6-22 所示，正负误差应该在空间分布均匀。

④误差和估计值的散点图，如图 6-23 所示，散点应集中在 0 误差线附近，反映估值的无偏性。

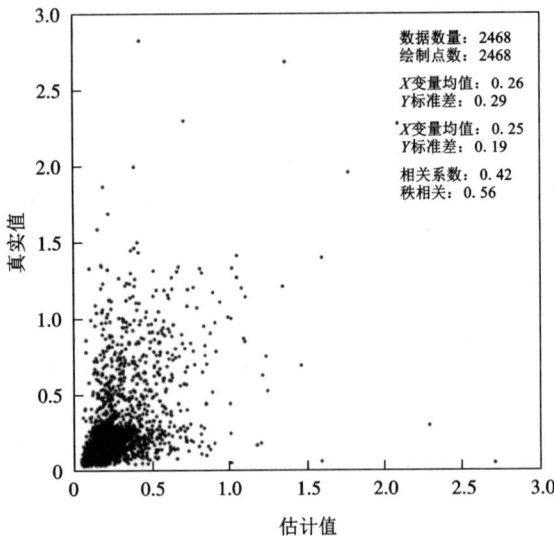

图 6-20　真实值与估计值散点图

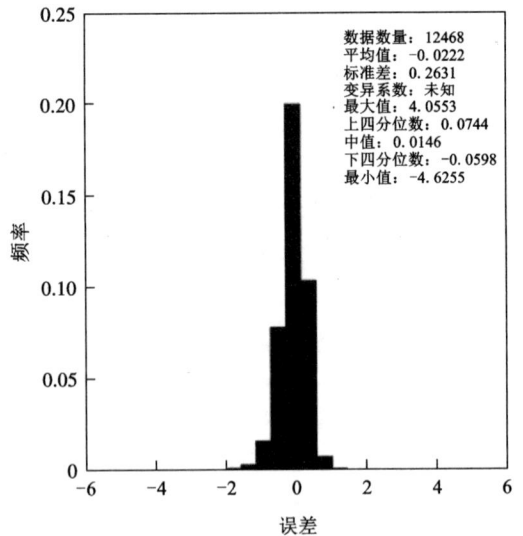

图 6-21　误差直方图

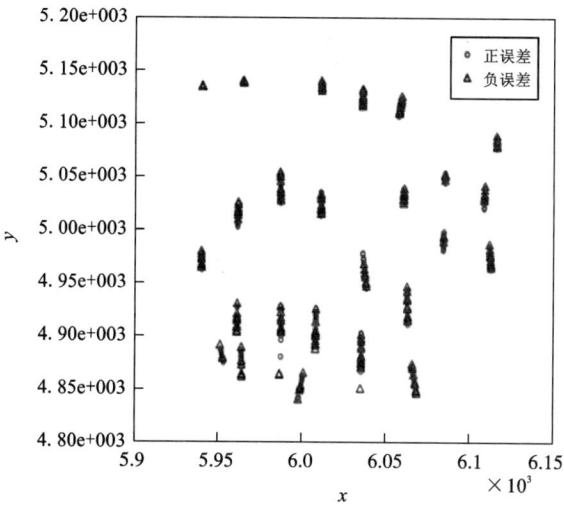

图 6-22　误差位置分布图

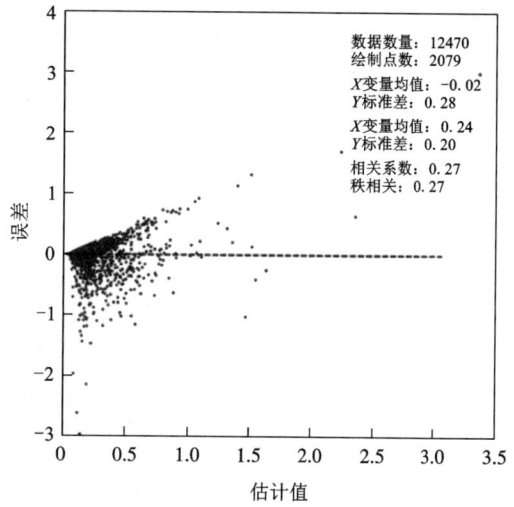

图 6-23　误差和估计值散点图

6.2.5　矿床资源量统计

使用建立好的矿体模型或任意空间模型，可以对矿床中的各种元素按照不同的标准进行平均品位、矿石量和金属量统计，计算出各个不同边界品位和标高的平均品位、矿石量和金属量。

块段模型的单元块采用了边界细分技术，块段模型单元块的尺寸大小不等，因此元素平均品位的计算按单元块体积加权平均，计算公式为：

$$G_a = \frac{\sum_{i=1}^{N} G_i V_i W_i}{\sum_{i=1}^{N} V_i W_i} \tag{6-10}$$

式中：G_a 为元素的平均品位；G_i 为第 i 个单元块的元素品位；V_i 为第 i 个单元块的体积；W_i 为矿石体重；N 为单元块的总数。

则矿石量计算公式为：

$$Q_o = \sum_{i=1}^{N} V_i W_i$$

金属量计算公式为：

$$Q_m = \sum_{i=1}^{N} G_i V_i W_i$$

6.3 资源储量三维动态管理

近年来，随着三维数字化、可视化技术和矿产勘查与开发技术的发展，国内矿山在三维地质建模、数字开采等信息化建设方面做了大量工作，但资源储量管理仍存在数据质量低、动态监管难度大的问题，主要表现在4个方面。①统计计算精度低。目前大部分矿山用于统计计算资源储量的图形/模型和数据管理逻辑分离，无法描述矿体空间的内部特征及组成部分之间的拓扑关系。②资源储量分类统计的难度大。常规方法难以对矿山开采损失和设计损失进行精确统计，导致矿山无法按照《固体矿产资源储量分类》（GB/T 17766—2020）要求对资源量和储量进行分类统计。③动态更新过程复杂。难以根据不断增加的矿体控制信息动态修正统计计算的模型/图形，不能及时掌握矿山的开采变化情况。④数据管理内容不明确。统计模型与数据管理之间的关联性较差，大部分矿山对资源储量过程数据的管理内容不甚明确，导致矿业集团及管理部门无法对资源储量数据进行追溯和验证。

矿产资源储量具有真三维、动态变化的特征，具有极高的几何形态和空间关系复杂性，依靠常规管理手段，难以实现对矿产资源储量的精细化管理。目前数字矿山逐步由二维向三维发展，三维地质建模与可视化技术是构建数字矿山的关键技术之一，能够实现矿山资源储量的动态化、规范化管理，运用三维地质模型与可视化技术动态管理资源储量已成为重要发展趋势。

矿产资源储量三维动态管理是针对矿产地质勘查与开发过程中资源储量的变化，通过三维数字化方法持续开展资源储量数据的统计计算、更新、审查与核实的过程，是适时、准确掌握矿山资源储量保有与变化情况的一项重要基础性工作。首先，根据矿产勘查与开发各阶段的探矿工程数据，构建三维地质结构模型和三维地质属性模型；其次，在资源储量统计单元内，利用采矿设计数据、采掘或采剥工程实测数据，分别构建设计采出模型、采矿工程三维模型；然后，通过设计采出模型、采矿工程三维模型的空间范围约束三维地质属性模型，统计计算资源储量，包含动用量、开采损失量、非开采损失量、重算增减资源储量；并随着开采的推进，根据矿山基建探矿和生产探矿数据，以及矿床工业指标变化信息，按矿山统计周期持续开展三维地质属性模型及资源储量的调整或更新；最后，通过管理过程与结果数据、建模与估算参数，实现矿产资源储量的查询、追溯与验证。

6.3.1 资源储量三维统计方法

（1）三维统计方法

资源储量三维统计计算方法是通过设计采出模型、采矿工程三维模型等空间范围，约束三维地质属性模型，得到资源储量统计体元集，并统计资源储量统计体元集中体元的矿石量或有用组分量。

其中，确定资源储量统计体元集有下面两种方法（如图6-25所示）：

①通过设计采出模型和采矿工程三维模型分别约束三维地质属性模型，确定其对应的体元集，然后对两种体元集进行空间运算，确定资源储量统计体元集；

②通过设计采出模型和采矿工程三维模型的空间运算，得出待统计计算量的空间范围，

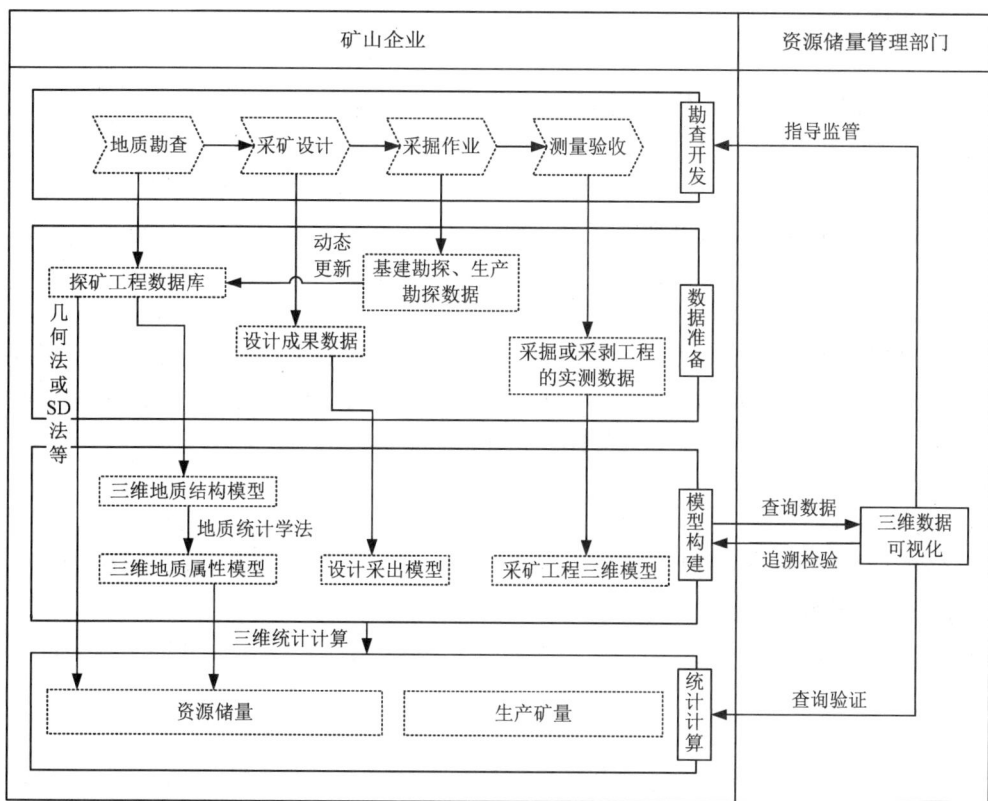

图 6-24　固体矿产资源储量三维动态管理流程图

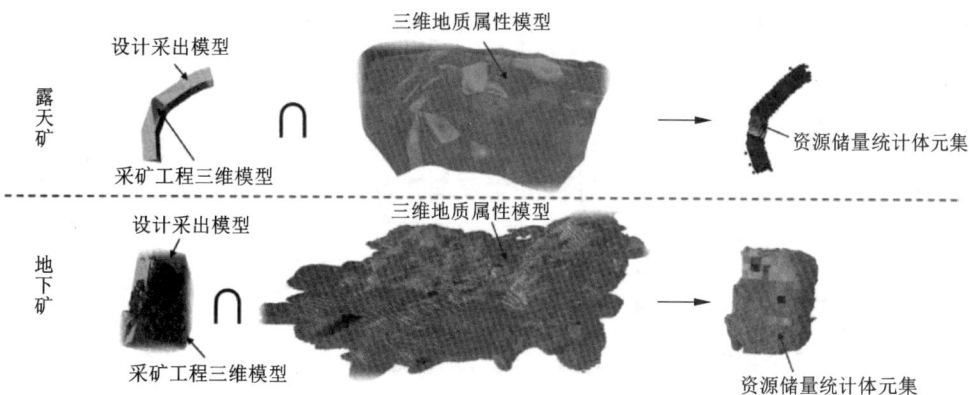

图 6-25　资源储量统计体元集的三维计算过程示意图

再利用该空间范围约束三维地质属性模型,确定资源储量统计体元集。

资源储量的矿石量和有用组分量的统计计算公式分别见式(6-11)、式(6-12):

$$Q_s = \sum_{i=1}^{n} V_i \times D_i \tag{6-11}$$

式中：Q_s 为矿石量；V_i 为第 i 个体元体积；D_i 为第 i 个体元的体积质量。

$$P_s = \sum_{i=1}^{n} V_i \times D_i \times C_i$$

式中：P_s 为有用组分量；C_i 为第 i 个体元的品位。

(2)资源量、储量分类统计

根据《固体矿产资源储量分类标准》(GB/T 17766—2020)，固体矿产资源储量分为资源量和储量两类，资源量按地质可靠程度由低到高分为推断资源量、控制资源量和探明资源量三类；储量是探明资源量和(或)控制资源量中可经济采出的部分，在充分考虑了可能的矿石损失和贫化，可进一步划分出可信储量和证实储量两类。

运用三维数字化方法统计资源储量类型时，需根据采矿设计、矿山勘探、预可行性研究、可行性研究等划分的资源储量类型范围，对三维地质属性模型的体元进行资源储量类型赋值。统计计算时，按含资源储量分类的体元属性信息进行类型统计。

(3)三维统计计算过程

①资源储量统计计算

动用资源量是在未开采资源范围内，统计计算设计采出模型内部与采矿工程三维模型内部并集空间范围内的资源量。

开采损失量是统计计算设计采出模型内部与所有采矿工程三维模型外部交集空间范围的资源量。

非开采损失量是统计计算设计采出模型外部空间范围内的资源量。

重算增减资源储量为重算后未开采资源储量与重算前未开采资源储量之差。其中，未开采资源储量是截止到上个管理周期末设计采出模型外部与采矿工程三维模型外部交集空间范围内的资源储量。

查明资源储量可通过几何法、SD法、距离幂次反比法或地质统计学法等估算。

部分采矿方法(如无底柱分段崩落法)无法获取采空区工程实测数据时，可用设计采出模型统计计算动用量。

②生产矿量统计计算

开拓、采准与备采的空间范围是根据开拓、采准、备采的工程完成情况确定的。开拓矿量、采准矿量、备采矿量是分别统计计算开拓空间范围、采准空间范围与备采空间范围的储量。

6.3.2 数据管理与动态更新

矿山在统计计算资源储量时，需动态管理资源储量数据，包括三维地质结构模型、资源储量类型范围、设计采出模型、采矿工程三维模型、样长组合数据、矿化趋势面三维模型的必要信息，以及三维地质属性模型基本参数、资源量估算参数、空间参照系信息和统计计算结果。

矿山根据勘查、开采的推进，基于一定周期(月度、季度或年度等)进行资源储量的动态更新。根据监管部门要求、矿山管理需要、市场、技术条件等发生重大变化时，对资源储量进行动态更新。

矿山及管理部门可根据管理数据的信息及参数，对资源储量进行三维可视化查验；根据三维可视化统计计算方法,对资源储量进行查询验证;根据各统计周期资源储量的变动情况,对资源储量过程数据进行追溯检验;根据资源储量的动态变化,指导与监管矿产勘查与开发。

思考题

1. 填挖方量计算有哪些主要方法,根据它们的原理分析各自的优缺点及如何选择?

2. 几何法、距离幂次反比法与克立格法进行资源储量估算的主要区别是什么?各自的优缺点、适应性是什么?如何选择?

3. 应用克立格法进行资源储量估算需要做哪些工作?

4. 有哪些变异函数理论模型?如何选择?

5. 资源储量动态管理的核心是什么?

第7章 数字化采矿技术

数字化采矿是利用数字信息、数据库、计算机网络、模拟仿真等技术,在矿山生产和经营活动的三维尺度空间范围内,对生产、安全、经营的各环节和要素进行数字化、网络化、可视化和集成化的采矿业务办理,最终实现矿山安全、高效、绿色生产和经济效益最大化。其内容包括开采规划、设计、采掘(剥)计划、通风解算等技术工作的数字化,也包括生产过程自动化及经营管理与决策过程数字化。本章仅针对开采技术工作的数字化进行阐述。

7.1 三维可视化表达

三维数据模型构建完成之后,需要在三维场景中将其显示出来,实现三维数据的可视化表达。对一个三维数据进行可视化表达包括三维场景的显示,多角度观察、放大、漫游、旋转,任意选定路线的飞行及可见点的判别等。另外,也可以对三维数据模型通过叠加影像数据进行纹理贴合以增加模型的逼真性。

7.1.1 三维图形库

7.1.1.1 OpenGL

OpenGL 是 open graphics library 的缩写。它是一套三维图形处理库,也是该领域的工业标准,是绘制高真实感三维图形,实现交互式视景仿真和虚拟显示的高性能开发软件包。OpenGL 是一种与硬件、操作系统和网络环境无关的编程界面,可以建立活动的三维几何对象的交互式程序。

(1)OpenGL 技术

OpenGL 的特点之一在于把图形绘制命令从具体系统窗口中独立出来,而将管理窗口的任务留给扩展函数库,如 glx 库专门用于 OpenGL 与 X-Window 系统的接口。作为一个开放共享的三维图形软件接口,OpenGL 独立于软件、硬件平台,并可采用 Fortran、C、C++、Java 等多种语言编程,以此为基础开发的应用程序可以便捷地在各种平台(如 Windows、Unix 及 Linux)间移植。OpenGL 不但为三维图形操作提供底层支持(如基本几何图元、光照模式、坐标变换及帧缓冲区等操作),还支持图像与帧缓存之间的传输及纹理映射等操作,其主要技术包括以下内容。

①变换操作。通过变换矩阵的存储状态实现取景，如模型变换、投影变换、视口变换及视图裁剪等操作，实际上相当于一系列矩阵顺序相乘的运算。变换操作的顺序对于三维图形绘制来说意义至关重要，因为过早地将三维场景映射至二维平面通常会造成再也无法还原映射回三维空间的局面。

②双缓存技术。双缓存技术是用 OpenGL 实现动画的关键技术，其原理是由于计算机的计算速度较快，所以可以实现显示图形的连续变化。类似于电影放映，在屏幕上实现绘制图形之前，分配两个颜色缓存，在显示连续的动画时，在一个缓存区中执行绘制命令，另外一个缓存区中进行图像显示。

（2）OpenGL 的基本操作

OpenGL 显示图形的几何原理是把一个复杂的对象经过分解后，构造出 OpenGL 可处理的几何要素(点、线、面、多边形、图像及位图等)，并创建这个复杂对象的数学描述；然后把对象添加上颜色信息放置在三维空间中，要有明确的坐标原点及视口观察点；最后进行光栅化，把对象的数学描述和颜色信息转换为屏幕的像素表达，将三维的图形在二维的屏幕上显示出来。OpenGL 基本操作是指从指定顶点开始，通过流水线处理，直到最后把像素值写入帧缓存，如图 7-1 所示。与大多数图形 API 类似，OpenGL 把所接收的数据分为几何数据和图像数据两类，几何数据通过几何运算再进行顶点操作和图元组装。几何运算操作是十分庞大和复杂的过程，由于三维图形的绘制需要实时地对三维物体的位置作出反应，因此这个过程也是图形优化的重要突破点。纹理操作是 OpenGL 的重要部分，它使三维景观更加逼真，这也是模拟真实地表景观十分需要的。由于纹理操作是图像运算，它涉及到图像的每个像素，因此其运算量相当庞大。在这些操作之后执行光栅化操作，即把图元分解成像素，分解的基本思路是面片分解法，即把图元分解成最小的图形单元三角形面片，三角形面片的像素分解算法简单，节省时间，片元最后送到帧缓存中进行绘制。

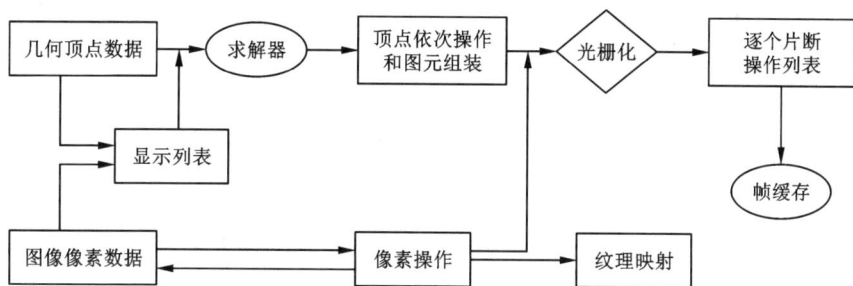

图 7-1 OpenGL 的基本操作流程

7.1.1.2 WebGL

WebGL(web graphics library)是一种基于 Web 浏览器的图形渲染技术，允许在浏览器中直接使用 JavaScript 编写和执行 3D 图形渲染。它是一种用于在浏览器中实现硬件加速的 3D 图形的开放标准。以下是 WebGL 的一些技术特点。

（1）基于 OpenGL ES：WebGL 基于 OpenGL ES(embedded systems)标准，这是一种精简版的 OpenGL 图形库，专门设计用于嵌入式系统和移动设备。这使得 WebGL 能够在 Web 浏览器中实现高性能的图形渲染。

（2）与HTML5集成：WebGL与HTML5、CSS和其他Web技术集成，允许在Web页面上直接嵌入和展示3D图形。通过使用canvas元素，WebGL可以在浏览器中创建一个用于绘制3D图形的上下文。

（3）跨平台兼容性：WebGL可以在支持的浏览器上运行，无须插件或额外安装。目前，主流的现代浏览器（如Chrome、Firefox、Safari）都支持WebGL。

（4）硬件加速：WebGL利用计算机图形硬件来加速图形渲染，提供更高的性能和更流畅的用户体验。这使得在浏览器中实现复杂的3D图形应用成为可能。

（5）使用JavaScript编程：WebGL使用JavaScript编写和执行，使得开发者可以利用广泛存在的Web技术栈进行开发。这也使得在Web环境中构建交互性强、引人入胜的3D图形应用变得相对容易。

（6）开放标准：WebGL是一个开放的标准，由Khronos Group维护，因此它具有良好的社区支持和广泛的文档资源。这有助于开发者学习和使用这项技术。

WebGL通常被用于游戏开发、数据可视化、虚拟现实和其他需要高性能3D图形的Web应用程序中。

7.1.2 三维渲染流程

经过建模处理以后的各类地物，要想真实地显示在计算机屏幕上，还需要经过一系列必要的变换，包括数学建模、三维变换、选择光照模型、纹理映射等，三维可视化场景制作的一般步骤如图7-2所示。

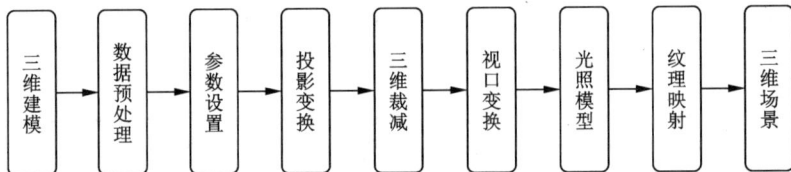

图7-2 三维渲染一般流程

7.1.2.1 数据预处理

数据预处理主要包括：将建模后得到的物体的几何模型数据转换成可直接接受的基本图元的形式，如点、线、（三角）面等；对影像数据，如纹理图像进行预处理，包括图像格式的转换、图像质量的改善及影像金字塔的生成等。

7.1.2.2 投影变换

在对三维场景进行渲染前，需要先设置相关的场景参数值，包括光源性质（镜射光、漫射光和环境光）、光源方位（距离和方向）、明暗处理方式（平滑或平面处理）和纹理映射方式等。此外，还需设定视点位置和视线方向（通过设置观察点指定）等参数。

确定观察者和物体间的相对位置后，还要决定物体投影到屏幕上的方式。投影变换是生成三维场景的重要基础和关键步骤，一般分为透视投影变换和正射投影变换两类。正射投影直接把物体投影到屏幕上，不改变其相对尺寸，反映物体的真实大小，主要用于工程图纸；

透视投影遵守物体近大远小的投影规则,与摄影或人的视觉效果相似,有较强的立体感,所以在建立三维场景时通常采用透视投影变换。

7.1.2.3 光照模型

实现上述一系列变换后,可以调整视见区的大小,或在同一个窗口上显示几个视图。所谓视见区即屏幕上所看到的可见区域的大小,其变换的目的是将三维空间坐标映射为计算机屏幕上的二维屏幕坐标。

经光照模型计算可获得可见面元二维影像的明暗值,从而显示形成模型的浓淡渲染图。光照模型应考虑由环境分布光源综合引起的泛光、穿过物体表面被吸收并重新发射出来的漫反射光、由物体表面光洁度产生的镜面反射光(高光)等效应,最终以不同颜色(256 种)及其不同亮度(16 级)表现不同要素的表面光照特性。

光照模型的明暗函数为:

$$I = I_a \times K_a + I_d \times \left[K_d \times (\vec{N} \cdot \vec{L}) + K_s \times \cos^n(a) \right]$$

式中:I_a 为入射的泛光(环境光)光强;K_a 为泛光的漫反射系数(0~1);I_d 为入射光的光强;K_d 是地表的漫反射系数(0~1);$\vec{N}$ 为地表面元的法向量;$\vec{L}$ 为光源的入射方向;K_s 为地表镜面反射系数;a 为反射光与视线的夹角;n 为地表光洁度常数(高光指数)。

7.1.2.4 消隐处理

为改善图形的真实感,消除多义性,在显示过程中应该消除实体中被隐蔽的部分,这种处理称为消隐。代表的算法有画家算法、深度缓冲区算法和光线跟踪算法。

根据地形模型面元没有交叉覆盖且排列规则等特点,采用由远至近处理的消隐算法称为画家算法。这种算法要求构图面元的绘图顺序由它与视点的距离决定,距视点远的面元绘图优先,即让后画的地形模型面元遮挡住先画的地形模型面元构成的背景。该方法先对所有构图面元按距视点的远近进行排序,就地形模型而言,由于其构图面元数量巨大,微机实现无论是内存开销还是处理时间都难以承受。为充分利用规则 DEM 格网面元纵横排列的有序性和连贯性,只对 DEM 格网 4 个角面元的中心点按距离排序,以最远角面元到较近角面元的方向作为显示行扫描的推进方向,以最远角面元到较远角面元的方向作为显示行中面元的扫描方向,这样就确定了 DEM 格网所有面元的显示顺序,从而节省了大量深度计算和排序处理的时间。

深度缓冲区算法(Z-buffer)是将显示屏上每一像素所对应的地面深度信息——Z 坐标记录到 Z 缓冲区中。在绘制某一像点时,先检测 Z 缓冲区的值,若像素 Z 值小于 Z 缓冲器中的相应 Z 值,表明该像点在景物空间距视点较近,应予以显示,并以当前 Z 值取代原缓冲区中的值,否则不予显示。该算法计算简单,且易于硬件实现,在许多图形工作站被广泛采用。但对于 PC 机而言,它需要开辟庞大的缓冲区存储空间,一个复杂景物的 3D 图形绘制可能耗时几小时甚至几天,有时无法承受。

光线跟踪算法的基本原理是从视点出发,通过屏幕像素向场景投影一光线交场景中的第一个交点即为可见点,设置相应像素的光亮度为交点处的光亮度,从而绘制出一幅完整的真实图形。该算法原理简单,可自动实现消隐,并能模拟出整体的光照效果(如透明、折射和反射等），取得高度真实感的三维图形，其主要缺点是求交点计算量大，费时又占空间。

7.1.2.5 纹理映射

为了增加模型的逼真性和现实性，可以在三维模型的灰度图上增加纹理使其成为具有纹理映射的三维模型。目前主要有从影像图上提取纹理和按照一定公式计算纹理两种方法对模型增加纹理映射，由于第二种方法繁琐、计算量大、速度慢，所以常用第一种方法。对于地形模型一般采用从航空正射影像图上提取纹理并进行纹理贴合；对于建筑物的墙体和屋顶，由于受成像方式和被其他建筑物遮掩等因素的影响，常采用在相邻的航空影像上提取可见表面的纹理数据；对于在所有影像上均不可见的表面，则需要使用模拟纹理或地面摄影影像。基于纹理的不同表现形式，纹理可分为颜色纹理、几何纹理和过程纹理三大类。颜色纹理指呈现在物体表面的各种花纹、图案、文字等，主要用来表现表面较为光滑但有纹理图案的物体，如刨光的木材、大理石墙面、从高空观察的地景；几何纹理指基于景物表面微观几何形状的表面纹理，如树干、岩石、山脉等；而过程纹理则表示各种规则或不规则的动态变换的自然现象，如水波、云、火、烟雾等。

7.2 露天矿境界优化

境界优化是露天开采规划的重要组成部分，为企业的决策经营提供依据。传统手工圈定境界的方法，由于是一种试错法，求解结果只是近似解，难以达到境界优化的最终目的。现如今的主要做法是基于价值模型，然后构建基于边坡角、地表的几何约束，求解出总价值最大的块集合体即为最终境界。国内外学者对露天矿境界优化理论和方法进行了深入研究，提出了多种优化算法，包括浮动圆锥法、LG图论法、线性规划法、网络最大流法等。

7.2.1 价值模型

价值模型是在地质属性模型的基础上，引入原矿价格、精矿价格、金属价格、矿石开采成本、废石剥离成本、采矿损失率、采矿贫化率、选矿成本、选矿回收率、冶炼成本、冶炼回收率、复垦成本和销售成本等经济参数，计算出各最小开采单元块的净利润，从而构成的价值块集合。价值模型为矿山的境界优化和采剥计划优化提供基础。价值模型由尺寸统一的采矿单元构成，每一块的特征属性是假设将其采出并处理后带来的经济价值，称之为价值块。

构建价值模型的第一步是确定开采单元的尺寸，垂直方向尺寸通常采用台阶高度或者台阶高度的整数倍或整除数；水平方向尺寸一般参考采矿设备的作业尺寸，尺寸过小将影响优化的效率，尺寸过大则优化不够精确。价值模型中各最小单元的经济价值计算根据矿山最终销售产品(原矿、精矿、金属等)价值及成本进行计算。

7.2.2 浮动圆锥法

浮动圆锥法的实质是用系统模拟的方法解决露天开采境界的问题，它的基本出发点是将最简单的圆形露天坑近似地看成一个倒圆锥，如图7-3所示。圆锥锥立在矿石方块之上，锥体上部直通地表，圆锥的母线与水平方向的夹角等于露天矿的边坡角。

176

一个单锥可采与否,取决于被圈在锥体内的各单元矿块、岩块价值之和。若价值之和为正,则圆锥可采,反之不可采。对于实际上比单锥体复杂得多的露天坑,可采用有限个相互交错与重叠的可采锥体来模拟,如图 7-4 所示。

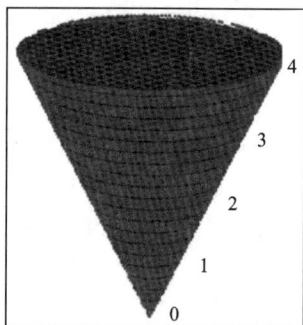

图 7-3　三维倒锥体

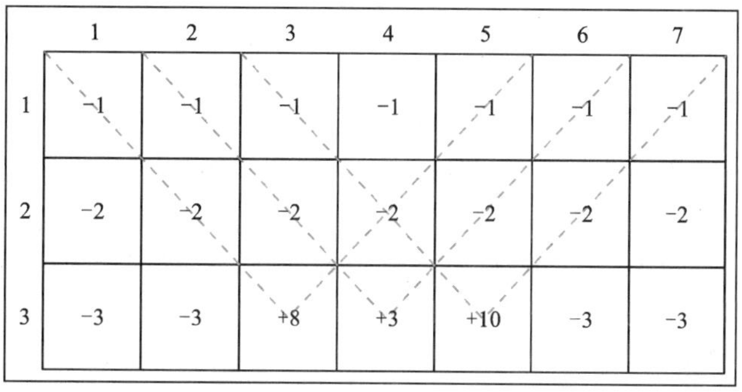

图 7-4　可盈利的块集合

将浮动圆锥法用于图 7-5(a)所示的价值模型得到的最终开采境界,由上述过程中所有被采出的块组成。若按照此境界进行开采,开采终了的采场现状如图 7-5(f)所示。境界总价值+6。若岩石与矿石比重相等,境界平均剥采比为 7:5=1.4。

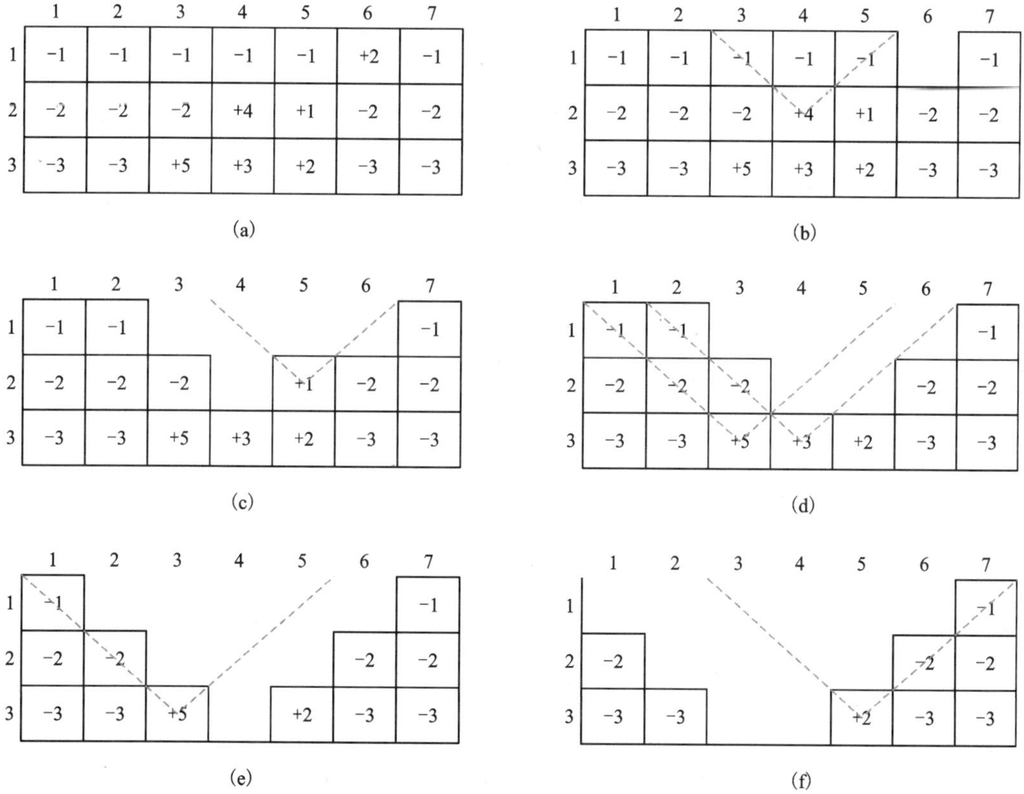

(a)

(b)

(c)

(d)

(e)

(f)

图 7-5　浮动圆锥法境界优化步骤

然而，利用浮动圆锥法时，会出现遗漏盈利块的情况，即当两个正价值块的锥体有重叠部分时，如果单独考虑某一个锥体时，锥体价值为负值；但是将两个锥体联合时，总的价值为正，这就导致遗漏了本可盈利的块。除此之外，浮动圆锥法还会造成开采本不该开采的非盈利块的情况。

7.2.3 L-G 图论

Helmut Lerchs 和 Ingo Grossman 在其 1965 年所写论文《露天开采优化设计》中提出了求解最终境界问题的 L-G 图论法，首次将图论的思想引入进来，只要给定矿床的价值模型和几何约束，总能求出总收益最大的最终境界。价值模型是利用 L-G 图论进行境界优化的基础，然后根据边坡角约束，构建有向图 $G(X, A)$，最终境界问题就是在有向图中寻找最大闭包。

7.2.3.1 基本概念

在 L-G 图论中，将价值模型中的每一价值块抽象为节点，块的几何约束关系用弧表示，通过一组弧连接一组节点形成一个有向图，有向图用 G 表示，图中节点 i 用 x_i 表示。所有节点组成的集合称为节点集，记为 X；图中节点 x_i 到节点 x_j 的弧用 (x_i, x_j) 表示，所有弧的集合称为弧集，记为 A；由节点集 X 和弧集 A 组成的有向图记为 $G(X, A)$。

图 7-6(a) 是由 6 个块组成的价值模型，$x_i(i=1, 2, \cdots, 6)$ 表示第 i 块的位置，块中的数字为块的净现值。若块为大小相等的正方体，最大允许帮坡角为 45°，那么该模型的图论表示如图 7-6(b) 所示。形成可行的开采境界的子图称为可行子图，属于闭包。所谓闭包就是子图内的任一节点为始点的在原图中的所有弧的终点节点也在该子图内。图 7-6(c) 是图 7-6(b) 的闭包，而图 7-6(d) 不是，因为以 x_6 为始点的弧 (x_6, x_2) 的终点节点 x_2 不在闭包内。模型中模块的净现值在图中称为节点的权值，闭包内诸节点的权值之和称为闭包的权值。G 中权值最大的闭包成为 G 的最大闭包。

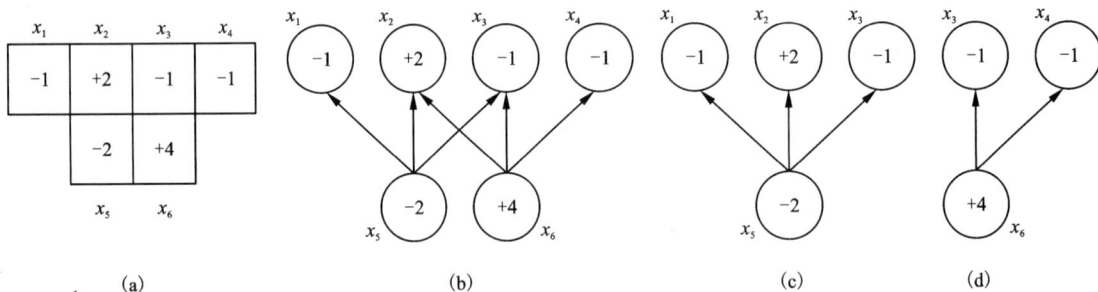

图 7-6 价值模型与图和闭包

树是一个没有闭合圈的图。图中存在闭合圈是指图中至少有一个这样的节点，从该节点出发经过一系列的弧(不计弧的方向)能够回到出发点。图 7-6(b) 不是树，因为从 x_6 出发，经过弧 (x_6, x_2)、(x_5, x_2)、(x_5, x_3) 和 (x_6, x_3) 可回到 x_6，形成一个闭合圈。图 7-6(c) 和图 7-6(d) 都是树；根是树中的特殊节点，一棵树中只能有一个根。

图论法中需要对支撑节点的弧段进行分类。①按弧的指向划分，树中方向指向根的弧，即沿弧的指向途经其他弧可以追溯到树的根节点的弧，称为负弧(Minus arc，标记为 M)，树中方向远离根节点的弧称作正弧(plus arc,标记为 P)。②按弧所支撑的分支节点权值划分,权值之和>0 的正弧为强正弧(strong plus arc,标记为 SP),权值之和≤0 的正弧为弱正弧(weak plus arc,标记为 WP);权值≤0 的负弧为强负弧(strong minus arc,标记为 SM),权值>0 的负弧为弱负弧(weak minus arc,标记为 WM)。

对弧段的分类是为了确认正确的开采顺序。强正弧(SP)上关联的节点符合开采顺序关系,且各个节点权值之和>0,因此属于可盈利的生产范围,标记为可开采。虽然弱负弧(WM)上关联的节点权值之和>0,但由于负弧(M)可沿其他弧段通向根节点,从矿山开发的角度考虑,不符合露天矿山的开采顺序,故不能开采。其次,WP 分支和 SM 分支上的节点总价值<0,没有开采意义,因此不记作开采目标。

7.2.3.2　正则化

图论法中正则树是全部强弧均与根直接相连的一种状态,在求解最大闭包的过程中,如果有强弧不与根直接相连,那么该段强弧所支撑的强节点将无法统计入强节点集合 Y 中。因此,为了满足矿山开采利益最大化,L-G 图论法要求最终判断强节点集合时,树结构满足正则化的条件,具体步骤如下。

步骤Ⅰ:在如图 7-7(a)所示的树中遍历所有弧段,找到不与根节点直接相连的弧段(x_i, x_j),若弧段(x_i, x_j)类型为 SP 弧[如图 7-7(c)所示]或 SM 弧[如图 7-7(b)所示],则删除该弧段,建立弧段(x_0, x_j)取代。

步骤Ⅱ:在步骤Ⅰ的结果上重新计算权值,并重新标注弧的种类,形成一个新的树,再对新树重新从步骤Ⅰ的操作开始,直至所有强弧全部与根节点相连[如图 7-7(d)所示]。

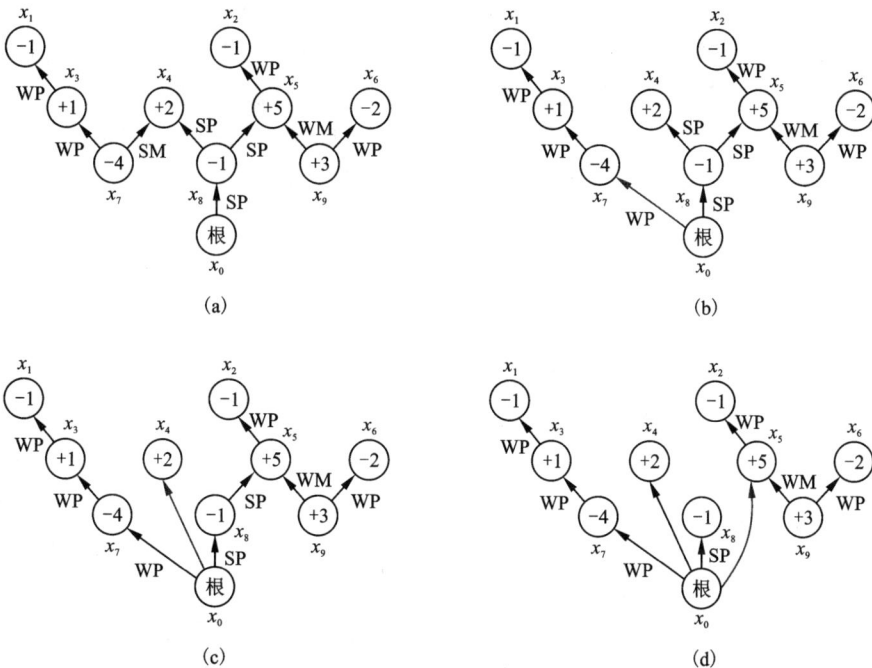

图 7-7　L-G 图论法中树的正则化示意图

7.2.3.3 实现步骤

L-G 图论法的核心定理是若有向图 G 的正则数的强节点集合 Y 是 G 的闭包，则 Y 是最大闭包，由于求开采的最佳境界实质即为求矿区价值模型最大价值的闭包，因此最终境界的图论算法如下。

步骤 I：根据开采允许的最大边坡角度将矿区价值模型转换为有向图。

步骤 II：构建图 G 的初始正则树 T_0，最简单的正则树是在图 G 下方加一虚根 x_0，并将 x_0 与 G 中的所有节点用 P 弧相连得到的树（如图 7-8 所示）。

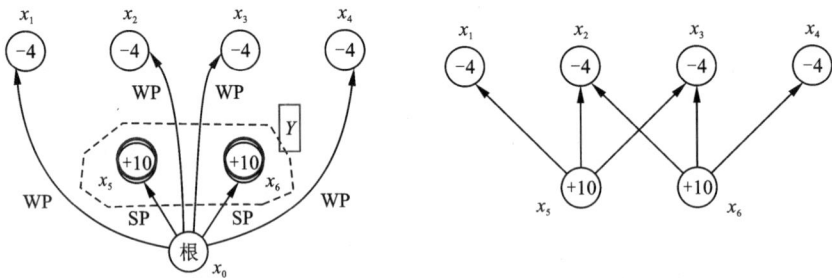

图 7-8 正则树与有向图

步骤 III：若正则树的强节点集合是有向图的闭包，根据定理可得该强节点集合是最大闭包，该强节点集合即构成最佳开采境界，否则，执行下一步。

步骤 IV：在有向图 G 中遍历寻找弧段 (x_i, x_j)，满足 x_i 在强节点集合 Y 内但 x_j 在强节点集合 Y 外的条件，并在树中找出包含 x_i 的强正分支的根点 x_r。将弧段 (x_0, x_r) 删除，用弧段 (x_i, x_j) 代替，再重新标记新树的各弧段类型，并且正则化形成正则树。

步骤 V：判断正则树的强节点集合是否为有向图的闭包，若是，则强节点集合为最大闭包，即为最佳开采境界[如图 7-9 所示]，否则，重复步骤 IV。

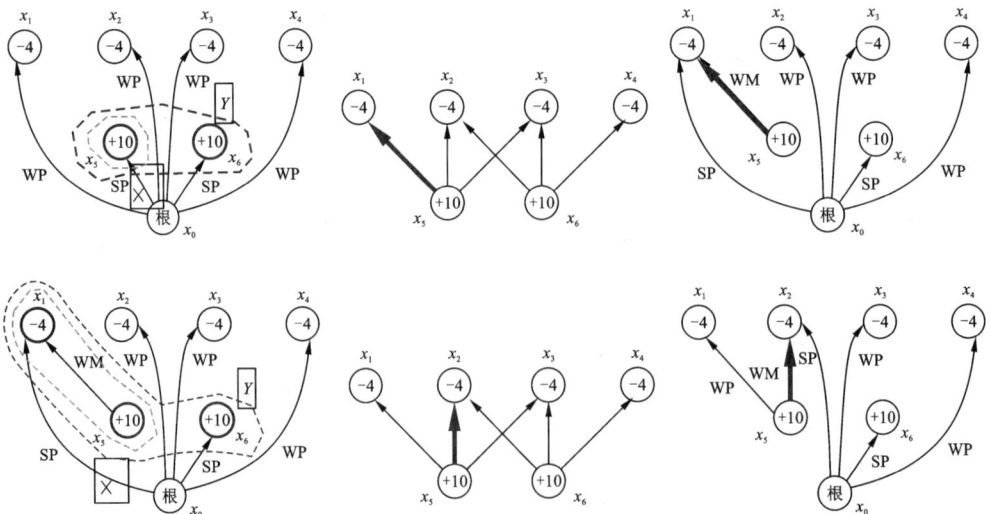

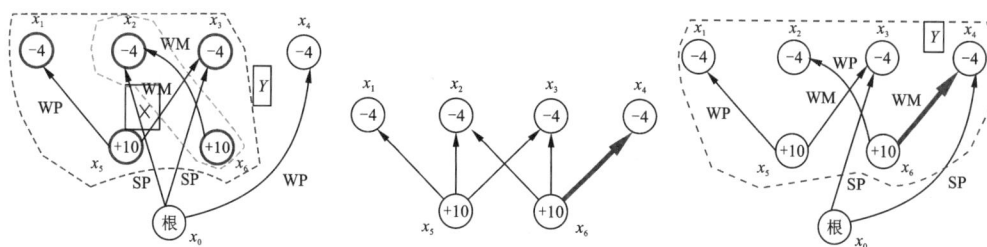

图 7-9　L-G 弧替换

L-G 图论法求解露天矿最优境界的思路为寻找图的最大可行开采境界，寻找的过程是通过对原始图迭代进行正则化和构建新的图，最大可行开采境界即最终得到的最优境界。由于 L-G 图论法具有严格的数学逻辑，且开发实现复杂度相对较低，目前是露天矿规划商业软件中的典型算法。

7.2.4　线性规划法

线性规划法求解最优境界时，其价值模型构建方式有所不同，其思路为在垂直方向上不再细分，仅在水平方向上进行划分，从而构建价值条柱，价值条柱开采的深度与其相邻价值条柱开采深度之间应满足露天矿开采几何约束，最优境界的确定即求解各价值条柱开采的深度。

价值条柱的数目远小于其他方法中价值块的数目，故线性规划法理论上效率更优，然而，为构架基于线性规划的境界优化数学模型，需构建各价值条柱的经济净现值与开采深度的分段线性函数，对于金属矿山品位空间分布的差异性，分段线性函数构造困难且拟合精确性较差。

7.2.5　网络最大流算法

通过网络最大流算法求解境界优化问题的基本思路为：将价值模型中的各价值块虚拟为网络中的节点，增加两个虚拟的节点作为发点和收点，通过露天矿开采几何约束模型构建各节点之间弧的关系形成网络，求解得到最大流，同时得到一个最小截集，该最小截集中所包含的节点对应的价值块集合即最终求得的最优境界，如图 7-10 所示。

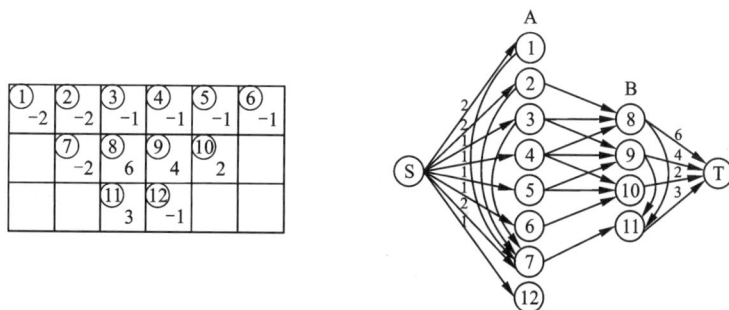

图 7-10　境界优化最大流网络

块抽象为网络 $G=(V, A, C)$ 中的节点集合 $V=\{v_i\}$，对应的经济净现值集合为 $\{e_i\}$，同时在节点集合 V 中增加两个虚拟节点作为发点 v_s 和收点 v_t。

依据价值块经济净现值的大小将价值模型分成两部分，经济净现值小于零，即亏损的价值块记作集合 $A=\{v_i|e_i<0\}$，经济净现值大于等于零，即可以获得利润的价值块记作集合 $B=\{v_i|e_i\geq0\}$，构建的网络图中包含三类弧，分别为：

(1)若 $v_i\in A$，对应第一类弧 (v_i, v_t)，该类弧的容量为 $|e_i|$；

(2)若 $v_i\in B$，对应第二类弧 (v_s, v_i)，该类弧的容量为 e_i；

(3)若 v_i 是 v_j 的前驱价值块，对应第三类弧 (v_i, v_j)，该类弧的容量为正无穷大。

所有负价值块与发点相连，并且指向负价值块，负价值块对应的经济净现值的绝对值为该弧的容量；所有正价值块与收点相连，并且指向收点，正价值块对应的经济净现值为该弧的容量；根据露天开采几何约束模型构建价值块之间的连接关系，任意块与所有前驱开采价值块相连，并且指向该开采价值块，相应的弧的容量为无穷大。

尽管网络最大流算法逻辑严密，能在给定的价值模型条件下，求得唯一最优解，但是网络构建复杂、耗时长、灵活性差等是其一大缺点。网络最大流算法中网络有向图的构建以及求解是该方法的关键，快速构建符合露天矿开采实际的网络图对提高算法效率和准确性至关重要。

7.3 三维可视化开采设计

7.3.1 计算机辅助设计基础

CAD 即计算机辅助设计(computer aided design, CAD)利用计算机及其图形设备帮助设计人员进行设计工作。在工程和产品设计中，微机可以帮助设计人员担负计算、信息存储和图形绘制等工作。在设计中通常要用微机对不同方案进行大量的计算、分析和比较，以获取最优方案；各种设计信息，不论是数字的、文字的或图形的，都能存放在微机的内存或外存设备中，并能快速检索；设计人员通常用草图开始设计，将草图变为工程图的繁重工作可以交给微机完成；由微机自动产生的设计成果，可以快速制出整洁的图形并显示出来，使设计人员及时对设计作出判断和修改。CAD 能够减轻设计人员的计算、画图等重复而又繁琐的劳动，专注于设计本身，从而缩短设计周期和提高设计质量。

7.3.1.1 CAD 技术分类

目前研究 CAD 技术的方法主要有以下 5 种。

(1)面向画面的 CAD 方法(picture oriented，简称 PO 方法)，这是一种最传统的 CAD 研究方法。PO 方法 CAD 系统主要用于编辑各种工程图纸或艺术效果图。它利用计算机对图形变换、着色、修改、拷贝及图像处理等强大的图形编辑能力而获得较好的经济效益。它是基于这样一种设计思想：即很多设计并非从头创造，而是在以前的设计实例上，按目前的要求加以修改而已。

(2)面向计算的 CAD 方法(computation oriented，简称 CO 方法)。这类方法主要用于设计工程中的计算步骤，如：边坡分析，土建结构力学分析等。这类方法的应用前提是设计对象所含各物理量间的关系和约束可以用数学方法描述和计算，如：有限元、线性规划等。纯 CO 方法一般被认为仅是 CAD 的一种局部手段。但当 CO 法与 PO 法相结合时，可以构成基于计算和绘图实用的 CAD 系统。

（3）面向模型造型方法（model oriented，简称 MO 方法）。这类方法主要用于设计过程中的对象模型表达、修改、定型阶段。MO 方法的 CAD 系统以设计对象模型为操作对象，一般表达为三维实体。其主要操作是实体的几何变换和交、并、差等集合运算，用于实体的描述和修改。

（4）面向综合的方法（synthesis oriented，简称 SO 方法）。这类方法的操作对象是设计条件和设计领域知识，操作的结果产生一个或若干个符合条件的设计对象。它实现一个从设计要求到设计对象的映射。一个符合条件的几何实体是 SO 方法的生成结果。由于方案综合是设计过程中思维最活跃、最复杂的阶段，SO 方法经常需要采用人工智能中的推理、搜索、约束满足等技术，并结合形象思维的特点。

（5）面向实体的可视化方法（visualization oriented，简称 VO 方法）。这是一种面向实体世界，强调人体视觉和交互为中心的设计思想，从方案的构思、处理过程和最终结果都以实体图形或图像为基础。VO 方法和上面的 SO 方法是目前 CAD 研究的一个前沿和热点。

7.3.1.2　二维与三维 CAD

从 CAD 数据所表达的维度可以分为二维 CAD 和三维 CAD。在 CAD 发展的初期阶段，主要都是二维 CAD 系统，所绘制零件图都是二维图，表达的是点、线、圆、弧、文本……几何元素的集合，由于二维图几乎没有三维立体感，所表示的形状完全靠阅图者通过空间想象得出，技术人员要花费大量的时间去绘制一张二维图纸，通过多种视图（三视图）来表达描述对象的相关特征。图纸绘制出来后，非专业人员很难读懂；由于各图形之间不具关联性，对图纸进行修改时必须修改其他相关图形，这样很难保证图形的一致性；二维图形也不能进行实体分析，它仅是在平面上的一种表达。

随着 CAD 基础理论和应用技术的不断发展，工程技术人员对 CAD 系统的功能要求也越来越高。工程技术人员不再仅仅满足于借助 CAD 系统来达到绘图的目的，而是希望 CAD 系统能从本质上减轻大量简单、繁琐的工作，使他们能将精力集中于那些富有创造性的高层次思维活动。三维 CAD 系统由于具有可视化程度高、形象直观、设计效率高，以及能为企业数字化的各类应用环节提供完整的设计、工艺和制造信息等优势，目前正在逐步取代传统的二维 CAD 系统。三维 CAD 系统的核心是三维模型，三维模型所表达的几何体信息越来越准确和完整，"设计"的范围也越来越广泛。三维 CAD 系统的三维模型可以直接通过投影生成二维工程图；三维 CAD 系统的模型包含了更多的实际结构特征，通过赋予三维实体一定的属性，就可以进行各种计算。

以二维形式表达的工程图是工程技术人员反映其设计思想的语言，通过合理的投影面、剖切位置和剖切方式来表达对象的几何和加工信息，因而具有简单、完整和准确等特点。这种以投影、剖切原理为基础的工程图能够表达的对象的复杂性几乎是无限的，实践充分证明了二维工程图表征对象的合理性和正确性。特别是矿山开采行业，剖面图、平面图、投影图已在设计人员的头脑中根深蒂固，在一定时间内，很难改变这种思维方式。目前，在图纸上的设计和在 AutoCAD 上的采矿设计，都是基于二维交互方式进行的。

通过以上分析可以得出如下结论：面向模型造型方法的三维 CAD 是当今 CAD 发展主流，采矿 CAD 应该根据该类 CAD 的特点进行研究和发展，同时，由于二维图纸的重要性，数字采矿软件仍然离不开二维的表达形式。

7.3.2 采矿计算机辅助设计

采矿 CAD 在数字采矿软件系统中占有重要地位，实现计算机辅助采矿设计是至关重要的一个任务。采矿工程设计涉及到很多方面，比如：开拓设计、中段运输大巷设计、井底车场设计、盘区设计、采准设计、爆破设计等等，针对不同的采矿方法还有很多不同的设计任务。本书不涉及具体的采矿设计任务，重点是平台的建设，为这些设计功能模块提供平台支持，因此重点研究采矿设计过程，计算机辅助采矿设计的实现机理和方法，以及搭建辅助设计平台的技术要求。

采矿 CAD 是作为 CAD 技术在采矿领域的应用与发展，是提高采矿设计水平和设计质量的重要手段。在采矿设计中，采矿 CAD 技术不仅可以完成手工无法完成的设计，而且还可以使常规设计效率得到很大提高。由于采矿行业特点、采矿工程师设计习惯、图样表达方式的不同，CAD 系统的软件设计者与用户必须在对采矿设计过程的计算机辅助部分描述方法取得一致。因此，在进行采矿 CAD 系统设计之前应对采矿设计过程有清晰认识。

7.3.2.1 工程设计过程

设计是一种面向目标问题的求解活动，它包含问题的形成、创造性的构思、综合、分析、模拟及评价、判断和决策，到最后形成设计方案或局部设计方案，这是一个很复杂的过程。一个典型的设计过程通常包含以下几步。首先，设计者获得设计要求，包括功能要求、经济要求、制造技术要求、环节要求、审美要求等。第二步，设计师进行方案设计，这一步的信息源既来自设计要求，也来自设计师的知识。方案设计包括功能的满足、技术的可行和审美的满足等多方面思考，方案设计是整个设计过程中最活跃、最具创造性，也是智力活动最复杂的一个环节，方案设计是一种特殊的问题求解形式，也称构思，设计对象在此步骤中形成。第三步，设计对象的修改、验证、定型。这一步首先将大脑中的设计对象表达出来，然后根据功能要求、经济、技术、审美等各方面的详细要求和数据，对模型作进一步的计算，不合适之处予以改善，细节予以补充，最后定型。第四步，将定型的设计结果制作成技术文件，通常包括对象的三视图、剖面图、部件图及各种详细的说明等。典型设计过程如图 7-11 所示。

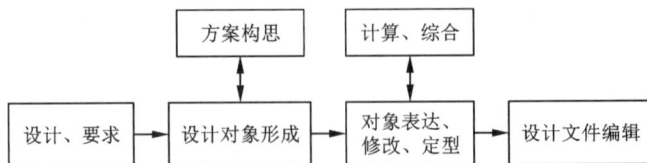

图 7-11　典型设计过程基本步骤

7.3.2.2　采矿设计与采矿 CAD

矿床开采的对象是各种地质体，目标是采出矿石。采矿设计是工程技术人员根据约束条件，用工程手段改变环境，满足特定的要求所进行的一种智能活动。采矿设计除满足采出矿石外，应保证工程结构的自身存在，使它能够承受自然过程和人工生产过程施加在其上的各种载荷和作用，以保证人员的安全和后续作业的正常进行，同时必须考虑工程设计的经济性以及与环境的协调性，保证以最低的成本、最小的环境破坏以及最好的安全性获取尽量多的矿石资源。

采矿设计通常都要经历方案设计、初步设计和施工设计几个阶段。每个阶段都有其自己的设计目标。设计过程中，工程师一般要经历如下几个过程。

(1)方案构思。工程师接到设计任务后，首先就是运用自身的经验和知识进行设计构思，做出一些技术决策，确定设计原则，并对以后的设计过程和将要完成的设计有一个总体把握，主要工作包括：

①搜集并研究采矿设计的背景资料和有关工程的原始资料；

②搜集已经成功的同类设计资料以及有关的设计资料和知识；

③根据工程具体情况，运用设计知识和经验，参考同类设计和相关资料，进行设计构思，确定设计原则和设计方案。

(2)工程结构参数计算分析。结构和参数分析的目的是要确定设计方案中有关工程结构的应力载荷、约束条件等，是采矿设计的重要方面。

(3)采矿图设计过程。包含对具体方案的设计和设计方案的调整。

(4)施工图绘制。施工设计图是采矿设计成果的具体表现，它以详尽体现设计意图和指导生产施工为目的。

(5)经济分析。经济分析是工程设计的重要方面，它是确定项目投资、编制和安排建设计划的依据，也是确定工程造价、考核工程成本和经济性的依据。

与矿床开采有关的工程设计本身包括很多方面，涉及地质、测量、矿建、采矿、总图等多个专业及其之间的协作，没有一个统一的模式能描述所有这些设计过程。采矿 CAD 研究的目的是辅助设计者完成工程方案的设计，它们模拟采矿设计专家的思维进行工作。

采矿设计有以下特点。

(1)多维性：采矿活动是发生于真三维的空间中，而且随着开采过程的不断进行，这些三维空间是动态改变的。

(2)可视性：地质数据、工程设计数据和生产历史数据可以用图像、曲线、二维图形、三维体和虚拟现实技术来表示，并可对其相互关系进行可视化分析。现代采矿 CAD 软件必须向可视化方向发展。

(3)交互性：数据获取、存储及更新的交互性；采矿工程设计的交互性；生产过程管理的交互性。

根据以上分析，结合行业特点，并考虑当前技术发展水平，采矿 CAD 应该满足如下要求：

(1)较高的可视化程度和方便、友好的人机交互环境；

(2)矿山各主要生产、技术部门，包括地质、采矿、测量，甚至选矿之间的信息处理、传

送具有时效性和连续性,要求数据高度共享与同步;

(3)以提高设计质量,缩短设计周期为主要目标,通过使用 CAD 系统,使得工程设计过程更趋客观、直观、准确、高效和规范;

(4)集成图形环境、集成图形处理方法和标准的数据接口技术,较强的通用性和可移植性;

(5)采矿 CAD 的设计要充分考虑矿山设计规范和工程师的设计、操作习惯;

(6)二维方式下的矿山 CAD 软件的应用研究有利于与传统设计方式衔接,也符合目前矿山计算机技术水平;

(7)由于三维 CAD 系统具有可视化程度高、形象直观、设计效率高、纠错能力强等特点,采矿 CAD 软件开发正在由二维向三维设计模式转变。

国内常用的采矿设计一般是基于 CAD 软件的设计,当前 CAD 软件大都是对均匀材质的实体和相对规则的三维进行实体建模,而对于矿体这样复杂、多样的实体,根本无法表达和操作。随着矿山三维建模技术的日臻完善,复杂矿体的三维模型的建立在技术上成为可行,使得真正进行地下三维可视化设计也成为可能。

为满足数字采矿软件的实际需求,并结合现阶段的技术条件,本书拟采用三维可视化环境、面向模型造型方法实现三维采矿 CAD。用该类方法产生工程图纸时,不同的图纸信息是由同一对象实体的投影、切割或提取轮廓线而得到的,因此,能自动保持不同视角得到的图形的一致性,这样可以免去校核图纸的麻烦,这是三维实体造型 CAD 的一个重要优点。三维实体造型 CAD 的另一个优点是可以以三维真实感方式显示对象,因而使设计直观,一目了然。由于矿山之间的行业差异,同行业矿山之间的个体差异,以及个例矿山生产过程中需处理的瞬息万变的难以预料的信息差异,使得 CAD 技术在矿山行业的应用研究中具有较强针对性,可移植性相对较差。因此,集成图形环境、图形处理方法和数据接口技术是数字采矿软件的重点。

7.3.3 三维可视化与人机交互

7.3.3.1 人机交互

(1)人机交互技术

在 CAD 中,交互处理是必不可少的部分。一个图形系统,必须允许用户动态地输入位置坐标、指定选择功能、拾取操作对象、设置变换参数等,即需要一个用户接口。人机交互技术(human-computer interaction 或 human-machine interaction,简称 HCI 或 HMI)是指通过计算机输入、输出设备,以有效的方式实现人与计算机对话的技术。人机交互技术是计算机用户界面设计中的重要内容之一。它与人机工程学、认知学、心理学等学科领域有着密切的联系。人机交互的风格经历了命令界面、图形界面、多媒体界面等主要发展阶段,目前正向虚拟现实技术和多通道用户界面的方向发展。

①命令语言用户界面。真正意义上的人机交互开始于联机终端的出现,此时计算机用户与计算机之间可借助一种双方都能理解的语言进行交互式对话。命令语言要求大量的记忆和训练,并且容易出错,使入门者望而生畏,但比较灵活和高效,适合于专业人员使用。

②图形用户界面。图形用户界面是当前用户界面的主流,广泛应用于各档台式微机和

图形工作站。当前各类图形用户界面的共同特点是以窗口系统为核心，使用键盘和鼠标器作为输入设备。窗口管理系统除基于可重叠多窗口管理技术外，广泛采用的另一核心技术是事件驱动技术。图形用户界面和人机交互过程极大地依赖视觉和手动控制的参与，因此具有很强的直接操作特点。基于图形用户界面的优点是具有一定的文化和语言独立性，并可提高视觉目标搜索的效率。图形用户界面的主要缺点是要占用较多的屏幕空间，并且难以表达和支持非空间性的抽象信息的交互。

③直接操纵用户界面。直接操纵用户界面是 Sheiderman 首先提出的概念，直接操纵用户界面借助物理的、空间的或形象的表示。用户最终关心的是他欲控制和操作的对象，他只关心任务语义，而不用过多为计算机语义和句法而分心。对于大量物理的、几何空间的或形象的任务，直接操纵表现出巨大的优越性，然而在抽象的、复杂的应用中，直接操纵用户界面可能会表现出其局限性。

④多媒体用户界面。多媒体技术引入了动画、视频、音频等动态媒体，特别是引入了音频媒体，从而极大地丰富了计算机表现形式，拓宽了计算机输出的带宽，提高了用户接受信息的效率。多媒体信息比单一媒体信息对用户具有多媒体用户界面，丰富了信息的表现形式，但基本限于信息的存储和传输方面，并没有理解媒体信息的含义，这是其不足之处。

⑤多通道用户界面。多媒体用户界面大大丰富了计算机信息的表现形式，使用户可以交替或同时利用多个感觉通道。20 世纪 80 年代后期以来，多通道用户界面成为人机交互技术研究的新领域，在国际上受到高度重视。多通道用户界面综合采用视线、语音、手势等新的交互技术、设备和交互通道，使用户利用多个通道以自然、协作、并行的方式进行人机对话，通过整合来自多个通道精确的和不精确的输入来捕捉用户的交互意图，提高人机交互的自然性和高效性。

⑥虚拟现实技术。虚拟现实又称虚拟环境。虚拟现实系统向用户提供身临其境和多感觉通道体验。作为一种新型人机交互形式，虚拟现实技术比以前任何人机交互形式都有希望彻底实现和谐的、"以人为中心"的人机界面。

（2）人机交互方式的选择

有研究者认为直接操纵与命令语言相结合的模式是当前人机交互的主要模式，自然人机交互模式是以直接操纵为主的、与命令语言特别是自然语言共存的人机交互形式，理想的人机交互模式就是"用户自由"。

数字采矿软件系统最终用户是与矿山开采相关的专业人员，简单、灵活实用是选择人机交互模式的主要原则。数字采矿软件系统在交互过程中存在大量计算机与用户之间的相互交流，不但有大量的输入信息，还存在大量反馈信息，比如引导操作信息、错误提示信息等，此时，计算机用户与计算机之间可借助一种双方都能理解的语言进行交互式对话。因此，图形用户界面与命令语言相结合的方式对数字采矿软件系统比较合适。

7.3.3.2　二维三维一体化交互技术

（1）三维交互

三维交互就是在三维可视化环境下进行人机交互工作，使使用人员可以真实地把握设计对象及其环境的空间几何特征。在采矿设计过程中，需要处理的绝大部分数据和信息都具有几何和空间特性。采矿设计的先决条件是矿床的几何模型的正确建立，在几何模型的基础上方能设计出井巷及其开拓、采准工程图。这些几何数据不仅为绘制图形服务，也是其他设计步骤的输入值。例如，运输距离、曲率半径、巷道断面等数据对于采矿设备选择来说必不可少。通常，几何数据以剖面图和平面图的形式供设计使用，这项工作费时又费力。如果矿床的数据有改进或巷道掘进有变化而需要做一些修改，常常只有通过新图才能做到。将二维图转为三维模型是很困难的，由于复杂的几何关系，只有那些空间思维方面训练有素的设计工程师才能成功。

三维可视化技术赋予人们一种三维的、仿真的，并且具有实时交互的能力，由此采矿工程师可以在三维图形世界中用以前不可想象的手段来获取信息，充分发挥其创造性思维。采矿工程师可以从二维平面图中解放出来而直接进入三维世界，从而很快得到自己设计的三维采矿工程模型，快速判断设计不足或错误，达到优化设计、提高设计效率的目的。

（2）二维交互

二维交互是指在计算机图形学中，利用二维图形元素（如点、线、面等）进行交互操作的过程。在二维交互中，用户可以通过鼠标或触摸屏等设备，对二维图形元素进行点击、拖动、缩放等操作。这些操作可以改变图形元素的位置、大小、形状等属性，从而实现与计算机的交互。二维交互的优点在于直观，易于理解和操作。它可以让用户在计算机屏幕上直接看到操作效果，从而快速完成任务。然而，二维交互也存在一些缺点。例如，对于复杂的交互任务，可能需要多个步骤才能完成，这可能会增加用户的操作难度。此外，二维交互通常只适用于平面图形元素，对于三维图形元素则可能难以实现有效的交互。

（3）两者相互结合的意义

三维交互环境可以还原真实场景和实体的空间形态，使用人员不必绞尽脑汁去想象实体的空间分布及其对应关系，这样可以大大降低设计出错概率、提高工作效率。但是，由于传统思维习惯、操作习惯等因素的影响，特别是在采矿行业中，剖面图、平面图、投影图已在设计人员的头脑中根深蒂固；同时，采矿工程中"中段""水平""分层""勘探线剖面""爆破扇面""巷道断面""工作面""掌子面"等这些概念都是基于二维平面的；另外，目前在三维场景中通过二维输入输出设备实现精准坐标点的控制仍然比较困难，即在三维场景中很难离开二维交互实现精确采矿设计。如果能够将二维三维交互技术有效地结合起来，既能够充分利用三维交互的优点，提高工作效率，降低出错的可能性，又能充分利用二维交互的优点，符合使用人员的思维和操作习惯，确保设计的精确程度。

7.3.4 基于DMS的开采设计

7.3.4.1 基于DMS设计的方法

DMS与传统CAD的主要区别，首先DMS是应用于矿山的专业软件，而CAD是用于各行各业的辅助设计通用软件；其次DMS具有GIS的特征，它除了含有空间位置、几何形态信息外，还具有属性数据，比如资源类型、品位、矿岩物理性质的信息；另外，DMS具有较强的空间统计分析能力，能对设计进行仿真与优化。总之，DMS是基于信息模型进行设计，而CAD主要基于图形进行设计。

（1）基于DMS的设计原理

基于DMS的采矿设计本质上将是基于信息模型进行参数化设计，并通过可视化仿真方法进行优化,最后通过任意剖切、投影的方法进行成图。其原理是建立在信息建模和数据整合的概念之上,旨在提高采矿规划、管理和可持续性的方法。以下是关于这个原理的一些要点。

①集成和互操作性:DMS 的核心原则是将多源、多类型的数据集成到一个统一的信息模型中。这些数据包括地质、资源、工程、环境和社会等多方面的信息。这个数据整合的过程使不同数据源之间能够相互操作,促进了数据共享和协同工作。

②全面性信息建模:DMS 旨在提供一个全面的、多维的视图,将各种信息因素整合在一起。这包括地质模型、资源模型、地理信息、设备布局、环境因素等,使用户能够综合考虑各种数据源的信息。

③三维可视化和模拟:DMS 提供了三维可视化工具,用于可视化矿山地质、资源和设施的信息。这有助于决策者更好地理解矿山的空间结构和相互关系。此外,信息模型还支持模拟工具,用于预测采矿活动的效果和可能的风险。

④决策支持:基于信息模型的采矿设计旨在提供数据支持的决策,以优化采矿规划、降低风险、提高生产效率和资源回采率。这有助于制定更明智的决策,减少盲目决策的风险。

⑤环境和安全:DMS 也考虑了环境和安全因素,使矿山规划更能够符合可持续性原则,满足环境和安全保障。这包括环境影响评估、矿山可持续性。

⑥实时更新和反馈:DMS 是一个动态的工具,它可以根据实际采矿情况和新的数据源进行更新。这意味着规划和决策可以随着时间的推移进行调整,以适应变化的条件和需求。

DMS 的采矿设计原理强调了数据整合、智能规划、可视化和可持续性,这些原则有助于提高采矿效率、减少风险、降低成本,同时更好地满足环境和社会责任。这是一种现代、综合性的方法,适用于不同类型的矿山和采矿项目。

（2）基于 DMS 的设计步骤

基于 DMS 的采矿设计为矿山规划和设计提供了强大的数字化工具,帮助提高生产效率、降低成本、减少环境和社会影响,以实现可持续矿业开采。这一方法融合了地理信息系统（GIS）、计算机辅助设计（CAD）、数据分析、模拟和可视化技术,为现代采矿工程带来了前所未有的机会。

基于 DMS 的采矿设计,即基于信息模型的开采设计方法（information model-based mining design）,是一种现代矿业工程方法,它结合了信息建模、数据分析和仿真技术,以更全面、可持续和智能的方式规划和管理采矿活动。设计流程如图 7-12 所示,主要包括资料的准备、工程设计、指标计算、仿真优化与交付。

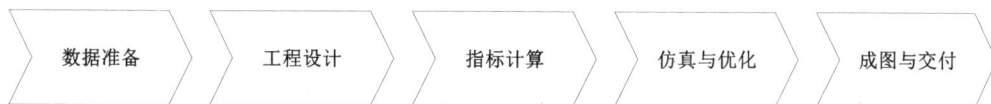

图 7-12　基于 DMS 的设计流程

①数据准备:地质测量部门提交的经过相关部门审定的资料,主要包括矿体模型、岩石模型、井巷模型、钻孔数据库、勘探线模型、块段模型和矿量计算结果表等,也包含前期设计成果。

②工程设计：在三维空间中进行设计是在地质测量部门提供的矿岩模型和巷道模型的基础上，对矿体按设计标高进行分割，提取矿岩界线，然后参考矿岩界线在三维环境中进行进路中心线布置。根据井下生产组织和采场溜井布置，合理划分采场区域，对中线快速命名、属性赋值。根据泄水和放水工程对中心线进行坡度调整，生成双线巷道和三维井巷工程。

③指标计算：主要包括工程量、矿量计算和综合指标表等。工程量主要包括巷道断面、长度、立方量、带矿量、带岩量等指标。矿量计算主要包括每个采场的地质矿量、地质品位、上接矿量、下转矿量、崩落矿量等指标。综合指标表包括整个分层矿量及工程量汇总。

④仿真与优化：DMS通常包括强大的可视化和仿真工具，允许用户在设计过程中进行碰撞检测、可视化推演等；DMS可以用于进行性能分析和优化，如贫损指标、资源回采、开采效率、安全程度等，它允许工程师在设计阶段就能够优化方案。

⑤自动化成图与数字化交付：DMS可以自动生成开采方案图、开采施工图、施工计划、材料清单等相关方案，从而提高效率；通过图纸发布功能可实现图纸的自动签章和发布；通过交付功能可将设计成果集成移交到其他系统中，完成设计交付。基于DMS的开采设计方法强调全面的数据集成、数字化规划和可持续性，使矿山开采更加高效、安全和可持续。

7.3.4.2 基于DMS与CAD设计的区别

基于DMS的设计和传统CAD设计在设计方法和理念上存在一些重要的区别，主要有以下区别。

(1)数据建模与几何建模

传统CAD设计主要侧重于几何建模，即使用图形对象(例如线、圆、多边形)来表示设计。这种设计方法主要关注形状和外观。基于DMS的设计则更加强调数据建模，它不仅包含几何信息，还包括属性、关系、材料、过程信息等多维数据，这使得设计更具综合性和智能性。基于DMS设计以内容为中心，而传统CAD设计以图纸为中心。

(2)参数化与关联性

基于DMS的设计通常是参数化的，这意味着设计元素可以受到参数的控制，使得设计能够更加容易地进行变更和优化。传统CAD设计通常不具有相同程度的参数化和关联性，设计变更可能需要手动重新建模。

(3)协同设计

基于DMS的设计促进协同设计，多个设计领域的专家可以同时访问和修改信息模型，以协同工作。传统CAD设计通常依赖于文件的传递，导致协同设计更具挑战性。

(4)可视化与数据

传统CAD设计侧重于可视化和图形表示，通常需要专业的CAD工具来创建和修改设计。基于DMS的设计更注重数据，设计信息可以被更广泛地用于分析、仿真和决策制定。

(5)周期性和效率

基于DMS的设计可以提高设计效率，减少错误和改动成本，因为它允许更好的自动化和智能化。传统CAD设计可能需要更多的手动操作，容易受到设计改动的牵连。

(6)全生命周期管理

基于DMS的设计有助于整个矿山开采全生命周期的管理，包括规划、设计、开采作业、运营管理等。传统CAD设计通常侧重于设计阶段，不太适合跨足产品生命周期的管理。

(7)分析和优化

DMS 可以用于进行性能分析和优化,如资源利用、贫损分析、开采成本等。它允许工程师在设计阶段就能够优化方案。传统 CAD 通常需要导出数据到其他专用软件以进行类似的分析。

总的来说,基于 DMS 的设计更具综合性、可视化和可协同性,能够更好地满足现代设计和生产的需求。然而,它也可能需要更多的初期投入和培训,以便工程师能够充分发挥其优势。传统 CAD 设计仍然在某些情况下非常有效,特别是对于那些对信息依赖较为简单的设计任务。

7.3.4.3　基于 DMS 设计的案例

基于 DMS 的开采设计是指在三维数字模型的基础上,完成一系列采矿设计工作。这包括盘区(或采场)的划分、采矿工程的布置、底部结构设计、爆破等各个采矿环节的设计。与传统二维采矿设计相比,三维环境下的采矿设计能及时展现设计对象的结果和效果,支持实时交互地修改设计对象,并可以实时验证设计的合理性和正确性,以及自动化的指标计算,从而快速得到满意的设计结果。这种方式大大提高了设计工作的质量和效率,减少了设计的失误和错误,并避免了大量的重复设计和修改工作。本节以某地下铁矿回采设计为例讲述基于 DMS 设计的过程,该矿山采用无底柱崩落采矿方法。回采爆破设计是在矿体模型、实测巷道模型以及块段模型的基础上,在三维环境下进行排位设计与更新、爆破边界生成、炮孔设计、矿量计算、技术经济指标输出和工程出图等工作。本案例使用的软件为 DIMINE 数字采矿软件。

(1)模型准备

在回采爆破设计前,需要准备模型基础数据,包括采场模型或矿体模型、实测巷道模型以及块段模型,如图 7-13 所示。

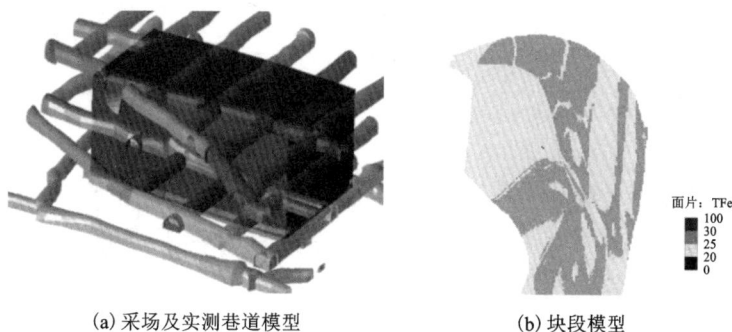

(a)采场及实测巷道模型　　　(b)块段模型

图 7-13　基于 DMS 的基础数据

(2)排位线设计

在模型数据的基础上,在三维可视化环境下进行排位线参数化设计。在排位线参数设计窗口输入炮排线的控制距离和排位线的间距等参数,然后在实测巷道中心线上点击第一排和最后一排的位置,在三维窗口中就会生成一系列的排位线,如图 7-14 所示。同时会自动生成炮孔设计文件,包含编号、排位线、边界线等。

排位线生成以后，检查设计范围内采准工程的布置情况，查看上水平有无切巷、联巷以及溜井等工程，为了提高爆破质量，改善爆破效果，根据实际情况对排位线进行调整，需要设置斜排的增加斜排。结合采场和巷道控制线，形成爆破菱形边界，如图7-15所示。

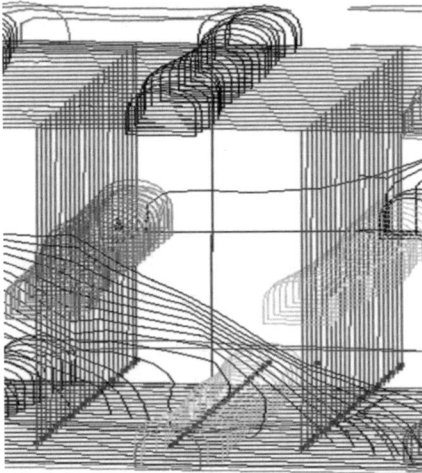

图7-14　排位线

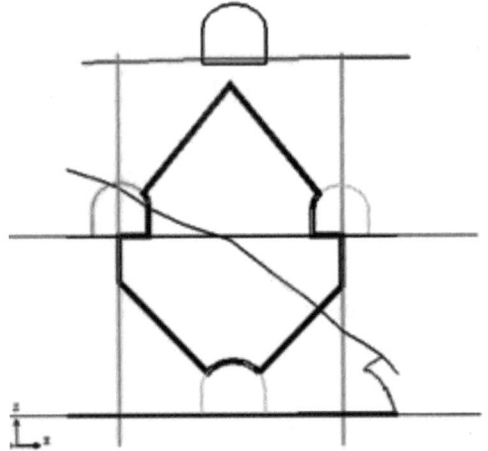

图7-15　爆破菱形边界

（3）炮孔设计

在爆破边界的基础上，系统根据孔底距、边界容差、钻机高度、边孔角度、装药模式及爆破影响半径范围等参数进行炮孔自动设计和装药设计，如图7-16、图7-17所示。同时为了提高设计效率，提供复制前排炮和复制后排炮的功能。当设计炮孔不能满足设计要求时，还可以对炮孔进行编辑修改，包括长度、装药、编号等。

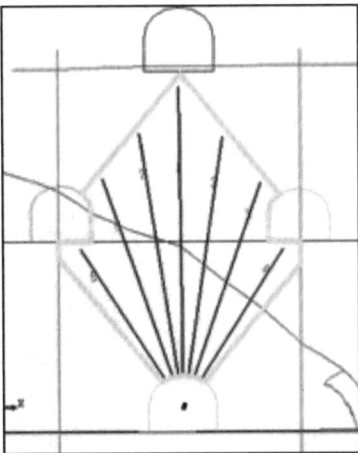

图7-16　炮孔设计

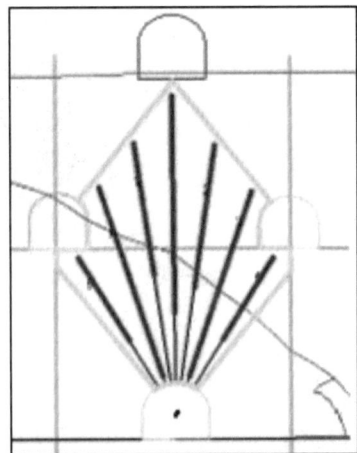

图7-17　装药设计

（4）经济指标计算

回采设计的技术经济指标主要分为火工材料统计、爆破矿岩量统计和经济指标三类，具体有孔数、设计米数、炸药量、崩落矿量、岩量、平均品位、金属量、每米崩矿量、炸药单耗、损失率、贫化率等。传统的方法需要人工对进路每个炮排小剖面中孔数、设计米数进行统计，然后填入表格中，工作量大且繁琐。而基于 DMS 软件，可支持上述经济指标一键输出（见表 7-1）。如果经济技术指标不满足要求，可返回修改设计参数，快速进行经济指标计算，直至满足要求为止。

表 7-1　炮排技术经济指标表

进路号	排号	孔数	设计米数	设计装药米数	火工材料消耗			崩落地质矿量	崩落岩石量	崩落TFe地质品位	崩落TFe平均品位	崩落TFe金属量	技术指标			
					炸药	非电管	导爆索						每米崩矿量	炸药单耗	损失率	贫化率
单位	个		m	m	kg	发	m	t	t	%	%	t	t/m	kg/t	%	%
4-4凿岩巷	1	11	171.82	118.48	59.24			644.71	174.09	24.29	19.13	156.63	4.77	0.09		27
4-4凿岩巷	2	13	249.83	175.26	87.63			1724.16	589.93	24.28	18.09	418.67	9.26	0.05		34.22
4-4凿岩巷	3	13	249.98	175.37	87.69			2331.16	68.94	24.24	23.54	565.09	9.6	0.04		2.96
4-4凿岩巷	4	13	250.16	175.54	87.77			2413.45	0	24.21	24.21	584.33	9.65	0.04		0
4-4凿岩巷	5	13	250.31	175.64	87.82			2415.72	0	24.17	24.17	583.81	9.65	0.04		0
4-4凿岩巷	6	13	250.47	175.77	87.89			2417.98	0	24.06	24.06	581.87	9.65	0.04		0
4-4凿岩巷	7	13	250.6	175.85	87.93			2420.24	0	24.06	24.06	582.37	9.66	0.04		0
4-4凿岩巷	8	13	250.7	175.9	87.95			2422.5	0	24.14	24.14	584.77	9.66	0.04		0
4-4凿岩巷	9	13	250.91	176.09	88.05			2424.74	0	24.28	24.28	588.72	9.66	0.04		0
4-4凿岩巷	10	13	250.99	176.12	88.06			2426.99	0	24.38	24.38	591.59	9.67	0.04		0
4-4凿岩巷	11	13	251.18	176.28	88.14			2429.23	0	24.45	24.45	593.85	9.67	0.04		0
4-4凿岩巷	12	13	251.28	176.33	88.17			2431.46	0	24.47	24.47	595.1	9.68	0.04		0
4-4凿岩巷	13	13	251.42	176.44	88.22			2433.69	0	24.53	24.53	596.96	9.68	0.04		0
4-4凿岩巷	14	13	251.61	176.6	88.3			2435.91	0	24.56	24.56	598.16	9.68	0.04		0

7.3.4.4　基于 DMS 设计的意义

基于 DMS 设计具有许多重要的意义和优势，其意义和优势主要有：

（1）全生命周期管理：DMS 使采矿项目的全生命周期管理成为可能，包括规划、设计、建设、运营和维护。这意味着可以在项目的各个阶段更好地管理和利用数据，提高效率和可维护性。

（2）综合数据集成：基于 DMS 的采矿设计集成了各种数据类型，包括地质、地理、资源、环境和社会数据。这有助于更全面地了解矿山项目，支持更好的决策制定。

（3）多学科协同设计：DMS 鼓励多学科的协同设计，例如地质学家、工程师、环境专家等可以同时在一个共享的信息模型上工作，实时协作和交流，以确保设计各个方面的协调性。

（4）可视化和仿真：基于 DMS 的采矿设计允许可视化呈现矿山项目，包括地质、设备、开采计划等，以便更好地理解和交流设计，模拟不同情况下的效果，进行决策支持。

（5）性能分析和优化：DMS 可以用于性能分析和优化，如能源效率、结构分析、材料成本等。这有助于改进设计的可持续性和效率。

（6）减少错误和冲突：基于 DMS 的设计减少了设计中的错误和冲突，因为各专业的设计都在一个统一的信息模型上进行，更容易发现和解决问题。

（7）精确性和一致性：DMS 提供了准确、一致和详细的数据，减少了设计错误和不一致性的风险。这有助于降低项目成本和提高效率。

（8）数据驱动决策：DMS 提供了丰富的数据，可以用于数据驱动的决策制定。设计师可以利用这些数据来进行性能分析、成本估算、环境影响评估等，以优化采矿计划。

（9）全面的项目管理：DMS 还支持项目管理，包括项目进度跟踪、成本控制、风险管理和决策支持，以确保项目按计划进行。

（10）数据更新和历史记录：DMS 可以根据实际开采情况和新的地质信息不断更新，同时保留历史数据，以支持项目的演进和改进。

总之，基于 DMS 的采矿设计有助于提高效率、降低成本、减少风险、提高资源回采率，同时确保项目满足环境和社会责任标准。这是现代矿业工程领域的一项重要工具，有助于提高整体项目价值。

7.3.5 基于三维模型的成图技术

基于三维模型的成图技术是在已有的三维数据基础上，根据模型要素属性及出图要求，通过剖切、投影等操作自动生成二维图。由于手工制图下地质体轮廓线的绘制是通过工程、样段的控制点投影手动连线输出，是一种"示意图"，其本质是反映工程、样品对地质体的控制依据，而非精确空间形态；基于三维模型的成图技术是通过在空间真实位置切割地质体，形成精确轮廓线，其本质是反映地质体、工程、样品的精确空间形态。

通过基于三维模型的成图技术产生基本图件要素后，再通过图例、图幅、图签、网格、指北针等图件修饰处理即可制作出符合要求的工程图件。

7.3.5.1 工程出图

（1）工程剖切

由剖切线生成剖切面，以剖切面为基准面，输出相交的工程实体剖切轮廓，如图 7-18 所示与剖切面不相交的工程实体投影至剖切面输出实体的投影轮廓。

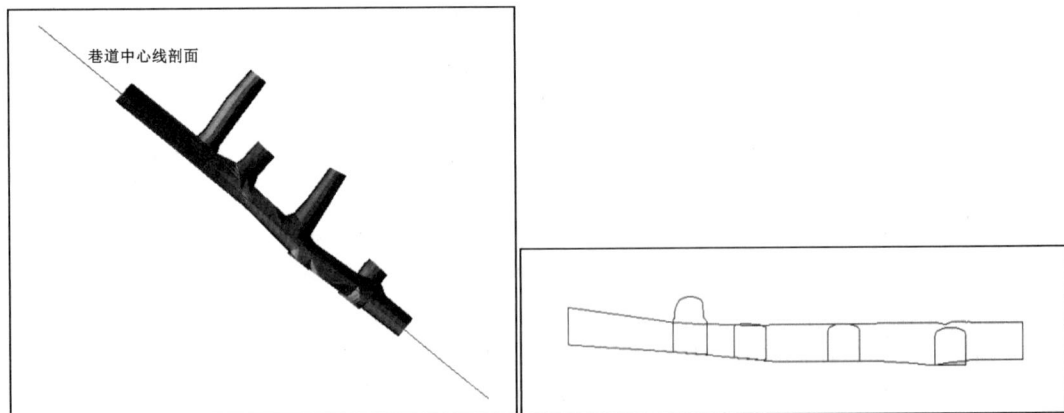

图 7-18 采掘工程剖切图

（2）工程投影

将工程实体的轮廓线投影到平面上，如图 7-19 所示。

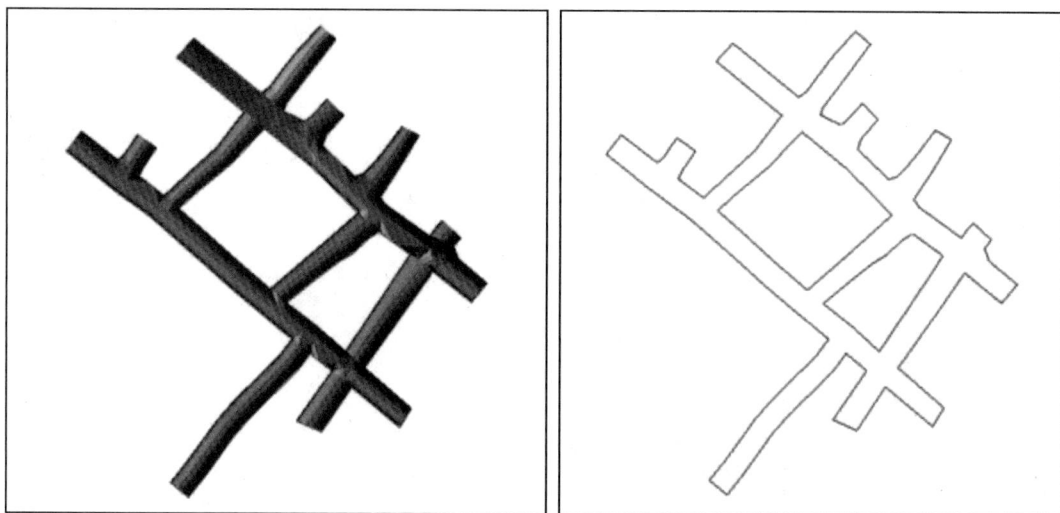

图 7-19　采掘工程投影图

7.3.5.2　钻孔图

（1）钻孔投影

钻孔剖面图、钻孔平面图均是通过钻孔投影至水平面或剖面上，依据功能参数输出相关标注及表格，如图 7-20 所示。

剖面方位角：207°12′13″

序号	样品号	自	至	样长	锡品位/%
1	17-92778	0.00	1.00	1.00	0.010
2	17-92779	1.00	2.00	1.00	0.007
3	17-92780	2.00	2.80	0.80	0.026
	平均品位				0.013

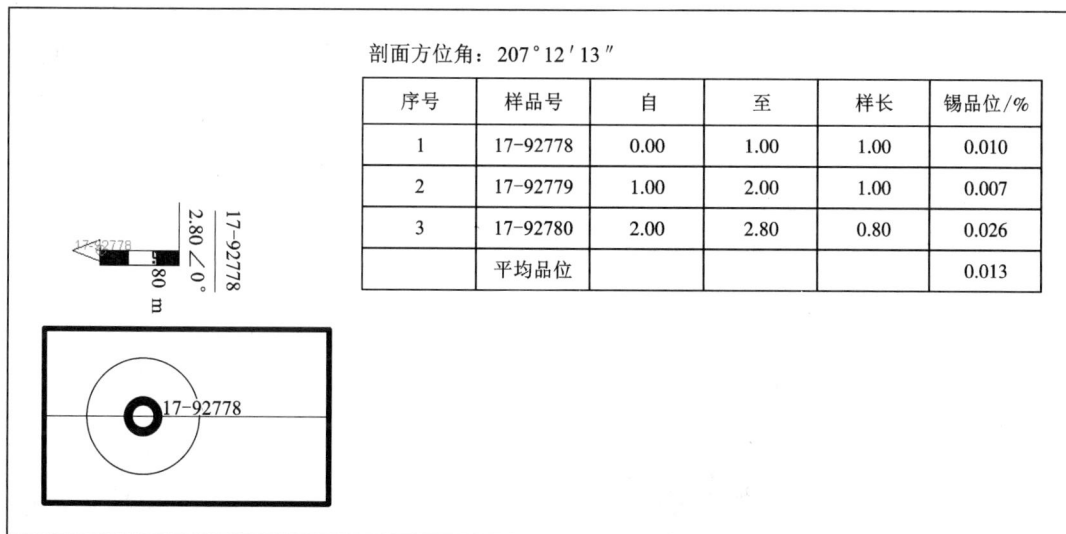

图 7-20　钻孔图

7.3.5.3 地质图

地质体主要通过投影或剖切输出实体轮廓线,与手工制图结果相比,在二维图上地质体界线不能够与工程、样段等控制点对应,但从三维视图中更能精准反映实体间的位置关系。

(1)地质剖面图-矿体与钻孔

矿体按勘探线剖面切割,一定范围内的样段投影至勘探线剖面上,与手工在二维图纸上绘制的方式存在一定出入。如果是与勘探线有一定夹角的剖面,那么投影出来的样段与矿界线出入可能更大,如图 7-21 所示。

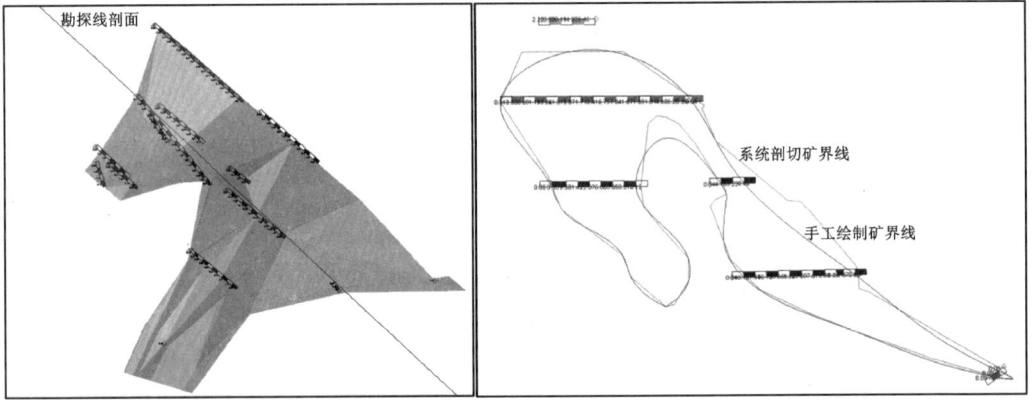

图 7-21 地质剖面图

(2)地质水平投影图-矿体与断裂

断裂为面模型剖切输出,矿体为体模型投影输出,因此反映在二维图纸上断裂与矿体界线有可能产生错位。而手工绘制的做法则会在二维图纸上人为调整断裂界线与矿体界线相符合,如图 7-22 所示。

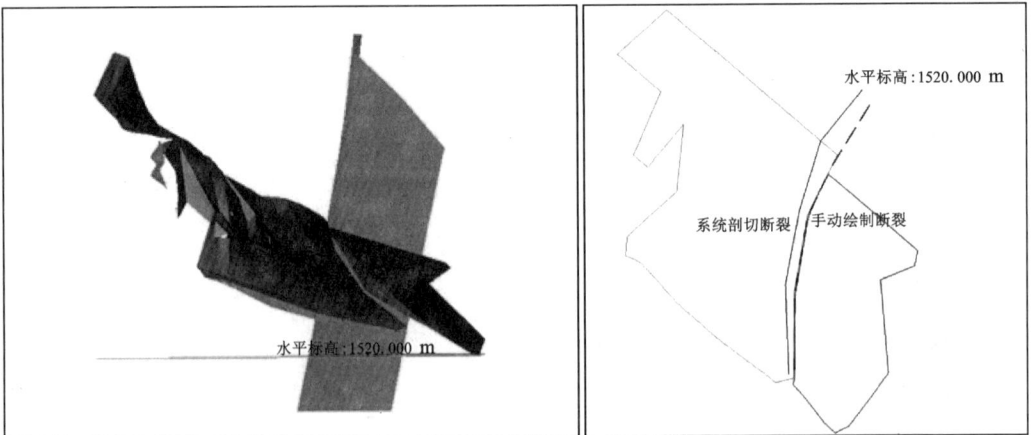

图 7-22 地质水平投影图

7.3.5.4　炮排剖面图

在中深孔设计中,通过剖切输出炮排剖面图,如图 7-23 所示。

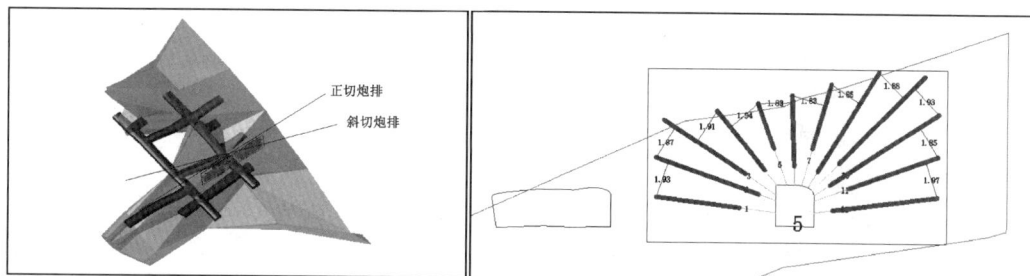

图 7-23　炮排剖面图

7.3.5.5　综合图

(1)勘探线剖面图

勘探线剖面图即为经过勘探线的剖面图。矿体、断裂、空区切割产生矿体界线、断裂界线、空区界线,巷道切割、投影产生巷道轮廓线,炮孔投影产生炮孔轨迹线,样段投影产生样槽,如图 7-24 所示。

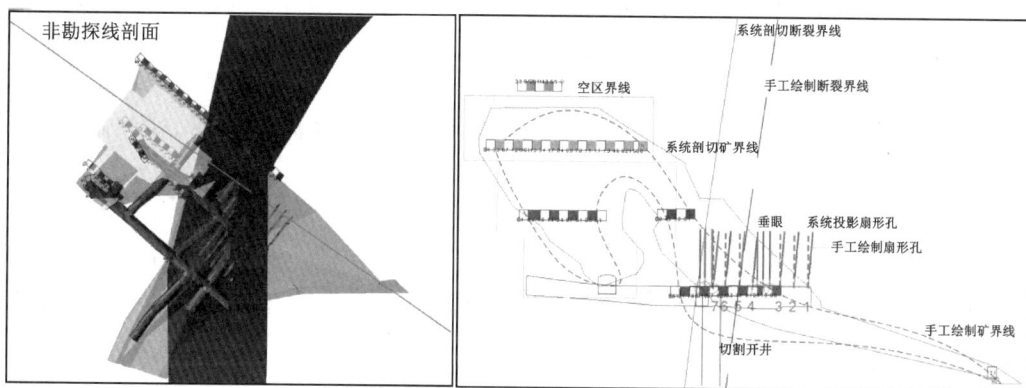

图 7-24　勘探线剖面图

(2)非勘探线剖面图

非勘探线剖面图即为不经过非勘探线的剖面图。矿体、断裂、空区切割产生矿体界线、断裂界线、空区界线,巷道切割、投影产生巷道轮廓线,炮孔投影产生炮孔轨迹线,样段投影产生样槽,如图 7-25 所示。

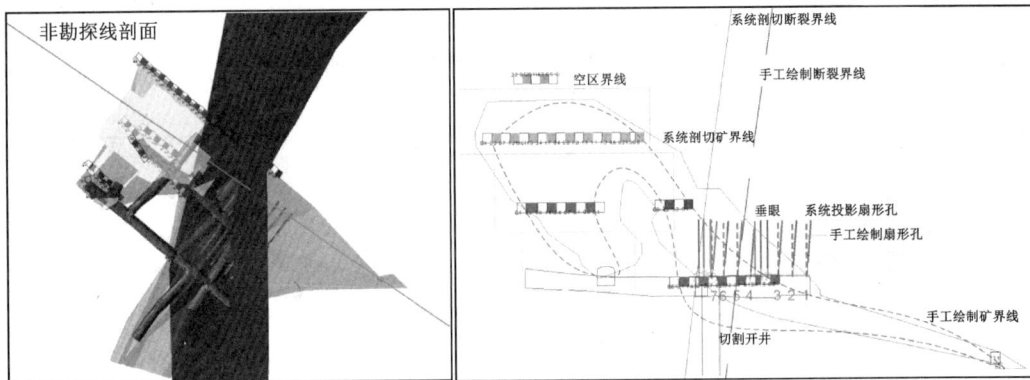

图 7-25　非勘探线剖面图

扫一扫，看彩图

7.4　采掘（剥）计划编制

7.4.1　计划编制基础

矿山采掘（剥）计划编制是矿山设计和开采最重要的环节之一，其结果的优劣直接影响着矿山的总体经济效益。计划编制的科学合理性，直接影响着矿产资源的综合利用、矿山企业的经济效益和能否持续均衡地进行生产活动等方面。通过计划的编制，可以预测矿山企业年度生产任务的完成情况，了解矿山未来的生产条件，加强企业对矿山资源的掌控能力。好的采掘（剥）计划，不仅能满足持续均衡的生产活动要求，还能在正确的时间、地点开采出效益最佳的矿石。

随着计算机技术、三维可视化技术和运筹学的进一步发展，为矿山利用计算机在三维可视化环境下进行开采计划编制奠定了良好的基础。数字化开采计划编制综合利用地质体模型、工程模型以及地质属性模型，通过设定矿石量、品位等关键指标以及在三维可视化环境下定义约束，能够快速生成开采计划的方案。

相对于手工编制计划，数字化计划编制可以合理规划矿山工程在空间与时间上的顺序和采剥（掘）设备作业顺序，达到降低采矿成本，提高生产效率，最终实现开采总体经济效益最大化的目标。

数字化开采计划包括露天矿采剥计划和地下矿采掘计划。

（1）露天矿采剥计划

露天矿采剥计划的目标是根据矿山的生产能力和剥采比等约束条件确定技术上可行、经济上最优的矿岩采剥顺序。所谓总体经济效益最大，是指在矿床开采过程中所实现的总净现值最大，就是决定矿块（也可以是价值模型的价值块）的开采顺序使得矿山获得最大的累计净现值。而技术上可行，是指采剥计划必须满足一系列技术上的约束条件，主要有：

①每个计划期内为选厂提供较为稳定的矿石量和入选品位；

②每个计划期的矿岩采剥量应与可利用的采剥设备生产能力相适应；

③各台阶水平的推进必须满足正常生产要求的时空发展关系，即最小工作平盘宽度、安全平台宽度、工作台阶的超前关系、采场延深与台阶水平推进的速度关系等。

（2）地下矿采掘计划

地下矿采掘计划编制是一个复杂的系统工程。采掘计划是根据各采场回采顺序的合理超前关系、矿块生产能力和新水平的准备时间等条件编制出来的，在编制时应按时间和工程划分层次，最合理地安排各开采项目（矿体、阶段、分段、矿块、矿房、矿柱、盘区、进路等）中各类采掘工程（生产勘探、开拓、采准、切割、回采矿柱和处理空区等）的工作量、工期、施工顺序和设备、人力、资源的安排。

7.4.2　露天矿采剥计划编制

露天矿采剥计划优化方法需要确定一个技术上可行，能够使矿床开采的总体经济效益达到最大的，贯穿整个矿山开采周期的矿岩采剥顺序。

7.4.2.1　采剥计划编制方法

随着计算机技术的发展，人们逐渐用计算机来解决露天矿生产计划编制问题。最初有学者提出利用 L-G 图论法或浮动圆锥法调整价值模型，通过试算法求出一系列嵌套分期境界作为各计划期的期末图，但这种方法无法满足采剥进度计划的技术约束条件，而且该算法调整价值模型的工作量非常大。随后又相继有许多计算机方法问世：KOROBOV 算法、参数化算法、动态规划法、混合整数规划法。其中，基于价值模型的混合整数规划法能够充分考虑露天矿生产计划编制问题的一系列技术约束条件，为解决该问题提供了一种很好的解决途径。

其整个流程如图 7-26 所示。

图 7-26　采剥计划编制流程

首先在境界的约束下进行中长期规划，中长期规划是以实现计划周期内净现值最大化为目标；短期采剥计划是在中长期规划的某一周期内满足安全生产要求的多目标规划。

7.4.2.2　中长期采剥规划数学模型

中长期采剥规划是在露天矿境界基础上的进行的，以实现计划周期内净现值的最大化目标。采用 0-1 型整数线性规划建立数学模型，模型包括模型数据集、集合的索引、模型参数、决策变量、目标函数和约束条件等。

集合包括：分期境界的集合 C；计划周期的集合 T；台阶的集合 B；价值块的集合 A；金属元素的集合 E；分期境界 c；计划周期 t；台阶 b；价值块 a；金属元素 e。

参数包括：价值块 a 的矿石量 o_a；价值块 a 的岩石量 r_a；价值块 a 中元素 e 的品位 $g_{a,e}$；价值块 a 的经济净现值 v_a；经济价值贴现率 r；采矿能力 $\overline{M}_t$、$\underline{M}_t$、M_t；矿石处理能力 $\overline{O}_t$、$\underline{O}_t$、

O_t；$\overline{g}_{t,e}$、$\underline{g}_{t,e}$ 的品位波动范围；同时开采的最多台阶数 N_b；露天矿台阶总数 N_B；露天矿分期境界总数 N_c；不同分期之间的台阶开采超前的最多和最少台阶数 $\overline{N}_c$、$\underline{N}_c$；矿山在周期 t 时剥采比上下限 $\overline{\lambda}_t$、$\underline{\lambda}_t$。

决策变量包括：二进制变量 $x_{a,t}=\{0,1\}$，若价值块 a 在周期 t 时开采则为 1，否则为 0。

目标函数：

$$\max \sum_{t\in T}\sum_{a\in A} v_a x_{a,t}(1+r)^{-t}$$

约束条件包括：

(1)矿山采矿能力约束：

$$\underline{M}_t \leqslant \sum_{a\in A}(o_a+r_a)x_{a,t} \leqslant \underline{M}_t \quad \forall t\in T$$

(2)矿山选矿处理能力约束：

$$\underline{O}_t \leqslant \sum_{a\in A}o_a x_{a,t} \leqslant \overline{O}_t \quad \forall t\in T$$

(3)各周期内金属元素品位波动约束：

$$\underline{g}_{t,e} \leqslant \frac{\displaystyle\sum_{a\in A}o_a x_{a,t}}{O_t} \leqslant \overline{g}_{t,e} \quad \forall t\in T, \; \forall e\in E$$

(4)采剥计划中同时开采的台阶数约束：

$$x_{a,t} \leqslant \sum_{a'\in B_{i-N_b}} x_{a',t} \quad \forall t\in T, \; \forall a\in B_i, \; \forall i\in\{1+N_b,\cdots,N_B\}$$

(5)同一分期境界内上下台阶采剥顺序约束：

$$\sum_{a'\in B_{i+1}} x_{a',t} \leqslant x_{a,t} \quad \forall t\in T, \; \forall a\in B_i, \; \forall i\in\{1,\cdots,N_B-1\}$$

(6)不同分期之间的台阶开采超前性约束：

$$x_{a,t} \leqslant \sum_{a'\in B_{i-\overline{N}_c}\cap C_{j-1}} x_{a',t} \quad \forall t\in T, \; \forall a\in B_i\cap C_j$$

$$\forall i\in\{1+\overline{N}_c,\cdots,N_B\}, \; \forall j\in\{2,\cdots,N_C\}$$

$$\sum_{a'\in B_{i+\underline{N}_c}\cap C_{j+1}} x_{a',t} \leqslant x_{a,t} \quad \forall t\in T,$$

$$\forall a\in B_i\cap C_j$$

$$\forall i\in\{1,\cdots,N_B-\underline{N}_c\}, \; \forall j\in\{1,\cdots,N_C-1\}$$

(7)各周期内剥采比范围约束：

$$\sum_{a\in A}o_a x_{a,t}\underline{\lambda}_t \leqslant \sum_{a\in A}r_a x_{a,t} \leqslant \sum_{a\in A}o_a x_{a,t}\overline{\lambda}_t \quad \forall t\in T$$

(8)决策变量逻辑约束：

$$\sum_{t\in T}x_{a,t} \leqslant 1 \quad \forall a\in A$$

采剥计划数学模型的目标函数是实现计划周期内净现值的最大化，价值块在不同时期的贴现价值通过贴现率 γ 表达。其中：

约束条件(1)保证在各个计划周期内矿石和岩石的采剥总量在矿山的开采生产能力范围内，以满足均衡生产的要求；

约束条件(2)保证在各个计划周期内矿石的开采量在选厂选矿能力范围内，以满足选厂供矿均衡的要求；

约束条件(3)保证在各个计划周期内各元素的品位在给定的波动范围内，以满足矿石配矿的需求；

约束条件(4)实现矿山开采过程中同时作业的台阶数在给定的范围内，以满足生产的组织和集中管理等方面的需求；

约束条件(5)是露天生产工艺的基本需求，同分期境界内，上一台阶的价值块采剥完成以后才能进行下一台阶的价值块采剥，以满足生产工艺和安全的基本需求；

约束条件(6)是为了保证相邻分期境界之间采剥台阶的超前滞后关系；

约束条件(7)保证在各个计划周期内剥采比在计划的范围内，以满足矿石的持续生产；

约束条件(8)是数学模型中决策变量自身的逻辑性，即任一价值块有且仅在某一个周期内予以采剥，避免在不同周期中重复计算。

7.4.2.3　采剥计划数学模型

短期采剥计划是在中长期规划的某一周期内满足安全生产要求的多目标规划。采剥计划目标包括：矿石品位目标、品位波动范围、采矿量目标、采矿量波动范围、剥采比目标、剥采比波动范围、各台阶采剥量目标、各台阶采剥量波动范围、水平推进约束搜索层数、安全平台宽度、允许同时开采台阶数。数学模型包括模型数据集、集合的索引、模型参数、决策变量、目标函数和约束条件等。

集合包括：台阶集合 B；成分集合 E；价值块集合 V；台阶 b 上第 i 行 j 列价值块的采矿量集合 $O_{b,i,j}$；台阶 b 上第 i 行 j 列价值块的剥岩量集合 $R_{b,i,j}$；台阶 b 上第 i 行 j 列价值块成分 e 品位的集合 $G_{b,i,j}^e$；台阶 b 上第 i 行 j 列价值块的坐标集合 $(X_{b,i,j}, Y_{b,i,j})$；台阶 b 水平上按搜索层数确定的制约价值块 (i,j) 的所有价值块集合 $(I_{b,i,j}, J_{b,i,j})$；台阶 b 的上一台阶因需满足安全平台宽度超前关系而制约的价值块 (i,j) 集合 $(I'_{b-1,i,j}, J'_{b-1,i,j})$。

集合的索引包括：台阶的索引 b；成分的索引 e；价值块的行索引 i；价值块的列索引 j。

参数包括：成分 e 品位目标 g_e；成分 e 品位波动范围 Δg_e；成分 e 的权重系数 λ_e；采矿量目标 o；采矿量波动范围 Δo；剥采比目标 γ；剥采比波动范围 $\Delta\gamma$；台阶 b 采剥量目标 w_b；台阶 b 采剥量波动范围 Δw_b；允许同时开采的最大台阶数 n。

决策变量包括：

$$x_{b,i,j}=\begin{cases}1, 台阶 b 第 i 行 j 列价值块为计划结果\\0\end{cases}; \quad y_b=\begin{cases}1, 台阶 b 开采\\0, 台阶 b 不开采\end{cases}$$

偏差变量包括：成分 e 目标负偏差 g_e^-；成分 e 目标正偏差 g_e^+。

目标函数：

$$\min\sum_e \lambda_e \times (g_e^- + g_e^+)$$

约束包括:

(1)变量逻辑性约束:

$$x_{b,i,j} = 0,1 \quad \forall b \in B, \ g_e^- \geqslant 0, \ g_e^+ \geqslant 0, \ g_e^- \times g_e^+ = 0$$

(2)各台阶是否开采逻辑约束:

$$y_b \geqslant x_{b,i,j} \quad \forall b \in B$$

(3)各台阶水平上环状推进空间关系约束:

$$x_{b,i,j} \leqslant x_{b,i',j'} \quad \forall b \in B, \ \forall (i',j') \in (I_{b,i,j}, J_{b,i,j})$$

(4)上下台阶间必须满足大于安全平台宽度的超前关系约束:

$$x_{b,i,j} \leqslant x_{b-1,i'',j''} \quad \forall b \in B, \ \forall (i'',j'') \in (I'_{b-1,i,j}, J'_{b-1,i,j})$$

(5)成分品质均衡约束:

$$\sum_b \sum_i \sum_j (x_{b,i,j} \times O_{b,i,j} \times G_{b,i,j}^e) - g_e^+ \leqslant (g_e + \Delta g_e) \times \sum_b \sum_i \sum_j (x_{b,i,j} \times O_{b,i,j}) \quad \forall e \in E$$

$$\sum_b \sum_i \sum_j (x_{b,i,j} \times O_{b,i,j} \times G_{b,i,j}^e) + g_e^- \geqslant (g_e - \Delta g_e) \times \sum_b \sum_i \sum_j (x_{b,i,j} \times O_{b,i,j}) \quad \forall e \in E$$

(6)采矿量约束:

$$\sum_b \sum_i \sum_j (x_{b,i,j} \times O_{b,i,j}) \leqslant o + \Delta o$$

$$\sum_b \sum_i \sum_j (x_{b,i,j} \times O_{b,i,j}) \geqslant o - \Delta o$$

(7)剥采比约束:

$$\frac{\sum_b \sum_i \sum_j (x_{b,i,j} \times R_{b,i,j})}{\sum_b \sum_i \sum_j (x_{b,i,j} \times O_{b,i,j})} \leqslant \gamma + \Delta\gamma$$

$$\frac{\sum_b \sum_i \sum_j (x_{b,i,j} \times R_{b,i,j})}{\sum_b \sum_i \sum_j (x_{b,i,j} \times O_{b,i,j})} \geqslant \gamma - \Delta\gamma$$

(8)各台阶采剥量约束:

$$\sum_i \sum_j [x_{b,i,j} \times (O_{b,i,j} + R_{b,i,j})] \leqslant w + \Delta w \quad \forall b \in B$$

$$\sum_i \sum_j [x_{b,i,j} \times (O_{b,i,j} + R_{b,i,j})] \geqslant w - \Delta w \quad \forall b \in B$$

(9)允许同时开采的最大台阶数目:

$$\sum_b y_b \leqslant n$$

本书基于多目标规划构建出一环状推进采剥模式下的露天矿开采计划自动编制数学模型。模型的目标是确保各成分品位目标、品位波动范围目标、采矿量目标、剥采比目标、各台阶采剥量目标、允许同时开采台阶数等目标偏差最小化。其中:

约束条件(1)为混合整数规划的基本逻辑约束,即决策变量 x, y 只取 0 或 1,正负偏差变量均大于等于 0,且至少有一个必为 0;

约束条件(2)为各台阶的开采逻辑约束,即当前台阶是否开采决定了当前台阶各价值块是否为计划结果值;

约束条件(3)为各台阶水平上环状推进空间关系约束,目的是保证当前台阶各价值块推进方向为垂直于工作面的最快推进方向；

约束条件(4)为上下台阶间必须满足安全平台宽度的超前关系约束，目的是保证当前台阶各价值块水平推进量必定小于等于上一台阶对应价值块的水平推进量；

约束条件(5)为成分品位均衡约束，目的是保证所有台阶采矿各成分量与各成分目标偏差值在成分品位目标波动范围内；

约束条件(6)为采矿量约束，目的是保证各台阶采矿量的和在采矿量目标波动范围内；

约束条件(7)为采剥比约束，目的是保证各台阶的剥离量与采矿量之比在剥采比目标波动范围内；

约束条件(8)为各台阶采剥量约束，目的是保证各台阶采剥量之和在矿山总采剥量计划目标范围内；

约束条件(9)为允许同时开采的最大台阶数约束，目的是保证台阶开采数之和在矿山允许同时最大开采台阶数范围内。

7.4.3 地下矿采掘计划编制

地下采掘计划优化方法需要确定一个技术上可行，能够使矿床开采的总体经济效益达到最大的，贯穿整个矿山开采周期的掘进回采顺序。为使企业生产经营合理运行，矿山管理者必须多个角度对企业运行作出合理的规划安排，其中编制生产计划是核心决策任务。

7.4.3.1 采掘计划编制方法

从20世纪60年代初计算机及运筹学引入矿业领域后，人们采用两种不同的思维方式去解决地下矿采掘计划中的种种问题。一种方式是利用计算机解算能力，采用优化的方法来确定矿山采掘计划；另一种是利用计算机的便捷性，模拟产生采掘计划。

(1)优化法

优化法是通过将实际矿山采掘计划问题简化、抽象后建立相应的数学规划模型。通过理论分析计算，得到精确的结果，根据结果即可得到相应的采掘计划结果。国内外诸多研究工作者尝试了多种数学规划方法，其中最常用的数学规划方法包括：线性规划、非线性规划、混合整数规划、目标规划和动态规划。

不同的研究工作者对不同的矿山、不同的情况建立了不同的数学规划模型。总体都是围绕着矿山的空间约束、业务约束、业务逻辑约束进行的，可谓大同小异。地下采掘计划编制的数学规划模型已较为成熟，但目前主要针对回采进行优化排产，再基于回采计划通过网络拓扑关系对掘进任务单元进行排序。掘进任务单元排序技术即根据设置的自动规则，自动搜索任务单元之间的空间关系或逻辑关系，形成对任务单元的自动排序。

(2)模拟法

模拟法是一种描述类型技术，相较于优化法有着更加灵活、处理更加复杂问题的能力。模拟法充分发挥计划编制人员的主观能动性，充分利用了计算机运算速度快的特点，可以在短时间内形成多套方案以供技术人员选择。其模型主要有数学模拟模型和交互式模型两种。模拟法一般采用排队论、关键路径法、网络计划技术、三维可视化等进行。

模拟法中应用较为广泛的为交互式模拟法。虽然它不涉及自动编排采掘计划中的各项顺序，依赖于矿山技术人员的经验，但正因为此，它具有很大的灵活性和自由性，能满足矿山采掘计划系统中的复杂要求。同时，良好的支持环境，方便的操作界面，也为采掘计划的编制提供了很大的便利，不少研究工作者据此开发了相应的交互式系统。良好的交互需求慢慢成为采掘系统中不可缺少的一环。

7.4.3.2 采掘计划编制准备

地下矿山采掘计划编制所需要的基础数据：地质属性模型、掘进工程数据、回采单元数据及其他参数数据。在计划编制前需要对生产任务进行分解，并构建任务单元。生产任务分解与任务单元生成技术即根据计划编制的基本内容，把生产场所分解成独立的任务单元，并为任务单元添加属性，如断面轮廓、生产能力、完成时间等。

多目标自动优化技术即根据设定好的优化目标，如产量、净现值、开采成本，设置好的约束条件、决策变量，求解优化模型，最终达成采掘计划目标。

1）采掘工程数据

工程设计对象实际上是由一系列的设计线以不同的方式而形成的实体。根据形成方式，具体可以分为三类，分别是：固定横断面类型，轮廓线类型(不规则形状类型)，复杂实体类型(采场)。虽然它们都是用线来表示的，但之间又有差别，固定横断面类型的设计线为测线，然后分别为每条设计线指定横断面，从而可形成实体；而轮廓线类型的设计线为一闭合线，然后指定投影方式来形成实体；复杂实体类型是由两个或多个闭合线所夹的空间，所以它的设计线每组必须是两条或两条以上。

（1）固定横断面类型

固定横断面类型通常是指掘进工程，它有固定的断面(宽度、高度和形状)并由设计线的长度来设置。断面可以为任意形状，设计线为测线，它可以位于掘进断面内的任意点。

（2）轮廓线类型

轮廓是一个抽象的概念。之所以称之为轮廓是因为它既不属于掘进也不属于采场类型。每个轮廓是一个单个的闭合线，它通过延伸一个给定垂直距离来形成三维实体开挖。在急倾斜矿体情况下，轮廓可能是掘进的一部分，它可能是地质接触面，所以形状很不规则。在缓倾斜矿体情况下，轮廓可能是采场的轮廓线。

（3）复杂实体类型

复杂实体类型通常是指采场设计线，包括两个或多个闭合线，用其表示空间形体不规则的采场。一个采场表示采矿中的一个生产区域。

2）任务单元构建

一个任务单元在存储表格中是一条记录，而在空间上是一个点。一个任务单元必须有一个名字和一个分段名。对于每一个任务单元这两者之和必须是唯一的。可以为每个任务单元指定一个速度，则可得到其延续时间，或指定一个固定的延续时间(即速度驱动与延时驱动任务)。一个任务单元可以有许多的属性，如品位、吨位、分派的人力设备资源、编码(此任务是矿石区还是废石区等)、日历(不同的任务对应不同的日历)。图7-27是某矿山采掘任务单元。

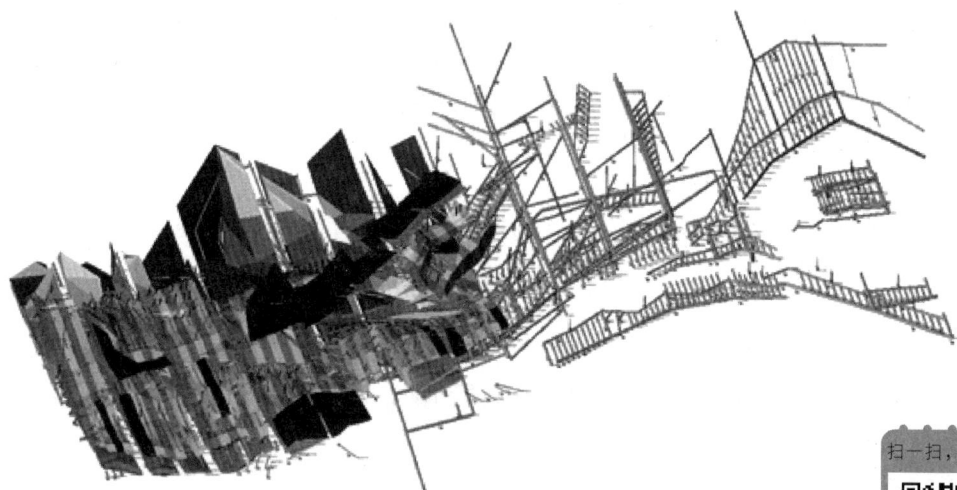

图 7-27　采掘任务单元示意

7.4.3.3　计划编制优化数学模型

(1)目标函数

根据矿山实际情况,目标一般为净现值、品位、金属量。因此,选定这三个因素作为目标,在有限的资源条件下,使得总的净现值最大,或偏离品位,金属量目标值的偏差最小。

目标数学形式如下:

$$\min Z = \omega_1^- g^- + \omega_1^+ g^+ + \omega_2^- m^- + \omega_2^+ m^+ + \omega_3^- n^- + \omega_3^+ n^+$$

式中:g^+,g^- 分别为品位的上偏差和下偏差;m^+,m^- 分别为金属量的上偏差和下偏差;n^+,n^- 分别为净现值的上偏差和下偏差。

权系数根据矿山实际要求处理,其中净现值的权系数应特别注意,为实现净现值最大,应将下偏差的权系数加大,将上偏差的权系数减小,从而使之更贴合实际情况。

由于各个目标的单位不同,所以每个目标的权重均除以各自的目标值,作归一化处理,即:

$$\omega = \frac{\dot{\omega}}{Q}$$

式中:$\dot{\omega}$ 为各目标的权重;Q 为各目标的目标值。

(2)约束条件

根据地下矿的实际情况建立混合整数规划模型,地下矿的数学模型的约束可以分为三类:逻辑约束、业务约束、空间约束。

逻辑约束是优化模型固有的约束以及生产工艺所固有的约束。模型固有的约束不会发生变化。当矿山的采矿方法确定下来,生产工艺也就确定下来,相关的工作链就会形成。生产活动将顺着工作链进行作业,即工作链内部的约束也不会发生变化。

业务约束是矿山实际生产管理中的要求所增加的约束,可以随着生产调度的需求改变。例如为方便管理,同一水平的设备数量不能过多,否则会引起管理上的混乱;同时开采的水平数不能过多，导致生产线过长，造成生产环境不稳固等。

空间约束是与矿山自身的空间形态及采矿方法有关，此类约束是随着矿山不断的开采需要进行维护的约束。例如，不同的采矿方法对采场的回采顺序有着不同的要求，崩落法要求各个采场的退采距离不能相差过大，而空场法则没有这一要求。这种由采矿方法引起的采场间回采顺序的不同要求就属于空间约束。

①逻辑约束包括以下内容。

a. 在计划模型中，定义场所在计划 t 周期是否开始某活动为决策变量，并规定当场所 s 在 t 时期开始 i 活动时取值为 1，否则为 0。

$$x_{sti} = \begin{cases} 1, & \text{假如场所 } s \text{ 在 } t \text{ 时期开始 } i \text{ 活动} \\ 0, & \text{其他} \end{cases}$$

b. 为保证连续性，每个场所只能开始一次某活动，即一旦场所开始，必须连续该活动直到该任务结束。

$$\sum_{t \in T} x_{sti} \leq 1 \quad \forall s \in S$$

式中：S 为所有场所的集合，场所包括采场、巷道等。

c. 场所内部工序之间的逻辑约束，即在某一活动结束后，下一活动才能开始。

$$x_{sti} \leq \sum_{\substack{t' \in T \\ t' \leq t - T_{sj}}} x_{st'j} \quad \forall s \in S, t \in T$$

式中：j 为 i 活动之前活动的索引；T_{sj} 为 s 场所 j 活动的持续时间；T 为计划的总周期。

d. 出矿品位约束。

$$\frac{\sum_{s \in S} \sum_{\substack{t' \in T \\ t - T_s + 1 \leq t' \leq t}} \gamma g_s x_{st'}}{P} + g^- - g^+ = g \quad \forall s \in S, t \in T$$

式中：T_s 为 s 场所回采活动的持续时间；P 为每个时期 t 内采下的矿石总量；γ 为场所 s 每个时期 t 内采下的矿石；g_s 为 s 场所的品位。

e. 金属量约束。

$$\sum_{s \in S} \sum_{\substack{t' \in T \\ t - T_s + 1 \leq t' \leq t}} \gamma g_s x_{st'} + m^- - m^+ = M \quad \forall s \in S, t \in T$$

式中：M 为目标金属量。

f. 净现值约束。

$$\sum_{s \in S} \sum_{\substack{t' \in T \\ t - T_s + 1 \leq t' \leq t}} \gamma g_s x_{st'} r_t + n^- - n^+ = N \quad \forall s \in S, t \in T$$

式中：r_t 为 t 时刻转换为当前时间的贴现率；N 为目标净现值。

②业务约束包括以下内容。

a. 某活动的设备限制：

$$\sum_{s \in S} \sum_{\substack{t' \in T \\ t - T_{si} + 1 \leq t' \leq t}} x_{st'i} = N_i \quad \forall t \in T$$

式中：N_i 为 i 活动的设备总数量。

b. 同时进行某活动的分段数量限制：

$$x_{sti} \leqslant \sum_{\substack{t' \in T \\ t' \leqslant t - T_{s'i}}} x_{s't'i} \quad \forall t \in T, \, s \in S_{(v+m)}, \, s' \in S_v$$

式中：v 为分段的索引；m 为同时进行 i 活动的最多分段数量。

c. 每个分段进行某活动的设备数量限制：

$$\sum_{s \in Sv} \sum_{\substack{t' \in T \\ t - T_{ai} + 1 \leqslant t' \leqslant t}} x_{st'i} \leqslant N_{vt} \quad \forall v \in V, t \in T$$

式中：V 为分段 v 的集合；S_v 为分段 v 内场所 s 的集合；N_{vt} 为分段 v 在 t 时期最多能容纳的 i 活动的设备数量。

③空间约束。在进行某个场所的活动前，必须在其他场所的某活动结束后才能开始，此类约束包括了分段内的水平约束，分段间的垂直约束等：

$$x_{sti} \leqslant \sum_{\substack{t' \in T \\ t' \leqslant t - T_{s'k}}} x_{s't'k} \quad \forall s, s' \in S, t \in T$$

式中：k 为 s' 场所约束 s 场所 i 活动的活动索引。

7.5　露天矿品位控制与配矿

为了确保生产的矿石符合经济和质量要求，以提高采矿活动的经济效益，在采矿过程中通常需要进行品位控制。露天矿一般通过配矿来达到品位控制的目的，目前较为成熟。配矿又称矿石质量中和，为了达到选厂品位要求，对品位高低不同的矿石，按比例进行相互搭配，尽量使之均匀混合。传统配矿管理仍通过人机交互的方式，通常是炮孔岩粉取样数据的算术平均计算爆区的平均品位，人工选择参与配矿的爆堆、圈定爆堆铲装范围，这种凑配方式需要反复调整才能得到相对合理的配矿方案，较难达到卸矿点对入选品位的要求。

露天矿山精细化配矿是矿山品位控制中的重点与难点，传统方法将爆堆视为一个平均的品位无疑会造成配矿结果的不精确性，为此首先研究如何在配矿中考虑爆堆范围内各金属元素品位的空间分布不均匀性；其次，研究如何处理配矿中共用爆堆、优选爆堆、备用爆堆和爆堆铲装推进形式等特殊配矿需求；最后，研究如何构建多卸点多元素的配矿数学模型，以实现配矿结果满足入选品位要求。

7.5.1　配矿单元划分及估值

露天矿山采掘条带爆破后形成爆堆，由于矿山范围内各元素品位分布各异，导致不同爆堆之间元素品位分布相差较大，同一爆堆内同样存在品位分布不均匀的现象。现有的配矿方法均是将爆堆范围内的元素品位看作一个平均值，从而通过不同爆堆之间按一定的比例混合进行配矿，此类配矿方法仅适用于爆堆范围内元素品位波动较小的矿山，爆堆内元素品位分布差异较大时此类方法将无法适用。为此，寻求通过将爆堆离散化的方式表达爆堆内元素品位分布的不均匀性。

将爆堆划分成配矿单元块的过程是指在水平方位上，以爆堆线框范围作为边界，按照配矿单元块的长度和宽度将爆破分割成若干矩形块，对于爆堆内部的配矿单元块即规范的矩形块，而对于爆堆边界处的配矿单元块以爆堆线框进行约束形成的不规则块，从而使离散为配矿单元块后的爆堆保持其原有形状尺寸，该方法适用于松动爆破情况下的配矿单元划分及估值。结合某露天矿山实际情况，当前正在生产的爆堆如图 7-28 所示。

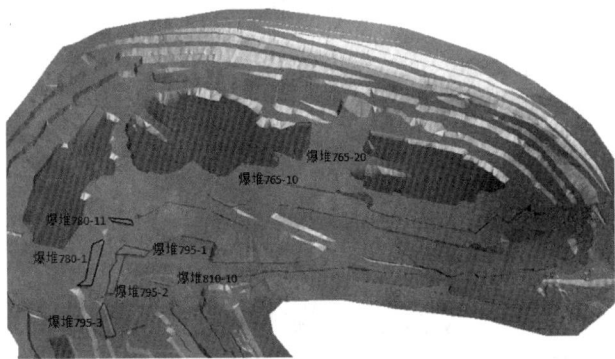

利用空间插值方法，以化验后的炮孔岩粉数据作为样品点，对各爆堆内的配矿单元进行属性估值。利用上述原理，将各爆堆按照 2 m×2 m 的尺寸离散化，并对采场内离散化的爆堆进行 Cu 元素和 Mo 元素品

图 7-28　生产爆堆图

位估值，得到估值后的爆堆内元素品位分布效果如图 7-29 所示。

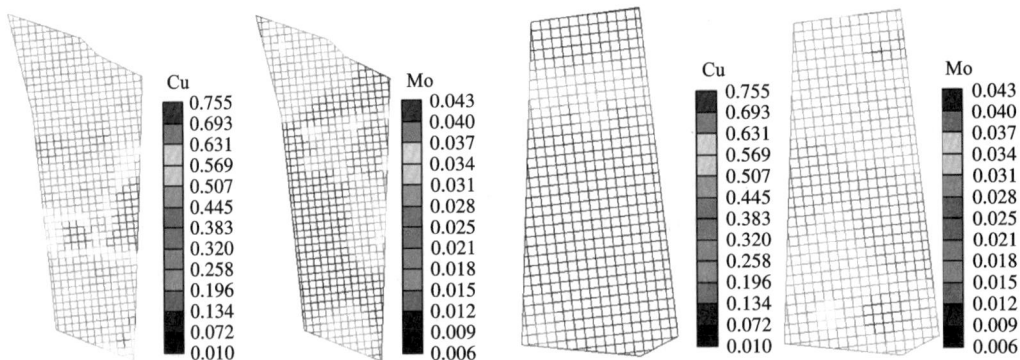

(a) 爆堆810-10Cu和Mo品位分布　　　　　　(b) 爆堆795-1Cu和Mo品位分布

图 7-29　爆堆品位分布图

7.5.2　爆堆铲装约束

（1）共用爆堆

供配矿管理过程中，若矿山具有多个卸矿点，原则上各供矿爆堆在一个供矿周期中只供矿给某一卸矿点，从而保证矿山采运设备的有序调度。然而，当矿山出现某一供矿爆堆元素品位过高或过低时，此时往往需要将该爆堆供矿给多个卸矿点，从而保证卸矿点品位均衡，这样的爆堆称为共用爆堆。

（2）优选爆堆

矿山实际生产过程中，出于工程因素考虑，如矿山道路设计、矿山扩帮需求、矿山爆破需要等原因，使得某些爆堆必须参与供配矿，这样的爆堆称为优选爆堆。

供配矿过程中，共用爆堆和优选爆堆两种特殊情形融合时共存在以下四类现象：①爆既属于共用爆堆又属于优选爆堆，此时爆堆必须参与配矿，且供给多个卸矿点；②爆堆不属于共用爆堆但属于优选爆堆时，爆堆必须参与配矿，且只供给某一卸矿点；③爆堆属于共用爆堆但不属于优选爆堆时，爆堆可能参与配矿，如果参与配矿，则爆堆供给多个卸矿点；④爆堆既不属于共用爆堆也不属于优选爆堆，自动配矿时该爆堆可能不参与配矿，如果参与则供给某一卸矿点。

（3）备用爆堆

当爆堆 i 剩余矿量低于最小生产能力时，即：

$$\sum_j \sum_p \left(m_{i,j,p} \sum_k x_{i,j,p,k} \mu \right) < \underline{C_i}$$

此时，选取较近的爆堆为备用进行配矿，其中 m 为爆堆 i 剩余矿量，若爆堆 i 参与配矿，则采完爆堆 i 后接着采备用爆堆，备用爆堆的选取一般选择离爆堆 i 距离较近的爆堆，减少铲装设备的移动。

（4）爆堆铲装推进方式

推进方式指根据台阶主推进方向和自由面方向及考虑设备的作业条件所产生的可能的铲装方式。爆堆根据台阶主推进方向以及自由面，以及适用于电铲效率发挥的铲装宽度和电铲的日生产能力，可产生出多种可能的铲装方式，如图 7-30 所示。

爆堆的各个可能的推进方式均作为可能的供配矿结果，统计各推进方式下其包含的单元块累积矿量和平均品位。

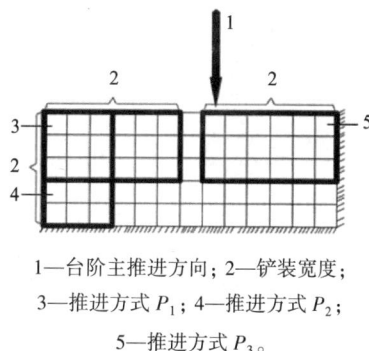

1—台阶主推进方向；2—铲装宽度；
3—推进方式 P_1；4—推进方式 P_2；
5—推进方式 P_3。

图 7-30　电铲推进方式

7.5.3　配矿优化数学模型

集合：卸矿点的集合 K；共用爆堆的集合 M；优选爆堆集合 S；矿石中金属元素的集合 E；推进方式的集合 P。

索引：爆堆的索引 i；备用爆堆的索引 i'；单元块的索引 j；卸矿点的索引 k；矿石中参与配矿的元素的索引 e；推进方式的索引 p。

参数：元素品位优先级权重 γ_e；卸矿点 k 对于元素 e 的最小品位 $\underline{G_{k,e}}$ 和最大品位 $\overline{G_{k,e}}$；第 i 个爆堆在第 p 种推进方式下的第 0 到 j 个单元块的矿量累加值 $m_{i,j,p}$；第 i 个爆堆的最小生产能力 $\underline{C_i}$ 和最大生产能力 $\overline{C_i}$；卸矿点 k 的日处理能力 E_k；供矿给卸矿点 k 的最大爆堆数目 N_k。

决策变量：

$$x_{i,j,p,k} = \begin{cases} 1, & \text{第 } i \text{ 个爆堆的 } j \text{ 个单元块在第 } p \text{ 种推进方式下供矿给卸矿点 } k \\ 0, & \text{其他} \end{cases}$$

卸矿点 k 中元素 e 品位小于最小品位要求的偏差 $g_{k,e}^-$；卸矿点 k 中元素 e 品位大于最大品位要求的偏差 $g_{k,e}^+$。

目标函数：

$$\min \sum_{k \in K} \sum_{e \in E} \gamma_e \left(g_{k,e}^- + g_{k,e}^+ \right)$$

约束：

(1)共用爆堆约束：

$$x_{i,j,p,1} = x_{i,j,p,k}, \ \forall i \in M, j, p, k$$

(2)优选爆堆约束：

$$\sum_j \sum_p \sum_k x_{i,j,p,k} = K, \ \forall i \in M \ \& \ i \in S \tag{7-1}$$

$$\sum_j \sum_p \sum_k x_{i,j,p,k} = 1, \ \forall i \notin M \ \& \ i \in S \tag{7-2}$$

$$\sum_j \sum_p \sum_k x_{i,j,p,k} \leq K, \ \forall i \in M \ \& \ i \notin S \tag{7-3}$$

$$\sum_j \sum_p \sum_k x_{i,j,p,k} \leq 1, \ \forall i \notin M \ \& \ i \notin S \tag{7-4}$$

(3)爆堆日生产能力约束：

$$\underline{C_i} \leq \sum_j \sum_p \left(m_{i,j,p} \sum_k x_{i,j,p,k} \mu \right) \leq \overline{C_i}, \ \text{if } i \in M \quad \mu = \frac{1}{k}, \ \text{else } \mu = 1$$

(4)备用爆堆约束：

$$\underline{C_i} \leq \sum_j \sum_p \left[(m + m_{i',j,p}) \sum_k x_{i,j,p,k} \mu \right] \leq \overline{C_i}, \ \text{if } i \in M \quad \mu = \frac{1}{k}, \ \text{else } \mu = 1$$

(5)卸矿点日处理能力要求：

$$\sum_i \sum_j \sum_p (m_{i,j,p} x_{i,j,p,k} \mu) = E_k, \ \text{if } k \in M \quad \mu = \frac{1}{k}, \ \text{else } \mu = 1$$

(6)供矿的爆堆数限制：

$$\sum_i \sum_j \sum_p (x_{i,j,p,k}) \leq N_k, \ \text{if } k \in M \quad \mu = \frac{1}{k}, \ \text{else } \mu = 1$$

(7)卸矿点元素 e 的最小品位要求约束：

$$\sum_i \sum_j \sum_p (m_{i,j,p} x_{i,j,p,k} \mu g_{i,j,p,e}) / \sum_i \sum_j \sum_p (m_{i,j,p} x_{i,j,p,k} \mu) + g_{k,e}^- \geq \underline{G_{k,e}}$$

$$\forall k, e \ \text{if } i \in M \quad \mu = \frac{1}{k} \ \text{esle } \mu = 1$$

(8)卸矿点元素 e 的最大品位要求约束：

$$\sum_i \sum_j \sum_p (m_{i,j,p} x_{i,j,p,k} \mu g_{i,j,p,e}) / \sum_i \sum_j \sum_p (m_{i,j,p} x_{i,j,p,k} \mu) - g_{k,e}^+ \leq \overline{G_{k,e}}$$

$$\forall k, e \ \text{if } i \in M \quad \mu = \frac{1}{k}, \ \text{else } \mu = 1$$

(9)决策变量逻辑约束：

$$g_{k,e}^- \geq 0, \ g_{k,e}^+ \geq 0, \ \forall k, e$$

约束条件(1)实现如果爆堆是共用爆堆，且参与配矿，则该爆堆可供矿给所有的卸矿点；约束条件(2)实现如果爆堆是优选爆堆，则该爆堆必须优先参与配矿，其中式(7-1)指若爆堆既属于共用爆堆又属于优选爆堆时，爆堆必须参与配矿且供给所有卸矿点；式(7-2)指若爆堆不属于共用爆堆属于优选爆堆时，爆堆必须参与配矿且只供给某一卸矿点；式(7-3)指若爆堆属于共用爆堆不属于优选爆堆时，爆堆 i 可能参与配矿，如果参与配矿，则爆堆供给所有的卸矿点；式(7-4)指若爆堆既不属于共用爆堆也不属于优选爆堆，自动配矿时该爆堆可能不参与配矿，如果参与则供给某一卸矿点。

约束条件(3)避免爆堆生产能力太小无法满足产量要求，同时不能超出设备的最大生产能力；约束条件(4)有效处理了供矿爆堆剩余量不足时，以备用爆堆的方式继续供配矿以满足生产的要求。

约束条件(5)实现卸矿点日处理能力满足矿山设计要求；约束条件(6)使参与供配矿的爆堆总数在一定的范围以内，避免供配矿数目过多导致现场设备调度困难；约束条件(7)和约束条件(8)实现矿山供配矿时各卸矿点各元素的品位在要求的品位波动范围以内；约束条件(9)实现各品位波动正负偏差变量的非负性，目标规划中目标函数决定了正负偏差变量两者有且仅有一个大于0，或者两者均等于0。

该模型是针对多元素、多爆堆、多卸矿点的通用型配矿模型，考虑元素配矿优先级，以品位波动最小为目标函数，当短期计划出现偏差时，即使配矿条件达不到品位指标时，根据现有约束也能求得最接近品位要求的配矿方案。

思考题

1. 数字采矿设计规划过程中三维可视化的意义是什么？
2. OpenGL 与 WebGL 在三维可视化中扮演什么角色？
3. 目前研究 CAD 技术的方法有哪些？
4. 基于 DMS 与 CAD 设计的主要区别是什么？
5. 基于 DMS 与 CAD 设计的出图方式有什么不同？如何通过 DMS 出图？
6. 采掘(剥)计划编制优化原理是什么？

第8章 矿井通风数字化技术

矿井通风数字化技术是数字矿山技术的重要组成部分,包括矿井通风网络解算和矿井通风系统优化两个方面。矿井通风网络解算是将复杂的矿井通风系统抽象为通风网络模型,并结合其基础参数,模拟计算风量分配情况以及主要通风机工况点的过程。通风网络解算可分为自然分风解算和按需分风解算。矿井通风系统优化是采用数字化和可视化技术,对通风系统进行拓扑分析、网络解算、风机优选和风量调节,得出最优矿井通风方案的过程。矿井通风系统优化包括矿井通风系统方案优化和矿井通风系统调节优化。

8.1 矿井通风网络解算原理

8.1.1 网络解算基本术语

矿井通风网络中,一些常见且与矿井通风网络解算有关的基本术语如下。

巷道风阻:主要是指巷道的摩擦风阻与局部风阻之和,即巷道风阻=摩擦风阻+局部风阻。

自然风压:一般认为,风流流动所发生的热交换等因素使矿井进、出风侧(或进、出风井筒)产生温度差而导致其平均密度不等,使两侧空气柱底部压力不等,该压差就是自然风压。

地表节点:是指与地表大气相连的通风巷道的始节点或末节点。

节点压力:选择通风网络中某一节点为参考节点,则其余每个节点与参考节点的风压差,就叫作这个节点的节点压力;一般某一巷道的末节点压力值=始节点压力值−解算风压。

解算风压:解算风压=通风阻力−风机工况风压−自然风压−固定风压−不平衡压降。

固定风压:即在一通风巷道上设置的固定风压值。

不平衡压降:通风网络自然分风各回路风压本是平衡的(即回路风压值之和为零),但由于网络中设置固定风量,从而造成通风网络中存在回路风压不平衡,不平衡的那一部分风压即为不平衡压降。

允许风速:是指各通风巷道设置的最大风速值。

装机风量:指为满足该风机所负担区域的通风需求和一定安全余量而选定的风机正常工作状态下的工况风量,是风机设计与选型中的一个重要指标。

虚拟风机:以装机风量为依据,通过一定的实验或模型参数,确定三个拟合点,从而拟合出一条风量-风压特性曲线, 该曲线对应的风机即为虚拟风机。

风压模拟方法: 依据通风网络中各风机特性曲线中的风压值, 分为静压法、全压法与混合法。

最大通风能力: 是指允许流过整个通风网络最大的风量。

出口动压损失: 是指在全压法或混合法模拟下, 由于回风井出口的风速 v 引起的动压损失, 动压 $h = \frac{1}{2}\rho v^2$, 其中 ρ 为空气密度。

网络效率: 是指摩擦损失功率与电机输入功率之比。

8.1.2 通风网络基本定律

连通图中分支方向及流量必须符合流体网络三大流动规律所表现出的节点分支间制约关系, 因此, 通风网络图必须符合复杂通风系统的内在逻辑关系。

8.1.2.1 风量平衡定律

风量平衡定律是指在稳态通风条件下, 单位时间流入某节点的空气质量等于流出该节点的空气质量; 或者说, 流入与流出某节点的各分支空气质量流量的代数和等于零, 即:

$$\sum M_i = 0$$

式中: M_i 表示通风网络流入(取正号)或流出(取负号)第 i 个节点的各分支空气质量流量, kg/s。

若不考虑风流密度的变化(即矿井空气不压缩), 流入与流出某节点的各分支体积流量(风量)代数和等十零, 即:

$$\sum Q_i = 0$$

式中: Q_i 表示通风网络流入(取正号)或流出(取负号)第 i 个节点的各分支体积流量, m³/s。

8.1.2.2 阻力定律

矿井通风风流在通风网络中的流动, 绝大多数属于完全紊流状态, 遵守阻力定律, 即:

$$h_i = R_i Q_i^2$$

式中: h_i 表示通风网络第 i 条分支的通风阻力, Pa; R_i 表示通风网络第 i 条分支的风阻, N·s²/m⁸; Q_i 表示通风网络第 i 条分支的风量, m³/s。

8.1.2.3 能量平衡定律

一般规定: 回路中分支风流流向为顺时针时, 通风阻力取"+"; 分支风流流向为逆时针时, 通风阻力取"−"。

(1)无能量源(即回路中不存在扇风机或自然风压)。通风网络中无能量源的回路, 回路中各分支阻力代数和为零, 即:

$$\sum h_i = 0$$

(2)有能量源(即回路中存在扇风机或自然风压)。通风网络中有能量源的回路, 回路中各分支阻力代数和等于该回路中扇风机风压 H_F 与自然风压 H_N 的代数和。即:

$$\sum h_i = \sum H_F + \sum H_N$$

8.1.3　通风网络检查方法

通风网络有效性分析是矿井通风网络解算、调控以及优化等的基础。越来越复杂的矿井通风系统不仅对风网解算提出了更高的要求,对构建的通风网络进行风网检查也变得极其重要。风网有效检查的核心问题是如何保证对网络结构进行检查,使得通过检查的网络均能收敛,并且在人工适当调整的情况下能使风网快速收敛。

根据风网有效性分析的结构,从数据检查、风网检查和收敛性分析三个方面对通风网络进行检查,使得通风网络可以进行成功解算。

8.1.3.1　数据检查

为了进行通风网络解算,首先必须保证通风网络数据的有效性。无效的通风网络数据往往会导致解算失败或解算异常,甚至产生假收敛、陷入死循环等严重问题。因此,在进行通风网络解算之前,必须先检查解算数据的合理性。

通风网络数据的检查包括:缺少数据、数据异常,如无法获取数据或节点数、分支数不符;巷道断面面积、周长、摩擦阻力系数不得小于等于零,对巷道设置的固定风量、局部阻力不得小于零,装机风量不得小于等于零;同时,对于设置过大的数据进行检查,使其不会较大地偏离实际数据的上限值,以免因人为疏忽导致解算发散。

数据冲突主要是指对于缺少必要限制措施时导致数据设置矛盾,比如在固定风量分支上设置风机、重复设置通风构筑物等,以及违反一般规定,如在封闭巷道或独头巷道设置固定风流或风机等。

8.1.3.2　风网检查

风网检查主要是指对通风网络图的有效性检查,风网检查主要包括:通风网络图的连通性(通风网络图是否为一连通不分离的网络图)、网络结构检查、网络拓扑关系检查,其中网络拓扑关系检查包括固定风量设置的有效性、固定风量与装机巷道设置的逻辑性检查等。固定风量回路中不允许有风机分支,否则无法优选风机,固定风量与装机巷道出现逻辑错误。

(1)连通性检查

这里所指的连通性是指图的弱连通性,即在一个图 G 中,从任意顶点 V_i 到顶点 V_j 都至少有一条路径相连(当然从 V_j 到 V_i 也一定有路径)。

连通图与生成树之间的关系:只要是连通图都可以找出至少一棵生成树,而不连通的通风网络图无法创建生成树,隔断了风流之间的联系,无法进行解算。因此,为了保证生成树的成功创建,必须检查通风网络图的连通性。

连通性检查的方法:采用深度优先遍历搜索的方法,遍历所有节点;当一次遍历完成后,尚有边未被访问的话,便代表图并不连通。检查结束后,如果通风网络为非连通图,则把边数最多的连通图外的其他边,以表的形式输出到查询结果中,以便用户进行分析查错。

(2)网络结构检查

为了保证通风网络图能够正常接收需要对一些特殊的网络结构进行识别或处理,比如重叠巷道、独头巷道、环图(一条分支的始末节点相同)、并列分支(两条分支的始末节点相同)等。

独头巷道、封闭巷道不会出现在回路中，同时独头巷道没有进风口或出风口，无法进行网络解算。因为在通风解算中，只有作为地表节点的独头才有意义，需要把其他的独头节点查找出来，判断是否是误画或未连接上。对于这类巷道，在通风系统中，可以直接将其删除或标记为非通风网络分支的方式处理。

重叠巷道与并列分支有点相似，只是重叠巷道比较隐蔽，一般属于多余的未处理分支，这会影响到解算与调节，需要找出重叠部分加以修改。为查找重叠巷道，有时也不允许并列分支的存在。

在通风网络中一般不允许出现环图，环图像最简单的单向回路，这在通风网络中是没有意义的。

(3)强连通性分析

强连通图是指图 G 中任意两点 v_1、v_2 之间都存在着 v_1 到 v_2 的路径及 v_2 到 v_1 的路径的有向图。由于通风网络图实际上为一赋权有向强连通图，故为保证网络的合理性，应尽量保证网络的强连通性。

有向图的强连通性判别算法中采用 DFS 算法比较方便快捷，但无法找出不连通的逻辑分支，而矩阵法因涉及到矩阵变换比较复杂。对于连通的通风网络图 G，节点个数为 J，假设其反向图为 G'，则该通风网络图的强连通性判别算法如下。

步骤 1：从原图 G 中的任意一个顶点出发，采用深度优先搜索法按风流方向搜索其余顶点，对已搜索的顶点进行标记以免重复搜索，假设搜索到 M 个顶点。

步骤 2：从反向图 G' 中的任意一个顶点出发按同样的方式进行深度优先搜索，假设搜索到 N 个顶点。

步骤 3：判断强连通性，若 $M=N=J$，则通风网络图强连通；否则，不强连通。

然而，由于单向回路的存在，上述强连通性判别算法存在缺陷，对于图 8-1 中的强连通性判断会出错，上述算法的改进可以采用出支撑树与入支撑树搜索的方式判断强连通性。实际上，由于网络强连通性检查比较复杂，常常采取的做法是仅检查每个节点的进出风分支来代替强连通性分析，这种做法有两个优点：即使网络并非强连通图仍然可以满足网络解算的要求；解算适用的通风网络图更广泛。

图 8-1　反向图

不在通风回路中的分支，分支风量均重置为零。对于通过风网有效性分析的通风网络图，存在两种情况：①进行了强连通性分析，不存在不在回路中的分支；②仅对节点进行了进出风分支检查，存在不强连通网络部分，需对不在回路中的分支风量重置为零。

(4)固定风量设置

不仅在实际中应尽量减少固定风量设置，在风网解算时也不允许重复设置逻辑相关的固定风量分支，否则将导致生成树创建异常。与一个节点相关联的所有分支不能同时作固定风量分支，固定风量分支不能形成风网的任何一个割集。

在圈划回路时，固定风量分支不参与迭代计算，同时，为了保证回路快速收敛，通常把固定风量分支、风机分支、大风阻分支作为余树分支。因此，固定风量分支数 fix 不应该超过余树分支数，超过的均属于重复性的设置，即使设置合理(其值等于所圈各回路的余树分支风量的代数和)也会导致回路圈划的失败，以图 8-2 为例，假设对节点④的三条关联分支同时设置为固定风量分支，在最小生成树的创建过程中将导致节点④无法添加至树中，也就

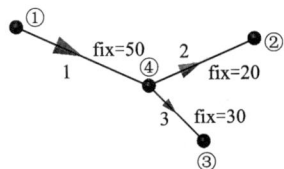

图 8-2　设置固定风量分支参数

无法圈划独立回路。同时，过多地设置固定风量势必增加调节的难度以及增加相应的调节实施，因此，应尽量少设置风网固定风量，且应保证在风网拓扑结构上不重复设置。实际上，只要保证网络移除固定风量分支后的子图仍然为连通图就不会导致生成树创建失败。

检查固定风量设置是否异常的基本思路：在矿井通风网络图中，凡是重复设置的固定风量分支均无法形成任意的生成树。由于通风网络图的生成树图与余树图之间存在一定的关系，因此，可以采用生成树法检查风网固定风量的设置。首先，将通风网络分支分为两类，固定风量分支和一般巷道分支，按先添加一般巷道分支的顺序不断添加至树图中，若在已生成的树图中没有与其关联的一般巷道分支时，则应添加固定风量分支，直到形成通风网络图的生成树。

生成树法检查风网固定风量的设置比较方便、快捷，但一般的通风软件只提示某条固定风量设置有误，而没有提示与其相冲突的固定风量分支，需要用户自己去寻找与其相关联的固定风量分支。

本节从生成树树枝与余树分支之间的关系出发，通过允许固定风量分支参与形成生成树，并采用双通路法快速圈划回路，可以直接找出相冲突的所有固定风量分支的回路检查法。基本思路是允许固定风量分支参与创建生成树，对生成树中的固定风量分支判断其所在的回路，并找出相应的余树分支，得到该重复设置固定风量分支拓扑关联的其余固定风量分支。

从理论上说，固定风量风路数最多不能多于 M 条或 $M-F$ 条(F 为余树分支上风机数)，但计算实践表明，固定风量风路数应尽量少；进行矿井网络分析计算时，与某一节点相关联的所有分支，或构成一基本割集的所有分支的风量不能同时给定。

8.1.3.3　收敛性分析

矿井通风网络的解算算法基本上采用 Scott-Hinsley 法，由于 Scott-Hinsley 法进行了二次简化，迭代计算的收敛速度一阶收敛。风机优选时，若没有按要求优选合理的风机，而是人工选择某种风机，可能导致解算不收敛或超出风机合理工作范围导致迭代不收敛，需要进行收敛性分析。

（1）独立性检查

对于构造的 M 个回路组成的矩阵，需要对其独立性进行检验，以避免假收敛的问题。

网孔法作为一种特殊的回路风量法，其回路结构比较特殊，在一个网孔中可能存在多条余树分支，而且并不要求每个网孔均有一条唯一的分支。但网孔法仍然可以保证网络收敛，只要 M 个平面网孔满足独立性的要求。

网孔是独立回路，一个网络的全部自然网孔是一组独立回路。平面网孔的独立性证明：对于一个含有 N 条分支、J 个节点的平面风网，根据欧拉定理，存在 $M=N-J+1$ 个网孔，作为最小的闭合环，任意一个网孔均不能由其余网孔组合而成，学者陈平通过两种方法证明了每一个网孔都是独立回路，故每两个网孔之间均相互独立。由于网孔属于特殊的回路，按照以上分析，这 M 个网孔构成了最大独立回路集。学者梅素珍用线性代数的方法严格证明了网孔的独立性。

由于每个网孔的分支数较少，对于较稠密的网络，网孔法往往具有较快的收敛速度，但对于复杂的矿井通风网络，若采用广义的网孔圈划方法以保证回路较少的分支数，经常出现重复圈划网孔的问题，因此，为避免回路假收敛对圈划的网孔进行独立性检查极其重要。

为了判断回路矩阵 C 的独立性，如图 8-3 所示，可以采用简单的验算方法，首先判断闭合环的个数 M，若 $M=N-J+1$，则取出 M 个余树分支所在的列组成 $M\times M$ 行列式 $|C|$，直接计算回路矩阵对应行列式 $|C|$ 的值，如果 $|C|=0$，则说明回路矩阵重复；否则，这 M 个回路相互独立。

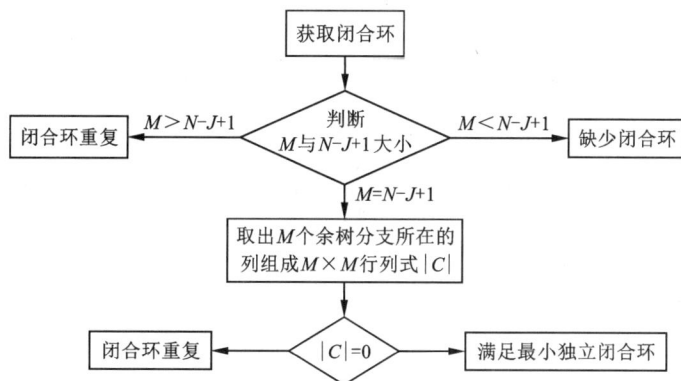

图 8-3 独立性检查流程图

（2）收敛性分析

进行风网有效性分析的主要目的就是检查网络存在的错误并使网络解算能快速收敛，收敛性分析是风网有效性分析的关键部分。收敛性分析包括：单向回路分析、回路结构分析、风机分析。

通风系统中一旦出现单向回路，应特别关注相关算法的适用性。主要理由是如果网络中存在单向回路，则含有单向回路的通风网络的通路的矩阵算法具有不适用性，包括通路本身算法在内的一切基于通路概念的算法都将失效，需要修改搜索策略，使用改进的深度优先搜索法寻找通路。

由于固定风量分支不参与迭代计算，故通风网络中每个回路只可以包含一条固定风量分支，否则即使其余回路收敛而且满足最大独立回路集的要求也无法保证风网解算收敛。由回路迭代式可知，在风机类型回路中，若风机曲线斜率取为负值，则有可能使迭代过程发散，为解决此问题，在风机选点时，一般取风机有效工作段部分。

对于风机设置不合理的网络，包含该风机类型的回路是无法收敛，将导致风网解算的失败。为了初步检验回路的收敛性，可以采用逐个回路迭代收敛的方式检查，在不保证所有回路收敛的情况下使每次迭代的回路收敛；可以设置每个回路迭代的最大次数，每次迭代前检查精度，若该回路的精度总是大于设定的精度，则说明该回路可能无法收敛，提示可能风机设置不合理。

由于风网解算算法的局限性，在某些病态结构矩阵中，迭代计算可能无法收敛，为了查找该异常结构所在的回路，可以采用回路逐步收敛的方式搜索，即逐步加入一个回路进行迭代计算，每次均对迭代过的回路进行迭代计算，若不收敛则说明新加入的回路可能导致网络不收敛，具体流程如图8-4所示。

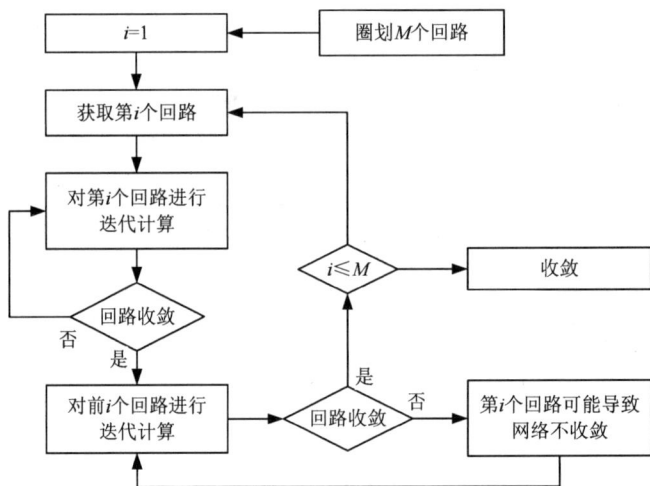

图8-4　风网有效性分析流程图

8.1.4　通风网络解算方法

复杂风网解算的实质从数学意义上可归结为求解通风网络非线性代数方程组。

对非线性代数方程组，除一些特殊的情况外，一般无法用解析法求解，只能设法求其数值解。求解算法分为两类：直接对非线性方程组迭代；先将非线性问题转化为线性问题再迭代。

8.1.4.1　解算方法分类

通风网络解算作为矿井通风网络最核心的理论，一直受到通风研究工作者的普遍关注，以模拟法、试算法、解析法、图解法、等效法和渐近法（数值法）等为代表，目前通风网络解算方法多达几十种。而其中尤以渐近法为代表的数值模拟方法为最重要的通风网络解算方法。

通风网络解算方法分类如图 8-5 所示。

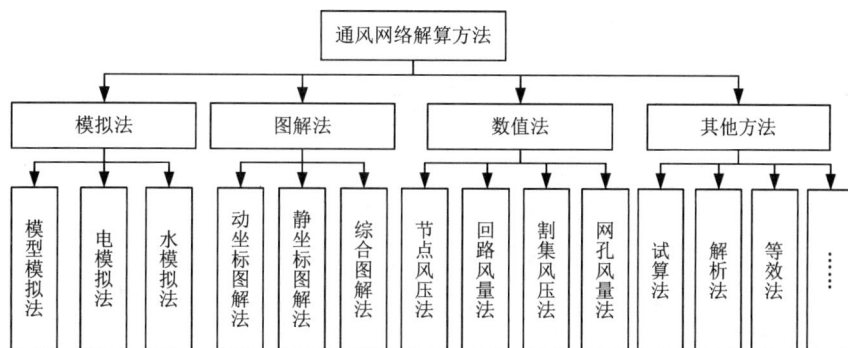

图 8-5　网络解算方法分类

各种通风网络解算方法之间既有联系又有区别，其中数值解算法分类的主要依据是选取的基本未知量和迭代计算方法。根据选取基本未知量的不同，解算方法分为风量解法和风压解法，将相应的独立风量变量或独立风压变量作为求解对象。如图 8-6 所示，对于一个具有 N 条分支、J 个节点和 $M=N-J+1$ 个独立回路或网孔的通风网络，原始求解方法以 N 个分支风量和 N 个分支风压为未知量。演化的风量法中，回路风量法以 $M=N-J+1$ 个回路风量为未知量；而网孔风量法以 $M=N-J+1$ 个网孔风量为未知量。演化的风压法中，割集风压法以 $J-1$ 个割集风压为未知量；而节点风压法以 $J-1$ 个节点风压为未知量。

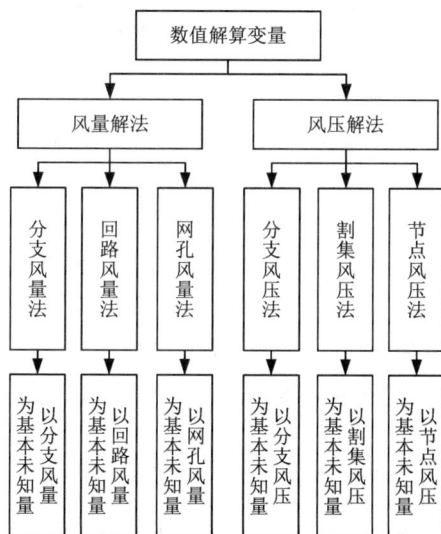

图 8-6　通风网络解算基本数值解算法

如图 8-7 所示，通风网络数值解算方法一般可以归类为拟牛顿法、SH 法和线性代换法等三种类型。目前国内外采用较多的数值法包括 Hardy-Cross（Scot-Hinsley）法、牛顿法、节点风压法、线性代换法等，它们又可归纳为三类：迭代法、斜量法和直接代入法。其中 Scot-Hinsley 法属于迭代法；拟牛顿法是近似的牛顿法，采用一阶导数来近似牛顿法的二阶导数，属于斜量法；平均风量逼近法则属于直接代入法。

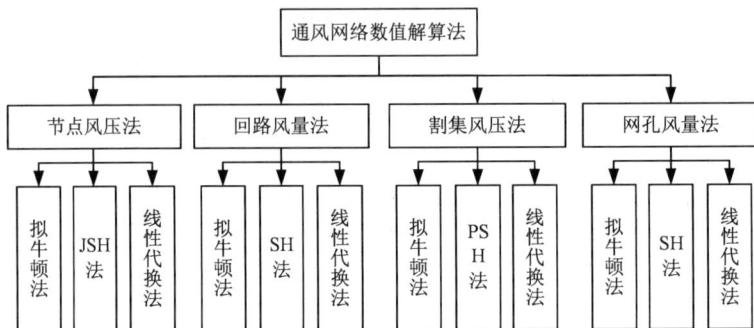

图 8-7　通风网络数值解算方法分类

8.1.4.2　回路风量法

（1）数学模型

在通风网络图 $G(E_N, V_J)$ 中圈划一组独立回路，设定初始余支风量 $Q_C = (q_1, q_2, \cdots, q_M)^T$，可以得到一组关于 M 个变量的非线性方程组 $f_i(Q_C) = f_i(q_1, q_2, \cdots, q_M) = 0$，即：

$$f_i(Q_C) = \sum_{j=1}^{N} b_{ij}(r_j |q_j| q_j - h_{Nj} - h_{Fj}) = 0, \quad (i = 1, 2, \cdots, M)$$

式中：b 为基本回路矩阵；q 为分支风量；r 为分支风阻；h_N 为自然风压；h_F 为风机风压。下标 i 表示第 i 个回路，下标 j 表示第 j 条分支；M 表示通风网络中独立回路的个数。

基本回路矩阵 b 满足：

$$b_{ij} = \begin{cases} 0, & \text{当分支 } j \text{ 不在独立回路 } i \text{ 内} \\ -1, & \text{当分支 } j \text{ 在独立回路 } i \text{ 内，且与回路反向} \\ 1, & \text{当分支 } j \text{ 在独立回路 } i \text{ 内，且与回路同向} \end{cases}$$

以上就是回路风量的基本方程组，方程个数为 $M = N - J + 1$ 个（N 为分支个数，J 为节点个数），对应 M 个未知的余支风量。

在回路风量法中，回路风量是一组完备的独立的风量变量。它是一种以回路风量（余树分支风量）为求解变量，初拟回路风量（余树分支风量），通过逐步校正回路风量来平衡回路不平衡风压。

对 $f_i(Q_C)$ 按泰勒级数展开，忽略高阶项，可用矩阵表示如下：

$$F = F^0 + J\Delta Q_C + \frac{1}{2}\Delta Q_C^T H \Delta Q_C$$

式中：J 为一阶导数矩阵，即 Jacobi 矩阵；H 为二阶导数矩阵，即 Hessian 矩阵；$F = f_i(Q_C)$；F^0 为常量。

其中：

$$
J = \begin{bmatrix}
\dfrac{\partial f_1}{\partial q_1} & \dfrac{\partial f_1}{\partial q_2} & \cdots & \dfrac{\partial f_1}{\partial q_M} \\[2mm]
\dfrac{\partial f_2}{\partial q_1} & \dfrac{\partial f_2}{\partial q_2} & \cdots & \dfrac{\partial f_2}{\partial q_M} \\[2mm]
\vdots & \vdots & \ddots & \vdots \\[2mm]
\dfrac{\partial f_M}{\partial q_1} & \dfrac{\partial f_M}{\partial q_2} & \cdots & \dfrac{\partial f_M}{\partial q_M}
\end{bmatrix}
\quad
H = \begin{bmatrix}
\dfrac{\partial^2 f_1}{\partial q_1^2} & \dfrac{\partial^2 f_1}{\partial q_2^2} & \cdots & \dfrac{\partial^2 f_1}{\partial q_M^2} \\[2mm]
\dfrac{\partial^2 f_2}{\partial q_1^2} & \dfrac{\partial^2 f_2}{\partial q_2^2} & \cdots & \dfrac{\partial^2 f_2}{\partial q_M^2} \\[2mm]
\vdots & \vdots & \ddots & \vdots \\[2mm]
\dfrac{\partial^2 f_M}{\partial q_1^2} & \dfrac{\partial^2 f_M}{\partial q_2^2} & \cdots & \dfrac{\partial^2 f_M}{\partial q_M^2}
\end{bmatrix}
$$

（2）拟牛顿法

基本思路：拟牛顿法采用一阶导数来近似牛顿法，避免进行复杂的二阶导数运算，是求解非线性方程组常用的方法。先将非线性方程组化为线性方程组，再逐次迭代求解。

设定一组初始余支风量 $\boldsymbol{Q}_C = (q_1, q_2, \cdots, q_M)^T$，使得 $f_i(\boldsymbol{Q}_C) = f_i(q_1, q_2, \cdots, q_M) \neq 0$，再给出一组风量增量 $\boldsymbol{Q}_C = (q_1, q_2, \cdots, q_M)^T$，使得：

$$f_i(\boldsymbol{Q}_C + \Delta \boldsymbol{Q}_C) = f_i(q_1 + \Delta q_1, q_2 + \Delta q_2, \cdots, q_M + \Delta q_M) = 0$$

将上式按泰勒公式展开，忽略二阶以上高阶微量，可得线性化近似式：

$$f_i(\boldsymbol{Q}_C + \Delta \boldsymbol{Q}_C) = f_i(\boldsymbol{Q}_C) + \sum_{k=1}^{M} \left(\frac{\partial f_i}{\partial q_k} \Delta q_k \right) = 0, \quad (k = 1, 2, \cdots, M)$$

这是一组线性代数方程组，其矩阵形式为：

$$
\begin{bmatrix}
\dfrac{\partial f_1}{\partial q_1} & \dfrac{\partial f_1}{\partial q_2} & \cdots & \dfrac{\partial f_1}{\partial q_M} \\[2mm]
\dfrac{\partial f_2}{\partial q_1} & \dfrac{\partial f_2}{\partial q_2} & \cdots & \dfrac{\partial f_2}{\partial q_M} \\[2mm]
\vdots & \vdots & \ddots & \vdots \\[2mm]
\dfrac{\partial f_M}{\partial q_1} & \dfrac{\partial f_M}{\partial q_2} & \cdots & \dfrac{\partial f_M}{\partial q_M}
\end{bmatrix}
\begin{bmatrix} \Delta q_1 \\ \Delta q_2 \\ \vdots \\ \Delta q_M \end{bmatrix}
= -\begin{bmatrix} f_1 \\ f_2 \\ \vdots \\ f_m \end{bmatrix}
$$

或 $\boldsymbol{J}\Delta \boldsymbol{Q}_C = -\boldsymbol{F}$，$\boldsymbol{J}$ 即为 Jacobi 矩阵，从式中解出：$\Delta \boldsymbol{Q}_C = -(\boldsymbol{J}^{-1})\boldsymbol{F}$。

矩阵 $\boldsymbol{J}$ 中的元素为（$i, l = 1, 2, \cdots, M$）：

$$J_{il} = \frac{\partial f_i}{\partial q_l} = \sum_{j=1}^{N} b_{ij} b_{lj} [2r_j |q_j| - (\beta_j + 2\alpha_j q_j)] = 0, \quad (i \neq l)$$

$$J_{ii} = \frac{\partial f_i}{\partial q_i} = \sum_{j=1}^{N} b_{ij}^2 [2r_j |q_j| - (\beta_j + 2\alpha_j q_j)] = 0$$

回路不平衡风压中的元素为：

$$f_i = \sum_{j=1}^{N} b_{ij}(r_j |q_j| q_j - h_{Nj} - h_{Fj})$$

拟牛顿法算法流程如图 8-8 所示，具体描述如下：

步骤 1：初始化通风网络图 $G(N, J)$，构建节点-分支拓扑关系及属性参数；

步骤 2：采用 Kruskal 算法构建一棵生成树，获取余树分支；采用试探回溯法圈划独立回路，创建 M 个独立回路矩阵；

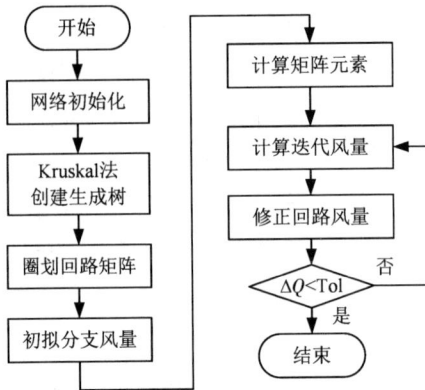

图 8-8　拟牛顿法解算步骤流程图

步骤 3：按余树分支初拟一组分支风量，并计算树枝风量；

步骤 4：对 M 个回路分别计算相应的不平衡风压值及对应的 Jacobi 矩阵元素；

步骤 5：根据公式 $\Delta Q_C = -(J^{-1})F$ 求解迭代值，对每个回路分别进行风量修正；

步骤 6：判断风量迭代精度是否满足设定的容差 Tol，如果 max $\Delta Q \geq Tol$ 则返回步骤 4；

步骤 7：修正分支风向，输出计算结果，退出程序。

（3）SH 法

基本思路：在拟牛顿法的基础上进一步简化线性方程组，使 Jacobi 矩阵形成主对角矩阵。

Scott-Hinsley 法简称 SH 法，也称为 Hardy-Cross 法，属于常用的回路风量法。对于 Jacobi 矩阵，当主对角线元素比非对角线上的元素大得多时，若略去非对角线上的元素，即取 $\partial f_i / \partial q_l = 0 (i \neq l)$，则 Jacobi 矩阵变为：

$$
\begin{bmatrix}
\dfrac{\partial f_1}{\partial q_1} & & & 0 \\
& \dfrac{\partial f_2}{\partial q_2} & & \\
& & \ddots & \vdots \\
0 & & \cdots & \dfrac{\partial f_M}{\partial q_M}
\end{bmatrix}
\begin{bmatrix}
\Delta q_1 \\
\Delta q_2 \\
\vdots \\
\Delta q_M
\end{bmatrix}
= -
\begin{bmatrix}
f_1 \\
f_2 \\
\vdots \\
f_m
\end{bmatrix}
$$

根据上式可求出风量 ΔQ_C：

$$
\Delta q_i = \frac{-f_i}{\partial f_i / \partial q_i} = \frac{-\displaystyle\sum_{j=1}^{N} b_{ij}(r_j |q_j| q_j - h_{Nj} - h_{Fj})}{\displaystyle\sum_{j=1}^{N} b_{ij}^2 [2r_j |q_j| - (\beta_j + 2\alpha_j q_j)]}, \quad (i = 1, 2, \cdots, M)
$$

要求有如下关系：

$$
\frac{\partial f_i}{\partial q_i} \Delta q_i \gg \sum_{i=1, j \neq i}^{M} \frac{\partial f_i}{\partial q_j} \Delta q_j
$$

则可作如下简化：

$$f_i^{(K+1)} = f_i^{(K)} + \left(\frac{\partial f_i}{\partial q_i} - F_i' \right) \Delta q_i^{(K)} = 0$$

$$f_i^{(K+1)} - f_i^{(K)} = \left(\frac{\partial f_i}{\partial q_i} - F_i' \right) \Delta q_i^{(K)} = -f_i$$

SH 法算法流程如图 8-9 所示，具体描述如下：

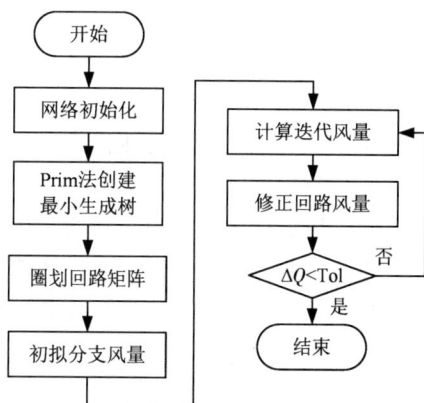

图 8-9　SH 法解算步骤流程图

步骤 1：初始化通风网络图 $G(N, J)$，构建节点-分支拓扑关系及属性参数；

步骤 2：采用 Prim 算法创建最小生成树，获取余树分支；采用双通路法圈划独立回路，创建 M 个独立回路矩阵；

步骤 3：按余树分支初拟一组分支风量，并计算树枝风量；

步骤 4：对 M 个回路进行迭代计算，按公式 $\Delta Q_i = \dfrac{-f_i}{\partial f_i / \partial q_i}$ 求解迭代风量值，并立即修正回路风量；

步骤 5：判断风量迭代精度是否满足设定的容差 Tol，如果 $\max \Delta Q_i \geqslant$ Tol 则返回步骤 4；

步骤 6：修正分支风向，输出计算结果，退出程序。

8.1.4.3　节点风压法

（1）数学模型

由于分支风压 $h_j = h_{Lj} - h_{Nj} - h_{Fj} = r_j |q_j| q_j - h_{Nj} - h_{Fj}$，故：

$$q_j = \mathrm{Sign}(h_j + h_{Nj} + h_{Fj}) \sqrt{\frac{|h_j + h_{Nj} + h_{Fj}|}{r_j}}$$

式中：h_j 为第 j 条分支风压；h_{Lj} 为第 j 条分支巷道通风阻力；h_{Nj} 为第 j 条分支巷道自然风压；h_{Fj} 为第 j 条分支风机风压；r_j 为第 j 条分支巷道风阻；q_j 为第 j 条分支巷道风量。

风量平衡方程为：

$$\sum_{j=1}^{N} a_{ij} q_j = \sum_{j=1}^{N} a_{ij} \mathrm{Sign}(h_j + h_{Nj} + h_{Fj}) \sqrt{\frac{|h_j + h_{Nj} + h_{Fj}|}{r_j}}, \quad (i = 1, 2, \cdots, J - 1)$$

$$\sum_{j=1}^{N} a_{ij}q_j = 0, \quad (i = 1, 2, \cdots, J-1)$$

式中：a_{ij} 表示节点与分支的关联关系；J 为通风网络中节点的个数。

$$a_{ij} \text{ 满足} \quad a_{ij} = \begin{cases} 0, & \text{当节点 } i \text{ 与分支 } j \text{ 不邻接} \\ -1, & \text{当节点 } i \text{ 与分支 } j \text{ 邻接，且 } i \text{ 为分支末点} \\ 1, & \text{当节点 } i \text{ 与分支 } j \text{ 邻接，且 } i \text{ 为分支起点} \end{cases}$$

由于余支风压可以由树枝风压线性表出，故可以消去余支风压，得到 $J-1$ 个关于树枝风压的方程组。

节点风压法是以一种以节点风压为求解变量，初拟节点风压，通过逐步校正节点风压来平衡节点不平衡风量的方法。

节点风压解算法具体包括拟牛顿法、JSH 法和线性代换法。

（2）拟牛顿法

基本思路：拟牛顿法采用一阶导数来近似牛顿法，避免进行复杂的二阶导数运算，是求解非线性方程组常用的方法。先将非线性方程组化为线性方程组，再逐次迭代求解。

设置一个参考节点，假定一组独立节点风压值 P，再给出一组风压增量 ΔP 使得：

$$f_i(P + \Delta P) = f_i(p_1 + \Delta p_1, p_2 + \Delta p_2, \cdots, p_{J-1} + \Delta p_{J-1}) = 0, \quad (i = 1, 2, \cdots, J-1)$$

式中：p_i 为第 i 个节点的节点风压；J 为通风网络节点的个数。

将上式按泰勒公式展开，忽略二阶以上高阶微量，得到牛顿方程组：

$$\begin{bmatrix} \dfrac{\partial f_1}{\partial p_1} & \dfrac{\partial f_1}{\partial p_2} & \cdots & \dfrac{\partial f_1}{\partial p_{J-1}} \\ \dfrac{\partial f_2}{\partial p_1} & \dfrac{\partial f_2}{\partial p_2} & \cdots & \dfrac{\partial f_2}{\partial p_{J-1}} \\ \vdots & \vdots & \ddots & \vdots \\ \dfrac{\partial f_M}{\partial p_1} & \dfrac{\partial f_M}{\partial p_2} & \cdots & \dfrac{\partial f_M}{\partial p_{J-1}} \end{bmatrix} \begin{bmatrix} \Delta p_1 \\ \Delta p_2 \\ \vdots \\ \Delta p_{J-1} \end{bmatrix} = - \begin{bmatrix} f_1 \\ f_2 \\ \vdots \\ f_{J-1} \end{bmatrix}$$

$\boldsymbol{J}_p \Delta P = -F_P$，$\boldsymbol{J}_P$ 即为 Jacobi 矩阵，从式中解出：$\Delta P = -(\boldsymbol{J}_P^{-1})F_P$。

$\boldsymbol{J}_P$ 中的元素由下式给出（$i, j = 1, 2, \cdots, J-1$）：

$$\boldsymbol{J}_{pij} = \sum_{l \in S_R} \frac{a_{il}a_{jl}}{2\sqrt{r_l \mid p_{jl} - p_{il} + h_{Nl}\mid}} - \sum_{l \in S_F} a_{il}a_{jl}(2a_l \mid p_{jl} - p_{il} \mid + b_l)$$

$$\boldsymbol{J}_{pii} = \sum_{l \in S_R} \frac{a_{il}^2}{2\sqrt{r_l \mid p_{jl} - p_{il} + h_{Nl}\mid}} - \sum_{l \in S_F} a_{il}^2(2a_l \mid p_{jl} - p_{il} \mid + b_l)$$

拟牛顿法算法流程如图 8-10 所示，具体描述如下：

步骤 1：初始化通风网络图 $G(N, J)$，构建节点-分支拓扑关系及属性参数；

步骤 2：选择参考节点，初拟节点风压，计算分支风压，获得初拟风量；

步骤 3：根据网络拓扑关系构建基本关联矩阵；

步骤 4：建立 Jacobi 矩阵，根据公式 $\Delta P = -(\boldsymbol{J}_P^{-1})F_P$ 计算迭代风压值；

步骤 5：对于节点 i，根据计算值修正节点风压；

步骤 6：对于节点 i，修正关联分支风压，并修正关联分支风量；

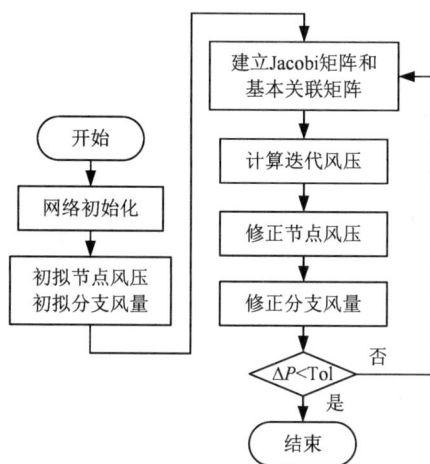

图 8-10 拟牛顿法解算步骤流程图

步骤 7：判断风压迭代精度是否满足设定的容差 Tol，如果 max $\Delta P_i \geqslant$ Tol 则返回步骤 4；

步骤 8：修正分支风向，输出计算结果，退出程序。

（3）JSH 法

基本思路：在拟牛顿法的基础上进一步简化线性方程组，使 Jacobi 矩阵形成主对角矩阵。

节点风压中的 Scott-Hinsley 法简称 JSH 法，也称为主节点风压偏微分近似法，属于常用的节点风压法。对于 Jacobi 矩阵，当主对角线元素比非对角线上的元素人得多时，若略去非对角线上的元素，即取$\partial f_i / \partial p_l = 0 (i \neq l)$，则 Jacobi 矩阵变为：

$$\begin{bmatrix} \dfrac{\partial f_1}{\partial p_1} & & & 0 \\ & \dfrac{\partial f_2}{\partial p_2} & & \\ & & \ddots & \vdots \\ 0 & \cdots & & \dfrac{\partial f_{J-1}}{\partial p_{J-1}} \end{bmatrix} \begin{bmatrix} \Delta p_1 \\ \Delta p_2 \\ \vdots \\ \Delta p_{J-1} \end{bmatrix} = - \begin{bmatrix} f_1 \\ f_2 \\ \vdots \\ f_{J-1} \end{bmatrix}$$

根据上式可求出节点风压迭代公式：

$$\Delta p_i = \frac{-f_i}{\partial f_i / \partial p_i}, \quad (i = 1, 2, \cdots, J - 1)$$

JSH 法算法流程如图 8-11 所示，具体描述如下：

步骤 1：初始化通风网络图 $G(N, J)$，构建节点-分支拓扑关系及属性参数；

步骤 2：选择参考节点，初拟节点风压，计算分支风压，获得初拟风量；

步骤 3：从节点 $i = 1$ 到 $J-1$，开始进行迭代计算；

步骤 4：对于节点 i，根据公式 $\Delta p_i = \dfrac{-f_i}{\partial f_i / \partial p_i}$ 计算迭代风压值，并修正节点风压；

步骤 5：对于节点 i，修正关联分支风压，并修正关联分支风量；

步骤6：判断风压迭代精度是否满足设定的容差 Tol，如果 max $\Delta P_i \geqslant$ Tol 则返回步骤3；

步骤7：修正分支风向，输出计算结果，退出程序。

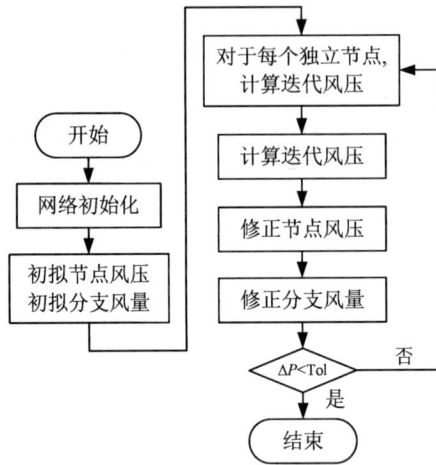

图 8-11　JSH 法解算步骤流程图

8.2　矿井通风系统数字化优化

8.2.1　通风系统优化分析

矿井通风系统最优化问题，从一条巷道断面的最优化，到矿井通风系统某些参数的最优化，直至整个矿井通风系统的最优化，包括的内容很多，严格地说，只有对整个矿井通风系统进行优化，才能得到真正的最优化，即全局最优化。而对其中任一子系统进行优化，都只是局部最优。但是，在实际工程中，一项大工程往往可分成若干单项工程，一个大系统也可分为若干子系统。这些单项工程或子系统之间，往往具有相对的独立性。因此，人们往往首先对一些重要的子系统的优化问题进行研究。另外，一个系统的优化问题，往往是在一些条件给定的前提下，求出一些未知参数的最优值。当已知条件不同时，则同一系统优化问题的内容和形式也不同。这样，对一个系统来说，就会出现不同的优化问题。矿井通风系统中，通常遇到以下问题。

（1）通风网络调节的优化。当网络中各分支的风阻为已知，各分支的风量都已给定或已计算出来后，如何确定通风机的最佳风压值和各调节设施的最佳位置和参数，使矿井通风总功率最小。

（2）通风网络中风量分配的优化。当网络中各分支的风阻为已知，主要用风地点的风量已给定后，如何求网络中其他各分支的最佳风量值，以使得矿井通风总功率为最小。

（3）通风机的优选。当风机所需负担的风压和风量为已知，如何选择满足矿井通风要求且通风功率最小的风机。

（4）风道断面的优化。当某井巷主要用于通风时，如何求出使该巷道的掘进费、维护费、通风电费的总和为最小的最优断面。

（5）矿井风压的优化。在保证矿井需风量的前提下，如何求出使巷道的掘进费、维护费和通风电费总和为最小的矿井风压值。

（6）矿井通风系统优化设计。在矿井通风设计中，根据矿井实际条件，提出多种不同的设计方案，并采用方案比较法、多目标决策法、层次分析法、模糊综合评判法等方法进行比较选择，确定出技术、经济总体效果最佳的方案。

上述问题中，（1）、（2）两项都以矿井通风网络为分析研究的对象，又称为矿井通风网络优化，本章主要讨论这个问题。

8.2.2 通风网络优化理论

8.2.2.1 分风网络类型

矿井通风网络根据按需分风的情况可以分为三种不同类型的网络：自然分风网络、控制型分风网络和混合型分风网络，见表 8-1。

表 8-1 分风网络类型

类型	特征
自然分风网络	所有分支的风量均为自然分配风量无须调节
控制型分风网络	所有分支风量均已确定
混合型分风网络	部分按需分风分支风量已确定，其余分支风量不定

（1）自然分风网络

自然分风网络（即纯自然分风网络），所有分支的风量均为自然分配风量无须调节，这种类型网络的风量分配通常也称为通风网络解算。在所有按需分风分支引入不平衡风压的基础上，通风网络解算通常可以用于混合型分风网络的风量分配计算。

（2）控制型分风网络

控制型分风网络（即纯按需分风网络），所有分支风量均已确定。控制型分风网络无需进行风量分配计算，但需要对检查按需分风风量的逻辑相关性，确保设置的风量满足节点风量平衡定律。

（3）混合型分风网络

混合型分风网络（即一般按需分风网络或半控制型分风网络），部分按需分风分支风量已确定，其余分支风量不定。混合型分风网络既需要考虑风量的最优分配问题，还需要考虑风量的最优调节问题。混合型分风网络在实际通风调控中应用最多，其优化调控计算过程也最为复杂。

8.2.2.2 风网优化方法

目前，成熟的通风网络优化方法根据混合型分风网络的风量最优分配问题和风量最优调节问题的不同处理方式通常分为两种途径：全局通风优化法和两步骤通风优化法，见表8-2。

表8-2　风网优化方法

类型	特征
全局通风优化法	通过综合考虑风量分配优化和风量调控优化来实现整个通风网络的全局优化
两步骤通风优化法	将风量分配优化和风量调控优化作为两个独立的步骤来分别处理

（1）全局通风优化法

全局通风优化法通过综合考虑风量分配优化和风量调控优化来实现整个通风网络的全局优化。全局通风优化法是通风网络优化调控的常用方法。然而，一般混合型通风网络优化调控的数学模型为非线性、非凸规划模型，涉及待求风量、调节设置位置及相应调节量等决策变量。尽管相关学者基于启发式算法或智能优化算法引入了多种通风网络优化非线性求解方式，目前仍然没有高效可靠的数学模型最优解求解方法。因此，全局通风优化法难以处理大规模通风网络的优化调控问题。

为了高效求解通风网络优化调控问题，其中一种很重要的思路是将非线性规划模型转化为线性规划模型，比如通过分步骤的方式消除非线性规划模型中的非线性决策变量（分支风量）。研究成果已经证明在满足按需分风要求的情况下通风网络自然分风计算得到的结果可以使通风能耗最低。因此，一般认为混合型分风网络优化可以考虑在确定能保证通风能耗最小的最优风量分配的基础上，再计算最优风量调控方案，来得到最优的风量分配和风量调控结果，这是两步骤通风优化法的理论基础。

（2）两步骤通风优化法

两步骤通风优化法将风量分配优化和风量调控优化作为两个独立的步骤来分别处理。两步骤通风优化法首先在按需分风条件下解算通风网络的自然分风结果，再确定自然分风条件下风量调控的优化方案。两步骤通风优化法的主要特点在于将风量变量和调节变量相互分离，并按两个步骤来分别处理，从而极大地降低了数学模型的变量规模和求解复杂度。

尽管两步骤通风优化法已经得到了大量应用，但由于两步骤计算过程的独立性，该方法仍然存在较大的局限性。由于调节优化是在自然分风计算的基础上进行的，自然分风计算的风量分配结果是唯一确定的，不能像全局通风优化法那样设置一个可以调整的风量上下限约束条件，缺乏足够的调整灵活性。在某些特殊情况下，当基于自然分风计算得到的风量分配结果无法找到合适的调节方案时，应进一步考虑次优风量分配的最优调节方案。即两步骤通风优化法得到的第一步骤风量分配结果不一定可以满足第二步骤调节约束条件下的全局最优方案。

8.2.2.3　数学优化方法

常用的数学规划模型包括以下几类：①线性规划模型，目标函数和约束条件都是线性的；②整数规划模型，决策变量为整型变量；③非线性规划模型，目标函数或约束条件是非线性的；④多目标规划模型，包含多个目标函数。

在实际应用中，通风系统的优化问题通常是多种数学规划模型的组合问题，比如混合整数线性规划问题、多目标混合整数线性规划问题等。

在实际构造通风网络优化模型时，需要特别注意区分线性规划模型和目标规划模型的特点。线性规划模型用于处理满足特定约束条件的单目标最优化问题(最优解)，目标规划模型则用于处理具有不同优先级权重的多目标决策优化问题(满意解)。

相比于多目标规划模型，线性规划模型存在以下局限性问题：

(1)线性规划得到的是严格满足所有约束条件的最优解，而实际通风优化问题的部分约束条件并不需要严格满足且相对于某些目标只需要获得满意解即可；

(2)线性规划只能处理单目标规划问题，而实际通风优化问题的部分约束条件与目标可以相互转化；

(3)线性规划的所有约束条件并无主次区分(绝对约束，硬约束)，而实际通风优化问题的部分约束条件或目标存在优先权重差别(目标约束，软约束)。

多目标规划模型中对目标函数处理的常用方法包括以下几种。

(1)加权系数法

加权系数法通过对不同目标函数赋予一个权重系数的方式将多目标函数转化为单目标函数，其中权重系数需要结合实际问题来确定。

(2)优先等级法

优先等级法根据目标的重要性程度通过优先因子 $P_l(P_1 \gg P_2 \gg \cdots \gg P_l \gg P_{l+1} \cdots \gg P_L$, $l = 1, 2, \cdots, L)$ 对目标进行排序来优先保证具有更高优先级的目标。

(3)有效解法

有效解法要求确定可以综合考虑各个目标的满意解并由决策者确定最终解。但可行域范围较大时，满意解的组合可能难以罗列。

(4)目标规划法

目标规划法通过引入目标值和偏差变量(包括正偏差变量 d^+ 和负偏差变量 d^-，其中至少有一个为零)的方式将目标函数转化为目标约束(软约束)。

目标规划法的目标函数应尽可能使偏差变量较小，其目标函数的基本形式可以表示为：

$$\min z = f(d^+, d^-)$$

该目标函数的基本形式可以分为以下三种基本类型。

①要求尽可能接近目标值，即要求正负偏差变量最小：

$$\min z = f(d^+ + d^-)$$

②要求不大于目标值，即要求正偏差变量最小：

$$\min z = f(d^+)$$

③要求不小于目标值，即要求负偏差变量最小：

$$\min z = f(d^-)$$

传统通风网络线性规划或非线性规划问题的目标函数和绝对约束可以通过引入目标值和偏差变量的方式转化为目标约束。然而，对于实际的通风网络优化问题，决策者需要根据问题类型和实际要求来确定目标函数的具体形式。

目标规划数学模型目标规划法的一般形式为：

$$\min Z = \sum_{l=1}^{L} P_l \sum_{k=1}^{K} (\omega_{lk}^+ d_k^+ + \omega_{lk}^- d_k^-)$$

$$
\text{s. t.}
\begin{cases}
\sum_{j=1}^{n} c_{kj}x_j - d_k^+ + d_k^- = g_k, \ k = 1, 2, \cdots, K \\[2mm]
\sum_{j=1}^{n} a_{ij}x_j \leqslant (\text{或} =, \text{或} \geqslant)b_i, \ i = 1, 2, \cdots, n \\[2mm]
x_j \geqslant 0, \ j = 1, 2, \cdots, n \\[2mm]
d_k^+ \geqslant 0, \ k = 1, 2, \cdots, K \\[2mm]
d_k^- \geqslant 0, \ k = 1, 2, \cdots, K
\end{cases}
$$

式中：L 为目标规划数学模型中具有不同优先级目标的层数；P_l 为第 l 层目标的优先因子，优先保证具有较高优先级的目标，满足 $P_l \gg P_{l+1}$；K 为目标规划数学模型中目标的个数；d_k^+ 和 d_k^- 为第 k 个目标的正负偏差变量；ω_{lk}^+ 和 ω_{lk}^- 为具有第 l 层优先级的第 k 个目标的权重系数；x_j 为第 j 个决策变量；其余参数为决策变量相关的参数。

目标规划法的目标为各个子目标的权重与偏差乘积之和，当某个子目标的权重较大时，该子目标的偏差应趋于较小值以保证具有较高优先级的目标先实现。

基于多目标规划的通风系统优化问题数学模型建模的基本步骤如下：

①根据通风系统优化的具体问题确定优化模型的各目标与条件；

②根据优化问题实际需要将部分绝对约束转化为目标约束；

③根据优化问题各目标的优先级确定各目标的优先因子和权重系数；

④确定优化模型最终的目标函数、约束条件及决策变量的范围；

⑤采用合适的方法求解优化模型得到通风系统优化方案。

8.2.3　通风网络风量分配优化

8.2.3.1　风量优化分析

最常见的混合型分风网络，首先要考虑的是确定待求分支的风量，并使所有分支的风量分配满足风量平衡定律。若风压不平衡，则计算调节参数，使网络中各个回路均满足风压平衡定律。通常采用的方法，是首先计算出各分支的自然分风量，在此基础上，再求网络中的调节参数。

风量分配和网络调节，都应以矿井通风总功率最小作为优化目标。但是，在按需分风分支时，均按自然分风的办法，确定除按需分风分支以外其他分支的风量，并不能保证实现这一优化目标。

研究表明，对于纯自然分风网络，按自然分风确定风量，可以保证总功率最小。但是，对于一般按需分风网络，按自然分风确定各分支风量，就不一定能保证矿井通风总功率为最小。

因此，必须首先确定出能保证矿井总功率为最小的最优风量分配方案，然后再求最优调节参数，才能保证最终所得的风量分配和调节方案满足通风总功率为最小的优化指标。

8.2.3.2 基本数学模型

矿井通风网络中风流最优分配的目的，是在满足网络中按需分风分支风量的前提下，求使通风总功率为最小的其他分支的最佳风量值。因此，可直接取通风系统的总功率值为这个问题的目标函数值，根据特勒根定律有：

$$\gamma = \sum_{f \in F} p_f q_f$$

式中：γ 为网络中总功率；p_f 为分支 f 中的风机风压；q_f 为分支 f 中的风机风量；F 为含有风机分支的集合。

根据网络理论，选出一棵生成树，对于其 M 个余支中，包括 k 条已知风量分支（编号为 1，2，…，k）和 $M-k$ 条待求风量的分支（编号为 $k+1$，$k+2$，…，M）。这样，网络中任一分支的风量都可描述为这 M 条余支风量的函数：

$$q_j = \sum_{s=1}^{k} C_{sj} q_s + \sum_{s=k+1}^{M} C_{sj} q_s, \quad (j = 1, 2, \cdots, N)$$

式中：q_j 为分支 j 的风量；C_{sj} 为独立回路矩阵中第 s 个回路第 j 条分支元素。

上式中右端第一项实际上是常数，因其中的 q_s 都是已知的。而只有第二项中 $q_s(s=k+1$，$k+2$，…，M）才是独立的决策变量。上式可视为风量平衡定律的另一种描述形式。将上式代入目标函数，可得：

$$\gamma = \sum_{f \in F} p_f q_f = \sum_{f \in F} p_f \left(\sum_{s=1}^{k} C_{sj} q_s + \sum_{s=k+1}^{M} C_{sj} q_s \right)$$

上式中已满足风量平衡定律，因此，风压平衡定律应为问题的主要约束条件。

按常规的方法，即按独立回路列出风压平衡方程，可得：

$$\sum_{j=1}^{N} C_{ij} (r_j q_j^2 + \Delta h_j - h_{fj} - h_{Nj}) = 0, \quad (i = 1, 2, \cdots, M)$$

式中：r_j 为网络中总功率；Δh_j 为第 j 条分支阻力调节值。

风量分配上下限约束：根据风量规程要求和需风量要求，一般有一个风量上下限约束。对于用风分支风量的下界应定为该地点的需风量，上界则为最高允许风速与断面的乘积。对于一般分支风量的下界为允许的最低风速和断面的乘积。

$$q_{j-\min} \leqslant q_j \leqslant q_{j-\max}, \quad (j = 1, 2, \cdots, N) \tag{8-1}$$

当某一分支风量已知时，则：

$$q_{j-\min} = q_j = q_{j-\max}$$

但是，上述的非线性规划模型的求解十分困难。一是因为该模型是一个非凸规划模型，难以寻找可靠的求解方法；二是由于调节设施的位置待求，整个网络中有 M 个未知的阻力调节值变量，使得该模型的变量数目很大。

对于非线性规划问题，即使能解，其计算速度也会随着变量数目的增加而急剧降低。对于大型网络，这是不容忽视的问题。因此，欲获得一实际可行的模型和算法，应该一方面使模型凸性化，另一方面尽量减少变量数目。以上问题可以采用通路法来解决。

矿井通风网络中的通路，是从入风井口起，沿风流方向直到出风井口所经过的一条路径。通路实质上是一种特殊的回路。

每一条通路的通风阻力为该路径中各分支阻力之和。第 i 条通路的通风阻力为：

$$p_{li} = \sum_{j=1}^{N} l_{ij} r_j q_j^2, \quad (i = 1, 2, \cdots, M)$$

式中：p_{li} 为第 i 条通路的通风阻力；l_{ij} 为独立通路矩阵中，第 i 条通路第 j 条分支元素。

一条通路是否含调节分支(仅考虑增阻调节)，取决于该道路的阻力是小于还是等于该通路所含的风机压力。无论哪种情况，任意一条通路总满足：

$$\sum_{f \in F} l_{ij} p_f - \sum_{j=1}^{N} l_{ij} r_j q_j^2 \geq 0, \quad (i = 1, 2, \cdots, M)$$

若上式等于零，表明该通路的风机压力与通路的阻力已经平衡，不必再进行调节。若上式大于零，表明需在该通路的某一条分支中安设调节风窗，以满足风压平衡定律。因此，上式实质上是用不等式的形式反映的风压平衡定律。

应注意上式虽然反映了风压平衡定律的原理，但式中未包含阻力调节值 Δh_j，这就使得决策变量数减少了 M 个，从而大大降低了模型的规模和求解的难度；另一方面，可以证明上式为一凹函数，这就为建立凸规划模型创造了条件。

8.2.3.3 模型求解

根据运筹学理论，非线性规划数学模型的凹凸性对模型的求解影响很大。对凸规划模型，其任一局部极值点就是全局最优点，故求解较容易；而对于凸规划模型，其局部极值点不一定是全局最优点，尚需进行判断，故求解较困难。

凸规划模型是指目标函数为凸函数，约束条件为凹函数的模型。线性函数既可当作凸函数，也可作凹函数。

目标函数在不等式约束条件下所形成的开凸集是一个凸函数，则可以判定所构成的矿井通风网络风量优化模型是一个凸规划问题。其容许解集合和最优解集合均为凸集，其任何局部极小点都是全局最优解。

上面所建立的数学模型，是一个含有不等式约束条件的非线性规划模型。其目标函数在一般情况下是一非凸函数。

对于任意一个矿井通风网络总可以处理成一个强连通的有向赋权图——搜索通路。线性规划法计算原理要比通路法复杂，线性规划法对建立的约束条件要求线性无关，并无病态约束，不仅如此，还可能出现无上界解的情况。当通风网络规模较大时，存在的阻力调节最优方案数很多。

由于线性规划法计算复杂，求全部阻力调节最优方案的计算量很大，而通路法计算相对简单有效、灵活方便，更适用于求解大规模的通风网络阻力调节优化问题。

对于上面建立的含有不等式约束的非线性规划模型，由于在通常情况下是一凸规划模型，可以采用制约函数法或近似规划法(MAP 法)等算法来求解。

求解风量分配模型，在部分余树分支风量已知的条件下，求出网络中各风机的最佳风压值 P 和未知余树分支的最佳风量 Q，然后利用风量平衡方程求出所有其他分支风量。

8.2.4 通风网络调节优化

8.2.4.1 调节优化分析

矿井通风网络风流的调节是一个复杂的问题。复杂的原因主要是因为调节方案的多样性。在网络中选择一棵生成树,把相应的余树边定为调节点,就可得到一个调节方案。若另选一棵生成树,则又可得一个调节方案。因此,在理论上,网络中有多少棵生成树,就可以构成多少个调节方案。

无论网络中有多少种调节方案,都可分成以下三类。

(1)不可行方案。方案中至少有一个调节点的调节方式无法实现。例如计算出某分支需降阻调节,而该分支无法降阻时,这个方案就是不可行方案。

(2)可行方案。方案中各调节方式都能实现,可满足风量调节的要求。这类方案在实践中是可行的。

(3)最优方案。最优方案首先必须是可行方案,同时还可满足网络调节的优化指标。对于通风网络调节问题,可以取矿井通风总费用作为优化指标;由于通风电费在通风总费用中所占比重很大;也可通风总功率作为优化指标。当风机风量一定时,也可取总阻力作为优化指标。

在一个网络的众多调节方案中,必有多种方案是等效的。只要得到一个可行方案,就可实现通风网络的有效调节和控制,若得到一个最优方案,则可最经济地实现网络的调节。用上述方法计算调节方案时,由于需事先人为确定调节点,难以对调节效果进行预先估计,因此对于计算结果要进行分析,判断所得结果是否可行。有时需反复计算多次,对所得结果进行比较和选择,才能得出最满意的结果。

8.2.4.2 基本数学模型

矿井通风系统的最终经济指标为通风成本,它是一个重要的综合性经济指标。与风量优化模型一样,建立的数学模型优化目标应使总经济费用最小,约束条件则是满足安全生产技术条件。

选取通风成本作为优化目标,通常有两种做法:一种是以电能消耗最小为目标;另一种是以考虑了系统服务年限内的年经营费用和初期基本投资费用的综合成本最小为目标。为简便起见,直接取通风系统的总功率值为这个问题的目标函数值,根据特勒根定律有:

$$\gamma = \sum_{f \in F} p_f q_f$$

式中:γ 为网络中总功率;p_f 为分支 f 中的风机风压;q_f 为分支 f 中的风机风量;F 为含有风机分支的集合。

风量平衡约束条件:假定空气密度不变、无漏风、忽略空气中水蒸气的变化,则风网内任意节点(或回路)相关分支的风量代数和为零,即:

$$\sum_{j=1}^{N} b_{ij} q_j = 0, \quad (i = 1, 2, \cdots, J-1)$$

式中:b_{ij} 为基本关联矩阵中,第 i 个节点第 j 条分支元素;q_j 为分支 j 的风量。

风压平衡约束条件:风网的任何闭合回路内,各分支风压的代数和为零。分支风压包含通风阻力与通风动力两部分。

$$\sum_{j=1}^{N} C_{ij}(r_j q_j^2 + \Delta h_j - h_{fj} - h_{Nj}) = 0, \quad (i = 1, 2, \cdots, M)$$

式中:C_{ij} 为独立回路矩阵中,第 i 个回路第 j 条分支元素;r_j 为第 j 条分支风阻;Δh_j 为第 j 条分支阻力调节值;h_{fj} 为第 j 条分支风机风压;h_{Nj} 为第 j 条分支自然风压。

风压调节上下限约束：每一分支都对调节设施有一定的要求，需要根据具体情况分别设置相应的约束条件。

$$\Delta h_{j-\min} \leqslant \Delta h_j \leqslant \Delta h_{j-\max}, \quad (j = 1, 2, \cdots, N)$$

当某一分支不允许安装调节设施时，则：

$$\Delta h_{j-\min} = \Delta h_j = \Delta h_{j-\max}$$

当某一分支只允许增阻调节约束，则：

$$\Delta h_j \geqslant 0$$

当某一分支只允许增能调节约束，则：

$$\Delta h_j < 0$$

在涉及具体的优化问题时，还应根据实际通风系统的实际情况，考虑通风系统的安全可靠性、经济性、技术合理性和抗灾能力等因素，确定采取何种调节方式和合理的调节范围，由此补充必要的不等式约束条件和决策变量的上下界约束。

经过如此处理后，网络优化调节问题就转化为上述模型的求解问题，即如何确定各节点的风压值和各分支的调节参数值，使得风机的风压值为最小。

8.2.4.3 模型求解

通过两步法进行通风网络优化分析时，通风网络调节优化问题，可归结为线性规划问题，可用常规的线性规划方法来求解。一般，求解上述线性优化问题，可采用单纯形法来求解。

通风网络中风量调节的方案通常不是唯一的。上述方法所求得的调节方案，都是在计算前确定调节点位置后计算出的，这样得出的调节方案是否可行？是否最佳？需要进行分析。

以上介绍的通风网络中风量分配和调节的两种优化方法，其实质是利用网络中风量变量和调节参数变量可分离的特点，将矿井通风网络中风量最优分配和最优调节这两个有着共同优化目标的问题分作两步来处理，从而大大降低了问题的规模和求解的难度。

思考题

1. 什么是矿井通风网络解算？矿井通风网络解算有什么意义？
2. 请简要说明通风网络的三大流动规律。
3. 矿井通风网络解算包括哪些计算方法？请简要说明其中一种方法的计算流程。
4. 矿井通风网络根据按需分风的情况可以分为哪几种类型的网络？
5. 矿井通风系统的优化包括哪些方面的优化？
6. 请简要说明全局通风优化法和两步骤通风优化法的区别。
7. 请列出通风网络风量分配优化的数学模型，并说明该模型的特点。
8. 请列出通风网络调节优化的数学模型，并说明该模型的特点。

第 9 章　矿山信息模型

数字矿山具体来说就是指在统一的时空框架内，将所有矿山信息构建成一个矿山信息模型，并提供有效、方便和直观的检索手段和显示手段。因此，建设好数字矿山需要数字化、信息化技术相结合。数字采矿是由数字矿山概念延伸而来，主要是以计算机及其网络为手段，使矿山开采对象、开采工具的所有空间和有用属性数据实现数字化存储、传输、表述和深加工，应用于采矿各个生产环节的管理和决策当中，从而达到生产方案优化、管理高效和决策科学化的目的。矿山信息模型是数字采矿与数字矿山的底座。

9.1　MIM 的概念及其内涵

9.1.1　MIM 的概念及内涵

由于 BIM 能实现贯穿建筑项目全生命周期的信息集成与共享，且能大幅提高施工质量、缩短项目周期以及降低项目成本，有效解决建筑项目全生命周期的"信息孤岛""信息断层"等问题，矿业领域相关专家学者已尝试将其引入矿业领域以解决矿山数字化与信息化建设过程的信息集成与共享等问题，如海洋龙将 BIM 应用于露天矿矿岩运输系统模型的构建；黄崧等将 BIM 与 GIS 相结合，构建矿山信息系统，以实现信息的规范化与集成管理；张佼等提出以 BIM 指导智慧化矿山建设，构建基于 BIM 的智慧化矿山架构及其应用；胡成军提出井工煤矿 BIM，以实现井工煤矿全生命周期信息的共享；许娜等将 BIM 与数字矿山技术相结合，构建适用于矿山建设工程的 BIM 模型，以实现工程信息的集成管理；于润沧院士等提出了矿山信息模型，但其内涵与本书作者提出的矿山信息模型有着显著区别，且其未对矿山信息模型的模型分类和编码体系、应用模式及软件技术等进行系统研究。

由于建筑行业与矿山行业的主体、模型对象、模型特征、信息特征以及业务流程等方面差别较大，因此，通过借鉴 BIM 的核心理念与思想，为解决现阶段我国数字矿山建设存在的问题，提出一种适应于矿山行业的新理念——矿山信息模型（mining information modeling，MIM），它是通过对矿山开采资源与环境及开采工程对象的数字表达，同时通过矿山全生命周期业务流程数字化再造，实现信息共享、协同工作，解决矿山行业的信息孤岛问题，实现各业务主体信息互联互通，提高矿山开采的效率与质量。其内容包括数字模型，即地理信息、地质与工程对象的几何和空间关系、资源数量与品位及其分布；业务模型，即矿山在全生命周期内建立和应用矿山数据进行资源勘探、开采设计、基建施工、开采过程管理等业务过程；方法模型，即指利用矿山信息模型支持矿山全生命周期信息共享的业务流程组织和控制过程。矿山信息模型(MIM)是由数字模型、业务模型以及方法模型三个既独立又相互关联的部分组成统一体，如图9-1所示。

矿山信息模型(MIM)中，M即Mining，是矿山开采全生命周期过程中所涉及的与地、测、采等专业业务有关的地质勘探、资源勘探、资源开采与过程管理以及测量验收等业务过程及其对象，包括地质工程、资源勘查工程、生产勘探工程、采矿工程以及测量工程等，其体现在矿山的环境模型、地质模型、资源模型、工程模型；I即Information，应包含两层意思，一是矿山开采环境、对象、过程及活动中所包含的所有信息，二是矿山开采过程中所采用的信息化手段与方法；M即Modeling，是包括勘探、规划、设计、生产管理、复垦与绿化等矿山全生命周期的各参与方协同作业数字化模拟的过程，可理解为"塑模"的过程。

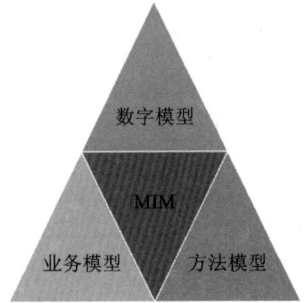

图9-1　MIM及其组成

9.1.2　MIM与BIM的区别

矿山信息模型来源于建筑信息模型，但不同于建筑信息模型，两者的核心理念是一致的，即模型信息的全生命周期的集成与管理，其不同在于模型的主体、模型对象、模型特征以及信息特征不一样且业务流程差别很大。

（1）主体

矿山信息模型(MIM)的主体是"矿山"，其目的是用最低的成本将地下的矿产资源安全、经济、高效、绿色地开采出来，其关注的核心是矿产资源，而围绕矿产资源开采所建设的工程大多是临时性工程，一旦矿产资源开采完毕则会消失；建筑信息模型(BIM)的主体是"建筑"，其主要由其本身的用途决定的，其核心是工程的应用，不同的用途决定了其规模、美观性、质量标准以及使用寿命等的要求，是永久性工程，需要长期使用与维护。

（2）模型对象

矿山模型是"灰色的"，即矿山模型内结构、构造、水文、资源等属性是动态变化的，其随着预查、普查、详查、地质勘探、基建勘探、生产勘探、采掘等工作的进行而不断变化而清晰的过程，正基于此，如地下矿的开拓、采准、切割、回采设计必须在前一个阶段施工完成后才能进行下一段的设计，以确保各工程的设计在一个模型对象相对更准确的情况下进行；此外，矿山模型会受到市场以及技术等条件的影响，则会相应的变化，如市场价格高涨时，矿石开采量则会增加，边界品位则会相应降低，使得资源模型与工程模型发生相对应的变化；又如矿山企业数字化、信息化与智能化水平的提高，以及开采工艺的改进，降低了矿石的开采成本，相应的矿山企业可降低矿石的边界品位，因而矿山信息模型中圈划出的资源模型则更大，工程模型则随之发生变化。而建筑模型则是"确定的"，当方案设计、初步设计与施工图的设计确定后，模型对象则基本确定。

（3）模型特征

从全生命周期来看，矿山模型是"增强改变式"，即矿山模型是从最初的地质几何模型，经地质勘探与资源勘探,不断完善地质模型内的地质构造形态、构造关系及地质体内部属性变化规律,并在地质模型内圈划出符合边界品位要求的资源模型,再在地质模型与资源模型内部进行开拓等工程模型的构建,将矿体从地质体中安全、高效地开采出来,在其整个全生命周期内矿山信息模型不断被增强表达、丰富完善;而建筑模型是"增加叠加式",即建筑模型则是在策划与规划以及勘察设计的基础上,从地基处理、施工,到整个建筑物完工的整个过程,通过混凝土、钢筋、砖、门、窗等不断增加、叠加而成。

(4)信息特征

矿山全生命周期的信息具有多源异构的特点,且感知反馈、计算机加工数据多;而建筑全生命周期的信息也具有多源异构性的特点,但感知反馈、计算机加工数据少。由于矿山信息获取困难,常需要利用少量数据,通过计算机加工以获得更多数据,用于地质建模、储量计算、采矿设计等业务工作,如地勘数据是稀疏而散乱的,通过计算机加工这些稀疏而散乱的数据构建整个岩层模型、矿体模型以及夹石模型等;而建筑信息则更易获取,原始获取数据量大,计算机加工数据则少得多。

(5)业务流程

矿山开采的业务流程通常为:资源勘探、基建施工、开采规划设计、开采过程管理、复垦与绿化,其中开采过程管理是持续时间最长且往返循环多次,也是最重要的环节;而建筑行业的流程为:策划与规划、勘察与设计、施工与监理、运行与维护、改造与拆除五个阶段,其中运行与维护是持续时间最长但其重要性一般。

9.1.3 MIM 的组成

9.1.3.1 数字模型

矿山信息模型(MIM)的数字模型是矿山开采资源、环境与开采工程对象的数字化表达,是矿山资源开发相关方的共享知识资源,为矿山全生命期内所有业务提供可靠的信息支持。MIM 的数字模型最开始是地质模型,包括岩层、构造、结构等;根据资源勘探,在地质模型中圈出符合边界品位的部分即资源模型;为了将资源开采出来,在地质模型与资源模型的基础上,通过规划设计,在地质模型与资源模型中需进一步施工形成各种工程模型,包括开拓、采掘(剥)等工程,即形成各种"开挖模型"(在地质模型中开挖形成的模型);在采掘(剥)工程施工及生产组织过程中,需进行生产管理与测量验收等业务工作。MIM 的数字模型如图 9-2 所示,内层是地质模型,外层是主体业务,资源模型存在于地质模型中,在地质模型中通过"开挖"形成工程模型。

数字化建模是在 MIM 理念的基础上,依据不同数据采集手段获取矿山全生命周期的地质数据、测量数据、工程数据、过程数据及管理数据,构建地质模型、资源模型与工程模型等共同组成的数字模型,包括承载于其上的各类信息,即信息化的数字模型,

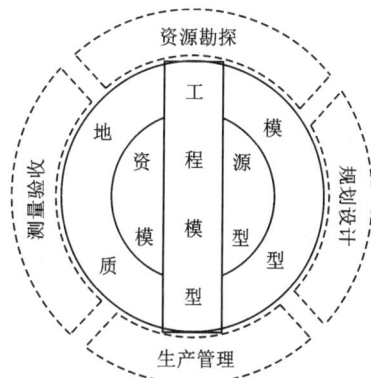

图 9-2 MIM 的数字模型

即在矿山全生命周期共同构建、更新、维护同一个模型，因而将 MIM 的数字模型也定义为"同一模型"，以服务于矿山全生命周期业务流程的不同参与方、不同专业、不同岗位。

为了矿山全生命周期各参与方、各部门、各专业岗位共同构建、更新以及维护"同一模型"，则涉及基于多源数据的"同一模型"的构建技术、"同一模型"数据的分类与编码、"同一模型"数据的存储、"同一模型"数据的组织管理、"同一模型"数据的检索技术以及不同业务体系下数据交换标准等理论与技术的研究，以实现矿山全生命周期数据的互联互通、集成与共享。由于矿山全生命周期涉及众多业务阶段及业务，各业务阶段及业务下产生海量、多源、多尺度、动态、异构等特点的数据，因而"同一模型"数据进行统一的分类与编码则显得尤为重要，其是"同一模型"数据的有效存储、组织管理、交换以及检索的基础，也是矿山全生命周期数据的互联互通、集成与共享的必然要求。

9.1.3.2 业务模型

(1)矿山全生命周期

矿山全生命周期如图 9-3 所示，其伴随着地质资源储量过程管理以及开发研究与生产设计过程管理两条主线，其中地质资源储量过程管理包括预查、普查、详查、地质勘探、基建勘探、生产勘探、生产监督、储量新增、升级与核销以及闭坑地质调查与论证的过程；开发研究与生产设计过程则包括项目建议书、开发利用方案、预可行性研究、可行性研究、初步设计、施工图设计、基建施工、采矿设计与生产计划、贫化损失管理、三(二)级矿量管理、测量验收以及闭坑复垦。地质资源储量过程管理以及开发研究与生产设计过程管理两条主线又可以划分四个阶段，即勘查阶段、基建阶段、生产阶段以及闭坑复垦阶段，其中地质资源储量过程管理主线的勘查阶段包括预查、普查、详查与地质勘探，基建阶段包括基建勘探，生产阶段包括生产勘探、生产监督管理、资源/储量管理，闭坑复垦阶段则主要包括闭坑地质；而开发研究与生产设计过程管理主线的勘查阶段包括项目建议书、开发利用方案、预可研性研究与可行性研究，基建阶段包括初步设计、施工图设计以及基建施工，生产阶段包括采矿设计与生产计划、出矿矿量、贫化损失、三(二)级矿量管理以及测量验收，闭坑复垦阶段则包括闭坑复垦。

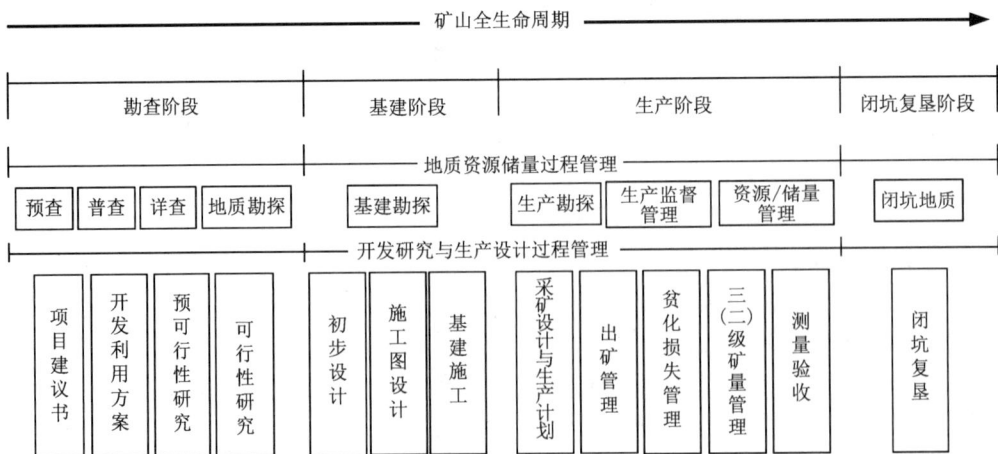

图 9-3 矿山全生命周期

（2）矿山全生命周期业务成果及其数据流

矿山企业在没有进行数字矿山建设前，整个矿山全生命周期数据流是基于纸介质或者电子文档的形式进行数据资料及其成果的传递，包括报告、报表以及图纸；而且专业业务处理采用的软件系统基本是二维软件，如 MapGIS 与 CAD。当矿山企业开始建设数字矿山后，三维矿业软件得到广泛推广与应用，目前数字矿山全生命周期的数据资料及其成果除了报告、报表以及图纸外，最重要的是增加了三维模型，但目前数字矿山全生命周期数据流仍然是基于纸介质或者电子文档。在矿山全生命周期业务流程的基础上，对目前数字矿山全生命周期业务流程管理的原始输入、基础数据、主要参与人员、数据流及成果输出进行了分析。如图 9-4 所示，在矿山全生命周期中，地质资源储量过程管理主线为矿山开发研究与生产设计

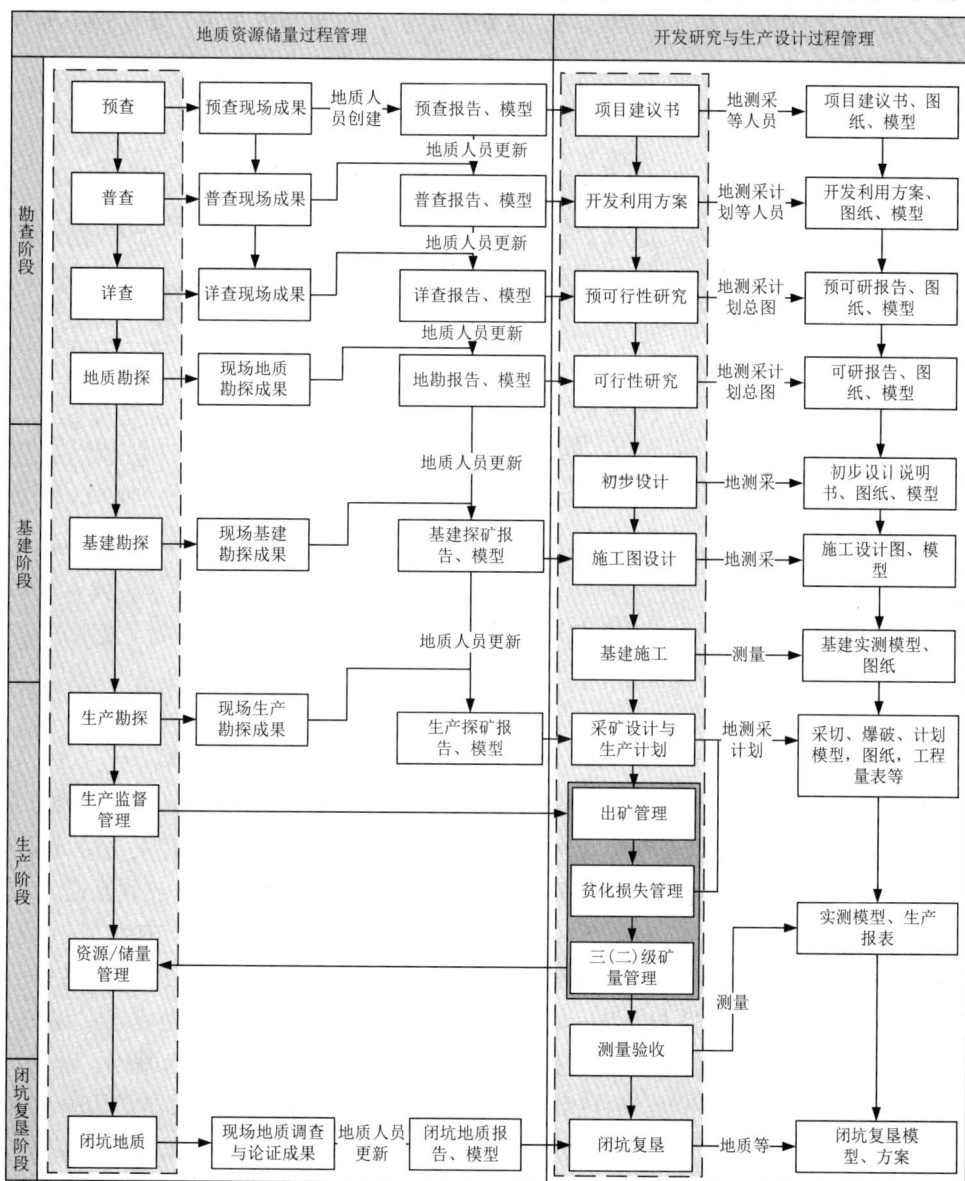

图 9-4　数字矿山全生命周期业务成果及其数据流

过程管理主线提供数据支撑。

（3）业务模型表达

MIM 的业务模型是指在矿山数字模型的支持下构建表征矿山全生命周期信息共享的业务流程组织和控制过程。通过该流程实现集中和可视化沟通、更早进行多方案比较、可持续分析、高效设计、多专业集成、作业过程控制、竣工资料记录等。

依据图9-3与图9-4中的矿山全生命周期业务流程及其数据流，将矿山全生命周期工作流程抽象成具有普适性且能表征整个矿山全生命周期业务流及相互关系的模型，如图9-5所示。业务流程模型最开始部分是地质勘探，再到基建施工，中间为业务流程的核心部分即资源开采，最后到矿山的闭坑与复垦。其中资源开采部分为一闭环，包括生产勘探、规划、设计、生产计划、生产管理以及实测验收等，直到整个矿山资源开采完成，该过程不断循环多次，持续时间较长。

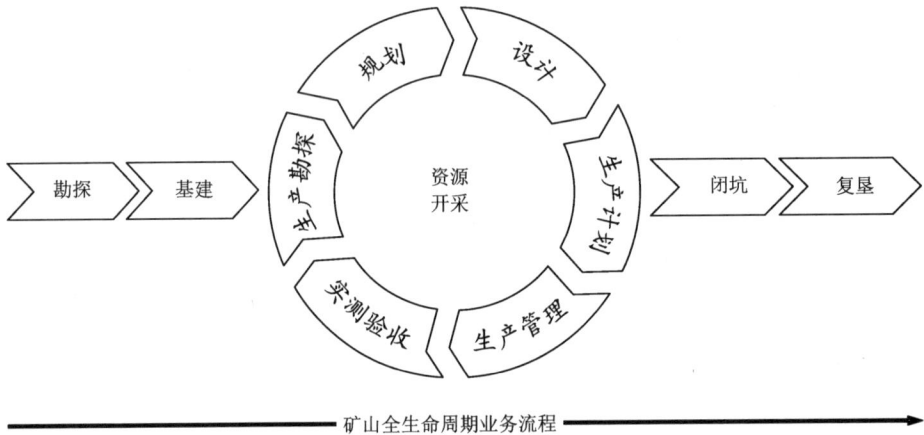

图 9-5　MIM 的业务模型

9.1.3.3　方法模型

矿山信息模型的方法模型是矿山在全生命周期内建立和应用矿山数据进行资源勘探、开采设计、基建施工、开采过程管理等业务的方法及技术体系，允许所有相关方在不同阶段、不同任务、不同专业之间通过不同技术平台数据的互操作实现信息共享、互联互通。

MIM 的方法模型如图9-6所示，包括五层：第一层为数据层，存储所有数据，包括数字模型、承载于数字模型的所有信息及管理过程数据；第二层为数据交换层，根据数据标准实现各个业务体系产生的数据进行交换，同时满足中心数据库对数据的存储要求；第三层为协同平台层，协同平台是以互联网为技术手段，以矿山全生命周期业务流为基础，以工具软件标准接口为支撑，形成协同作业、信息共享平台；第四层为工具集，主要是矿山全生命周期业务流程中需要的工具软件，包括地质建模、资源管理、井巷工程、采矿设计、爆破设计、通风优化、生产计划、生产执行系统、管控系统以及测量验收等一系列软件，这些软件是通过协同平台上的标准接口与协同平台相连接，其数据来源于中心数据库，且其成果再反馈给中心数据库,从而保证数据互联互通以及共享;第五层为业务层,即矿山全生命周期所包含的地、测、采以及生产管理等业务,通过工具集层中相对应的业务工具软件,完成具体的业务工作。

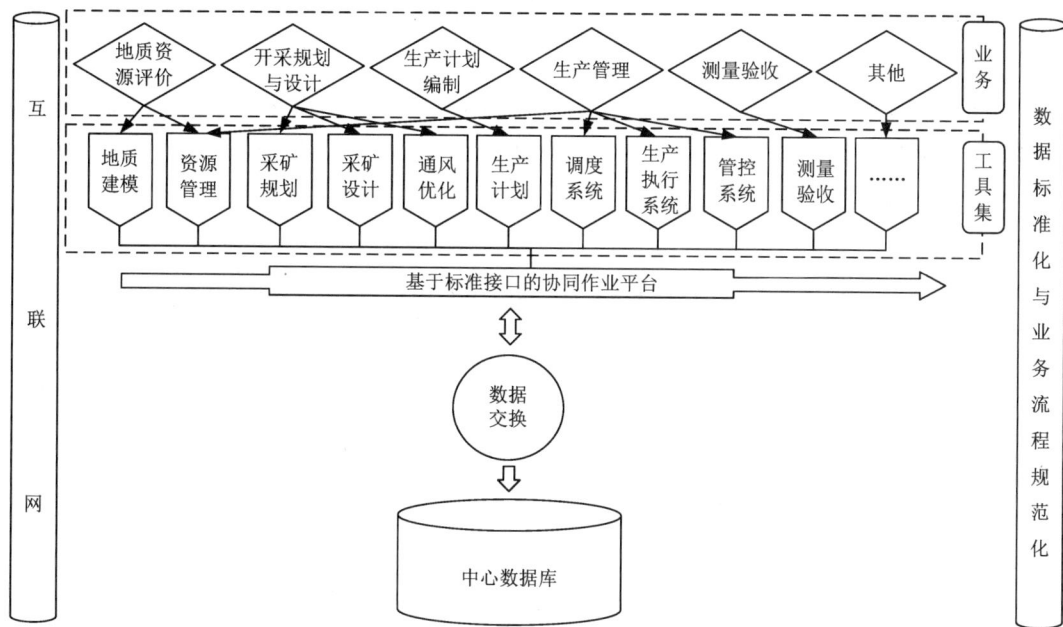

图 9-6 MIM 的方法模型

9.1.4 MIM 的意义

MIM 是通过对矿山开采资源与环境及开采工程对象的数字表达,同时通过矿山全生命周期业务流程数字化再造,实现贯穿矿山全生命周期信息的集成与共享、协同工作,解决矿山行业的信息孤岛问题,实现各业务主体信息互联互通,提高矿山开采的效率与质量。MIM 的意义主要体现在以下几方面。

(1)指导数字矿山与智能矿山的建设。目前我国数字矿山建设存在一系列的问题,其核心是缺乏切实可行的理念指导数字矿山产品研发与建设实践。而 MIM 理念的提出,能够指导数字矿山相关基础理论与关键技术研究,构建统一的数据分类与编码体系以及数据交换标准,梳理矿山全生命周期现有的业务流程以形成规范化的业务流程,研发支撑矿山全生命周期全数字化作业的产品。

(2)实现贯穿矿山全生命周期的信息集成与共享,且能大幅提高作业质量与作业效率、降低项目成本,有效解决矿山全生命周期的"信息孤岛""信息断层"等问题。

(3)推动矿山企业管理方式的变革。在 MIM 理念的指导下,通过矿山全生命周期业务流程再造,实现矿山企业业务管理从以职能为中心的职能型管理方式走向以业务流程为中心的流程化管理模式,使各业务之间以规范化的业务流程进行高速流转,以解决传统基于分工理论的职能型管理方式使业务流程被割裂得支离破碎的问题,以及解决各参与方、各部门常因利益与目标的不同而冲突不断的问题。

9.1.5 MIM 的外延

在信息技术热潮下，矿山主体对象，由于空间关系的关联性，以基础的地理信息，空间坐标系统，结合未来智能开采的应用，对 MIM 的内涵进一步外延，形成了以地理信息系统为底层基础，以矿山信息模型为中层填充，以当前最新的数字化数字孪生技术、物联网技术为抓手，将矿山空间维度的地上地下、工程内外、时间维度上的过往历史及当前现状与可期未来多维信息模型数据和矿山感知数据，构建起三维数字空间的矿山全要素信息有机综合体，并以此为基础贯穿覆盖矿山资源评价、开采规划与设计、矿山建设、矿山生产全生命周期，从此一个矿山有了自己的全息数字画像，并实时同步，协同运行。

9.2 基于 MIM 的数字矿山建设方法

9.2.1 数字矿山建设总体要求

(1) 以矿山信息模型的理念为指导

现有的数字矿山建设存在以下问题：①数字矿山相关产品缺乏统一的标准和规范；②现有产品难以支撑矿山全生命周期业务流程全数字化作业；③矿山传统的作业方式及管理模式与产品所定义的流程存在较大差异；④缺乏切实可行的理念指导数字矿山产品研发与建设实践。其中④是最核心最根本的问题所在。而 MIM 的理念则是在矿山开采环境、对象、活动及过程等数字化的基础上，对矿山全生命周期业务流程进行数字化再造，实现矿山全生命周期信息集成与共享以及各参与方跨时空、跨学科协同作业。因此，基于 MIM 的理念指导数字矿山的基础理论与关键技术研究、数字矿山相关产品的研发以及数字矿山建设实践，以彻底解决矿山全生命周期信息孤岛、信息断层、信息不对称、业务流程不畅通以及数字矿山产品无法支撑矿山全生命周期业务流程全数字化作业等问题。

(2) 数字化先行、信息化跟进

各个矿业集团或企业在数字矿山建设实践过程热衷于部署或安装三维矿业软件、信息系统或者自动化系统等软硬件系统，矿山企业的信息化程度提高了，但忽视了数字矿山建设过程中最重要最基础的部分——数字化以及数字化的数据。数字化与信息化是数字矿山的本质特征，数字化的数据是各个系统互联互通的本质要求，而信息化是在数字化基础上的技术与管理手段。因此，数字矿山建设实践过程中应优先进行矿山开采环境、对象、活动及过程的全面数字化，在此基础上，借助信息获取技术、信息传递技术、信息存储技术、信息加工技术及信息化应用技术等信息化手段，将数字化产生的数据进行有效的组织与管理及标准化处理，以保证数据高效流转以及共享，提高数据的应用价值。

9.2.2 数字化建模

数字模型是通过矿山全生命周期的地质数据、测量数据、工程数据等数据源不断地构建与更新而成，其中地质数据包括样品的长度、样品中元素含量、岩性类型、RQD 值、节理裂隙分布等数据；测量数据则包括矿区地表平面控制测量数据、矿区地表高程控制测量数据、地形测量数据、地面线路测量数据、矿井联系测量数据、井下控制测量和掘进给向测量数据、采场测量数据、竖井施工测量数据、贯通测量数据、岩层移动与地表移动观测数据、露天矿平面与高程控制测量数据、采剥场测量数据、生产测量数据以及边坡移动观测数据等；工程数据包括平硐、竖井、斜井、斜坡道、石门、阶段运输巷、主溜井、主充填井以及井底车场附近的巷道与硐室工程等矿山开采工程设计及其实测成果数据，以及通风巷、溜井、平巷、穿脉、充填井、电耙巷道、天井以及电梯井等辅助工程设计及其实测成果数据。

目前基于矿体轮廓线拼接法与体数据等值面法等构建的地质模型、资源模型以及工程模型等模型是完全独立存在的，各模型之间无法集成与融合，而基于 MIM 理念构建的数字模型，是不同参与方、不同专业、不同岗位在矿山全生命周期共同构建的"同一模型"，其高度集成与融合。显然目前的建模方法已无法满足数字模型构建的要求，因而需改进已有的建模方法或者寻求新的建模方法，并制定相应的模型标准及数据交换标准，使构建的地质模型、资源模型以及工程模型等模型高度集成与融合，形成"同一模型"，以解决地、测、采等各个专业业务需求，实现模型的集成与共享以及协同工作。

9.2.3　数据库管理数据

数字化建模构建的数字模型，即"同一模型"，是由勘探、规划设计、生产计划、生产管理、实测验收等矿山全生命周期业务流程产生的所有数据的高度集成与融合而成，而矿山全生命周期业务过程产生的数据则来自不同参与方、不同岗位、不同专业，数据格式存在多样性以及数据间存在不一致性，不便于数据统一组织、管理和分析以及数据共享等。因此，在数据标准的基础上通过数据仓库将矿山各类数据集中、统一与组织管理，建立数据之间的关联关系，实现数据的同步、共享；也可通过空间数据库的强大空间分析功能实现复杂的空间数据查询、分析、统计和管理；同时在数据库的基础上提供开放体系与接口以服务于不同厂商；利用数据库的权限控制实现用户对数据的访问权限管理，保证数据的安全。因此，将传统碎片化的文件管理模式改为数据库管理，保证矿山全生命周期业务流程中数字模型的数据在统一的数据标准及编码体系下的标准化、集中化管理，从而实现数据共享与同步以及数据的全面性、实时性、客观准确性、可追溯性等，提高系统的可扩展性及可维护性。

9.2.4　业务流程再造

矿山传统模式下的业务流程存在职责不清、管理交叉、业务之间信息流转不畅等问题，无法满足基于 MIM 理念的矿山全生命周期业务流程中不同参与方、不同专业、不同岗位的跨时空、跨学科协同作业，业务数据的高效流转，以及信息协同共享等。因此，在 MIM 理念的指导下，通过理清矿山现有的业务流程与工作方式，结合数字矿山数字化与信息化手段的要求，进行业务流程再造，规范矿山全生命周期业务流程。

为实现各参与方、各专业、各岗位在矿山全生命周期内严格按照定义的业务流程规范协同作业，则需研发一个协同作业的平台，即协同平台。协同平台是以互联网为技术手段，以矿山全生命周期业务内容及流程为出发点，形成统一的数据标准与业务流程规范，开发一系列标准接口以连接矿山全生命周期业务技术与管理软件，并在数字模型的基础上，使不同参与方、不同专业、不同岗位的技术与管理人员能够利用协同平台协作处理地质、测量、采矿等技术和生产管理工作，从而实现矿山全生命周期业务数据标准化与流程规范化，最终实现矿山全生命周期数据的自动、高效流转以及信息共享。

9.2.5 基于MIM的业务软件系统

现有的大部分数字矿山相关工具软件系统(如 Surpac、DataMine、MineSight、Micromine、Vulcan、DIMINE、3DMine 以及 LongruanGIS 等)是以各专业业务为出发点研发的,即地、测、采等各专业业务工具软件系统仅仅考虑解决各自的专业业务问题,缺乏考虑基于"同一模型"的各个专业业务相互之间数据的关联性以及相互之间数据流转。因而随着业务流程的流转,业务之间数据更新相当困难且业务数据的差异性越来越大,从而弱化了各专业工具软件系统解决实际问题的能力。

基于 MIM 的工具软件系统则是在勘探、规划、设计、生产管理、闭坑以及复垦等矿山全生命周期内,不同参与方、不同专业、不同岗位基于"同一模型"运用相对应的专业业务软件系统协同作业的过程。因此,基于 MIM 的工具软件系统研发应考虑基于"同一模型"或其对应的相关标准处理相关专业业务的方式与方法,保证各专业业务工具软件系统处理的专业业务数据与其相关联的专业业务数据在"同一模型"上是紧密关联的、具有逻辑关系的,从而实现基于"同一模型"或其标准的协同作业以及信息共享。

9.3 基于 MIM 的采矿协同技术

9.3.1 采矿技术全业务流程数字化再造

9.3.1.1 采矿技术全业务流

矿山全生命周期生产阶段的业务流程为"生产勘探→采矿规划→采矿设计→计划编制→施工与生产管理→测量验收",其中采矿规划与计划编制都属于生产计划编制的范畴,由于长期计划与中长期计划的编制(如 5 年计划、3 年滚动计划以及年计划等)一般在采矿设计前,而短期计划的编制(如月计划、周计划以及日计划等)一般在采矿设计后,为对其进行区分,本章节将采矿设计前的生产计划编制定义为"采矿规划"、采矿设计后的生产计划编制直接定义为"计划编制"。本章节的矿山生产技术则是指面向矿山生产阶段的地质、测量以及采矿等相关技术。因此,矿山生产技术全过程业务流程则包括矿山全生命周期生产阶段的生产勘探、采矿规划、采矿设计、计划编制以及测量验收等业务,如图 9-7 所示。虽然矿山生产技术全过程业务流程中没有单独列出施工与生产管理业务,但从矿山全生命周期生产阶段的业务流程看,施工与生产管理是必不可少的环节,而且生产勘探、采矿规划、采矿设计、计划编制以及测量验收等业务需要施工与生产管理过程所获得的

图 9-7 矿山生产技术全过程业务流程

数据。在矿山生产技术全过程业务流程中，施工与生产管理过程中获得的数据是通过标准的接口与数据格式接入 MIM 的数字模型中，当生产勘探、采矿规划、采矿设计、计划编制以及测量验收等业务需要相应的数据时，只需从 MIM 的数字模型中直接获取即可。因此，本章节的矿山生产技术全过程业务流程中主要是利用施工与生产管理过程中获得的数据，因而并未将其作为一个独立的业务与业务阶段列入矿山生产技术全过程业务流程中。如图 9-7 所示，矿山生产技术全过程业务流程为一闭环，其随着矿山生产的不断进行，一直循环持续进行，直到矿山资源开采完毕。下面具体分析矿山生产技术全过程业务流程的各个业务的流程现状。

（1）生产勘探

矿山企业没有应用三维矿业软件时，生产勘探阶段所涉及的技术业务包括生产勘探设计、现场生产勘探资料的整理与更新、局部地质解译、储量更新、资源评价与统计等。当矿山企业应用三维矿业软件后，则包括生产勘探设计、地质数据库构建与更新、局部地质解译、三维模型构建与更新以及储量计算与更新等，其作业方式与业务流程发生了变化，如图 9-8 所示。

（2）采矿规划

这里的采矿规划是指采矿设计前的生产计划编制，一般包括 5 年计划、3 年滚动计划以及年计划等，其业务流程包括收集资料、资料审查、采矿规划编制、输出成果以及成果审核，如图 9-9 所示。当成果审核合格时将用于指导采矿设计，而审核不合格时将被返回修改或重新编制。目前我国矿山企业采矿规划编制主要有两种方式，一种是采用 CAD 与 Excel 软件等；另一种则是采用三维矿业软件。

（3）采矿设计

露天矿与地下矿生产阶段的采矿设计内容稍有区别，露天矿生产阶段的采矿设计主要包括开拓设计与爆破设计等，地下矿生产阶段的采矿设计则主要包括开拓设计、采切设计以及回采设计等，其中开拓设计主要是指生产阶段的开拓工程施工设计。采矿设计阶段的业务流程类似于采矿规划业务流程，其中采矿设计资料主要包括设计单位的采矿方案设计图纸或者模型、设计对象的地质报表与图纸或者模型、与设计对象相邻的实测图纸或者模型以及生产技术指标等，设计成果输出主要包括设计报告、报表、图纸或者模型等。需要特别注意的是，生产阶段的采矿设计只有当前设计的成果指导施工完成后且更新了图纸或者模型后，才能进行该对象下一步的设计。如地下矿的开拓设计成果指导施工完成后且更新了图纸或者模型，在此基础上，才能进行采切设计；采切设计成果指导施工完成后且更新了图纸或者模型才能进行回采设计。

（4）计划编制

这里的计划编制是指采矿设计确定后的生产计划编制，如月计划、周计划与日计划。计划编制的业务流程也类似于采矿规划业务流程，其中计划编制资料主要包括最新的地质报告、报表、图纸或者模型，最新的实测报告、图纸或者模型，最新的设计报告、图纸或者模型，以及生产技术指标等；而计划编制的成果主要有报表、图纸或者模型等。计划编制成果审核合格后则用于组织施工生产。

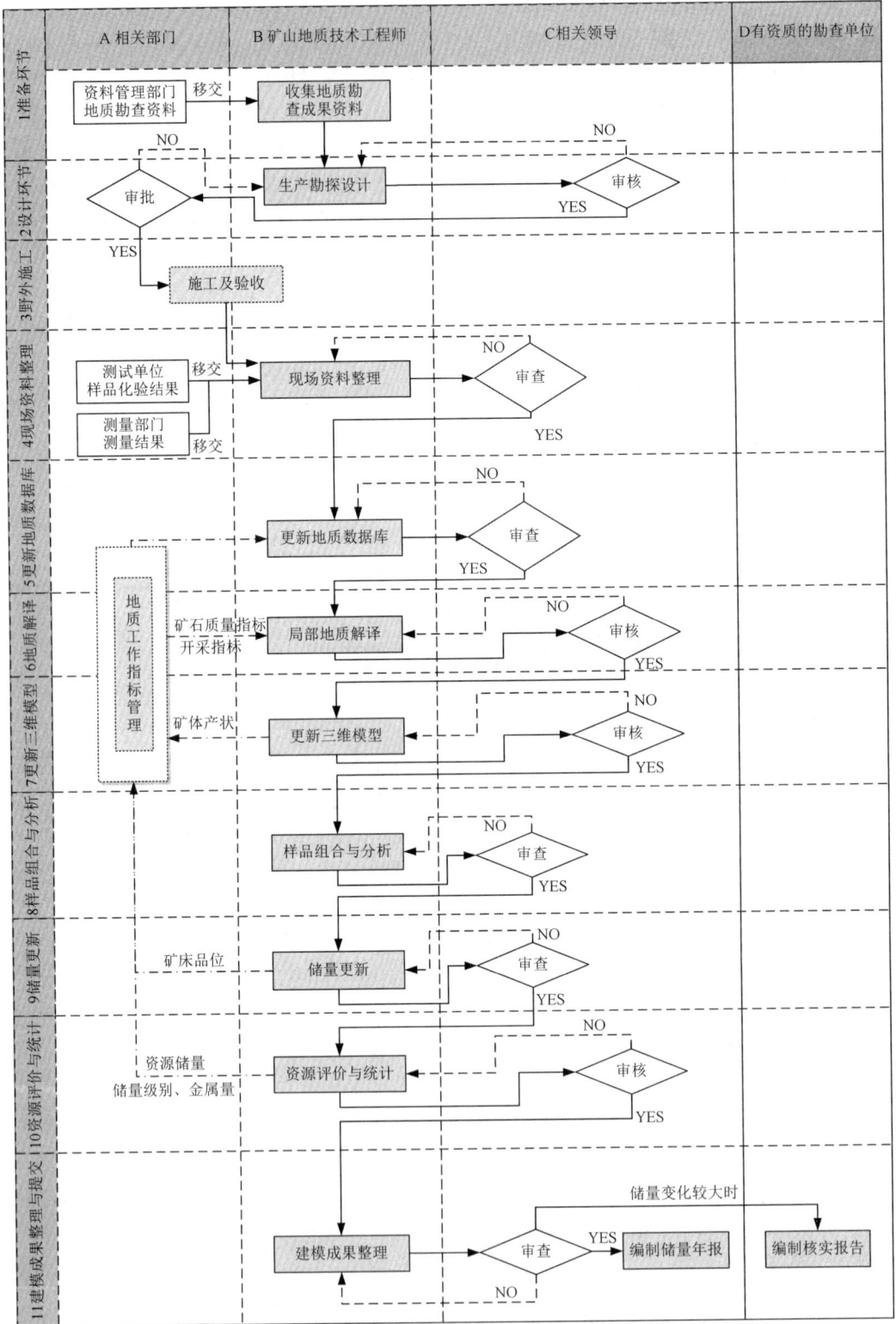

图 9-8　生产勘探阶段三维矿业软件应用业务流程

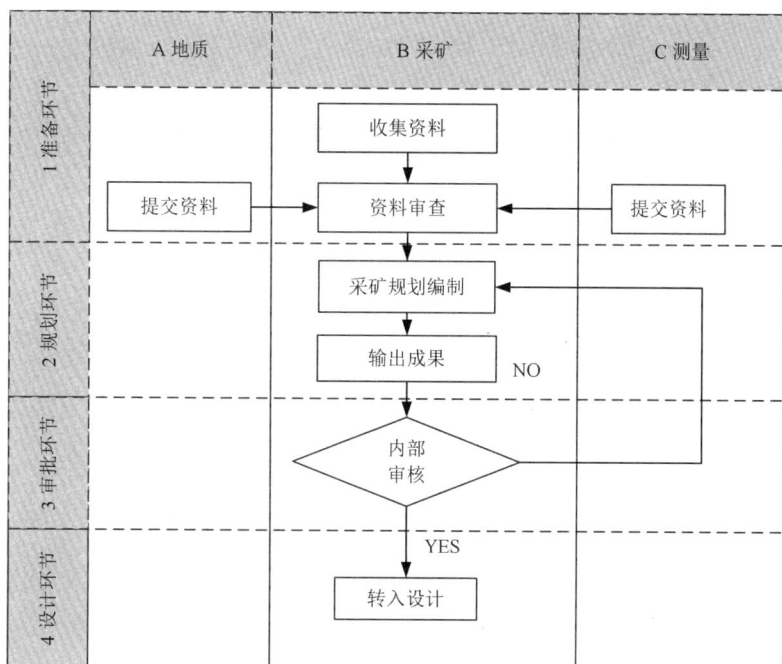

图 9-9　采矿规划业务流程

（5）测量验收

矿山生产阶段的测量验收是指为了更准确掌握现场施工现状、施工质量以及施工进展等，而进行施工测量与测量数据处理，其成果为施工验收与结算、采矿规划与设计以及计划编制等提供基础数据。因此，矿山生产技术层面的测量验收业务流程如图 9-10 所示，首先是依据地质与采矿方面的业务需求进行审核立项，在此基础上，实施准备与现场测量；其次是依据现场测量验收获得的基础数据进行内业处理与成果输出；最后对测量验收数据处理成果进行审核，若不合格，则重测，若合格，则转入测量验收成果应用环节。

分析矿山生产技术全过程业务流程现状，其主要存在以下问题：①矿山生产技术全过程的技术资料没有集中分类管理，技术业务处理前，需花费技术人员大量的时间与精力跨参与方、跨部门、跨科室收集与整理相关资料；②技术资料管理不规范，部分技术资料分散于技术员个人电脑中，存在随技术人员流动而流失的现象；③技术资料版本管理不规范，常常遇到难以确定最新版本；④各技术业务处理时也常忽视了后续业务对本业务成果数据的要求，导致后续业务使用时需进一步加工处理；⑤业务流程管理不规范，即存在部分业务流程定义不明确、部分业务流程审批环节过多、部分业务流程缺少必要的审批环节等，导致流程运转不通畅、运转效率低以及流程管理风险大；⑥岗位职责不明确，存在工作重叠、交叉以及推诿的现象；⑦矿山企业生产技术方法与手段不断革新，而其仍然沿用传统的作业方式与管理模式，致使生产技术手段无法发挥其应有的价值与优势。

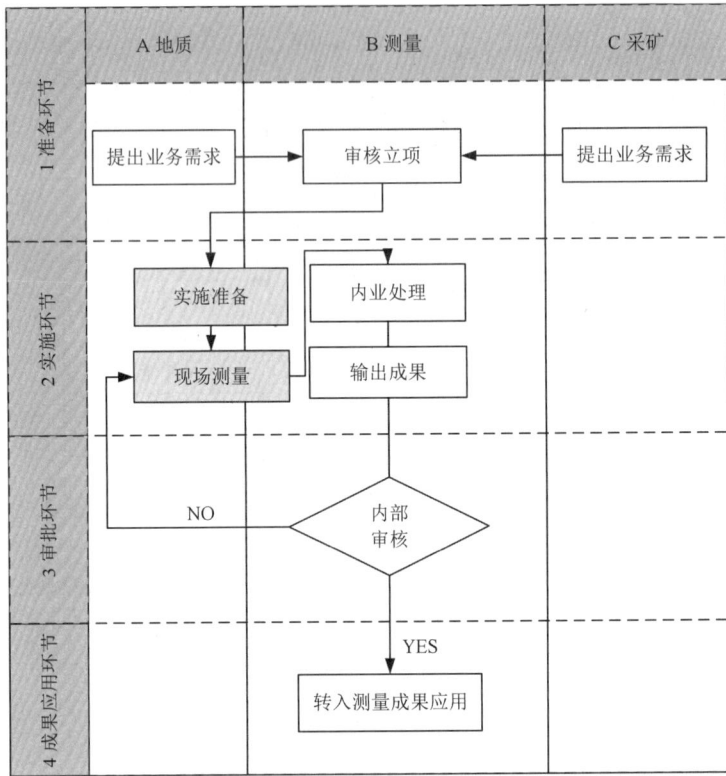

图 9-10 测量验收业务流程

9.3.1.2 数字化业务流程再造

（1）矿山生产技术全过程业务流程数字化再造设计

矿山信息模型（MIM）包含数字模型、业务模型以及方法模型。其中数字模型是通过业务模型的矿山全生命周期业务流转过程中构建与更新的模型，即"同一模型"，其承载了矿山全生命周期的各类信息。矿山全生命周期各参与方、各部门、各专业岗位对业务进行数字化处理与管理的过程中共享数字模型，并且不断更新数字模型的信息。因此，矿山生产技术全过程中的生产技术业务所需的信息也来源于数字模型，且随着生产技术业务的进行，数字模型中的信息被不断更新。

由于矿山生产技术全过程的生产技术业务数字处理与管理过程中共享数字模型且不断更新数字模型，矿山生产技术全过程所需的数据以及生成的数据被集中存取、有效组织与集成，矿山企业及其相关参与方的数字化与信息化水平必然得到相应的提高，矿山生产技术全过程的生产技术业务数字化处理与管理的方式必然得到相应的改变，因而相应的需对矿山生产技术全过程的业务流程进行数字化再造。因此，在分析矿山全生命周期现有业务流程及其数据流、矿山生产技术全过程业务流程、矿山生产技术业务部门及其参与方以及矿山企业典型的组织结构的基础上，结合数字矿山建设的要求，以 MIM 的理念以及业务流程再造理论与方法为指导，对矿山生产技术全过程的业务流程进行数字化再造，以形成适用于 MIM 理念下的矿山生产技术全过程业务流程模型。

（2）矿山生产技术全过程业务流程模型

矿山生产技术全过程业务流程数字化再造包含的内容是生产勘探、采矿规划、采矿设计、计划编制以及测量验收。依据 MIM 的理念以及矿山业务流程再造的目标与原则，对矿山生产技术全过程的业务流程进行根本性的重新思考与彻底的重新设计，其中矿山生产技术全过程业务流程的最上层的业务流程是不变的，即"生产勘探→采矿规划→采矿设计→计划编制→测量验收"的整体业务流程不变，是对"生产勘探→采矿规划→采矿设计→计划编制→测量验收"业务流程中各业务阶段中的业务流程进行数字化再造，如图 9-11 所示。具体内容包括以下几方面。

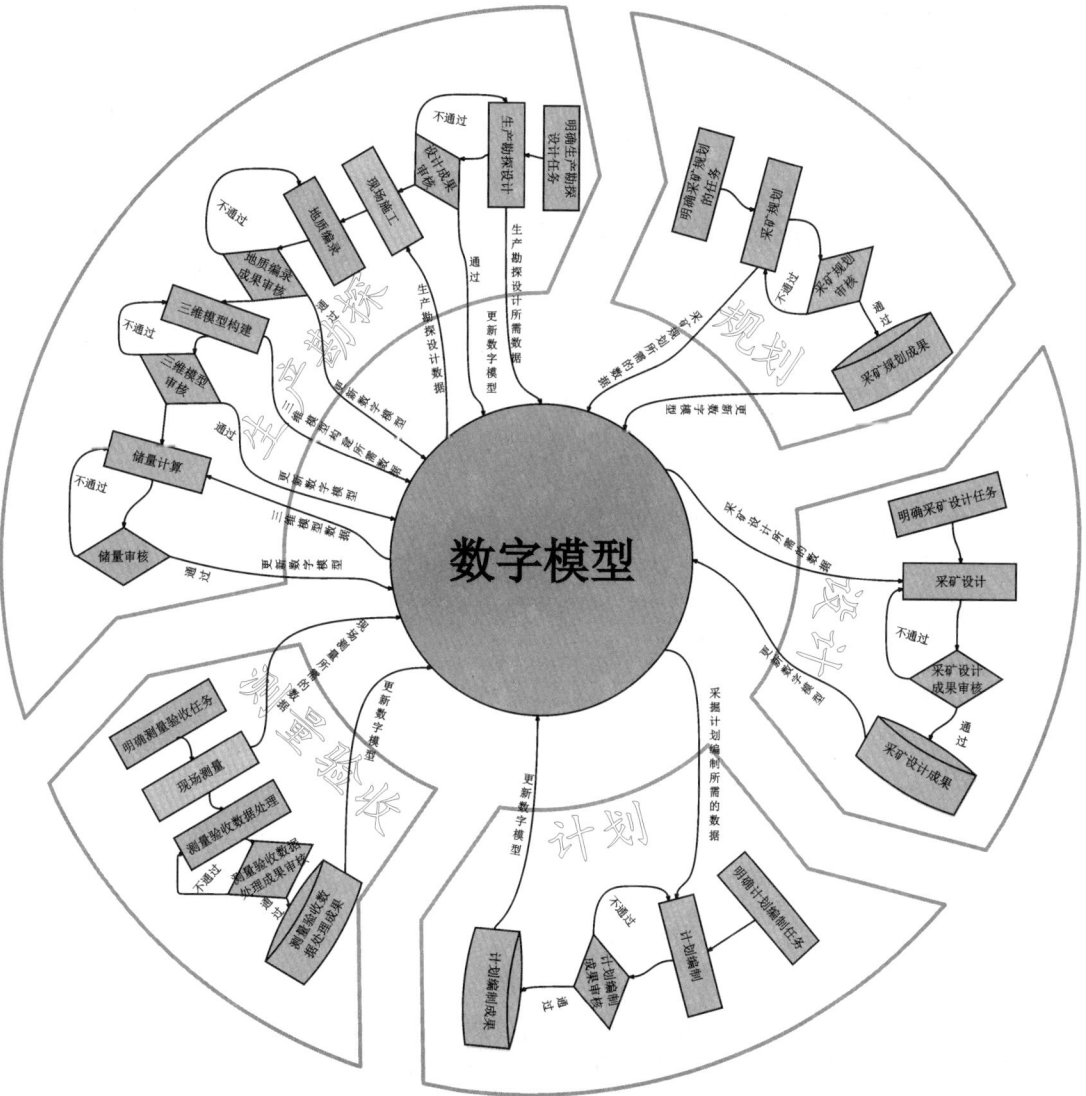

图 9-11　基于 MIM 的矿山生产技术全过程业务流程模型

①基于 MIM 的生产勘探阶段数字化再造后的业务流程

首先，需明确生产勘探设计的任务，即明确生产勘探设计的对象、地点以及时间等内容；在明确生产勘探设计任务的基础上，进行具体的生产勘探设计，其中生产勘探设计所需的数据则利用数据库、云计算以及互联网等信息技术直接获取；然后，对生产勘探设计成果进行审核，若不通过，则需修改或者重新设计，若通过，则利用数据库、云计算以及互联网等信息技术直接更新数字模型；生产勘探设计完成后，利用生产勘探设计的成果指导现场施工；运用三维地质建模软件对现场施工以及化验所获的数据进行地质编录，并对地质编录的成果进行审核，若不通过，则需修改或重新编录，若通过，则更新数字模型；再在地质编录成果的基础上，运用三维地质建模软件对已有的地质模型与资源模型进行局部构建与更新，并对构建的三维模型进行审核，若不通过，则重新构建与更新三维地质模型与资源模型，若通过，则更新数字模型；最后，在更新的资源模型的基础上，对矿山的储量进行计算，且审核储量计算成果，若不通过，重新计算，若通过，则更新数字模型上相对应的储量数据。

②基于 MIM 的采矿规划阶段数字化再造后的业务流程

首先，明确采矿规划的任务，即矿山生成阶段的采矿规划的对象、地点等内容；在此基础上，利用数据库、云计算以及互联网等信息技术从数字模型上直接获取采矿规划所需的数据，并运用相应的三维采矿规划软件进行采矿规划工作，主要包括 5 年计划、3 年滚动计划以及年计划等的编制；然后，对采矿规划的成果进行审核，若不通过，则修改或重新规划，若通过，则利用采矿规划的成果更新数字模型。

③基于 MIM 的采矿设计阶段数字化再造后的业务流程

首先，需明确采矿设计的任务，即矿山生产阶段的采矿设计对象、地点等内容；在此基础上，利用数据库、云计算以及互联网等信息技术从数字模型上直接获取采矿设计所需的数据，并利用相应的三维采矿设计软件进行采矿设计工作，露天矿与地下矿生产阶段的采矿设计稍有差别，其中露天矿生产阶段的采矿设计主要包括开拓运输设计与爆破设计等，地下矿生产阶段的采矿设计主要包括开拓设计、采切设计以及回采爆破设计等；最后对采矿设计的成果进行审核，若不通过，则需修改或者重新设计，若通过，则将采矿设计成果更新数字模型。

④基于 MIM 的计划编制阶段数字化再造后的业务流程

首先，需明确计划编制的任务，即确定计划编制的周期、区域、工程以及工序等内容；然后，在此基础上，从数字模型上直接获取计划编制所需的数据，并运用三维计划编制软件进行计划编制，主要包括月计划编制、周计划编制以及日计划编制等；最后，对计划编制的成果进行审核，若不通过，则需修改或者重新编制，若通过，则将计划编制的成果更新数字模型。

⑤基于 MIM 的测量验收阶段数字化再造后的业务流程

首先，明确测量验收的任务，即确定测量验收的对象、地点等内容；在此基础上，从数字模型上获取现场测量验收所需的数据，主要包括控制点数据等；然后，进行现场测量，重点是获得现场测量验收的数据，并运用相应的三维测量验收软件对这些测量验收数据进行处理，包括构建地表模型以及实测工程模型等；最后，对测量验收数据处理成果进行审核，若不通过，则需重新测量与处理，若通过，则将测量验收数据处理的成果更新数字模型。

基于 MIM 的矿山生产技术全过程数字化再造后的业务流程模型，即"生产勘探→采矿规划→采矿设计→计划编制→测量验收"整个业务流程数字化再造后的业务流程模型如图 9-11 所示。矿山生产技术全过程的总体业务流程是按照"生产勘探→采矿规划→采矿设计→计划编制→测量验收"进行流转的,当然其中包括生产勘探、采矿规划与设计、计划编制、测量验收等所需的施工与生产管理数据,且为一闭环,直到资源开采完毕。

(3)矿山生产技术全过程业务流程数字化再造后分析

矿山生产技术全过程业务流程数字化再造后形成的基于 MIM 的矿山生产技术全过程业务流程模型是在 MIM 理念的指导下,利用数据库、云计算以及互联网等信息技术,将矿山生产技术全过程的数据集中存取、组织与集成在基于矿山全生命周期的数字模型上,且矿山生产技术全过程生产技术业务数字化处理与管理采用三维矿业软件,与传统的矿山生产技术业务处理与管理流程相比,其具有明显的差别,且能有效解决目前矿山生产技术全过程中存在的问题,具体如下。

①由于矿山生产技术全过程的数据集中存取、组织与集成在基于矿山全生命周期的数字模型上,数字模型上的数据在整个矿山生产技术全过程不断被共享与更新,因而避免了矿山生产技术全过程各专业人员花费大量的时间与精力收集数据资料。

②由于矿山生产技术全过程的所有数据存储在数字模型上,且数字模型上的数据是经过分类与编码、有效地组织与管理等标准化处理;并通过规范化基于 MIM 的矿山生产技术全过程的业务流程,明确业务流程各业务节点对应的专业岗位职责及其输入输出数据,且通过信息技术进行固化处理,能有效解决矿山生产技术全过程存在的"信息孤岛"等问题。

③通过利用数据库、云计算以及互联网等信息技术,使矿山生产技术全过程生产技术业务数字化处理与管理过程是基于三维数据进行信息交换以及协同作业,能有效解决矿山生产技术全过程存在的"信息断层""信息不对称"以及"信息易丢失"等问题。

④基于 MIM 的矿山生产技术全过程业务流程模型是结合数字矿山建设的要求及其数字化与信息化水平的基础上形成的,能有效地解决矿山的作业方式与管理模式难以满足矿山数字化与信息化的要求,且使矿山企业及其相关参与方以规范化业务流程流转的方式进行生产技术业务的数字化处理与管理。

9.3.2 采矿技术协同平台

9.3.2.1 采矿技术协同平台的概念及内涵

(1)采矿技术协同平台的概念及内涵

在矿山信息模型(MIM)理念的指导下,提出采矿技术协同平台概念、内涵以及其特性,以解决目前中国数字矿山建设过程中存在的问题,实现矿山全生命周期信息集成、互联互通与高度共享以及基于 3D 数据交换的协同作业。

采矿技术协同平台是在信息技术的支持下,对矿山开采全生命周期地、测、采技术业务进行数字化处理与管理的一个流程化、标准化与集成化的协作平台。它是在流程化与标准化管理的基础上,借助互联网、数据库技术、云计算等信息技术,以业务数据与业务流程为驱动,构建一个统一的矿山生产技术业务处理及管理的数字化作业环境,使各参与方、各部门、各专业岗位在同一平台上协同作业,实现矿山开采全生命周期地、测、采技术业务数据互联互通、高度共享与集成,全面提升团队的跨时空、跨学科协作能力和工作效率,提高业务处理及管理效率。采矿技术协同平台的核心内容包括以下几方面。

①业务数据的集中存储，实现精准有效管理各种结构化非结构化的数据及数据间的关系，且提供良好的安全访问机制。

②业务工作的集中管理，实现对设计参数、约束条件、技术指标及技术资源等环境参数进行集中、统一、分层管理，对参数实现有效管控。

③业务流程的集中控制，实现从"做什么"到"怎么做""做成什么样"的转变，实现业务流程的有效跟踪、管控、考核。

通过对业务数据的集中存储、业务工作的集中管理以及业务流程的集中控制，使各参与方、各部门、各专业岗位的作业人员跨时空在同一平台上高效协作完成勘探、基建、规划设计、生产管理、测量验收、闭坑、复垦等矿山全生命周期各业务工作，实现业务数据的互联互通、高效流转以及高度共享。

(2)采矿技术协同平台的特性

采矿技术协同平台集成了矿山全生命周期所有业务以及所有业务所涉及的各参与方、各部门、各专业岗位对应的角色，也集成了矿山全生命周期的所有信息。采矿技术协同平台上的业务、角色、信息与信息量之间的四维关系如图9-12所示，矿山全生命周期所有业务随业务流程流转的过程中，需要各参与方、各部门、各岗位的专业技术人员、专业工程师、部门领导与主管领导等角色进行相应的业务处理，包括业务技术工作与业务管理工作的处理；在业务处理的过程中，即图9-12中业务与角色的交汇点(图中采用红色点突出了部分交汇点)，相应的获取与生成开采环境、资源、工程以及活动等信息，获取的信息来源于数字模型且将业务处理过程中生成的信息反馈给数字模型；随着业务流程的不断流转，各种具有多源、异质以及动态性等特点的信息不断被生成、修改以及更新，信息量呈几何倍数增长。依据采矿技术协同平台上的业务、角色、信息与信息量之间关系，分析采矿技术协同平台的内在特征，其具有如下特性。

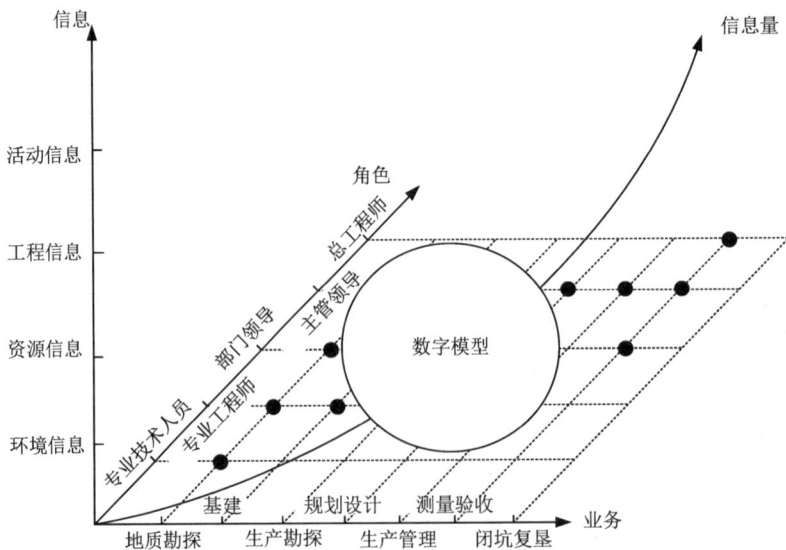

图9-12 采矿技术协同平台四维关系图

集成化：采矿技术协同平台的集成主要包括矿山全生命周期所有业务的集成，矿山全生命周期所有业务技术工作与管理工作的集成，矿山全生命周期涉及的所有参与方、所有部门、所有专业岗位的集成，矿山全生命周期数字矿山相关产品的集成，以及矿山全生命周期业务数据的集成。

流程化：采矿技术协同平台的流程化是采用流程化管理的思想使矿山全生命周期所有业务之间高效流转，以打破参与方之间、部门之间以及专业岗位之间的壁垒。此外，具体业务工作流程化，即具体业务工作处理以流程化的方式进行，使业务工作处理简单化与高效化。

标准化：采矿技术协同平台的标准化特性是指业务数据的标准化与业务流程的标准化。其中业务数据标准化的目的是实现矿山全生命周期各业务以及各业务系统软硬件之间数据的共享；业务流程的标准化则使矿山全生命周期业务流程标准化以及业务工作处理流程标准化。

安全性：采矿技术协同平台的安全性包括采矿技术协同平台登录权限的控制、采矿技术协同平台功能模块访问权限控制以及业务数据访问权限的控制。

完备性：采矿技术协同平台的完备性包括地质勘探、基建、生产勘探、规划设计、生产管理、测量验收、闭坑复垦等矿山全生命周期的所有业务、业务流程以及所有业务产生的数据。其中矿山全生命周期所有业务数据包括钻孔数据、坑探数据、槽探数据以及地编录图等地质勘探数据与生产勘探数据；开采单元划分数据、开拓设计数据、切割设计数据以及回采设计数据等规划设计数据；长期开采计划编制数据、中长期开采计划编制数据以及短期计划编制数据等计划编制数据；矿床开拓、采准、切割和回采等开采过程和相关过程所产生的生产管理数据；矿床开拓、切割和回采等工程与矿量等测量验收数据。

共享性：在矿山全生命周期业务处理过程中，各参与方、各部门、各专业岗位人员能通过采矿技术协同平台实现矿山业务数据的实时共享。

可追溯性：采矿技术协同平台在矿山全生命周期业务处理过程中，可实现按业务流程、按参与方、按部门、按专业岗位、按作业人员对业务流程以及业务数据进行查询与追踪，实现业务流程以及业务数据的可追溯性。

9.3.2.2　采矿技术协同平台技术架构

采矿技术协同平台架构如图9-13所示，是由数据层、数据交换层、协同平台层、业务软件层与业务层组成，并以数据标准化与业务流程规范化为基础，以互联网、数据库、云计算等信息技术为手段，形成业务数据集中存储、业务工作集中管理与业务流程集中控制的高度集成与共享的协同作业平台。其中数据层主要是存储矿山全生命周期开采环境、资源、工程与活动等标准化的数据；数据交换层则主要是将来自不同生产厂商产品的来源数据格式转换标准数据格式以存储于数据层，并能将数据层的标准数据格式转换为不同生产厂商产品的需求数据格式，实现不同生产厂商产品对数据格式的要求；协同平台层则是通过业务流程实现业务层中矿山全生命周期各业务的高速流转，并通过协同平台上的工具软件标准接口连接业务软件层的各业务软件，以处理业务层的各业务，其中各业务处理所需数据来自数据层且经数据转换层转换为业务软件所需的数据格式，且业务处理与管理过程产生的数据则通过数据转换层转换为标准数据格式并存储于数据层。

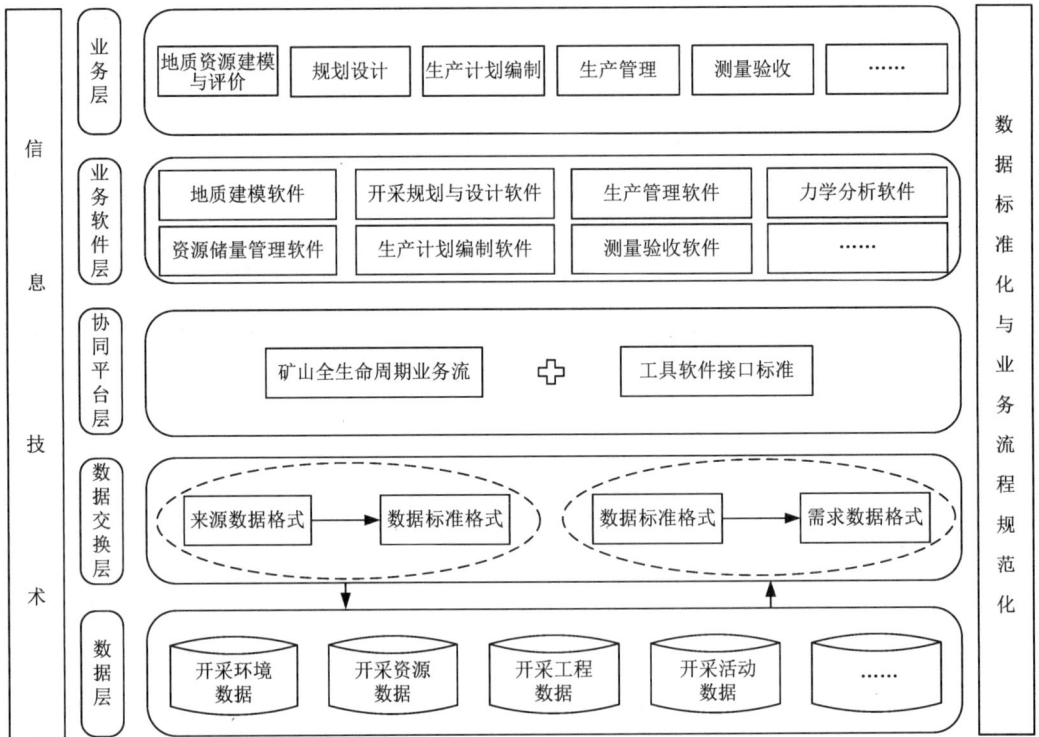

图 9-13 采矿技术协同平台架构图

9.3.2.3 采矿技术协同平台的技术要求

在采矿技术协同平台的概念、内涵、特性及其架构的基础上，提出采矿技术协同平台的技术要求，即采用采矿技术协同平台进行地、测、采等矿山生产技术全过程业务处理与管理所需的技术要求，包括业务流程管理相关技术要求、业务软件系统相关技术要求、模型数据管理相关技术要求、采矿技术协同平台管理相关技术要求以及团队协作沟通相关技术要求，见表 9-1。这五方面的具体内容如下。

1）业务流程管理相关要求

（1）业务流程的层次化管理：根据业务划分的粒度不同，业务具有层次性的特点，相对应的业务流程也具有对应的层次性。按业务阶段划分，矿山全生命周期业务流程第一层一般可划分为地质勘探、基建、生产勘探、规划设计、生产管理、测量验收以及闭坑复垦；第二层则是在第一层次的基础上进一步细化，如地质勘探可划分为探矿设计、地质编录、地质解译、地质建模、储量估算；第三层则是在第二层的基础上进一步划分，以此类推，直到划分到合适的层次。按专业划分，第一层一般可划分为地质、测量与采矿，第二层也是在第一层的基础上进行细化，如地质可划分为探矿设计、地质编录、地质解译、地质建模、储量估算，以此类推，直到划分到合适的层次。

表 9-1 采矿技术协同平台的技术要求

序号	技术要求	详细内容
1	业务流程管理相关技术要求	(a)业务流程的层次化管理 (b)业务流程定义 (c)业务流程可视化 (d)业务流程的状态管理 (e)历史业务流程的管理
2	业务软件系统相关技术要求	(a)与采矿技术协同平台管理端相兼容 (b)上传/下载模型数据 (c)访问权限控制 (d)数据标准化管理 (e)业务软件系统的业务处理流程化 (f)图档生成
3	模型数据管理相关技术要求	(a)模型数据存储仓库 (b)不同层次级别的模型数据对象 (c)模型数据在数据仓库中的唯一标识 (d)数据字典 (e)模型数据版本管理 (f)模型数据的锁定 (g)模型数据安全性管理
4	采矿技术协同平台管理相关技术要求	(a)组织架构、角色与用户信息管理 (b)系统状态查看器 (c)系统异常处理 (d)系统配置管理器
5	团队协作沟通相关技术要求	(a)团体协作沟通工具

(2)业务流程定义：虽然矿山全生命周期业务阶段与涉及专业是相同的，但随着业务的细化，不同的矿山企业对业务的关注点与需求不一样。因此，应能够依据不同的矿山企业业务关注点与需求，灵活地进行业务流程的定义，避免不同业务流程定义需再次编码开发。

(3)业务流程可视化：能够可视化进行业务流程定义，简化业务流程定义的复杂性；并能够可视化显示业务流程流转状态，清晰明了地展示业务流程流转在哪个流程节点、各业务流程节点以及整个业务流程的开始与完成时间，以及在哪些流程节点存在被驳回的情况与驳回的次数等等。

(4)业务流程的状态管理：对采矿技术协同平台上已定义的业务流程、正在运行的业务流程、已归档的业务流程以及异常的业务流程等业务流程状态进行全面管理。

(5)历史业务流程的管理：随着业务流程的不断创建、发起、流转与归档，将积累大量的历史业务流程，而这些历史业务流程上包含大量有价值的信息，可按业务、业务流程、业务人员以及发起与归档时间等分别进行查询与统计分析，发现其中存在的问题，优化改进业务流程以及业务工作，以提高业务流程的流转速度以及工作质量与效率。

2）业务软件系统相关要求

(1)与采矿技术协同平台管理端相兼容：由于矿山全生命周期所有业务处理过程所需的业务软件系统都集成在采矿技术协同平台管理端上，在业务流程的流转过程中，采矿技术协同平台管理端上的业务流程信息、用户信息、权限信息等信息会随着各业务软件系统的启动而传递给各业务软件系统，以保证采矿技术协同平台管理端的相关信息与业务软件系统的相关信息相一致，实现两者相兼容。

(2)上传/下载模型数据：模型数据的上传/下载的模式包括业务流程流转过程中各业务处理时启动对应业务软件系统上传/下载模型数据，以及单独登录业务软件系统设置必要的数据组织管理信息上传/下载模型数据。其中模型数据的下载应支持对各历史版本的模型数据选择性下载。

(3)访问权限控制：业务软件系统的访问权限控制包括登录访问权限、功能权限控制以及数据访问权限。业务软件系统需要用户名与密码登录访问，并能依据其权限访问对应的功能以及上传与下载其对应权限下的模型数据。

(4)数据标准化管理：为保证业务数据在各参与方、各部门、各专业岗位下的各业务以及各业务软件系统之间高效流转与共享，必须将矿山全生命周期所有业务所涉及的数据进行标准化管理。

(5)业务软件系统的业务处理流程化：为了规范业务软件系统处理整个业务工作的过程，将整个业务工作过程进行流程化与规范化，使整个业务处理过程清晰、简单以及高效。

(6)图档生成：业务软件系统能从模型数据存储仓库中下载模型数据，并根据矿山业务需求，生成巷道编录图、地质平面图与剖面图、开拓设计图、采切设计图、通风网络解算报告等各种图档。

3）模型数据管理相关要求

(1)模型数据存储仓库：采矿技术协同平台为存储矿山全生命周期的模型数据，包括地质数据、资源数据、工程数据、活动数据等，需要一个存储仓库对所有业务数据进行有效的组织、管理以集中存储。

(2)不同层次级别的模型数据对象：矿山全生命周期的业务数据分层次级别存储在数据仓库中，以满足不同级别的业务需求，如矿体模型，可分为矿山、矿区、中段、采场四个级别，以满足不同级别的矿量计算与规划设计。

(3)模型数据在数据仓库中的唯一标识：为了防止存储在数据仓库中的业务数据重复，使用唯一的 ID 标识模型数据对象。

(4)模型数据版本管理：对矿山全生命周期的所有数据的演变过程进行记录、跟踪、维护与控制，避免模型数据的丢失与混乱。

(5)模型数据的锁定：当模型数据正在被使用时，需对其进行锁定保护，以避免不同的用户对其进行修改而发生冲突。

(6)模型数据安全性管理：模型数据的安全性是业务流程流转以及业务工作顺利进行的

基础。因此，需要通过设置多种安全防范机制，包括用户认证、访问权限控制、数据加密、数据备份等，以确保数据仓库中模型数据的安全性。

4）采矿技术协同平台管理相关要求

（1）组织架构、角色与用户信息管理：主要是对各参与方组织架构、角色信息与用户信息的管理，确保矿山全生命周期所涉及的各参与方、各部门、各专业岗位的所有人员在采矿技术协同平台上统一工作与交流。

（2）系统状态查看器：查看正在登录访问系统的用户及其数量；查看哪些模型数据正在被哪些用户使用、添加、修改与删除；查看系统中已定义的业务流程、已发起的业务流程、正在运行的业务流程、已归档的业务流程等的状态与数量；查看系统中已集成的业务软件运行状态；查看系统的错误信息与预警信息，等等。

（3）数据字典：对系统所使用数据的定义与详细说明，是系统开发、维护与使用数据的依据。

（4）系统异常处理：采矿技术协同平台是基于业务流程进行流转的，当流转顺畅时，业务之间会高效地流转。但当业务流程中某个流程节点不能顺利流转时，就会造成后续的业务不能继续进行，从而造成后续业务的延误。因此，采矿技术协同平台必须能够快速处理此类异常情况。

（5）系统配置管理器：为了保证采矿技术协同平台的安全性，需对用户访问采矿技术协同平台管理端、数据仓库、业务软件系统的权限进行配置化管理，并对采矿技术协同平台管理端与业务软件系统的功能模块按业务类型以及业务岗位性质进行配置化管理。

5）团队协作沟通相关的要求

采矿技术协同平台是矿山全生命周期所有业务工作的集成且协同作业的平台，在所有业务处理与管理的过程中，业务技术人员之间、业务技术人员与管理人员之间、管理人员与管理人员之间在业务与管理问题方面不可避免地需要交流沟通。因此，采矿技术协同平台需要将通信软件（如：即时通讯工具、电子邮件）与业务进行集成，在业务处理与管理的过程中，通过即时消息、语音、视频、电子邮件等多种方式对问题进行咨询、建议、解答以及评审。此外，采矿技术协同平台可提供知识共享与交流模块，包括知识库、知识百科、知识圈子与知识问答，供各参与人员在业务处理过程随时随地进行知识的共享与交流。

9.3.2.4　采矿技术协同平台功能组成

采矿技术协同平台一般采用 B/S 与 C/S 相结合的模式，其中采矿技术协同平台管理端采用 B/S 模式；业务软件端包括三维矿业软件、矿井通风系统、生产计划编制系统等矿山地、测、采技术业务所涉及的业务软件系统，一般采用 C/S 模式；数据存储端，一般采用数据库进行集中存储与共享。下面将介绍采矿技术协同平台管理端与业务软件端的功能组成。

（1）采矿技术协同平台管理端

采矿技术协同平台管理端是以业务流程管理模块为核心，对采矿技术全过程所包含的地质、测量、采矿各个专业的业务流程进行定义、配置、创建、发起、待办提醒、业务处理、业务流转、审批、提交以及归档；业务流程流转过程中的部分业务处理所需的地质、测量、采矿等外业采集数据是通过基础数据输入模块输入的；业务流程管理模块中的用户信息、用户的功能权限与数据权限等的信息来自用户管理模块；业务流程管理模块中各业务流程节点上各业务数字化处理与管理可以通过自由协作模块实现来自各参与方、各部门、各专业岗位的两个及两个以上人员跨时空、跨学科协同完成各业务工作；业务流程管理模块创建与发起的业务流程，经流转、审批以及结束后，各业务流程及其成果数据在技术成果管理模块归档；业务流程流转过程则可通过知识管理模块进行业务技术知识的共享与交流。

（2）业务软件端

业务软件端一般包括三维矿业软件、矿井通风系统、生产计划编制系统等业务软件系统，但现有的业务软件无法满足采矿技术协同的要求，因此，需对现有的业务软件系统进行必要的改造。业务软件系统的改造是以 MIM 的理念为指导，结合 MIM 的数字模型数据分类与编码以及采矿技术协同平台技术框架，考虑各业务软件系统与采矿技术协同平台管理端及数据库的兼容性，即基于采矿技术协同平台管理端提供的业务软件接口标准对各业务软件进行必要的改造，以满足采矿技术协同平台的需要。

9.4　矿山数据共享与互操作

9.4.1　数据共享

数据共享是指对于来自不同生产厂商的矿山数字化、信息化与智能化的软硬件产品，其数据之间能够互联互通，在此基础上，不需要对数据进行二次处理，即可对数据进行各种业务操作、运算和分析。

矿山全生命周期业务产生的海量数据来自不同的生产厂商的软硬件产品，具有多源性、动态性、时序性、多尺度性、异构性以及关联性等特点，且来自不同生产厂商的矿山数字化、信息化与智能化软硬件产品都有其专有的数据格式以及数据分类方法，导致数据内容、数据格式和数据质量千差万别，给数据共享带来了很大困难，严重地阻碍了数据在矿山全生命周期各业务及其软硬件产品之间的流转与共享。因此，数据共享程度反映了矿山企业的数字化、信息化与智能化水平，数据共享程度越高，其数字化、信息化、智能化程度越高。要想实现矿山全生命周期的数据共享，需要加强数据的标准规范建设与使用管理。

（1）从国家、行业层面，建立统一的数据标准与规范，规范矿山全生命周期业务数据格式，使来自不同生产厂商的软硬件产品尽可能采用规定的数据标准，从而保证矿山全生命周期数据的互联互通与共享。

（2）建立相应的矿山全生命周期数据使用管理办法，制定出相应的数据版权保护、产权保护规定，不同生产厂商间签订数据使用协议，打破各生产厂商之间的数据保护，做到真正的数据共享。

9.4.2　透明访问

数据的透明访问是指在计算机科学和信息技术领域，用户或程序可以以一种无须关心数据存储和细节实现的方式来访问数据。这种访问方式通常隐藏了数据的底层结构和存储位置，使用户或应用程序可以更容易地获取和操作数据，而不需要了解数据的具体存储细节。数据的透明访问通常包括以下几个方面。

（1）物理透明性：数据的物理存储位置对用户或应用程序来说是透明的。用户不需要知道数据存储在哪里，可以通过统一的接口来访问数据，而不必担心数据存储的细节。

（2）逻辑透明性：数据的逻辑结构对用户或应用程序来说是透明的。即使数据在底层以不同的方式组织，用户或程序也可以通过一致的方式来查询和操作数据。这通常是通过数据库系统或中间件来实现的。

（3）格式透明性：数据的存储格式对用户或应用程序来说是透明的。用户可以以统一的方式来访问数据，而不需要了解数据的编码或格式。这有助于确保不同应用程序和系统之间的数据互操作性。

（4）安全透明性：数据的安全性和权限控制对用户或应用程序来说是透明的。用户可以根据其访问权限来访问数据，而不需要了解底层的安全机制。

（5）分布透明性：数据的分布对用户或应用程序来说是透明的。即使数据分布在多个不同的位置或服务器上，用户可以像访问本地数据一样访问这些分布式数据。

数据的透明访问有助于简化数据访问和管理，提高系统的灵活性和互操作性。这在分布式系统、数据库系统、文件系统和网络通信中都有广泛应用。透明访问的实现通常需要使用抽象层、中间件、数据库管理系统或其他技术，以隐蔽底层的数据细节。

9.4.3　互操作

数据的互操作（data interoperability）是指不同系统、应用程序或平台之间能够有效地共享、交换和理解数据的能力。互操作性涵盖了多个方面，包括数据格式、协议、标准、语义和技术，以确保数据在不同环境中能够无缝地交互和协同工作。数据的互操作性通常需要考虑以下几个关键要素。

（1）数据格式：不同系统通常使用不同的数据格式来存储和表示信息。数据的互操作性要求数据可以转换为不同的格式，以满足不同系统的需求。常见的数据格式包括 JSON、XML、CSV、protobuf 等。

（2）协议：数据传输和通信需要使用协议来确保数据的安全和有效传递。互操作性要求系统能够支持共同的通信协议，以便数据可以跨系统传输。

（3）标准：标准通常定义了数据的结构、字段、含义和语义，以确保不同系统之间的一致性和可理解性。互操作性通常依赖于共同遵守的数据标准。

（4）语义：数据的语义表示了数据的含义和关联性。确保不同系统能够理解数据的语义对于互操作性至关重要。语义建模和数据词汇表可以帮助不同系统共享相同的数据理解。

（5）技术：数据的互操作性还依赖于技术工具和中间件，如数据集成平台、API、Web 服务和 ETL（抽取、转换和加载）工具，用于处理和转换数据。

数据的互操作性在许多领域中都至关重要，包括数字矿山、信息科技、医疗保健、金融、电子商务、物联网、大数据分析和政府。在这些领域，数据需要从多个来源集成，以支持决策制定、业务流程和应用程序的正常运行。互操作性有助于消除数据孤岛，提高数据可用性和可维护性，促进数据共享和协作。在跨组织、跨部门和跨国界的情况下，数据的互操作性尤为重要。

9.5　基于 MIM 的数字化交付

基于 MIM 的数字化交付是指在矿山设计和建设项目中，使用 MIM 技术和工具来交付基本的数字建模和相关信息的过程。这种数字化交付方式强调了使用 MIM 来创建和管理矿山设计与工程建设项目的数字模型，以提高项目的设计、施工、运营和维护效率。以下是基于 MIM 的数字化交付的关键要点。

(1)建模与信息管理：在基于 MIM 的数字化交付中，设计或建设团队使用 MIM 软件来创建矿山的三维数字模型。这个模型包括矿山开采资源、环境与开采工程的几何形状，同时还包含了开采元素的信息，如设备、布置、成本、施工细节、能源效率等。

(2)协同合作：MIM 允许项目的不同利益相关者(地质队、设计院、监理机构、矿山业主等)共同协作、分享模型和信息。这有助于减少信息断层、提高协同效率和减少错误。

(3)设计和模拟：基于 MIM 的数字化交付允许设计师创建矿山各类模型，并进行模拟和分析，以更好地理解采矿设计工程的可行性、科学性和可持续性。这有助于提前解决问题，降低设计错误的风险。

(4)施工和项目管理：MIM 模型可以用于施工规划、进度管理和协调。承包商和施工团队可以使用 MIM 来优化施工过程，确保施工的准确性和效率。

(5)运营和维护：MIM 模型还可以在矿山建设完工后用于矿山生产的运营和维护。开采工程、设备和系统的信息、维护日程和历史都可以存储在 MIM 模型中，有助于降低运营成本。

(6)数字交付文档：在项目完成时，设计或建设团队通常会提供数字交付文档，其中包括 MIM 模型、相关文件和信息，以便矿山业主或管理团队在矿山全生命周期中使用。

基于 MIM 的数字化交付有助于提高矿山项目的效率和质量，减少矿山运营过程中的错误和变更，以及提高矿山的可持续性。它也为矿山行业引入了数字化转型，智能矿山的不断发展也促使更多的项目采用 MIM 技术来管理矿山信息。

思考题

1.MIM 的概念与内涵是什么？MIM 与 BIM 的区别是什么？

2.MIM 的组成是什么？其对数字矿山建设的指导意义是什么？

3.在 MIM 理论与方法的指导下，数字矿山如何建设？

4.采矿技术协同平台的概念与内涵是什么？技术要求是什么？

5.要实现矿山数据共享，应从哪些方面入手？

6.矿山数据透明访问的含义是什么？具体包括哪些方面？

7.矿山数据互操作的含义是什么？数据的互操作性通常需要考虑的关键要素有哪些？

8.基于 MIM 的数字化交付的含义与关键要点是什么？

后　记

　　在当今数字化时代，数字矿山技术已成为实现矿山安全、高效运营和经济效益最大化的关键之一。它不仅是智能矿山建设的必经之路，更是矿业行业向智能化、自动化迈进的重要一步。数字矿山技术融合了矿业工程、地质学、测量工程和信息技术等多个学科，其复杂性和系统性要求从业人员具备跨学科的知识和技能。为满足数字矿山从业人员对数字矿山技术系统性学习的需求，同时为矿业的数字化转型提供技术指导和参考，作者编著了《数字矿山技术原理与方法》一书。本书以地质、测量、采矿、计算机科学、地理信息系统（GIS）、运筹学等理论为基础，通过跨学科的交叉融合，为数字矿山的建设、产品研发和应用提供理论支撑。

　　本书的内容围绕数字矿山技术的知识体系展开，以数据为核心，深入分析了空间数据、空间分析及优化技术的原理，详细介绍了三维地质建模、资源储量估算、开采规划与设计、计划排产、测量验收、风网解算等关键技术，旨在为新时代矿山相关专业的学生、专家和工程技术人员提供一本全面的基础教材。

　　在编写本书的过程中，作者总结了近二十年在矿业软件开发与应用推广中积累的丰富经验和理论基础，力求使读者能够深入理解软件背后的支撑理论和运行逻辑。本书的出版，旨在帮助矿业数字化从业人员和研发人员深入理解数字矿山技术的基本原理，提升应用这些技术和方法的能力，进而推动数字矿山技术在矿山行业的广泛应用和发展。数字矿山技术是不断进步和发展的，新的理论和方法层出不穷。因此，在介绍基本原理和方法的同时，本书也特别注重引入最新的研究成果和技术趋势，使读者能够紧跟数字矿山技术的前沿动态。

　　鉴于数字矿山技术涉及的多学科交叉特性，以及作者水平的有限，书中可能存在疏漏、不足乃至错误之处。作者诚挚地欢迎读者提出宝贵的批评和建议，以便作者能够不断完善本书，共同提升本书在数字矿山技术领域的价值。

作　者

2024 年 6 月

参考文献

[1] 毕林. 数字采矿软件平台关键技术研究[D]. 长沙：中南大学，2010.

[2] 毕林，王晋淼. 数字矿山建设目标、任务与方法[J]. 金属矿山，2019(6)：148-156.

[3] 毕林，张雪伍. 地理信息系统在矿山中的应用探讨[C]. 2004年全国矿山信息化建设成果及技术交流会论文集. 马鞍山：《金属矿山》杂志社，2004.

[4] 吴立新. 数字矿山技术[M]. 长沙：中南大学出版社，2009.

[5] 李一帆. 数字矿山技术与应用[M]. 郑州：郑州大学出版社，2012.

[6] 韩洁. 基于信息化、自动化的数字矿山原理与方法的应用研究[J]. 中国科技信息，2013(8)：88-91.

[7] 曾庆田，李德，王李管. 我国数字采矿软件研究开发现状与发展[J]. 金属矿山，2010(12)：107-112.

[8] 吴立新. 中国数字矿山进展[J]. 地理信息世界，2008(5)：6-13.

[9] 古德生. 对我国有色金属矿山可持续发展问题的思考[C]. 中国有色金属学会第三届学术会议论文集. 长沙：中南工业大学出版社，1997.

[10] 郑元平，吴冲龙，田宜平. 数字矿山建设的理论与方法探讨[J]. 地质科技情报，2011(2)：102-108.

[11] 王澜. 数字矿山关键技术研究与实施[J]. 辽宁工程技术大学学报(自然科学版)，2011(6)：830-833.

[12] 张诗启，朱超，吴仲雄. 数字矿山的研究现状和发展趋势[J]. 现代矿业，2010(2)：25-27.

[13] 王李管. 数字矿山原理与方法发展与应用高层论坛论文集[C]. 长沙：中南大学出版社，2013.

[14] 陈堃. 物联网技术在三维数字矿山安全生产系统中的应用研究[D]. 南京：南京师范大学，2013.

[15] 卢新明，彭延军，夏士雄，等. 面向数字化采矿的软件关键技术及应用[J]. 中国科技成果，2014(2)：77-78.

[16] 李翠平，李仲学，赵怡晴. 数字矿山理论、技术及工程[M]. 北京：科学出版社，2012.

[17] 王李管，等. 智慧矿山技术[M]. 长沙：中南大学出版社，2019.

[18] 海洋龙. 基于BIM的露天矿矿岩运输系统模型构建及应用研究[D]. 西安：西安建筑科技大学，2015.

[19] 钟德云，王李管，毕林，等. 融合地质规则约束的复杂矿体隐式建模方法(英文)[J]. Transactions of Nonferrous Metals Society of China，2019，29(11)：2392-2399.

[20] 钟德云，王李管，毕林. 复杂矿体模型多域自适应网格剖分方法[J]. 武汉大学学报(信息科学版)，2019，44(10)：1538-1544.

[21] 胡成军. 构建井工煤矿三维信息模型系统研究[J]. 煤炭工程，2017，49(5)：30-32.

[22] 许娜，王莉，常藤原. 复杂地质条件下矿山建设工程BIM研究[C]. 2013年全国矿山建设学术会议论文集. 徐州，2013：359-362.

[23] 徐金陵，孙长春，樊九林，等. 智能化矿山数据分类与编码方法研究[J]. 中国煤炭，2023，49(11)：1-9.

[24] 毕林，王李管，陈建宏，等. 基于CDT与布尔运算的露天矿三维建模[J]. 辽宁工程技术大学学报(自然科学版)，2009，28(4)：529-532.

[25] 荆永滨，王李管，毕林，等. 复杂矿体的块段模型建模算法[J]. 华中科技大学学报(自然科学版)，

2010, 38(2): 97-100.

[26] 于润沧, 刘诚, 朱瑞军, 等. 矿山信息模型——矿业信息化的发展方向[J]. 中国矿山工程, 2018, 47(5): 1-3+13.

[27] 时天东, 毕林. 基于 DEM 的露天矿坑坡面顶底线自动提取方法研究[J]. 黄金科学技术, 2021, 29(4): 612-619.

[28] 王金华, 汪有刚, 傅俊皓. 数字矿山关键技术研究与示范[J]. 煤炭学报, 2016, 41(6): 1323-1331.

[29] 谭期仁, 董文明, 毕林, 等. 露天铀矿山爆区品位估算方法优选研究[J]. 黄金科学技术, 2019, 27(4): 573-580.

[30] 尚福华, 杨彦彬, 杜睿山. 基于 TIN-Octree 的三维地质模型构建方法研究[J]. 计算技术与自动化, 2019, 38(4): 121-125.

[31] 张守涵. 基于 OCR 技术的智能招领系统研究与应用[D]. 西安: 西安电子科技大学, 2022.

[32] 毕林, 赵辉, 李亚龙. 基于 Biased-SVM 和 Poisson 曲面矿体三维自动建模方法[J]. 中国矿业大学学报, 2018, 47(5): 1123-1130.

[33] 陈宗玥. 基于 ArcGIS 的矿山开采沉陷遥感变化监测方法[J]. 经纬天地, 2021(5): 89-92.

[34] 王昆, 杨鹏, 吕文生, 等. 无人机遥感在矿业领域应用现状及发展态势[J]. 工程科学学报, 2020, 42(9): 1085-1095.

[35] 荆永滨, 孙光中, 毕林. 基于空间结构性的距离幂次反比法品位估值研究[J]. 地质科技情报, 2018, 37(2): 215-220.

[36] 荆永滨, 王公忠, 毕林. 矿山离散钻孔样品变异函数模型计算与拟合[J]. 矿冶工程, 2017, 37(4): 19-22+27.

[37] 崔丽, 庞秋昕. 浅析矿山 GIS 数据质量及控制[J]. 矿业工程, 2009, 7(2): 60-61.

[38] 赵俊兰, 冯仲科. 地图扫描矢量化空间数据误差校正与精度分析的研究[J]. 矿山测量, 2002(4): 28-32+27-4.

[39] 吴信才, 等. 地理信息系统原理与方法[M]. 北京: 电子工业出版社, 2019.

[40] 刘湘南, 等. GIS 空间分析原理与方法[M]. 北京: 科学出版社, 2008.

[41] 朱皓月. GPS-RTK 测量应用于矿山地质测绘的探讨[J]. 中国金属通报, 2023(2): 237-239.

[42] 毕林, 王李管, 陈建宏, 等. 三维网格模型的空间布尔运算[J]. 华中科技大学学报(自然科学版), 2008(5): 82-85.

[43] 毕林, 赵辉, 贾明涛. 面向数据库特征的基于 LMDB 与线性八叉树海量块段模型存储技术(英文)[J]. Transactions of Nonferrous Metals Society of China, 2016, 26(9): 2462-2468.

[44] 毕林, 贾明涛, 陈鑫, 等. 基于八叉树的复杂矿体块段模型高效构建[J]. 华中科技大学学报(自然科学版), 2016, 44(6): 123-127.

[45] 毕林, 刘晓明, 陈鑫, 等. 一种基于矿体轮廓线的三维建模新方法[J]. 武汉大学学报(信息科学版), 2016, 41(10): 1359-1365.

[46] 荆永滨, 刘晓明, 毕林. 复杂矿床三维可视化建模关键技术[J]. 中南大学学报(自然科学版), 2014, 45(9): 3104-3110.

[47] 邓梁, 刘新华. 基于 BIM 协同的地下管网三维建模方法研究[J]. 国防交通工程与技术, 2022, 20(5): 63-67.

[48] 叶远智, 孔凡强. 基于 ArcGIS 的城市管网三维建模[J]. 城市勘测, 2020(6): 43-45.

[49] 李春文, 邢智鹏, 陆思聪. 面向人员定位应用的煤矿巷道网络全局化建模[J]. 清华大学学报(自然科学版), 2017, 57(3): 312-317.

[50] 张珂, 杨应迪, 刘学通, 等. 矿井通风系统三维模型的构建与应用[J]. 工矿自动化, 2020, 46(2): 59-64.

[51] 刘亚兵, 严怀民, 刘如飞. 基于车载三维激光扫描技术的露天矿三维建模[J]. 露天采矿技术, 2015 (4): 37-39.

[52] 赵红泽, 王金瑞, 周立林, 等. 无人机在露天矿山地形建模中的应用研究[J]. 露天采矿技术, 2018, 33(4): 83-87.

[53] 陶彦妤. 城市地下管网一体化三维建模方法研究[D]. 桂林: 桂林理工大学, 2019.

[54] 熊书敏. 地下矿生产可视化管控系统关键技术研究[D]. 长沙: 中南大学, 2012.

[55] 宫文博. 三维巷道自动化建模方法的研究与实现[D]. 淮南: 安徽理工大学, 2015.

[56] 张进修. 地下实测巷道模型三维重构及关键算法研究[D]. 湘潭: 湘潭大学, 2019.

[57] 薛步青. 基于倾斜摄影的露天矿高精度路网构建研究[D]. 西安: 西安建筑科技大学, 2022.

[58] 谭政. 复杂矿体三维数据模型存储与表达方法研究[D]. 唐山: 华北理工大学, 2019.

[59] 贾建红. 基于 DATAMINE 的凤凰山铜矿三维可视化建模技术研究[D]. 武汉: 中国地质大学, 2009.

[60] 孟宇豪. 基于钻孔数据的城市三维地质建模及其应用[D]. 苏州: 苏州科技大学, 2022.

[61] 王敬谋. 三维地质建模及岩层自动划分与对比技术研究[D]. 淮南: 安徽理工大学, 2018.

[62] 许琦. 复杂三维地层融合建模与可视化研究[D]. 北京: 中国石油大学, 2010.

[63] 李昌领. 复杂地层体三维建模算法研究[D]. 徐州: 中国矿业大学, 2014.

[64] 刘志强. 基于 SLAM 技术手持三维激光扫描仪在铜矿山井下的应用[J]. 中国矿山工程, 2021, 50(2): 13-16.

[65] 陈鑫, 王李管, 毕林, 等. 基于点云数据的采空区三维建模算法[J]. 中南大学学报(自然科学版), 2015, 46(8): 3047-3053.

[66] 毕林, 王李管, 陈建宏, 等. 基于八叉树的复杂地质体块段模型建模技术[J]. 中国矿业大学学报, 2008(4): 532-537.

[67] 黄月军, 陈鑫, 李金玲, 等. 露天矿开采计划经济评价方法[J]. 矿业研究与开发, 2022, 42(6): 186-190.

[68] 毕林, 赵辉, 杨新锋. DIMINE 填挖方量计算原理与方法研究[J]. 黄金科学技术, 2017, 25(3): 108-115.

[69] 宋阳, 陈鑫, 李金玲, 等. 露天开采环状推进采剥计划自动编制方法[J]. 矿业研究与开发, 2022, 42(5): 167-172.

[70] 林善志. 基于 SLAM 技术移动式三维激光扫描仪在矿山井下测量中的应用[J]. 价值工程, 2022, 41(26): 115-117.

[71] 孙洪泉. 地质统计学及其应用[M]. 徐州: 中国矿业大学出版社, 1990.

[72] 荆永滨, 孙光中, 毕林. 地下金属矿山三维可视化采矿设计研究[J]. 金属矿山, 2017(4): 132-136.

[73] 王李管, 宋华强, 毕林, 等. 基于目标规划的露天矿多元素配矿优化[J]. 东北大学学报(自然科学版), 2017, 38(7): 1031-1036.

[74] 任助理, 毕林, 王李管, 等. 基于混合整数规划法的自然崩落法放矿计划优化[J]. 工程科学学报, 2017, 39(1): 23-30.

[75] 蔡頔. GNSS/INS 组合导航数据融合算法研究[D]. 南京: 南京信息工程大学, 2023.

[76] 黄俊歆, 王李管, 毕林, 等. 改进的露天境界优化几何约束模型及其应用[J]. 重庆大学学报, 2010, 33(12): 78-83.

[77] 陆士好. 倾斜摄影测量实景三维模型的精细化修整[D]. 徐州: 中国矿业大学, 2023.

[78] 徐少游，毕林，王李管. 基于DIMINE软件的地下金属矿山生产计划编制系统[J]. 金属矿山，2010（11）：51-55.

[79] 谭正华，王李管，毕林，等. 平面连通巷道三维实体分层建模方法[J]. 武汉大学学报（信息科学版），2010，35（3）：360-364.

[80] 李昱鑫. 基于自组织的工程图纸智能识别技术研究[D]. 沈阳：沈阳建筑大学，2019.

[81] 黄崧，王海洋，余俊挺，等. 基于BIM和GIS的智慧矿山信息系统构建[J]. 价值工程，2019，38（11）：184-186.

[82] 张佼，赵康. 基于BIM技术的智慧化矿山建设内容[J]. 陕西煤炭，2019，38（5）：57-60.

[83] 肖兵，陈鑫，毕林，等. 平行推进采剥模式下露天矿开采计划自动编制方法[J]. 煤炭工程，2023，55（3）：89-93.

[84] 张炬，王李管，宋华强，等. 露天矿境界优化几何约束模型优化及其应用[J]. 黄金科学技术，2018，26（6）：795-802.

[85] 钟德云，王李管，毕林，等. 基于回路风量法的复杂矿井通风网络解算算法[J]. 煤炭学报，2015，40（2）：365-370.

[86] 钟德云，王李管，毕林，等. 复杂矿井通风网络解算风网有效性分析[J]. 中国安全生产科学技术，2014，10（11）：10-14.

[87] 邬伦，刘瑜，张晶，等. 地理信息系统—原理、方法和应用[M]. 北京：科学出版社，2001.

[88] 吴信才，徐世武，万波. 地理信息系统原理与方法[M]. 北京：电子工业出版社，2014.

[89] 王李管，王晋森，钟德云. 数字化矿井通风优化理论与技术[M]. 长沙：中南大学出版社，2018.

图书在版编目(CIP)数据

数字矿山技术原理与方法／毕林，钟德云，王晋森
编著. —长沙：中南大学出版社，2024.8
ISBN 978-7-5487-5803-7

Ⅰ. ①数… Ⅱ. ①毕… ②钟… ③王… Ⅲ. ①数字技
术－应用－矿业工程 Ⅳ. ①TD679

中国国家版本馆 CIP 数据核字(2024)第 083285 号

数字矿山技术原理与方法
SHUZI KUANGSHAN JISHU YUANLI YU FANGFA

毕 林 钟德云 王晋森 编著

□ 出 版 人	林绵优		
□ 责任编辑	史海燕		
□ 责任印制	李月腾		
□ 出版发行	中南大学出版社		
	社址：长沙市麓山南路	邮编：410083	
	发行科电话：0731-88876770	传真：0731-88710482	
□ 印　　装	湖南省汇昌印务有限公司		

□ 开　　本	787 mm×1092 mm 1/16	□ 印张 17.5	□ 字数 442 千字
□ 版　　次	2024 年 8 月第 1 版	□ 印次 2024 年 8 月第 1 次印刷	
□ 书　　号	ISBN 978-7-5487-5803-7		
□ 定　　价	48.00 元		